目录

第1章 绪论

1.1 生物合成化学品和新材料的定义与分类 001

1.1.1 生物合成化学品和新材料的定义 001
1.1.2 生物合成化学品和新材料的分类 002

1.2 生物合成化学品和新材料的形成与发展 005

1.2.1 化工行业环境污染 005
1.2.2 化学品和新材料的生物合成技术 006

1.3 生物合成化学品和新材料的特点 006

1.3.1 生物合成化学品和新材料的经济性 006
1.3.2 生物合成化学品和新材料的环境可行性 007
1.3.3 生物合成化学品和新材料的可持续性 007
1.3.4 生物合成化学品和新材料产品性能更高 007

1.4 生物合成化学品和新材料与国家战略的关系 007

1.4.1 生物合成化学品和新材料产业发展的战略背景 007
1.4.2 生物合成化学品和新材料产业发展的战略环境 008
1.4.3 生物合成化学品和新材料产业发展的战略价值 008

参考文献 009

第2章 生物合成大宗化学品

2.1 1,3-丙二醇 013

2.1.1 市场价值 013
2.1.2 化学合成路径 014
2.1.3 生物合成路径 014
2.1.4 生物合成市场潜力与发展方向 017

2.2 丙氨酸 018

2.2.1 市场价值 018
2.2.2 化学合成路径 019
2.2.3 生物合成路径 020
2.2.4 生物合成市场潜力与发展方向 021

2.3 丙烯酰胺 022

2.3.1 市场价值 022
2.3.2 化学合成路径 023
2.3.3 生物合成路径 024
2.3.4 生物合成市场潜力与发展方向 031

2.4 琥珀酸 031

2.4.1 市场价值 031
2.4.2 化学合成路径 032
2.4.3 生物合成路径 033
2.4.4 生物合成市场潜力与发展方向 036

2.5 赖氨酸 036

2.5.1 市场价值 036
2.5.2 化学合成路径 037
2.5.3 生物合成路径 040
2.5.4 生物合成市场潜力与发展方向 042

2.6 丙酮 042

2.6.1 市场价值 042
2.6.2 化学合成路径 043
2.6.3 生物合成路径 044
2.6.4 生物合成市场潜力与发展方向 047

2.7 生物乙烯 047

2.7.1 市场价值 047
2.7.2 化学合成路径 048
2.7.3 生物合成路径 049
2.7.4 生物合成市场潜力与发展方向 053

参考文献 054

第3章 生物合成生物基精细化学品

3.1 功能糖 063

3.1.1 阿拉伯糖 063
3.1.2 低聚木糖 065
3.1.3 甘露寡糖 068
3.1.4 阿洛酮糖 071

3.2 生物基增塑剂 075

3.2.1 柠檬酸酯 076
3.2.2 聚酯 077

3.3 表面活性剂 078

3.3.1 鼠李糖脂 080
3.3.2 槐糖脂 084
3.3.3 烷基多糖苷 090

3.4 食品添加剂 093

3.4.1 谷氨酸钠 094
3.4.2 柠檬酸 096
3.4.3 β-胡萝卜素 103
3.4.4 芳樟醇 108
3.4.5 叶黄素 110

参考文献 113

第4章 生物合成生物基医药化学品

4.1 小分子原料药 126

4.1.1 青蒿素 126
4.1.2 酪醇 128
4.1.3 人参皂苷 132
4.1.4 红景天苷 137
4.1.5 哌啶甲酸 140
4.1.6 大麻素 143

4.2 植物天然产物 146

4.2.1 番茄红素 146
4.2.2 甘草次酸 149
4.2.3 西红花苷 151
4.2.4 鬼臼毒素 153
4.2.5 紫杉醇 155

4.3 胰岛素 159

4.3.1 市场价值 159
4.3.2 化学合成路径 161
4.3.3 生物合成路径 161
4.3.4 生物合成市场潜力与发展方向 164

参考文献 164

第5章 生物合成生物基能源燃料

5.1 生物柴油 178

5.1.1 市场价值 178
5.1.2 化学合成路径 179
5.1.3 生物合成路径 180
5.1.4 生物合成市场潜力与发展方向 183

5.2 燃料乙醇 184

5.2.1 市场价值 184
5.2.2 化学合成路径 184
5.2.3 生物合成路径 187
5.2.4 生物合成市场潜力与发展方向 192

5.3 生物甲醇 192

5.3.1 市场价值 192
5.3.2 化学合成路径 193
5.3.3 生物合成路径 194
5.3.4 生物合成市场潜力与发展方向 196

5.4 生物航空燃料 196

5.4.1 市场价值 196
5.4.2 化学合成路径 197
5.4.3 生物合成路径 199
5.4.4 生物合成市场潜力与发展方向 200

5.5 沼气 201

5.5.1 市场价值 201
5.5.2 化学合成路径 201
5.5.3 生物合成路径 203
5.5.4 生物合成市场潜力与发展方向 205

5.6 生物氢 206

5.6.1 市场价值 206
5.6.2 化学合成路径 206
5.6.3 生物合成路径 208
5.6.4 生物合成市场潜力与发展方向 212

参考文献 213

第6章 生物合成生物基高分子材料

6.1 生物基聚酰胺 230

6.1.1 市场价值 231
6.1.2 化学合成路径 232
6.1.3 生物合成路径 236
6.1.4 生物合成市场潜力与发展方向 240

6.2 生物基聚酯 240

6.2.1 PLA 241
6.2.2 PBS 245
6.2.3 PHA 247

6.3 生物橡胶 251

6.3.1 生物基异戊橡胶 251
6.3.2 生物基三元乙丙橡胶 254
6.3.3 生物基衣康酸酯橡胶 255
6.3.4 蒲公英橡胶 258

参考文献 259

第7章 生物合成前沿新材料

7.1 生物油墨 267

7.1.1 市场价值 267
7.1.2 生物合成路径 267
7.1.3 生物合成市场潜力与发展方向 269

7.2 电子化学品 269

7.2.1 市场价值 269

7.2.2 化学合成路径 270
7.2.3 生物合成路径 273
7.2.4 生物合成市场潜力与发展方向 274

7.3 活体功能材料 275

7.3.1 市场价值 275
7.3.2 生物合成路径 275
7.3.3 生物合成市场潜力与发展方向 278

7.4 生物合成纳米材料 278

7.4.1 市场价值 278
7.4.2 生物合成路径 279
7.4.3 生物合成市场潜力与发展方向 281

7.5 高强高模的生物基仿生复合材料 282

7.5.1 市场价值 282
7.5.2 生物合成路径 282
7.5.3 生物合成市场潜力与发展方向 285

参考文献 285

第8章 合成生物学领域的高新技术

8.1 基因编辑技术 289

8.1.1 基因编辑技术的原理 289
8.1.2 基因编辑技术的类别 290
8.1.3 基因编辑技术的应用 291

8.2 人工酶的设计及构建 292

8.2.1 人工酶概述 292
8.2.2 人工酶的分类 293
8.2.3 人工酶的设计及构建策略 294
8.2.4 人工酶的应用 296

8.3 细胞工厂的设计及构建 296

8.3.1 细胞工厂的设计及构建原理 297
8.3.2 细胞工厂构建的技术类别 297
8.3.3 细胞工厂的应用 298

8.4 反应分离耦合技术 299

8.4.1 反应分离耦合技术的原理 299
8.4.2 反应分离耦合技术的分类 300
8.4.3 反应分离耦合技术的应用 301

8.5 智能传感技术 301

8.5.1 智能传感技术的原理 301
8.5.2 智能传感技术的类别及发展过程 302
8.5.3 智能传感技术的应用 303

8.6 生物微胶囊技术 304

8.6.1 生物微胶囊技术的原理 304
8.6.2 生物微胶囊制备技术的类别 304
8.6.3 生物微胶囊技术的应用 306

参考文献 307

第1章 绪论

1.1 生物合成化学品和新材料的定义与分类

1.1.1 生物合成化学品和新材料的定义

微生物蕴含着人们意想不到的制造能力。随着化石能源的消耗以及化石能源使用造成的环境污染和温室效应日益严重，发展绿色无污染的生物合成化学品已成为保障生态链良性循环、促进"碳达峰、碳中和"、实现经济社会可持续发展的战略需求[1]。

生物基化学品和新材料，通常是指以可再生生物质为原料，通过生物、化学、物理等手段制造的大宗或精细化学品以及高性能生物材料，可广泛应用于材料、化工、食品、医药等领域[2]。生物基化学品和新材料摆脱了对化石原料的依赖，可以减少环境的污染。基于资源和环境可持续发展的双重考量是未来发展的主要趋势。据经济合作与发展组织（OCED）预计，到2025年，生物基化学品和新材料的产值将超过5000亿美元[3]。生物合成化学品和新材料即采用生物方法合成的化学品及新材料，主要包括生物基平台化合物、生物基精细化学品、生物高分子材料和生物合成前沿新材料等。随着基因工程、合成生物学等学科的不断发展，生物基化学品和新材料的生物合成已经具有良好的研究基础，研究队伍逐渐壮大，关键技术已经初步形成。

合成生物学助力的化学品绿色制造涉及底盘细胞的改造和创建，目标化学品合成途径的设计与组装以及代谢网络的人工调控与优化。通过一系列精确改造如大片段删减、高效无痕编辑和功能模块的稳定表达等，消除原有的本底代谢产物干扰或者提高异源表达产量，优化底盘细胞的性能并提高"细胞工厂"的可塑性[2]。通过调整或者重构代谢途径，提高前体供应，平衡代谢网络中多步反应的代谢流以及各种辅因子，遗传改造解除代谢中间体以及代谢产物的反馈抑制，使多种类的目标化学品高效生产。合成生物学将工程学和生物学相结合，不同于对自然基因模拟的基因工程和对代谢途径模拟的代谢工程，而是在以基因组解析技术和工程技术为核心的现代生物技术基础上，以系统生物学思想和知识为指导，综合生物化学、生物物理和生物信息技术，建立基于基因和基因组、蛋白质和蛋白质组的基本要素（模块）及其组合的工程化的资源库和技术平台，旨在设计、改造、重建或制造生物分子、生物元件、生物系统、代谢途径与发育分化过程，甚至具有生命活动能力的细胞和生物个体[4]。

合成绿色化学品和新材料需要运用合成生物学的核心技术，建立工程化的“人造生命”制造体系，主要包括两条路线[5]：一是新的生物元件、模块和系统的设计与建造；二是对现有的、天然的生物系统的重新设计。在过去的十多年里，合成生物学使细胞工厂的生物制造能力大幅提升[6]。一批原来不能生物合成或生物合成效率很低的化学品和新材料，如1,3-丙二醇、琥珀酸、1,4-丁二醇、L-丙氨酸、3-羟基丙酸等重要化学品以及聚羟基脂肪酸酯（PHA）、聚乳酸（PLA）、生物油墨、生物合成纳米材料等重要新材料，已成功利用生物制造方法进行工业生产，并实现了产业升级[7]。世界经济论坛（WEF）发布的报告显示[8]，利用可再生原料生产生物基产品是未来新兴生物经济的重要特征。据经济合作与发展组织预测[9]，到2030年，35%的化学品生产将由生物制造来实现，至少有20%的石化新材料（约8000亿美元）可由生物基产品替代。合成生物学技术将变革传统化学品生产模式，成为经济、民生和产业变革的主战场，是未来经济社会可持续发展的重要力量。

1.1.2 生物合成化学品和新材料的分类

生物合成正成为全球战略性新兴产业，每年以极快的速度增长，成为跨国公司竞争的焦点。生物合成体系具有无毒无害、环境温和等优点，拥有广泛的市场前景。目前，国内外研究人员已构建了一系列的化学品和新材料生物合成系统，实现了多种化学品和新材料的绿色合成，如图1-1所示。生物合成化学品可分类为大宗化学品、精细化学品、医药化学品、能源燃料、生物基高分子材料以及生物合成前沿新材料等。

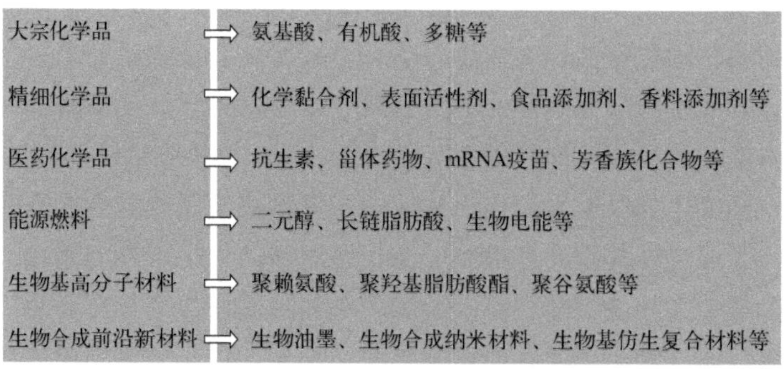

图1-1 生物合成化学品和新材料

1.1.2.1 生物基大宗化学品

发酵产品的生物制造[10]，尤其是氨基酸[11]、有机酸[12]、抗生素[13]、维生素[14]、微生物多糖等大宗发酵产品的生物制造，取决于核心菌种性能与技术的先进性。例如有机酸作为一类重要的大宗发酵产品，广泛应用于化工、食品、医药等领域。目前，有柠檬酸、苹果酸[15]、衣康酸[16]、丙酮酸、丙酸等 20 多种有机酸可以采用发酵法进行规模化生物制造。虽然很多发酵法生产有机酸化学品已经产业化数十年，但是随着时代的发展，各生产企业不断提出提升菌种生产能力、优化生产工艺等要求，以进一步降低生产成本，应对激烈的市场竞争[10]。高性能菌种可以实现更高的转化率、产品浓度和生产强度。合成生物学的发展大大提升了菌种设计改造能力，不仅有助于获得自主知识产权的新菌种，且可显著提高原料利用能力和转化效率等技术指标。

1.1.2.2 生物基精细化学品

我国高度重视包括生物催化在内的生物转化技术在精细化学品生产过程中的应用，近年来，国家先后出台了多项相关政策，为推动相关技术的发展起到了积极的作用。在这些政策的帮助下，我国发现了大量新生物催化剂和新的催化剂改造方法，并建立了系统完善的催化剂理论，在很多关键环节取得了新的突破。研究显示，我国在脂肪酶、腈转化酶[17]、氧化还原酶的基础和应用研究方面已经达到国际先进水平，并发展出具有丰厚专业知识和实践经验的人员队伍，为推进我国精细化学品的发展提供了强大的工具库和人力支持[18]。

精细化学品主要包括医用精细化学品、助剂、日用精细化学品、食品和饲料添加剂等。随着经济的发展和科技的进步，精细化工产业已进入成熟期。目前，我国已经成为全球最大的精细化学品供应国。随着合成生物学的发展，通过对细胞内代谢途径的全新设计，可以廉价的糖类等为原料来合成精细化学品，为大幅度降低生产成本、实现绿色生产提供了可能[19,20]。从总体上来看，我国已经是一个精细化学品生产大国，但是在相关技术方面依然存在较大局限性，无法达到精细化学品生产强国的标准。近年来，生物合成技术得到迅猛发展和应用，有效促进了精细化学品产业的发展，为我国实现弯道超车和跨越式发展提供了新的机会。

1.1.2.3 生物基医药化学品

目前，全球使用天然药物的人数约 65 亿。通过传统的种植方式生产已经难以满足社会发展需求[21,22]。

近年来，全球研究人员在植物天然产物的合成生物学领域取得了多项成果，成功创建了萜类化合物和苯丙素类等植物天然产物的人工合成菌种。青蒿素的微生物合成就是成功的典范，通过十多年努力，得到青蒿素前体的产量 25 g/L[23]。抗癌药物紫杉醇是备受关注的另一个重要案例，通过对功能模块进行精确调控，获得生产紫杉醇前体化合物——紫杉二烯的菌种，产量比之前报道的提高了 1 万倍以上[24]。在镇痛药物的生产方面，利用改造的酵母从糖中直接生产阿片类化合物蒂巴因、氢可酮以及那可丁，可显著地缩短其生产周期[25,26]；在产油酵母解脂耶氏酵母中设计和构建了人工不饱和脂肪酸（PUFA）生物合成基因簇，获得的 DHA 含量最高可达 16.8%[27]。近期，将大麻素前体大麻萜酚酸

(CBGA) 合成途径导入酵母细胞，并替换植物来源的异戊二烯转移酶成功实现 CBGA 工程微生物体内合成的突破。使用发酵罐合成大麻素[28] 成为合成生物制造领域的一个突破性进展。

在医药行业，原料药企降本增效动力最强。微生物发酵是医药行业的基础科学，一些原料药公司已经建立完整的全流程生物发酵工艺体系。原料药和药物中间体的原有市场格局已定，业绩增长到了天花板，需要在新赛道寻找发展契机。红没药醇、麦角硫因、五羟色氨酸这些国内市场相对空白、产品毛利高的原料或者中间体药物备受青睐。

1.1.2.4 生物基能源燃料化学品

将石油转化为燃料是人类在 19 世纪初发明的。近年来，科研人员一直在研究以细菌生产碳基能量分子，从而减少全球经济对石油的依赖，且将大大减缓气候变化的步伐。农业生物技术的进步，促进了燃料乙醇和生物柴油的大规模生产。尽管这些生物燃料优势明显，但仍然无法应用在海陆空长途运输、重型机械运作以及火箭领域，这些领域需要高功率和高能量质量比的石油衍生碳氢化合物作为高能燃料。这些化合物由于富含环状分子，可比非环状分子储存更多的能量，因此很难被非石油来源的化合物所替代。Keasling 团队[29] 在细菌中合成了聚环丙烷化脂肪酸甲酯新型生物燃料。经鉴定，该燃料的能量密度比当今使用的最先进的重型燃料更大，有望作为固体火箭推进剂使用。在生物能源领域中，通过合成生物技术等新的技术在各个环节赋能，降本增效，就一定能够开发出更广阔的产业化应用前景。

1.1.2.5 生物基高分子材料

目前的生物质资源储存量丰富，但没有得到合理的利用，通过合成生物学利用非粮淀粉、木质纤维素等可再生原料生产可再生高分子材料一方面可以解决化石能源短缺等问题，满足经济社会绿色、可持续发展需要[30]，另一方面，可以大幅减少能源消耗并固定二氧化碳，降低生产成本和碳排放[31]。

美国 DuPont 公司与 Genencor 公司合作，最早开发 1,3-丙二醇生物制造技术，产量为 135 g/L，葡萄糖转化率为 51%，生产强度达 3.5 g/(L・h)。进一步将丙二醇与对苯二甲酸聚合，建成了年产 4.5 万吨基于 1,3-丙二醇的生物基聚酯 PTT 炼制工厂。该生物路线比石化路线能耗低 40%，温室气体排放减少 20%，成为战略性新兴产业的一个典范[32]。

近年来，随着合成生物学的发展，人们对细胞代谢和调控认识的不断深入，技术手段不断进步，通过优化改造、从头设计合成高效生产菌种，大大提高了材料单体与聚合材料的生产能力与效率[33,34]。材料单体乳酸、丁二酸、戊二胺、己二胺[35] 和 1,4-丁二醇[36] 等均可通过工程细胞合成，约比石化路线减少 56%的温室气体排放。更多的脂肪酸[37]、有机胺、酯[38]、烯烃、烷烃、酮、酚等材料单体也可以通过生物制造实现，不过目前大多数产品与石化路线相比还不具备经济可行性，需要进一步提升生产水平。

微生物也可以通过各种碳源发酵直接合成高分子材料，主要包括微生物聚酯、聚氨基酸及微生物多糖等，它们具有很多优良性质，如生物可降解性、生物相容性和光学性能等。Chaudhry 等[39] 以玉米油为原料培养筛选得到一株假单胞菌，聚酯产率 12.53 g/L，积累的聚羟基脂肪酸酯含量达到了细胞干重的 35.63%。Pan 等[40] 以葡萄糖为碳源，通过混菌发酵优化接种时间、接种量、温度及初始 pH，结合响应面法精细调控，最终在 2 L 发酵罐采用补料分批发酵策略，使 ε-聚赖氨酸产量达（27.07±0.47）g/L，为微生物直接合成高分子材料提供了重要参考。

1.1.2.6 生物合成前沿新材料

随着合成生物学技术的飞速发展，生物合成前沿新材料领域正经历着一场革命性的变革。这一领域不仅关注于提高现有生物基前沿新材料的生产效率和性能，更致力于开发全新类型的高性能、多功能生物材料，以满足日益增长的绿色、可持续发展需求[41]。

在生物合成前沿新材料领域，直接运用基于合成生物学的方法，能够借助细菌生产经工程改造的天然蛋白质变体[42]。这些变体作为材料的构成部分，应用范围极为广泛，从精心打造的工程化细胞微环境，到具备特殊性能的纳米线[43]，再到充满创新的自愈材料等领域[44]，均展现出巨大潜力。

生物基前沿新材料的深入发展，不仅依赖于新成分的合成，还需要在制造、加工、印刷以及材料结构组装等诸多环节取得突破。生物系统具有高度复杂性，且每种特定材料都具备多种特性。鉴于此，基于“组学”的方法有望助力生成适用于各类相关应用场景的材料。例如，通过将新型生物材料的高通量筛选与全面且详尽的输出数据相结合，并运用机器学习算法，成功开发出了具有抗生物污染特性的生物材料，以及应用于制药领域的聚合物[44]。这些创新性方法能够挖掘出具有独特、前所未有的特性的材料，并且在生物系统的表征与工程化方面发挥更大作用，为生物材料的研究与应用开辟更为广阔的道路。

1.2 生物合成化学品和新材料的形成与发展

1.2.1 化工行业环境污染

化学工业在我国经济社会发展与工业化进程中起着不可忽视的作用。但作为我国工业的主体产业之一，化学工业对环境的污染和破坏也是巨大的。统计数据显示，在我国所有的工业排放量（包括废水、废气、废渣）中，化学工业排放量位居我国工业排放量的第二位。废水、废气、废渣分别占到了总排放的 0.3%～0.34%、0.08%～0.12%、0.08%～0.11%[45]。从污染来源的角度看，化学制药工业与化学肥料工业年排放量最多，其排放物大部分为工业废水，且该种废水难以被微生物所降解。我国的环境治理与监管部门从成立初期就将化学工业污染纳入了重点监管范围，科研单位也对化工污染治理技术加大了研究力度，发明了许多行之有效的治理方案，在一定程度上缓解了化工企业造成的环境污染。但根治化工污染还有很远的路要走。环境污染问题仍然是限制化学工业进一步发展的最大的问题。

我国部分在运行的中小型化工企业使用的仍然是20世纪的设备和技术，造成了这些企业生产效率低、能源消耗高、三废排放量高，不仅导致了巨大的环境污染，而且浪费了我国大量的化工原材料。

因此，我们需要更清洁的生产技术代替传统化学合成来获得化学品和新材料。

1.2.2 化学品和新材料的生物合成技术

生物经济的核心技术之一就是工业生物技术。它以生物转化为特征，加速以生物能源、生物基化学品、新材料和生物加工制造业为代表的现代新兴工业的发展，正在全球范围内掀起一场新的现代工业技术革命。

化学品和新材料的生物合成技术包括生物质的预处理技术、糖化技术、底盘细胞改造技术、细胞工厂构建、生物加工途径优化、智能反应器工程和分离纯化技术等。其中，生物质的预处理技术是指使用特定微生物或其代谢产物对生物质进行处理，以提高生物质的可降解性。糖化技术是生物质转化为生物体可利用还原糖的核心技术；底盘改造技术是基于合成生物学“设计-构建-测试-学习”策略，对底盘细胞进行多维度的理性或半理性改造，是实现“建物致知”以及“建物致用”目标的重要手段；细胞工厂构建指的是在细胞中通过细胞的代谢途径改造来实现物质的加工生产；生物加工途径优化即代谢调控技术，是构建微生物细胞工厂的重要技术手段，构建高效平衡的代谢途径能够抑制副产物或者中间产物的积累，提高目标化合物和新材料的产量；智能反应器工程是将人工智能和反应器偶联，实现生物反应装置的智能化不仅适用于化学品的生产，也适用于新材料的合成。在过去的二十年中，生物、化学和其组合方法被用于生产越来越多的化学品和新材料，在可预见的未来，生物合成技术必将使化学品的合成走向更广阔的天地。

1.3 生物合成化学品和新材料的特点

生产化学品和新材料的公司必须应对大量的废物处理和环境风险。在这种背景下，人们越来越关注绿色化学、生物基化学品和新材料等概念。“绿色化学”被定义为“绿色化学，又称环境无害化学（environmentally benign chemistry）、环境友好化学（environmentally friendly chemistry）。研究在制造和应用化学产品时减少、消除使用或产生对人类健康和环境有害的物质的一门学科[46]。”绿色化学旨在帮助实现可持续性，由 Anastas 和 Warner[47,48] 制定。其定义基于十二项原则，其中的一个原则就是使用可再生原料。生物合成过程常温常压、绿色环保，可以通过使用再生生物质合成化学品和新材料（如生物基高分子材料）具有经济性、环境可行性、可持续性和产品性能更高等特点。

1.3.1 生物合成化学品和新材料的经济性

生物质作为化学品生产原料的成本效益是生物合成化学品和新材料技术的实施关键参

数。Yang 等[49,50] 将生物合成化学品和新材料的生产成本和销售价格导入 BREW 模型，与单位化石当量的成本和销售价格进行了比较，并报告了许多生物材料（如生物乙烯和 PLA 等）的经济盈利能力。Gerssen-Gondelach 等[51] 还报告了利用巴西甘蔗制乙烯、PLA 和 PHA 的成本竞争力，其基础是将用于标准化生产成本的计算数据标准化。赛金等[50] 比较了生物基和化石基化学品及新材料的经济价值，研究结果表明，目前全球生物基材料的生产成本严重依赖于原料。对于目前产能较小或仅处于研究开发阶段的材料，成本竞争力低，而针对非常高价值的石化产品如丁二酸和尼龙类的生物基材料成本竞争力高。当然，生产成本和销售价格的发展取决于原油价格和糖价以及生产技术的创新，因此，任何预测都不可避免地受到重大不确定性因素的影响。

1.3.2 生物合成化学品和新材料的环境可行性

生物合成化学品是向可持续生物经济过渡进程中迈出的重要一步。然而，为了确保作出适当的决定，并避免过于乐观，必须评估和量化生物合成化学品和新材料整个工艺链的潜在环境影响，同时考虑适合生产地的生产做法和边界条件。综合生物精炼厂在化学品及新材料和能源载体的联合生产过程中最大限度地利用生物质，可以潜在地减少对环境的影响，其能量和经济优势得到了广泛的支持，多种产品产出的生物精炼厂生产链更符合环境保护的要求。此外，生产和使用生物合成产品的主要环境优势是大大减少了化石燃料的使用，从而减少了石化工业和下游用户的温室气体排放。戈尔登等估计，目前生物基产品的使用每年可取代约 3 亿加仑石油的使用。需要考虑不可再生能源的消耗及其对全球变暖的影响，但气候变化并不是唯一需要考虑的，生物合成化学品和新材料对水和土地利用的影响也应该权衡。

1.3.3 生物合成化学品和新材料的可持续性

生物合成化学品和新材料最大的特点是减少温室气体（GHG）的排放，减轻对环境的污染。生物合成化学品和新材料使用温和的生物工艺条件，例如低温和低压；具有原材料和土地使用的可持续性。

1.3.4 生物合成化学品和新材料产品性能更高

合成生物技术通过精准调控和优化生物体的代谢通路可以设计出具有特定性能的生物产品。基于合成生物技术的生产方式，可以使产品具备更高性能。

1.4 生物合成化学品和新材料与国家战略的关系

1.4.1 生物合成化学品和新材料产业发展的战略背景

二战后出现的三次产业结构调整：第一次产业结构调整使农业经济向工业经济转型，

轻纺织工业成为部分地区的阶段性主导产业[52]。第二次产业结构调整后，在某些发达国家实现了较高的工业化发展水平，第三次产业结构调整则是在经济危机爆发后，主要是矿产采掘、钢铁冶金、机械制造等传统产业在全球产业链中的比重相对下降[53]，而新兴技术产业，如新能源、新材料、生物工程、信息技术、环保节能产业发展势头迅猛，逐步成为经济增长的新动力。面对世界产业结构调整的大趋势，我国唯有掌握前沿核心技术，加速构建自己的产业体系，转变传统的经济发展方式。生物合成化学品和新材料是一种颠覆性的物质生产方式，其产业发展可促进国家产业迭代更新，顺利完成产业结构调整和产品合理布局。

1.4.2 生物合成化学品和新材料产业发展的战略环境

全球经济危机的爆发，对各国的实体经济造成了巨大的影响，在迫使世界各国对实体经济的发展路径重新认识。事实上，每一次重大的经济危机都会伴随新科技革命、新技术的成功运用进而推动新兴产业的变革，并促使形成新的经济增长点。针对后危机时代，各国纷纷制定和实施新兴技术产业的发展计划，积极主动地调整产业结构并寻求新的经济增长点，以谋求更多的发展空间来提振本国经济。因此，全球经济将进入前所未有的科技革命和技术创新的时代。而与此同时，全球气候变暖、资源枯竭、生态危机等一系列人类生存发展的重大问题给各国经济发展蒙上阴影。面对复杂多变产业环境，如何抓住新一轮新兴前沿技术发展机遇、构建国际竞争的新优势、真正做到“转危为机”、突破发展瓶颈值得思考。大力培育和发展战略性新兴产业正是国家借鉴国际先进经验，立足本国国情，从战略全局出发的重大决策，以应对金融危机，克服后危机时代的不利影响。我国的国民经济环境决定了合成化学品和新材料产业政策必须符合现有的基本国情。随着现代生命科学和生物技术的快速发展，基因测试技术、蛋白质分析技术、转基因技术和数据分析等日臻完善，生物合成化学品和新材料产业对经济结构的影响力日益凸显。《中共中央关于制定国民经济和社会发展第十二个五年规划的建议》专门提出，生物产业要充分发挥我国特有的资源优势和技术优势，面向健康、农业、环保、能源和材料等领域的重大需求，努力实现关键技术和重要产品研制的新突破。可通过重点开拓生物合成技术应用，争取突破关键技术、开发高附加值产品、改革传统生物产业、发展低碳经济，促进生物化工、生物材料、生物能源、生物环保等领域提升科技自主创新能力，建立健全我国可持续发展的生物技术创新体系。基于产业发展的战略环境，整合技术、资本、劳动力和资源，构建生物合成化学品和新材料产业创新平台。

1.4.3 生物合成化学品和新材料产业发展的战略价值

随着合成生物技术产业化的快速发展，生物合成化学品和新材料产业成为新型经济增长方式的焦点。随着合成生物经济时代的到来，生物合成化学品和新材料产业所获得的商业利润将以指数形式递增，例如一个重组基因蛋白质药物就可以创造几百亿元甚至上千亿元的财富。生物基高性能纤维在航空航天领域对飞行器轻量化至关重要，能大幅提升飞行器燃油效率与续航能力，仅应用于高端民航客机制造这一领域，便能催生每年数十亿乃至上百亿美元的庞大市场，创造巨额财富。这对社会经济发展无疑是巨大的推动。而且生物合成化学品和新材料产业的发展，对于我国解决日益严峻的能源短缺问题、环境污染问题、粮食安全问题、公共卫生安全问题，均有着巨大的推动作用。做好前沿技术的产业发展战略政策制定，关系到我国赢得发展主动权，关系到更好地持续推动科技进步与创新、实现产业的重点突破与跨越。

参考文献

[1] Reichert C L，Bugnicourt E，Coltelli M，et al. Bio-based packaging：materials，modifications，industrial applications and sustainability [J]. Polymers，2020，12（7）：1558.

[2] Liu H，Wang Y，Hou Y，et al. Fitness of chassis cells and metabolic pathways for l-cysteine overproduction in *Escherichia coli* [J]. Journal of Agricultural and Food Chemistry，2020，68（50）：14928-14937.

[3] Climent M J，Corma A，Iborra S. Heterogeneous catalysts for the one-pot synthesis of chemicals and fin chemicals [J]. *Chem Rev*，2011，111：1072-1133.

[4] Mali P，Esvelt K M，Church G M. Cas9 as a versatile tool for engineering biology [J]. Nature Methods，2013，10（10）：957-963.

[5] Gargalo C L，Udugama I，Pontius K，et al. Towards smart biomanufacturing：a perspective on recent developments in industrial measurement and monitoring technologies for bio-based production processes [J]. Journal of Industrial Microbiology and Biotechnology，2020，47（11）：947-964.

[6] Dargin J，Daher B，Mohtar R H. Complexity versus simplicity in water energy food nexus（WEF）assessment tools [J]. Science of The Total Environment，2019，650：1566-1575.

[7] Clomburg J M，Crumbley A M，Gonzalez R. Industrial biomanufacturing：the future of chemical production [J]. Science，2017，355（6320）：aag0804.

[8] Hoolohan C，Larkin A，Mclachlan C，et al. Engaging stakeholders in research to address water-energy-food（WEF）nexus challenges [J]. Sustainability Science，2018，13（5）：1415-1426.

[9] Guilinger J P，Thompson D B，Liu D R. Fusion of catalytically inactive Cas9 to FokI nuclease improves the specificity of genome modification [J]. Nature Biotechnology，2014，32（6）：577-582.

[10] Komor A C，Kim Y B，Packer M S，et al. Programmable editing of a target base in genomic DNA without double-stranded DNA cleavage [J]. Nature，2016，533（7603）：420-424.

[11] Xu J，Tao Y，Shan Q，et al. Optimized biosynthetic pathway for nonnatural amino acids：an efficient approach for L-2-aminobutyric acid production [J]. Biotechnology and Bioengineering，2025，122（7）：1856-1872.

[12] Simonetti S，Martín C F，Dionisi D. Anaerobic fermentation for the production of short chain organic acids：product concentration，yield and productivity in batch experiments at high feed concentration [J]. Journal of Environmental Chemical Engineering，2021，9

(5): 106311.

[13] Sato S, Fan P H, Yeh Y C, et al. Complete in vitro reconstitution of the apramycin biosynthetic pathway demonstrates the unusual incorporation of a β-D-sugar nucleotide in the final glycosylation step [J]. Journal of the American Chemical Society, 2024, 146 (14): 10103-10114.

[14] Zhang C, Cahoon R E, Hunter S C, et al. Genetic and biochemical basis for alternative routes of tocotrienol biosynthesis for enhanced vitamin E antioxidant production [J]. The Plant Journal, 2012, 73 (4): 628-639.

[15] Kang N K, Lee J W, Donald R, et al. L-malic acid production from xylose by engineered *Saccharomyces cerevisiae* [J]. Biotechnology Journal, 2021, 17 (3): 2000431.

[16] Becker J, Tehrani H H, Gauert M, et al. An Ustilago maydis chassis for itaconic acid production without by-products [J]. Microbial Biotechnology, 2019, 13 (2): 350-362.

[17] Jamwal S, Dautoo U K, Ranote S, et al. Enhanced catalytic activity of new acryloyl crosslinked cellulose dialdehyde-nitrilase Schiff base and its reduced form for nitrile hydrolysis [J]. International journal of biological macromolecules, 2019, 131: 117-126.

[18] Huang J F, Liu Z Q, Jin L Q, et al. Metabolic engineering of *Escherichia coli* for microbial production of L-methionine [J]. Biotechnology and Bioengineering, 2017, 114 (4): 843-851.

[19] Park S H, Kim H U, Kim T Y, et al. Metabolic engineering of *Corynebacterium glutamicum* for L-arginine production [J]. Nature Communications, 2014, 5 (1): 4618.

[20] Ozcengiz G, Demain A L. Recent advances in the biosynthesis of penicillins, cephalosporins and clavams and its regulation [J]. Biotechnology Advances, 2013, 31 (2): 287-311.

[21] Yuan H, Ma Q, Ye L, et al. The traditional medicine and modern medicine from natural products [J]. Molecules, 2016, 21 (5): 559.

[22] Lu Y. Biosynthetic inorganic chemistry [J]. Angewandte Chemie International Edition, 2006, 45 (34): 5588-5601.

[23] Guo Z. Artemisinin anti-malarial drugs in China [J]. Acta Pharmaceutica Sinica B, 2016, 6 (2): 115-124.

[24] Sheldon R A, Woodley J M. Role of biocatalysis in sustainable chemistry [J]. Chemical Reviews, 2018, 118 (2): 801-838.

[25] Sigrist R, Costa B, Marsaioli A, et al. Nature-inspired enzymatic cascades to build valuable compounds [J]. Biotechnology Advances, 2015, 33 (5): 394-411.

[26] Howat S, Park B, Oh I S, et al. Paclitaxel: biosynthesis, production and future prospects [J]. New Biotechnology, 2014, 31 (3): 242-245.

[27] Nyerges Á, CsörgöB, Nagy I, et al. A highly precise and portable genome engineering method allows comparison of mutational effects across bacterial species [J]. Proceedings of the National Academy of Sciences, 2016, 113 (9): 2502-2507.

[28] Valliere M A, Korman T P, Woodall N B, et al. A cell-free platform for the prenylation of natural products and application to cannabinoid production [J]. Nature Communications, 2019, 10 (1): 565.

[29] Cruz-Morales P, Yin K, Landera A, et al. Biosynthesis of polycyclopropanated high energy

biofuels [J]. Joule, 2022, 6 (7): 1590-1605.

[30] Manieniyan V, Thambidurai M, Selvakumar R. Study on energy crisis and the future of fossil fuels [J]. Engineering Wing, 2009, 12 (10): 2234-3689.

[31] Li J, Lin L, Sun T, et al. Direct production of commodity chemicals from lignocellulose using *Myceliophthora thermophila* [J]. Metabolic Engineering, 2020, 61: 416-426.

[32] Karaffa L, Diaz R, Papp B, et al. A deficiency of manganese ions in the presence of high sugar concentrations is the critical parameter for achieving high yields ofitaconic acid by *Aspergillus terreus* [J]. Applied Microbiology and Biotechnology, 2015, 99 (19): 7937-7944.

[33] Wendisch V F. Metabolic engineering advances and prospects for amino acid production [J]. Metabolic Engineering, 2020, 58: 17-34.

[34] Hirasawa T, Shimizu H. Recent advances in amino acid production by microbial cells [J]. Current opinion in Biotechnology, 2016, 42: 133-146.

[35] Wang L, Li G, Deng Y. Diamine biosynthesis: research progress and application prospects [J]. Applied and Environmental Microbiology, 2020, 86 (23): e01972-20.

[36] Yu T, Zhou J , Chen Y, et al. Sustainable antibiotic-free highyield 1,4-butanediol production by engineered aldehyde Dehydrogenase and carbon flux remodeling in *Escherichia coli* [J]. Chemical Engineering Journal, 2025: 166542.

[37] Gago G, Diacovich L, Arabolaza A, et al. Fatty acid biosynthesis in actinomycetes [J]. FEMS Microbiology Reviews, 2011, 35 (3): 475-497.

[38] Li F, Wu X, Lam P, et al. Identification of the wax ester synthase/acyl-coenzyme A: diacylglycerol acyltransferase WSD1 required for stem wax ester biosynthesis in Arabidopsis [J]. Plant Physiology, 2008, 148 (1): 97-107.

[39] Chaudhry W N, Jamil N, Ail I, et al. Screening for polyhydroxyalkanoate (PHA) -producing bacterial strains and comparison of PHA production from various inexpensive carbon sources [J]. Annals of Microbiology, 2011, 61 (3): 623-629.

[40] Pan L, Zhang C, Yuan X, et al. Improvement of ε-Poly-L-lysine production by coculture fermentation strategy [J]. Fermentation, 2023, 9 (7): 626.

[41] Shen. S, Chen. Y, Zhou. J, et al. Microbe-mediated biosynthesis of multidimensional carbon-based materials for energy storage applications [J]. *Advanced Energy Materials*, 2023, 13, 2204259.

[42] Yamazawa Y, Kato H, Nakaji T, et al. Bioinactive semi-interpenetrating network gel layers: zwitterionic polymer chains incorporated in a cross-linked polymer brush [J]. *Journal of Materials Chemistry* B, 2019, 7 (27): 4280-4291.

[43] Timoszyk A, Niedbach J, Śliżewska P, et al. Eco-friendly and temperature pependent biosynthesis of gold nanoparticles using the *bacterium pseudomonas* aeruginosa: characterization and antibacterial activity [J]. *Journal of Nano Research*, 2017, 48: 114-124.

[44] Wang Y, An B, Xue B, et al. Living materials fabricated *via* gradient mineralization of light-inducible bio films [J]. Nat Chem Biol, 2021, 17 (3): 351-359.

[45] Korman T P, Sahachartsiri B, Li D, et al. A synthetic biochemistry system for the *in vitro* production of isoprene from glycolysis intermediates [J]. *Protein Science*, 2014, 23 (5): 576-585.

[46] Anastas P, Eghbali N. Green chemistry: principles and practice [J]. Chemical Society Reviews, 2010, 39 (1): 301-312.

[47] Guterl J K, Garbe D, Carsten J, et al. Cell-free metabolic engineering: production of chemicals by minimized reaction cascades [J]. ChemSusChem, 2012, 5 (11): 2165-2172.

[48] Zhang T, Yang J, Tian C, et al. High-yield biosynthesis of glucosylglycerol through coupling phosphorolysis and transglycosylation reactions [J]. Journal of Agricultural and Food Chemistry, 2020, 68 (51): 15249-15256.

[49] Kim T, Bhatt A, Tao L, et al. Life cycle analysis of polylactic acids from different wet waste feedstocks [J]. Journal of Cleaner Production, 2022, 380: 135110.

[50] Yang L, Wang X, Dai M, et al. Shifting from fossil-based economy to bio-based economy: status quo, challenges, and prospects [J]. Energy, 2021, 228: 120533.

[51] Gerssen-Gondelach S, Saygin D, Wicke B, et al. Competing uses of biomass: Assessment and comparison of the performance of bio-based heat, power, fuels and materials [J]. Renewable and Sustainable Energy Reviews, 2014, 40: 964-998.

[52] Chen F. Industrial Restructuring and Workers' Resistance in China [J]. Modern China, 2016, 29 (2): 237-262.

[53] Zhang J, Jiang H, Liu G, et al. A study on the contribution of industrial restructuring to reduction of carbon emissions in China during the five Five-Year Plan periods [J]. Journal of Cleaner Production, 2018, 176: 629-635.

第2章

生物合成大宗化学品

大宗化学品是指应用广泛、产量大且生产率高的化学品。大宗化学品在国民经济中占据重要地位。目前，我国大宗化学品主要以石油、煤炭、天然气等不可再生的化石资源为原料，通过化工技术加工得到，具有不可持续性的缺点。且因为大宗化学品生产体量大，其化工生产过程对环境污染严重，会排放大量的温室气体。

合成生物学技术的进步为解决上述问题提供了有前景的措施。合成生物学技术包括微生物发酵技术和酶催化技术，其生产条件温和、生产过程能耗低且操作安全性高。合成生物学技术的应用大大提高了多种大宗化学品的产量，其中二元醇、有机酸和氨基酸是重要的代表性产品。鉴于气候变化带来的压力，对大宗化学品生产过程的可持续化发展的需求十分强烈。生物技术为实现真正的可持续生产提供了巨大的机会。

2.1 1,3-丙二醇

2.1.1 市场价值

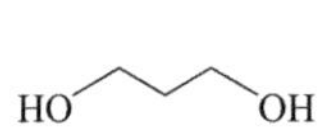

图 2-1 1,3-丙二醇

1,3-丙二醇(1,3-propanediol,1,3-PDO,结构式见图 2-1)是已知最古老的发酵产品之一。1881 年,Freund[1]在含有巴氏梭菌的甘油发酵混合培养物中发现了 1,3-PDO。由于存在两个羟基,1,3-PDO 常被用于生产聚酯和聚氨酯等聚合物[2]。最近,1,3-PDO 作为单体应用于新型聚酯和可生物降解塑料生产,具有较大的市场需求。与聚羟基烷烃酸酯或聚乳酸相比,基于 1,3-PDO 的可生物降解聚酯的主要优点是其物理性能更易调节,更适合塑料制品的制造。1,3-PDO 在制造透明弹道聚合物中也有应用,可通过调控成分来增强透明度、抗冲击性和紫外线稳定性等性能。1,3-PDO 还可以用于杀菌剂的生产,例如一种低成本的高性能杀菌剂 PCT 3015。此外，1，3-PDO 在化妆品、润滑剂、镇静剂等产品中有着广泛应用[3]。近年来，1，3-PDO 这一“特种化学品”正在向“商业化学品”过渡[4]。近年来，由于 1，3-PDO 其制备技术的突破使其售价下调至每磅 0.80 美元，且其市场需求正在快速增长，近年来年均市场需求超过 1 亿磅[5]。综上，1，3-PDO 具有很大的市场价值。

2.1.2 化学合成路径

1，3-PDO 传统的化工合成路径是丙烯醛水合法或环氧乙烷氢甲酰化工艺[6,7]。在丙烯醛水合法中，丙烯醛经过催化溶液相水合成 3-羟基丙醛，然后氢化生成 1，3-PDO，其产率不足 40%[式(2-1)与式(2-2)]。环氧乙烷（EO）氢甲酰化工艺通过环氧乙烷先氢甲酰化再加氢生产 1，3-PDO [式(2-3)]，其产率可达 80%。这些传统化学工艺的氢甲酰化和氢化步骤存在反应条件苛刻、催化剂昂贵、释放有毒中间体、反应选择性差、副产物较多和高品质 1，3-PDO 产品提纯困难等问题，严重限制了化学法合成 1，3-PDO 的进一步应用[8-10]。

$$CH_2{=}CHCHO + H_2O \longrightarrow HOCH_2CH_2CHO \tag{2-1}$$

$$HOCH_2CH_2CHO + H_2 \longrightarrow HOCH_2CH_2CH_2OH \tag{2-2}$$

$$+ CO + 2H_2 \longrightarrow HOCH_2CH_2CH_2OH \tag{2-3}$$

甘油是生物柴油工业的主要副产品。每生产 100 加仑生物柴油，就会留下 5～10 加仑的粗甘油。2007 年，欧洲生产的甘油超过 6.6×10^6 t，主要生物柴油生产国之一的德国视粗甘油为典型的“工业废水”[11]。2009 年，美国生物柴油行业每年产生约 18 亿磅（1 磅=0.454 千克）甘油[12]。人们发现以粗甘油为原料生产 1，3-PDO 可实现粗甘油的废物利用，是一种可持续发展的途径，该途径包括金属催化和生物发酵两种方法[13]。

金属催化甘油氢解生产 1，3-PDO 是通过采用硅烷化载体制备的蛋壳型 Ir-ReOX 催化剂，通过阻碍活性金属前驱体的团聚，提高 1，3-PDO 的产量[14]。Wu 等[15] 将乙酰丙酸加入甘油中，在 200℃下用 Ru/C 作为催化剂通过一锅法氢解甘油生产 1，3-PDO，甘油转化率为 64.5%，1，3-PDO 选择性为 35.8%。然而氢解过程切割甘油分子的 C—O 键的选择性较低，氢解产物含有 1，2-丙二醇、1-丙醇和 2-丙醇等杂质[16]。尽管固体酸（如离子交换树脂[17]、钨酸[18]、杂多酸[19]）、H-ZSM-5 沸石[20] 和酸性氧化物[21] 已被用作协同催化剂，提高了甘油氢解生产 1，3-PDO 的选择性，但仍存在反应温度较高、毒性大、产生有毒副产物等缺陷。

2.1.3 生物合成路径

微生物发酵生产 1，3-PDO 的主要原料是甘油，其次是葡萄糖。此外，还能以木糖等物质为原料通过共发酵生产 1，3-PDO。从产量、产品回收率和环境保护等方面考虑，微生物以甘油和葡萄糖为原料生产 1，3-PDO 的路线备受关注。

2.1.3.1 甘油生产 1,3-丙二醇

自 1980 年以来，人们一直在研究用于 1,3-PDO 生产的代谢途径和酶动力学。微生物在厌氧条件下以甘油为唯一碳源合成 1,3-PDO。参与甘油代谢的酶有甘油脱水酶（GDHt）、1,3-丙二醇氧化还原酶（PDOR）、甘油脱氢酶（GDH）和二羟丙酮磷酸激酶（DHAK）。甘油异化涉及两条平行的途径，即还原途径和氧化途径，如图 2-2 所示[22]。

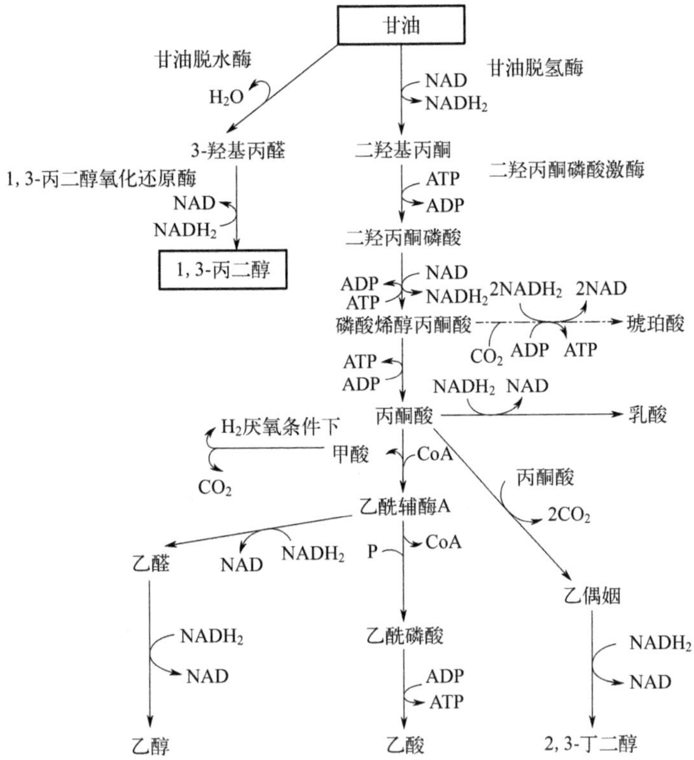

图 2-2 甘油代谢生产 1,3-丙二醇及其他化学品

在还原途径中，维生素 B_{12} 依赖性 GDHt 和 PDOR 分别催化以下两个连续反应：即 GDHt 催化甘油脱去一个水分子以形成 3-羟基丙醛，然后通过 PDOR 将其还原为 1,3-PDO。在氧化途径中，甘油被 GDH 催化脱氢为二羟基丙酮后，由 DHAK 转化为二羟丙酮磷酸，再进一步生成丙酮酸，由此进入糖酵解、三羧酸循环等代谢途径产生各种副产物。

微生物发酵法制备 1,3-PDO 具有反应条件温和、环境友好无污染、过程易实现、不产生有毒副产物等优点[23]。且甘油发酵法生产的 1,3-PDO 比使用环氧乙烷和丙烯醛生产的 1,3-PDO 含有更少的杂质[5]。

研究表明，利用佛氏柠檬酸杆菌、肺炎克雷伯菌或巴氏梭菌等微生物可以从甘油中生成 1,3-PDO[24,25]。Zhang 等[26] 通过表达甘油脱水酶、1,3-PDO 氧化还原酶和甘油脱水

酶再激活因子的重组大肠杆菌，利用甘油生成了 8.6 g/L 1,3-PDO。Papanikolaou 等[27]以生物柴油厂提取的粗甘油作为酪酸梭菌的底物，通过间歇厌氧培养可产生 47.1 g/L 1,3-PDO。Zheng 等[28]提出了肺炎克雷伯菌的两阶段补料间歇策略，以降低 3-羟基丙醛的毒害作用并保持 1,3-PDO 的高产率。间歇培养阶段在 40 g/L 初始甘油浓度和 250 r/min 搅拌速率的条件下进行，最终获得了 74.07 g/L 的 1,3-PDO，转化率和生产速率分别为 0.62 mol/mol 和 3.08 g/(L・h)。Mu 等[29]用肺炎克雷伯菌进行粗甘油分批补料发酵，1,3-PDO 产量为 51.3 g/L，生产速率为 1.7 g/(L・h)，与纯甘油 2 g/(L・h)的生产速率相当。该研究实现了粗甘油无需纯化、直接转化为 1,3-PDO 的过程。Tang 等[30]使用两阶段、双底物发酵工艺，借助重组大肠杆菌将甘油转化为 1,3-PDO。在第一阶段，细胞进行生长。在第二阶段，来自新鲜培养基的甘油迅速转化为 1,3-PDO。在此两阶段的工艺中，1,3-PDO 的浓度和生产速率分别达到 104.4 g/L 和 2.61 g/(L・h)。

2.1.3.2 葡萄糖生产 1,3-丙二醇

以葡萄糖为底物通过各种酵母（如酿酒酵母、肉桂酵母、木兰酵母）发酵生产甘油已为人们熟知，部分葡萄糖通过丙酮酸转化为丁二醇和 CO_2，其余葡萄糖还原为甘油（图 2-3）。

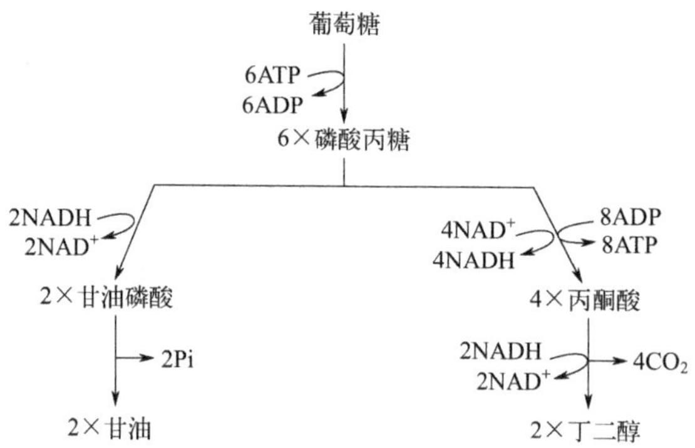

图 2-3　由葡萄糖生产甘油

葡萄糖转化为甘油后，可进一步发酵生产 1,3-PDO，实现葡萄糖的增值，其过程如图 2-4 所示。Boenigk 等[31]使用弗伦迪梭菌进行了两阶段发酵生产 1,3-PDO。在第一个甘油限制的发酵罐中，产生了活性生物质。在第二个发酵罐中，降低稀释率，可进一步提高 1,3-PDO 的产量。1,3-PDO 最大生产速率为 1.38 g/(L・h)，最高浓度为 545 mmol/L。马正等[32]开发了一种重组酿酒酵母菌株，该菌株可以在一锅反应中将 D-葡萄糖转化为 1,3-PDO。研究人员[33]报道的重组大肠杆菌可以产生滴度为 135 g/L 的 1,3-PDO，转化率为 0.6 mol/mol。

2.1.3.3 共发酵生产 1,3-丙二醇

在共发酵策略中，甘油和其他糖的混合物用于 1,3-PDO 的商业生产，以降低生产成

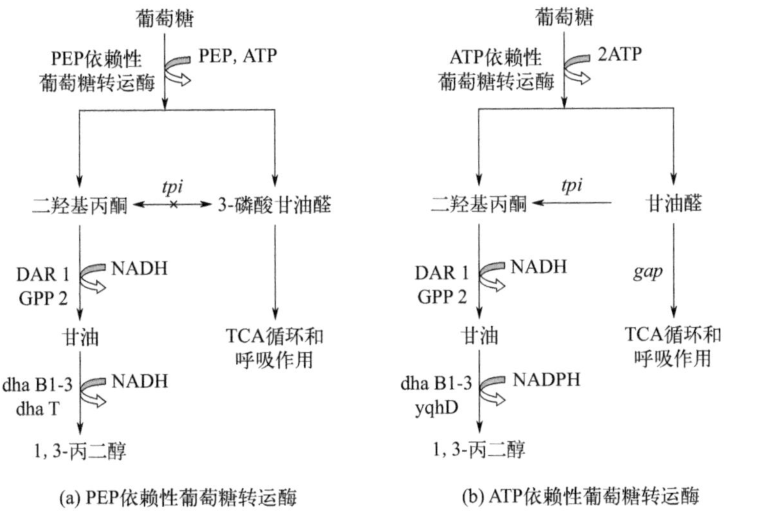

图 2-4　葡萄糖代谢生产 1, 3-丙二醇

本。Abbad-Andaloussi 等[34] 研究了葡萄糖对丁酸梭状芽孢杆菌甘油代谢的影响。他们发现，使用甘油为底物时，仅 57%的甘油被氧化为 1,3-PDO，其余甘油则被氧化为有机酸以提供生长所需的能量。对于葡萄糖-甘油混合物，细胞分解代谢葡萄糖产生能量，而甘油则可全部用于生产 1,3-PDO。Peng 等[35] 证明了葡萄糖对罗伊氏乳杆菌休眠细胞甘油发酵的影响。与无葡萄糖培养基产生的 1,3-PDO 相比，当静息细胞在添加 0.1 mol/L 葡萄糖和 0.2 mol/L 甘油的培养基中共发酵时，1,3-PDO 的产量增加 4.86 倍。此外，Tong 等[36] 利用来自肺炎克雷伯菌的 *dha* 基因构建了重组大肠杆菌，用于共发酵生产 1,3-PDO，结果表明 1,3-PDO 的转化率从单独使用甘油发酵的 0.46 mol/mol 提高到甘油葡萄糖共发酵的 0.63 mol/mol 和甘油木糖共发酵的 0.55 mol/mol。

2.1.3.4　其他策略生产 1,3-丙二醇

固定化细胞可重复利用，且易于从生产介质中去除，有利于工业应用。然而，其在 1,3-PDO 生产中的应用很少。Griffiths 等[37] 利用 POLYHIPE^{TM} 固定弗劳迪弧菌生产了 1,3-PDO。Pflugmacher 等[38] 利用固定在改性聚氨酯泡沫塑料上的弗伦迪梭菌细胞生产 1,3-PDO，产率高达 8.2 g/(L·h)。Zhao 等[39] 研究了纤维素硫酸钠/聚二甲基二烯丙基氯化铵组成的微胶囊在分批、分批补料和连续条件下固定肺炎克雷伯菌生产 1,3-PDO 的潜力。在分批补料过程中，产生了 63.1 g/L 1,3-PDO。

2.1.4　生物合成市场潜力与发展方向

目前，1,3-PDO 的生物合成产业化尚有技术障碍和经济挑战等关键问题待解决。最大的制约因素是产量和生产率低[24]。通过工艺优化、补料分批和连续操作模式有望突破产量低的现状，而通过细胞循环或固定化细胞的连续培养则能进一步提高整个过程的生产

率。通过诱变以提高微生物对 1,3-PDO 的耐受性也有助于提高 1,3-PDO 的产量。此外，强化代谢过程仍然是科学家面临的挑战。未来，在重组生物体中表达相关目的基因以提高 1,3-PDO 产量需攻克以下问题[30]：①相关目的基因在工程大肠杆菌中的异源表达仅能将甘油转化为低浓度的 1,3-PDO，这可能是由于 PDOR 不能完全催化 3-羟基丙醛（3-HPA）转化为 1,3-PDO[7]；②甘油是生产 1,3-PDO 的基本底物，但会导致 GDHt 不可逆地失活[40]；③需要额外添加高成本的维生素 B_{12}。

与此同时，缺乏有效纯化策略从复杂发酵液中分离 1,3-PDO 阻碍了生物来源的 1,3-PDO 的商业化生产。目前，1,3-PDO 回收的主要方法是反应萃取、液液萃取、蒸发、蒸馏、膜过滤、渗透蒸发和离子交换色谱。然而，这些方法都有一些缺点或局限性，如纯化效率低、过程复杂、成本高等[41]。在此情况下，Hao 等[42] 提出了从发酵液中纯化 1,3-PDO 的新技术：先去除蛋白质，再浓缩发酵液，最终通过色谱法分离 1,3-PDO。与其他可用方法相比，该方法利用相对简单且易于维护的设备，解决了当前方法成本高的问题。

综上所述，1,3-PDO 是一种有价值的化合物，它在聚合物行业等具有广阔的应用前景。甘油虽被认为是生物柴油生产带来的工业废物，但它既是微生物生产 1,3-PDO 的天然底物，又是微生物生产 1,3-PDO 的经济性最高的发酵原料。利用微生物生产 1,3-PDO 有望在废弃物高值化的同时，取代传统的能源密集型 1,3-PDO 化学合成方法。来自生物技术的 1,3-PDO 在减轻现代工业和社会对化石原料的过度依赖以及改善工业对全球气候和环境的影响方面显示出巨大的希望。

2.2 丙氨酸

2.2.1 市场价值

丙氨酸（alanine，结构式见图 2-5）是组成人体蛋白质的 21 种氨基酸之一。丙氨酸有 *β*-丙氨酸和 *α*-丙氨酸两种同分异构体。*β*-丙氨酸是自然界中唯一存在的 *β* 型氨基酸，它作为一种非蛋白氨基酸，可以在微生物、植物和昆虫体内合成，而哺乳动物需从外界环境中摄取。L-丙氨酸是蛋白质中含量最高的氨基酸之一。

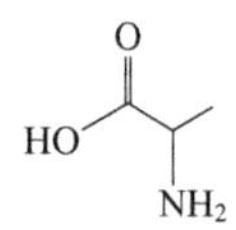

图 2-5 丙氨酸

丙氨酸可用于医药保健品。L-丙氨酸是合成维生素 B_6 的重要原料，是营养剂的组分之一。可将 L-丙氨酸制备成氨基酸注射液或作为前体物质合成抗癌药物。L-丙氨酸还能有效降低酒精中毒的情况，可用于配制护肝解酒的保健品[43]。

L-丙氨酸具有特殊的甜味和香味，可用作食品添加剂[44]，其效果有：①增加调味品的调味效果；②改善有机酸的酸味[45]；③提高食品及饮料中蛋白质的利用率；④改善人工合成甜味剂的味感。

L-丙氨酸作为表面活性剂具有良好的去污、乳化、渗透能力，因其对环境和人体友好，被应用于婴幼儿和敏感肌人群产品[46]。另外，β-丙氨酸可用作电镀的添加物质，也可用于电镀缓蚀剂的配制。

因此，丙氨酸具有多种应用场景，市场需求较大，有很好的发展前景。

2.2.2 化学合成路径

化学合成法被用于大规模生产 β-丙氨酸。按照合成原料的不同，合成 β-丙氨酸的方法主要有丙烯酸法、丙烯腈法、β-氨基丙腈法、琥珀酰亚胺法等[47]。其中丙烯酸法和丙烯腈法为国内厂家使用最广泛的方法。

2.2.2.1 丙烯酸法

丙烯酸法以丙烯酸、丙烯酸酯或丙烯酸盐为底物与氨发生氨化反应，得到产物 β-丙氨酸［式(2-4)］。优化反应后，其 β-丙氨酸的最终收率可达 90%，纯度 95%以上。此方法简单且收率高，但需要较高的温度和压力[48]。

$$\mathrm{HO{-}\overset{\overset{\displaystyle O}{\|}}{C}{-}CH{=}CH_2 + NH_3\cdot H_2O \xrightarrow{\text{高温、高压}} HO{-}\overset{\overset{\displaystyle O}{\|}}{C}{-}CH_2{-}CH_2{-}NH_2 + H_2O} \tag{2-4}$$

2.2.2.2 丙烯腈法

丙烯腈法是以丙烯腈为底物通过直接氨化或氨化水解合成 β-丙氨酸的方法。其中，在高温、高压的条件下，丙烯腈与氨水发生直接氨化反应生成 β-丙氨酸［式(2-5)］。氨化水解法则是丙烯腈与氨水经氨化反应生成中间物质 β-氨基丙腈，后者水解生成 β-丙氨酸［式(2-6)］。

$$\mathrm{N{\equiv}C{-}CH{=}CH_2 + 2NH_3\cdot H_2O \xrightarrow{\text{高温、高压}} HO{-}\overset{\overset{\displaystyle O}{\|}}{C}{-}CH_2{-}CH_2{-}NH_2 + 2H_2O} \tag{2-5}$$

$$\mathrm{N{\equiv}C{-}CH{=}CH_2 + NH_3\cdot H_2O \xrightarrow{\text{氨化}} N{\equiv}C{-}CH_2{-}NH_2 \xrightarrow{\text{水解}} HO{-}\overset{\overset{\displaystyle O}{\|}}{C}{-}CH_2{-}CH_2{-}NH_2} \tag{2-6}$$

2.2.2.3 β-氨基丙腈法

该方法通过水解 β-氨基丙腈以合成 β-丙氨酸［式(2-7)］。Carlson 在氨水中将 β-氨基丙腈高温水解 4 h，β-丙氨酸收率仅为 20%。在 90～95℃，Ford 将 β-氨基丙腈置于高浓度氢氧化钡中反应 0.5 h，β-丙氨酸收率达 88%～92%。该方法多在液碱水解 β-氨基丙腈后用酸进行中和，导致副产物盐的量过大。

$$H_2N—CH_2—CH_2—CN \xrightarrow{\text{水解}} HO—\overset{\overset{\displaystyle O}{\|}}{C}—CH_2—CH_2—NH_2 + NH_3 \tag{2-7}$$

2.2.2.4 琥珀酰亚胺法

琥珀酰亚胺在碱性氯酸钠溶液中发生霍夫曼反应可形成 β-丙氨酸［式(2-8)］。然而，此方法原料成本较高、产生大量的盐、产品纯化步骤烦琐，且收率不高，故一般不采取该方法。

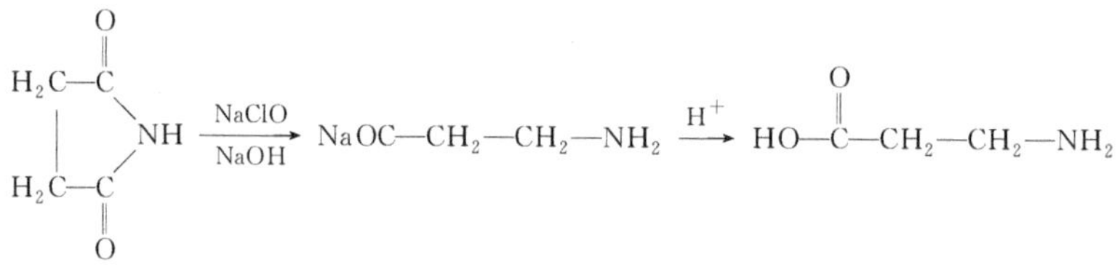

(2-8)

综上所述，化学合成 β-丙氨酸的方法普遍需要在高温、高压或强酸、强碱等极端条件下进行，且生产过程易造成环境污染等严重问题。目前许多化学合成的方法已经被淘汰，寻求绿色环保、可持续发展的生产工艺越来越受到研究者们的关注。

2.2.3 生物合成路径

Meister 发现韦尔奇梭菌可催化 L-天冬氨酸合成 L-丙氨酸，揭开了关于酶催化法生产 L-丙氨酸的研究序幕。L-丙氨酸的酶转化法主要利用 L-天冬氨酸-β-脱羧酶催化 L-天冬氨酸得到 L-丙氨酸，进一步可分为游离细胞催化法和固定化细胞催化法。

徐虹等[49] 通过诱变选育得到含有高 L-天冬氨酸-β-脱羧酶酶活的假单胞菌，以 L-天冬氨酸为底物，采用游离细胞法转化 2.0 kg/L 天冬氨酸，得到 1.2 kg/L 丙氨酸干品，提取收率为 90%。富马酸价格约为 L-天冬氨酸价格的 40%，为降低原料成本，徐友强等[50] 在一株能生产 L-天冬氨酸酶的大肠杆菌 CICC 11022S 中导入了来源于睾丸酮丛毛单胞菌的 L-天冬氨酸-β-脱羧酶基因，可高效转化富马酸生产 L-丙氨酸。研究结果显示，以富马酸为底物，经过 9 h 的转化，L-丙氨酸产量为 112.7 g/L，转化率为 93.8%。

然而游离细胞催化存在使用寿命短、分离难度高等问题，故固定化细胞生产 L-丙氨酸引起广泛关注。Santoyo 等[51] 用 κ-卡拉胶凝胶固定假单胞菌 BA2 生产 L-丙氨酸。通过研究固定化假单胞菌 BA2 中酶的性质，确定在 45℃、pH 为 6.5 时，固定化细胞的酶活力最佳。当底物浓度为 0.02～0.2 mol/L 时，转化率可达 100%。陆健等[52] 将家蚕丝素作为固定化细胞的载体用于生产 L-丙氨酸。该研究用戊二醛交联由家蚕丝素制成的丝素溶液，制成固定化细胞丝素凝胶，利用工程菌生产 L-丙氨酸。通过研究影响固定化酶活性因素，确定了使用该载体生产 L-丙氨酸的最优条件。研究结果显示，通过对底物流速的控制，可使底物转化率大于 96%，产量最高为 3.42 g/h，催化剂连续使用一个月后其活力仍高于 92%。

L-天冬氨酸通常由酶催化富马酸盐得到，而富马酸盐主要从石油中获得。考虑到石油基产品的不可再生性和环境不友好性等劣势，以可再生和廉价的原料生产 L-丙氨酸十分必要。

L-丙氨酸还可通过发酵法生产。发酵法的生产成本较酶法低，生产的氨基酸对映体纯度较高，减少了后续纯化步骤，且发酵过程条件温和，可以防止产品进一步降解。发酵法所用的碳源——葡萄糖是一种价格低廉的可再生资源。有人开始研究利用廉价木质纤维素转化的混合糖作为碳源，旨在进一步降低生产成本。

发酵法生产 L-丙氨酸主要从高产菌株的构建、发酵条件的优化以及提取方法的选择等方面展开研究。其最核心的问题是高产菌株的构建，一般通过选择合适的菌种进行基因改造和删除竞争途径的基因这两种方法来减少副产物、提高 L-丙氨酸的产量，见表 2-1。

表 2-1 菌株改造方式及产量[53]

菌株	基因改造	产量/(g/L)
Escherichia coli CWF4NA2	*ΔiclR ΔfumC ΔfumA ΔfumB ΔptsG ΔlacI PaspA :: Ptrc Pacs :: Ptrc PCgpanD :: Ptrc*	3.92
Escherichia coli	*Δak* Ⅰ *Δak* Ⅱ *Δak* Ⅲ *ΔaspC ΔgluDH ΔldhA ΔpflB Δpta ΔadhE pET :: BtpanD pET :: AspDH pET :AspA pET :: CgPC*	43.12
Corynebacterium crenatum	pEKEx2-panD	0.077
Escherichia coli CICIM B0016-050	*ΔackA-pta ΔpflB ΔadhE ΔfrdA ΔldhA ΔlysC ΔpanC ΔptsG ΔaspA pPL :: CgpanD pPL :: paaspDH pPL :: Acpck pPL :: Lapyc*	18.4
Escherichia coli B0016	*Δack-pta ΔpflB ΔadhE ΔfrdA ΔldhA dadX :: cI ts857-pR-pL-alaDFRT*	4.18
Escherichia coli	*ΔsdhCDAB ΔpoxB ΔfrdABCD* P119 :: *bt ca pykA* P119 :: *Mspck* P119 :: *acs*	37.7

L-丙氨酸的微生物发酵法主要依赖于生物体内 L-丙氨酸合成途径，其转化过程如下。首先，微生物通过半乳糖转移酶将葡萄糖从体外转运到细胞内，经葡萄糖激酶催化生成葡萄糖-6-磷酸，后续生成磷酸烯醇式丙酮酸（PEP）。PEP 一方面被磷酸醇式酮酸羧化酶催化形成草酰乙酸（OAA），后者被天冬氨酸转氨酶催化成 L-天冬氨酸；另一方面生成丙酮酸，在丙酮酸羧化酶的作用下生成 OAA。OAA 进入三羧酸循环后，中间产物延胡索酸可以在天冬氨酸裂解酶的催化下氨化生成 L-天冬氨酸，之后，L-天冬氨酸在天冬氨酸-β-脱羧酶作用下生成 L-丙氨酸。

2.2.4 生物合成市场潜力与发展方向

丙氨酸在食品领域、医药领域和日化领域都有着巨大的应用潜力。L-丙氨酸作为一种天然健康无钠的多功能食品添加剂，拥有巨大的发展潜力。与此同时，近年来β-丙氨酸系列产品的全球需求量也在不断增加，被称为最具开发潜力的三碳化工产品之一。

丙氨酸可通过化学法、生物酶转化法以及微生物发酵法进行生产。发酵法生产L-丙氨酸也显示出了巨大的工业化生产潜力[54]，部分技术已实现产业化。未来，需进一步改造生产菌株，使更多的碳通量流向L-丙氨酸；提高前体物含量和阻断副产物途径；结合机器学习提高改造效率；继续优化发酵方法，开发新设备用于发酵过程的监测与控制。

2.3 丙烯酰胺

2.3.1 市场价值

丙烯酰胺（acrylamide，结构式见图2-6）是一种α,β-不饱和羰基衍生物，是Ⅱ型烯烃化合物[55]。它是丙烯酰胺系中最重要且最简单的一种化合物，用途十分广泛，可作为高分子材料的单体以及有机合成的原料。

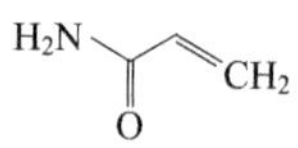

图2-6　丙烯酰胺

丙烯酰胺主要用于生产具有不同理化性质的聚丙烯酰胺材料。聚合是通过自由基机制在水溶液中发生的，残留的羧基或水解的酰胺基赋予这些聚合物特定的溶解度和聚电解质特性[56]。根据特定用途对聚丙烯酰胺进行改性，可使其具有非离子、阴离子或阳离子性质。与不饱和季铵盐化合物（如二烯丙基二甲基氯化铵、乙烯基苄基三甲基氯化铵等）共聚可以制备水溶性阳离子聚丙烯酰胺。阴离子聚丙烯酰胺是由羧酸或磺酸共聚而成的。聚丙烯酰胺拥有絮凝性、增稠性、耐剪切性、降阻性、分散性等优良性能，广泛用于废水处理、原油生产过程、造纸和纸浆处理、矿物处理、混凝土处理、化妆品添加剂、土壤和沙子处理、涂层应用、纺织处理和其他各种用途。

丙烯酰胺还可以与乙酸乙烯、苯乙烯、氯乙烯、乙烯叉二氯、丙烯腈等单体共聚，获得更多具有多种用途的聚合物。

据QYResearc数据[57]，丙烯酰胺的生产大部分集中在中国、西欧和北美。主要生产企业是Ashland、BASF、三井化学、Ecolab、安徽巨成精细化工、SNF Group、北京恒聚、江西昌九生物化工、淄博新业、三菱化学等。其中最大的企业是SNF Group，在2019年其产量为314292 t，占全球市场份额的38.91%。中国是最大的生产国和消费国，在2019年中国丙烯酰胺的产量和消费量分别是409834 t和363790 t。2019年，全球丙烯酰胺市场规模达到了12亿美元，预计2026年将达到15亿美元，年复合增长率为3.14%。

2.3.2 化学合成路径

丙烯酰胺的工业生产方法主要是硫酸水合法和铜催化水合法[58-60]。

2.3.2.1 硫酸水合法

丙烯腈和水在浓硫酸存在下水解成丙烯酰胺硫酸盐，然后用液氨中和，萃取得丙烯酰胺溶液和硫酸铵，见式(2-9) 和式(2-10)。此过程需将温度控制在 90～100℃内，反应 1 h，反应物经分离过滤后，将滤液浓缩、结晶、干燥后可得丙烯酰胺，如图 2-7 所示。

$$CH_2{=}CHCN + H_2O + H_2SO_4 \longrightarrow CH_2{=}CHCONH_2 \cdot H_2SO_4 \tag{2-9}$$

$$CH_2{=}CHCONH_2 \cdot H_2SO_4 + 2NH_3 \longrightarrow CH_2{=}CHCONH_2 + (NH_4)_2SO_4 \tag{2-10}$$

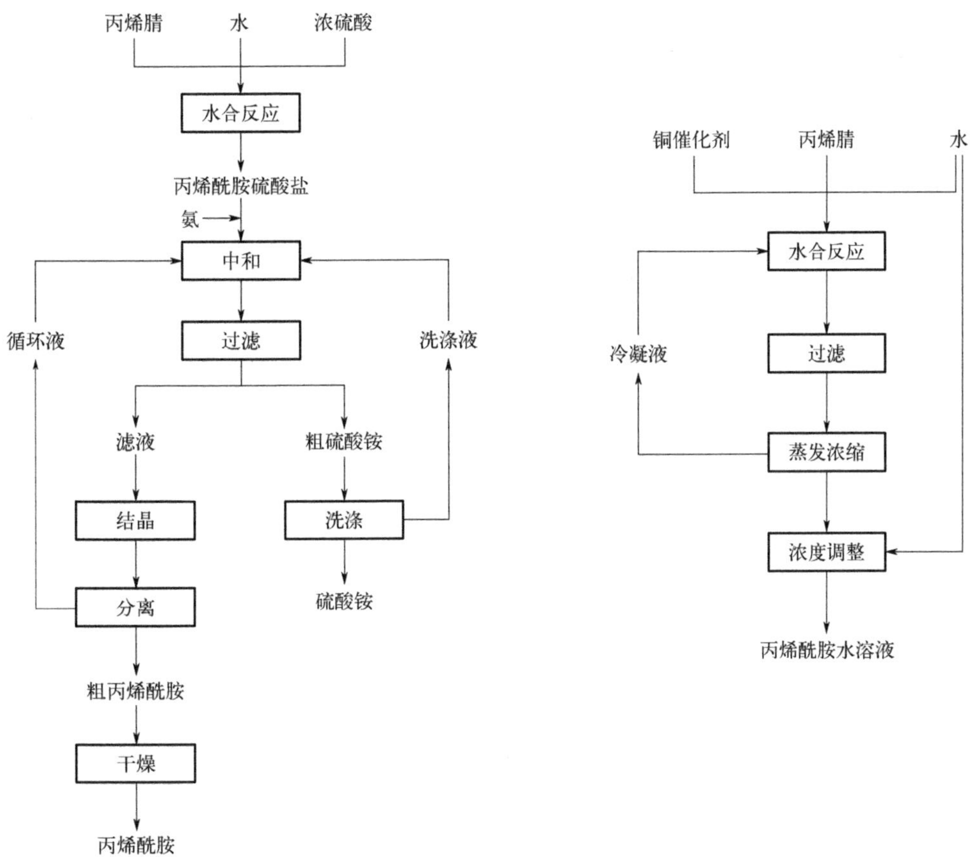

(a) 硫酸水合法工艺流程图　　(b) 铜催化水合法工艺流程图

图 2-7　丙烯酰胺纯化工合成法的工艺流程图

然而，丙烯酰胺在一定温度下容易自行聚合。为防止丙烯酰胺在丙烯腈水解反应放出的高热下聚合，可在反应溶液中添加少量铜离子作阻聚剂。这类无机阻聚剂可在丙烯酰胺粗制品精制过程中通过离子交换树脂分离除去。

硫酸水合法工艺复杂，成本高，产品精制困难，副产大量价值低廉、肥效不高的硫酸铵，存在严重的硫酸腐蚀和污染等问题。

2.3.2.2 铜催化水合法

丙烯腈在铜催化剂作用下与水进行水合，一般加热至70～120℃以上数小时后，大部分丙烯腈都可转化为丙烯酰胺，见式(2-11)。反应后过滤催化剂，将部分未反应的丙烯腈蒸出并冷凝使其回到反应液，得到的丙烯酰胺水溶液可直接作为产品销售。丙烯酰胺水溶液经浓缩、冷却，得结晶。

$$CH_2=CHCN+H_2O \longrightarrow CH_2=CHCONH_2 \qquad (2\text{-}11)$$

该法工艺流程简单，收率可达98%以上。且由于制得的丙烯酰胺溶液可直接销售，避免了制得微小而轻的丙烯酰胺结晶对生产者造成的健康危害和对工厂造成的环境污染。与硫酸水合法相比，该法产品质量好、环境污染小、生产成本低，但仍存在诸多缺点，如过程复杂、操作难度大、丙烯酸的生成速度高于丙烯酰胺的生成速度、产品中含有对聚合不利的铜离子等杂质、催化剂和空气接触后其活性会急剧降低等。

2.3.3 生物合成路径

传统的丙烯酰胺生产工艺如上所述。但这两种方法都存在着工艺复杂、产品精制困难、污染环境、副产物多等问题。而微生物法和酶法生产丙烯酰胺的反应条件温和，反应具有立体和区域选择性，副产物少，已在国内外占据可观的市场份额。

2.3.3.1 腈水合酶

在微生物法生产丙烯酰胺的过程中，腈水合酶是最重要的角色。腈水合酶起着将腈类原料转化为丙烯酰胺的关键作用（图2-8）。

最初，人们认为微生物通过腈水解酶直接催化腈水解生成相应的酸和氨来代谢腈类物质，见式(2-12)。后来研究发现，微生物还可利用酶将腈水解成酰胺，见式(2-13)，后者再被酰胺酶转化为相应的酸和氨，见式(2-14)。这种将腈水解为相应酰胺的酶被称为腈水合酶（nitrile hydratase，NHase）[59]。

$$RCN+2H_2O \longrightarrow RCOOH+NH_3 \qquad (2\text{-}12)$$

$$RCN+H_2O \longrightarrow RCONH_2 \qquad (2\text{-}13)$$

$$RCONH_2+H_2O \longrightarrow RCOOH+NH_3 \qquad (2\text{-}14)$$

人们陆续在很多微生物中发现了腈水合酶，如：红球菌、诺卡氏菌、假诺卡氏菌、棒

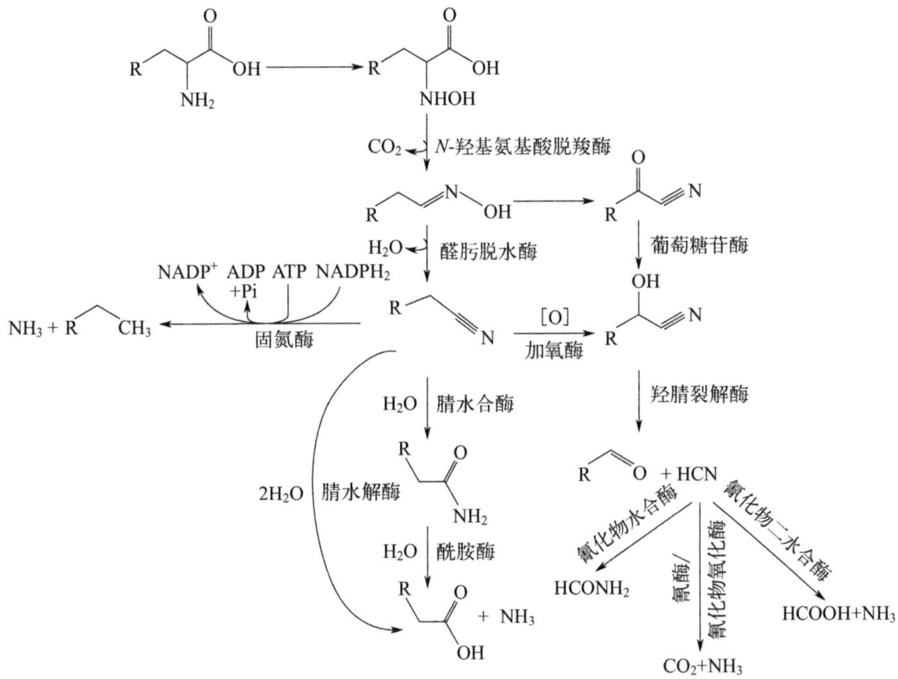

图 2-8 腈类在微生物中合成和降解的代谢途径[61]

状杆菌、假单胞菌、产碱杆菌、短杆菌。

腈水合酶是一种金属酶，不同菌株的腈水合酶虽然在结构上存在些许差异，但都存在一个共同点，即在酶活性部位都含有螯合的金属离子作为辅因子（图 2-9）。根据所含辅因子的不同，腈水合酶可以分为两类，一类为高分子量腈水合酶，其所含金属离子为钴；另一类为低分子量腈水合酶，其所含金属离子为铁。由于金属离子在金属酶催化活性中心起着重要作用，在培养基中加入特定金属离子对腈水合酶的酶活有很大的影响，如适当地添加 Co^{2+} 和 Fe^{2+} 可以提高酶活，而重金属离子 Hg^{2+}、Cu^{2+}、Pb^{2+} 等却能强烈地抑制

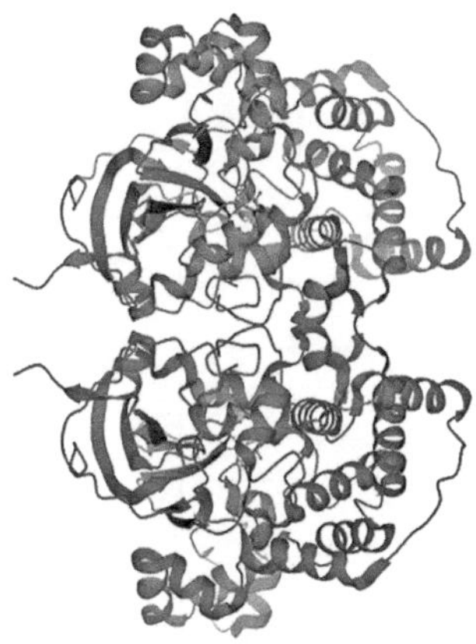

图 2-9 以 Co^{2+} 为配体的腈水合酶的 3D 螺旋图

酶活。

通过对腈水合酶结构和功能的研究，可推断腈水合酶催化丁腈水合反应的过程中底物不需要与金属离子直接配位，金属离子作为路易斯酸激活水分子（图 2-10）。作用机制可能有两种[62]。①结合金属的氢氧根离子靠近丁腈基团，并作为亲核试剂攻击丁腈碳原子；②结合金属的氢氧根离子作为路易斯碱激活水分子，然后水分子攻击腈碳。丁腈氮上的碳原子受到攻击后形成［R—C(—OH)═NH］结构，最后，［R—C(—OH)═NH］结构转化为酰胺。

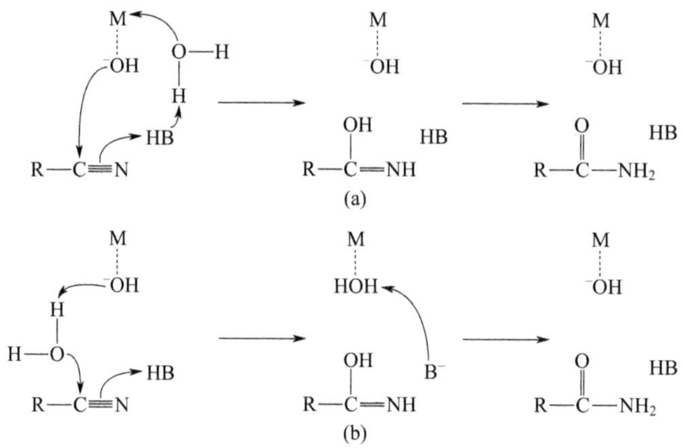

图 2-10　丁腈水合酶的催化机理[62]

M 代表钴离子或铁离子；B 代表酶的一个基本基团

2.3.3.2　工业生产菌株

腈水合酶的发现推动了生物合成丙烯酰胺方法的诞生。日本的日东公司将腈水合酶用于丙烯腈制丙烯酰胺的工业生产，这是第一个利用生物转化过程生产商品化学品的成功案例[63]。下面以小见大，通过介绍日东公司用于生产丙烯酰胺的三种菌株来介绍丙烯酰胺微生物生产法的发展（表 2-2）。

表 2-2　日东公司丙烯酰胺微生物生产菌株的改进[64]

	菌株 N-774	菌株 B23	菌株 J1
对丙烯酰胺的耐受性/%	27	40	50
丙烯酸产量情况	很少	几乎检测不到	几乎检测不到
培养时间/h	48	45	72
培养物活性/(U/mL)	900	1400	2100
比活性/(U/mg)	60	85	76
细胞产量(g/L)	15	17	28
丙烯酰胺生产率(g/g)	500	850	>7000

续表

	菌株 N-774	菌株 B23	菌株 J1
总产量/(t/a)	4000	6000	>30000
丙烯酰胺终浓度/%	20	27	40
首次规模生产的年份	1985	1988	1991

日东公司用于生产丙烯酰胺的第一代菌株是 *Rhodococcus* sp. N-774[65]（图 2-11）。Ichiro 收集了多个土壤和其他样本，从样本中的千余种利用乙腈作为唯一氮源的菌株中筛选出菌株 N-774。菌株 N-774 在脂肪族腈和酰胺上长势良好，而在丙二腈、丙烯腈或丙烯酰胺上几乎不能生长。

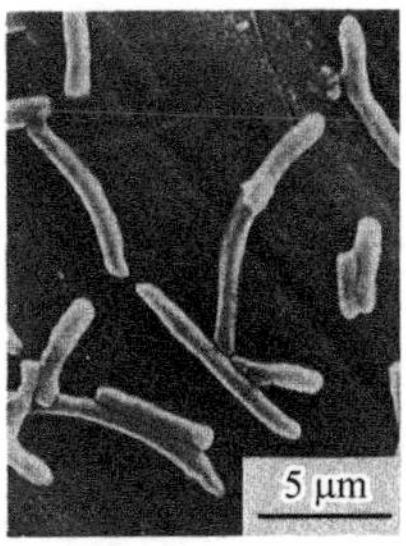

图 2-11　*Rhodococcus* sp. N-774 菌株的电子显微图[65]

当 pH 值为 7.7 时，在含有 0.5 mmol 磷酸钾、4.72 mmol 丙烯腈和 1 mL 培养液的反应混合物中测定菌株活性，丙烯腈到丙烯酰胺的转化率几乎达到 100%，且丙烯酸的生成量仅为丙烯酰胺的千分之一。该菌具有较高的腈水合酶活性，同时具有较低的酰胺酶活性。

日东公司用于生产丙烯酰胺的第二代菌株是 *Pseudomonas*（*P.*）*chlororaphis* B23，*P. chlororaphis* B23 拥有比 N-774 更高的酶活性。研究人员发现，甲基丙烯酰胺对 *P. chlororaphis* B23 的腈水合酶具有较高的诱导活性。因此，从甲基丙烯酰胺诱导的细胞提取物中进行酶的纯化[66]。对酶的亚基的分子质量和结构的分析结果表明，该酶可能由四个分子质量相同的亚单位组成。用电感耦合射频等离子体分光光度计对浓缩酶溶液中的金属进行了定性分析，发现这种酶含有铁，在多数脂肪族腈作为底物时具有显著的活性。

然而，当 *P. chlororaphis* B23 在含有蔗糖的培养基上生长时，产生了黏多糖。由于培养基黏度高，不易通过短时间离心获得细胞，这是一个不可忽视的重要技术劣势。培养基黏度还对曝气有抑制作用。为此他们通过诱变得到了在培养液中几乎不产生任何黏多糖的菌株，命名为 Am 菌株[67]。Am 菌株在以 0.5%异丁腈为诱导剂的培养基上生长，得到的 Am-3 菌株的腈水合酶的活力是亲本菌株的 1.8 倍。再次对菌株 Am-3 进行诱变，在含 0.5%异丁腈的培养基中诱导培养，得到了高活力的腈水合酶突变体 Am-324，其比活力是 Am-3 的 2 倍左右。在 42 h 培养后，再添加 0.2%甲基丙烯酰胺，菌株 Am-324 丁腈水合酶的比活力（基于干细胞）和总活力分别提高为原来的 2.1 倍和 3.8 倍（表 2-3）。

表 2-3　菌株*Pseudomonas* chlororaphis B23 的筛选[64]

菌株	底物	比活力/(U/mg)	总活力/(U/mL)
亲本菌株(培养基 A)	丙腈	0.72	0.40
↓			
亲本菌株(培养基 R)	丙腈	66	363
↓ MNNG 诱变 *N*-methyl-*N'*-nitro-*N*-nitrosoguanidine(*N*-甲基-*N'*-硝基-*N*-亚硝基胍)			
Am-3	丙腈	65	465
↓ MNNG 诱变			
Am-324	丙腈	125	952
↓ 添加 2%甲基丙烯酰胺			
Am-324	丙腈	141	1260

注：培养基 A 含糊精、磷酸二氢钾、氯化钠、硫酸镁、异丁腈。培养基 R 含蔗糖、磷酸二氢钾、磷酸氢二钾、硫酸镁、硫酸亚铁、大豆水解物、甲基丙烯酰胺。

将菌株 Am-324 的静息细胞加入由 40 mmol/L 丙烯酰胺和 20 μmol/L 二硫苏糖醇组成的反应混合物中，培养数小时后，丙烯酰胺收率为 400 g/L 以上，摩尔转化率可超 99%[68]。在此过程中，*P. chlororaphis* B23 表现出极高的腈水合酶活力，细胞中形成了大量的腈水合酶，数量达总可溶性蛋白的 5%以上。通过酰胺酶反应生成氨的速度至少比腈水合酶催化生成丙烯酰胺的速度低 400 倍，且静息细胞中几乎检测不到丙烯酸的形成。当丙烯酰胺的合成温度在 5～10℃时，酰胺酶的活力可被完全抑制。为使丙烯酰胺在细胞中积累，但不进一步转化，丙烯酰胺的生产应在低温下进行。且低温可以抑制丙烯酰胺的聚合反应。此外，*Rhodococcus* sp. N-774 需通过光照射来增强其腈水合酶活力，而 *P. chlororaphis* B23 的腈水合酶活力未明显受光照影响。因此，用 *P. chlororaphis* B23 生产丙烯酰胺可节约光照设备的费用。

P. chlororaphis B23 腈水合酶最重要的特征之一是其对丙烯酰胺的耐受性，即使在 17.5%丙烯酰胺的存在下，该酶也能作用于丙烯腈，但是高浓度丙烯酰胺使 *Brevibacterium* R312 腈水合酶失活。自此，*P. chlororaphis* B23 腈水合酶可在工业规模上用作丙烯酰胺生产的催化剂。

作为第三代工业化生产丙烯酰胺的生物催化剂，*Rhodococcus* (*R.*) *rhodochrous* J1 丁腈水合酶的优势更加突出[69]。

Brevibacterium R312 酶和 *P. chlororaphis* B23 酶在 30℃时完全失活。而 *R. rhodochrous* J1 酶即使在 40℃时也保持稳定，比 R312 和 B23 酶具有更强的耐热性。其优越的热稳定性保证了其在储存和运输等方面的优势。

丙烯酰胺的大量积累是丙烯腈酶解水合工艺工业化应用的必要条件，而生物催化剂对丙烯酰胺的耐受性至关重要。B23 和 R312 腈水合酶在 30%丙烯酰胺存在下反应 30 min 后失去催化活性。纯化后的 J1 丁腈水合酶在丙烯酰胺浓度为 40%的条件下仍能对丙烯腈产生作用。此外，采用 *R. rhodochrous* J1 静息细胞，以 6%的丙烯腈浓度进行反应，在 10℃、15℃和 20℃条件下，丙烯酰胺的累积量分别为 65.6%、56.7%和 56.0%。此过程中，几乎没有检测到丙烯酸。而 R312、N-774 或 B23 细胞进行类似的积累实验时，丙烯酰胺的最高积累没有达到 J1 细胞的水平。可以看出，*R. rhodochrous* J1 是一种可以用于丙烯酰胺生产的非常稳定和强大的生物催化剂。生物转化工艺成功生产商业化学品的最重要因素之一是产量高，这能节约能源和简化下游工艺。

高反应速率和高比活力也是工业生物催化剂的重要评价指标。三种纯化后的腈水合酶在标准反应条件下的 v_{max} 和 K_m 值总结如表 2-4 所示。其中，J1 酶对丙烯腈展现了最高的 v_{max} 值和最低的 K_m 值。

表 2-4 三种丁腈水合酶的最大反应速度（v_{max}）和 K_m[69]

腈水合酶生产菌	v_{max}/(μmol/(min·mg)	K_m/(mmol/L)
Brevibacterium R312	1470	16.7
P. chlororaphis B23	1490	34.6
R. rhodochrous J1	1760	1.89

与 R312 酶和 B23 酶相比，*R. rhodochrous* J1 腈水合酶还对各种有机溶剂具有较高的耐受性，对还原剂和氧化剂具有抗性。J1 酶的这些优点保证了它在含溶剂反应体系中的广泛应用。此外，J1 酶具有更广泛的底物特异性，不仅可作用于脂肪族，还对芳香族腈起作用。

R. rhodochrous J1 酶的上述优点使其成为更适合丙烯酰胺积累的催化剂。日东公司开发了将 J1 腈水合酶应用于工业的工艺。在聚丙烯酰胺凝胶中固定化后，*R. rhodochrous* J1 酶未失活，重复使用后仍可得到高纯度的产物。日东公司以 *R. rhodochrous* J1 进行了万吨规模的丙烯酰胺的生产。

2.3.3.3 人工改造菌株

人们在探索不同菌种的腈水合酶时，也在研究如何提高现有腈水合酶的催化效率。

野生型微生物的酰胺酶与腈水合酶在同一基因簇中共表达，导致部分酰胺转化为羧酸，降低了目标酰胺纯度和产量。此外，通常需要费时培养细胞。大肠杆菌因其遗传背景简单、生长速度快、蛋白质表达量高，有望成为重组表达腈水合酶的理想宿主[70]。但其仍存在不同亚基表达水平不均匀、在 T7 强启动子表达下形成包涵体等缺陷。因此，如何在大肠杆菌中高效过表达腈水合酶仍是一个重要的研究课题。为此，Wu 的研究团队通过如下多种策略在大肠杆菌细胞中过表达腈水合酶[71]。*R. rhodochrous* J1 腈水合酶在丙烯酰胺工业化生产中表现出优异性能，而其含有活性位点的 α-亚基存在一个保守的金属结合基序 CXLC(SO_2H)SC(SOH)。因此，通过实验筛选得到多个含有同样金属基结合序的腈水合酶基因，分别将其在大肠杆菌中重整表达。已有研究表明，利用合成的强核糖体结合位点可增强蛋白质在大肠杆菌中的外源表达。故通过在 α、β 亚基和激活蛋白之间引入含有强核糖体结合位点的 SD 序列“AAGGAGATATAGAT”，提高了重组腈水合酶在大肠杆菌中的表达量。其中，*Pantoea* sp. At-9b 腈水合酶的活性最佳，在 25℃，200 mL

100 mmol/L 柠檬酸钠缓冲液和 0.3 g/L 全细胞中，分批加入丙烯腈，可合成并积累 50 g/L 的丙烯酰胺。然而，随着丙烯腈浓度的增加，该酶活性受到强烈抑制。

在大肠杆菌中，腈水合酶 α 亚基的表达量高于 β 亚基，平衡这两种亚基的表达可提高大肠杆菌过表达腈水合酶的效率。翻译起始区（translation initiation region，TIR）的效率是重组酶在大肠杆菌细胞中高水平表达的关键，它受 mRNA 中翻译起始区的二级结构的显著影响。为此，设计的 SD 序列“AAGGAGATATATATATTTT”将 TIR 的二级结构调节为松散的大直径单链环结构，提高了 β 亚基在 *Pantoea* sp. At-9b 腈水合酶中的表达水平。进一步调整 SD 序列为“AAGGAGAAAGGAGATATATATATTTT”，得到的 *Pantoea* sp. At-9b 腈水合酶称为 NHasePsM2-2。与最初相较，其 β 亚基的表达量提高了 2.6 倍，酶活性提高了 8.8 倍。

融合标签已被证明通过减少包涵体的形成来促进重组蛋白的表达，相关标签有 NT 标签、MBP 标签、PGB1 标签和 SUMO 标签。为减少 NHasePsM2-2 α 亚基包涵体大量析出的问题，在 α 亚基 N 端分别插入一系列融合标签。含融合标签 PGB1α 的重组腈水合酶［NHasePsM（PGB1α）］中 NHasePsM2-2 的 α 亚基的包涵体被完全消除，表达量明显提高，酶活为最初的 18 倍。

使用过表达 NHasePsM（PGB1α）的重组大肠杆菌细胞为生物催化剂。在 25℃，100 mmol/L 柠檬酸钠缓冲液中，分批加入丙烯腈，催化剂载量为 0.3 g/L 时，产物浓度为 70 g/L。当催化剂负载增加到 3.0 g/L 时，5 h 内丙烯酰胺积累量增加到 202 g/L。

该研究结果为腈水合酶的外源表达提供了有效的策略，并为重组腈水合酶作为生物催化剂的工业应用奠定了基础。表达外源腈水合酶的生物细胞被证明是腈水化的有效催化剂，据报道 *Rhodococcus* sp. N-774、*R. rhodochrous* J1、*P. Putida* 5B、*Nocardia* sp. YS-2002 的腈水合酶也已经在大肠杆菌中表达。

也有许多科研人员对表达内源腈水合酶的菌种进行基因编辑，以提高丙烯酰胺的产率。因为丙烯酰胺生产的生物催化剂通常是细胞而非游离或固定化的酶，提高腈水合酶活力和热力学稳定性可使其成为更好的生物催化剂。因此，研究者进一步高效表达内源腈水合酶的以提高 *Rhodococcus* 细胞对丙烯酰胺的催化效率。

细胞耐受表型高度复杂，多基因同时参与。而在细菌的转录过程中，σ 因子促进启动子的识别并启动转录，实现基因的特异性表达。σ^{70} 是一个关键的 σ 因子，能够识别-35（TTGACA）和-10（TATAAT）序列，σ^{70}-RNA 聚合酶全酶能自发形成转录熟练的开放启动子复合物，调控 1000 多个基因的转录。Ma 等[72] 研究出一种应用于 *Rhodococcus*（*R.*）*ruber* TH 的转录调控策略。通过在 *amiE* 阴性的 *R. ruber* TH3（*amiE*⁻）中引入突变型 σ^{70} 因子，可同时对多个基因进行修饰，以增强其对丙烯酰胺的耐受性。

R. ruber TH3（$amiE^-$）编码 σ^{70} 的基因为 *sigA*，构建 *sigA* 突变文库，通过积累对亲本菌株（TH3）为致死浓度的丙烯腈、丙烯酰胺，对突变体进行致死筛选。以丙烯腈/丙烯酰胺双胁迫筛选出的最佳突变体菌株 TH3/M4N1-59，其腈水合酶活性提高了 32%。在 40%丙烯酰胺浸泡下，其腈水合酶半衰期比 TH3 延长了 160%。对该 SigA 蛋白的突变

进行测序和分析，发现突变体中多个突变位点均有由非极性氨基酸突变为极性氨基酸的趋势。且由于 *sigA* 位点突变产生了一个新的终止密码子，基因中出现了 C 端截断。这种突变体会改变许多基因的转录情况，如增加抗胁迫基因的表达，增强细胞对环境胁迫的耐受性。

出于成本和环境方面的考虑，重组菌的大规模发酵不适宜使用抗生素。因此，质粒在无抗生素条件下的稳定性是含质粒重组菌株的关键问题。为解决此问题，针对红球菌密码子偏好，合成了负责质粒从亲本细胞主动分离到子细胞的 $parDE^M$ 基因。以 TH3/M4N1-59 中的质粒为对象，构建重组质粒 pNV-$sigA^{M4N1\text{-}59}$-$parDE^M$，并转入 *R. ruber* TH3 得到重组体 TH3/M4N1-59DE^M。pNV18-$sigA^{M4N1\text{-}59}$ 质粒在无抗生素条件下传代 4 次后只有 25%的残留，而整合 $parDE^M$ 后，在 12 次传代后仍保留 80%。$parDE^M$ 的表达显著增强了质粒在 TH3 中的稳定性。培养 48 h 后，TH3/M4N1-59DE^M 的腈水合酶活力达到 4764 U/mL，比 TH3 提高 39.5%，细胞密度无明显差异。TH3/M4N1-59DE^M 可代替 TH3，催化生成更高浓度的丙烯酰胺，并可在更多批次中重复使用。

许多研究[73] 还通过稳定腈水合酶 α 和 β 亚基之间的相互作用、稳定两个亚基的 N 和 C 末端、重新设计活性口袋、表达分子伴侣等提高 *Rhodococcus* 细胞对丙烯酰胺的产率。

2.3.4 生物合成市场潜力与发展方向

经过多年的研究发展，我们对腈水合酶的理化特性和分子结构已经有了较为详细的了解，腈水合酶也被用于丙烯酰胺的工业生产，但仍有许多工作需要去做[74]。在酶和菌株方面，需要改造产酶基因和提高其表达水平，需要研究腈水合酶代谢过程的机理并对其进行动力学优化，也需要研究能提高生产菌对底物的耐受性、进一步优化发酵培养的方法。在生物反应工艺及生物反应器方面，则需要不断地改进与创新，推动生物法生产丙烯酰胺的进一步发展。其中膜生物反应器因占地面积小、高效节能、智能化控制、能耗低、可无人看管等优点在此领域成为热门研究方向。

随着经济的不断发展，丙烯酰胺类产品的使用范围不断扩大，全球对丙烯酰胺类产品的需求量日益升高。我国要牢牢把握机会，提高生产效率，降低生产成本和能耗，进一步推动生物合成丙烯酰胺及其相关行业高质量发展。

2.4 琥珀酸

2.4.1 市场价值

琥珀酸，又称丁二酸（succinic acid，SA，结构式见图 2-12），是二元羧酸。1550 年，Agricola 在蒸馏琥珀时首次发现琥珀酸。它广泛地分布在动植物界，在中间代谢过程中起着重要的作用。丁二酸作为一种重要的"C_4 平台化合物"，是合成多种有机物的中间体和制造药物的重要原料，广泛应用于材料、食品、医药、化工等领域。在这些领域中，又以树脂、涂料和颜料中的应用最为广泛。

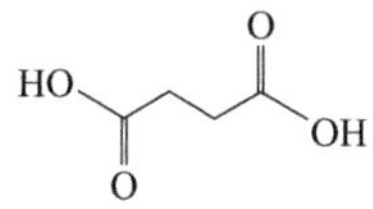

图 2-12 丁二酸

随着时代发展，丁二酸及其衍生产品的应用不断有新的突破[75]。在世界范围内其衍生物的市场潜力每年超过 300 t。据专家预测，丁二酸上下游市场的不断开发将使其需求量保持以 10%以上的年增长率增长，市场缺口巨大。

2.4.2 化学合成路径

目前，具有工业应用前景的丁二酸的化工合成方法有电解合成法和催化加氢法[76]。

2.4.2.1 电解合成法

电解合成法以顺丁烯二酸（酐）为原料，通过电解得到丁二酸。目前，电解合成法主要有隔膜法、无隔膜法和成对电合成技术，工作电极有铅、铅合金、石墨、不锈钢、铜、钛、二氧化钛电极等。其反应原理为：以顺丁烯二酸酐为原料、稀硫酸为电解质，通直流电电解，在阴极经一步反应生成目标产物丁二酸［式(2-15)］，阳极发生水分解反应析出氧气［式(2-16)］。电解总反应是顺丁烯二酸与水生成丁二酸和氧气［式(2-17)］。

阴极主反应：

$$\mathrm{HOOCCH{=}CHCOOH + 2H^+ + 2e^- \longrightarrow HOOCCH_2CH_2COOH} \tag{2-15}$$

阳极反应：

$$\mathrm{H_2O \longrightarrow 2H^+ + 1/2O_2 + 2e^-} \tag{2-16}$$

总反应：

$$\mathrm{HOOCCH{=}CHCOOH + H_2O \longrightarrow HOOCCH_2CH_2COOH + 1/2O_2} \tag{2-17}$$

阴极还原加氢反应中所需的 H^+ 由阳极水分解反应提供，整个电化学反应过程只消耗顺丁烯二酸（酐）和水，不消耗其他化学试剂。

目前，丁二酸的电解合成法已经实现了工业化。浙江工业大学开发了电解法制丁二酸装置，该装置已经在多家工厂得到应用。据目前研究，最适合利用该法进行工业生产的阴极材料是铅和铅合金，阳极材料是钛基氧化钌、铱或钽铱钛合金；最合适的介质是硫酸水溶液；无需使用任何形式的隔膜。基于上述反应条件，综合电耗低于 2300 kW·h，蒸汽消耗低于 1 t，产品液相色谱纯度大于 99.9%。然而，在实际生产中，电解合成法仍有电耗高、电极腐蚀等问题。因此，降低原料与电能的消耗和延长贵金属电极使用寿命是目前改善电解合成丁二酸工艺的关键技术。

2.4.2.2 催化加氢法

催化加氢法是目前工业应用最广泛的丁二酸合成方法，具有收率高、选择性好等优点。加氢法一般以顺酐为原料，在一定的催化体系下加氢制得丁二酸酐，然后，经过水解、冷却结晶和过滤干燥，得到高纯度的丁二酸。顺酐加氢的关键在于使加氢反应控制在C ═C 键加氢阶段，过度加氢将会降低丁二酸酐选择性。故选择合适的高活性、高选择性、高稳定性的催化剂成为目前研究的重点。均相催化因采用价格昂贵的贵金属催化剂，且物系分离困难，导致工业应用受限。多相催化可有效地解决分离难题，其催化剂研究以铜系、镍系和贵金属为主。山西大学与河南煤化集团合作进行了顺酐加氢制丁二酸酐联产丁二酸的百吨级中试，实验装置顺利开车并产出首批产品。经测试，用该工艺生产的产品，原料顺酐转化率达 99% 以上，目标产物丁二酸酐的选择性在 98% 以上，纯度超过 99.5%[76]。

2.4.3 生物合成路径

丁二酸是三羧酸循环（图 2-13）中重要的代谢中间产物，利用这一特点，通过生物发酵法可以生产丁二酸。生物发酵法以淀粉、纤维素、葡萄糖、蔗糖、牛乳或其他微生物能够利用的物质为原料，利用微生物发酵的方法生产丁二酸及其衍生物。

在厌氧条件下，丁二酸是三羧酸途径的终端产物之一，故在厌氧条件下诸多野生型菌

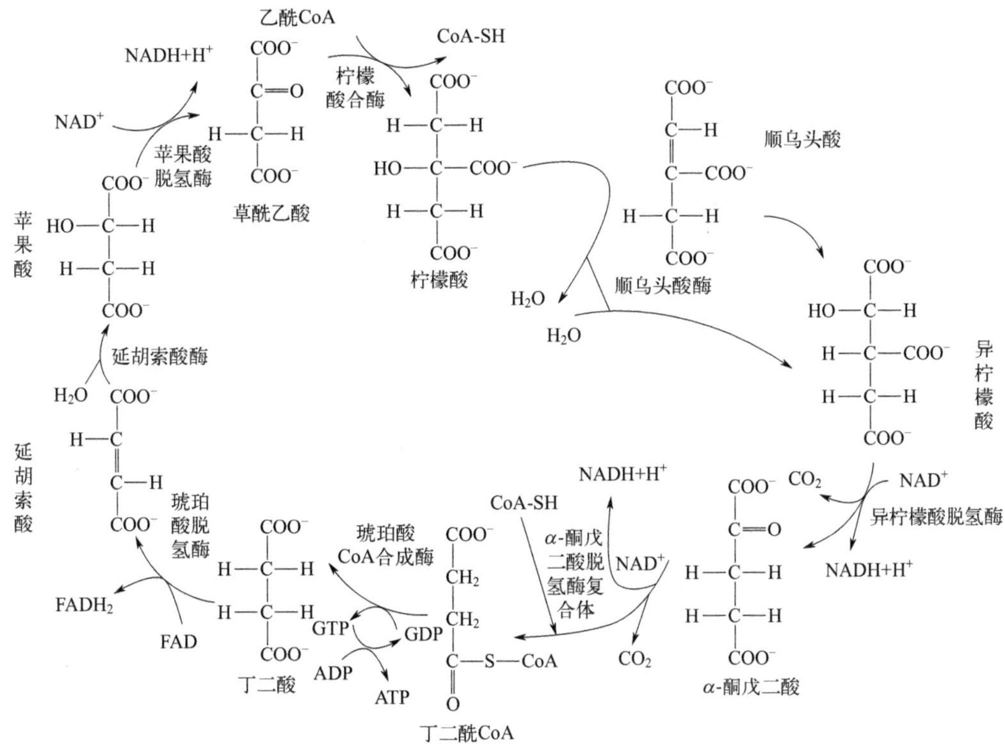

图 2-13 三羧酸循环图

株（如产琥珀酸放线杆菌、曼海姆产琥珀酸菌、产琥珀酸厌氧螺菌和钝齿棒杆菌等）能积累丁二酸。本小节从过量积累丁二酸的微生物的发现和筛选、产丁二酸工程菌株的构建和丁二酸发酵过程的控制与优化三个方面归纳了国内外关于丁二酸生物合成的研究进展。

2.4.3.1 过量积累丁二酸的野生菌株的发现和筛选

产琥珀酸厌氧螺菌（*Anaerobiospirillum succiniciproducens*）是一种从猎犬的口腔中分离得到的严格厌氧细菌，属于革兰氏阴性菌[77]。以葡萄糖为碳源厌氧发酵时，其主产物为丁二酸和乙酸，同时生成少量的甲酸、乙醇和乳酸。产琥珀酸厌氧螺菌可利用的发酵底物范围十分广泛，如葡萄糖、乳糖、甘油等。Lee 等[78] 发现以半乳糖为唯一碳源时，产琥珀酸厌氧螺菌以 2.4 g/h 的速率代谢半乳糖，并产生琥珀酸，其产率高达 87%。Bretz[79] 研究了以甘油为碳源的产琥珀酸厌氧螺菌发酵生产琥珀酸，通过摇瓶试验确定产琥珀酸厌氧螺菌生产琥珀酸的最佳甘油浓度为 5 g/L，并添加一定量的葡萄糖以改善菌株生长和提高琥珀酸生产率。仅以甘油为底物发酵产生的琥珀酸浓度为 6.8 g/L，而以甘油-葡萄糖混合物发酵所得的琥珀酸浓度为 8 g/L。

产琥珀酸放线杆菌（*Actinobacillus succinogenes*）最先是从牛瘤胃内容物中分离得到的一种兼性厌氧、不运动的革兰氏阴性杆菌。该菌在厌氧环境中可以利用广泛的碳源，如葡萄糖、木糖和其他还原性糖。此外，相较于不能耐受高渗透压的产琥珀酸厌氧螺菌，产琥珀酸放线杆菌能够耐受高浓度葡萄糖和琥珀酸。Lin 等[80] 发现产琥珀酸放线杆菌可耐受浓度高达 143 g/L 的葡萄糖，当葡萄糖浓度超过 158 g/L 时，细胞生长才被完全抑制。Guettler 等[81] 从 *A. succinogenes* 中筛选出了抗氟乙酸的变异株，在 2 L 厌氧发酵罐中分批发酵，以葡萄糖为碳源，丁二酸产量高达 105.8 g/L，得率为 0.8～0.9 g/g。

产琥珀酸曼海姆菌等一些产丁二酸的野生菌株也能制备丁二酸。Lee 等[82] 从牛瘤胃中分离得到产琥珀酸曼海姆菌 *Mannheimia succiniciproducens* MBEL55E，以 20 g/L 葡萄糖为底物进行厌氧发酵，丁二酸产量可达 13.5 g/L。但这类菌多为营养缺陷型，需依赖营养丰富的复合培养基，而高昂的培养基成本使得这类菌株的经济性大大降低。野生菌株在培养过程中存在存活率不高、依赖培养基特定成分，因此不利于工业应用。因此，构建和培养高产丁二酸的基因工程菌株成为丁二酸微生物发酵法的热点[77]。

2.4.3.2 产丁二酸工程菌株的构建

随着基因测序、基因编辑技术及基因精细调控表达等技术的进步，从分子层面改造微生物代谢网络提高丁二酸生产效率的研究已经取得了一定的成果。综合各种代谢工程改造策略，丁二酸基因工程菌的构建主要包括敲除或突变副产物合成途径相关基因、外源引入或超量表达丁二酸合成途径相关酶、提高底物利用效率及优化辅因子代谢等。

敲除或突变副产物合成途径中关键酶基因可减少副产物的合成，有利于减少下游分离步骤。丁二酸基因工程菌株主要包括有氧发酵和厌氧发酵两类生产菌。Lin 等[83] 使大肠杆菌的 *sdhAB*、*poxB*、*ackA-pta*、*iclR* 和 *ptsG* 基因失活，构建了重组菌 *E. coli* HL27659k，该菌株发酵 59 h 可积累 58.3 g/L 丁二酸，收率为 0.56 g/g。Otero 等[84] 结合进化代谢选育并敲除酿酒酵母 *SDH3P* 和 *Ser3p*/*Ser33p* 基因，维持细胞生长与代谢合成丁二酸的过程，最终产物浓度比出发菌株提高了 43 倍。Yuzbashev 等[85] 敲除解脂耶氏酵母 *SUC2* 和 *SDH2* 基因并突变了 *SDH1* 基因，获得的重组菌在低 pH 下以甘油为碳源发酵制备丁二酸，产量达到 45 g/L。

针对厌氧丁二酸生产菌株，敲除 *ldhA*、*pflB*、*adh* 以及 *pta*、*ackA*、*poxB* 基因可以减少乳酸、甲酸、乙醇和乙酸的积累，而失活磷酸转移酶转运系统中的葡萄糖专性转运蛋白编码基因 *ptsG* 可以减少丙酮酸的生成，促使更多的碳通量流向还原三羧酸途径。其中，重组大肠杆菌 KJ073 以葡萄糖为碳源进行厌氧发酵，丁二酸收率达到 1.2 mol/mol。

在敲除或突变与副产物合成相关基因的基础上，进一步强化丁二酸合成途径相关基因的表达是提高丁二酸合成效率的有效策略。研究表明，分别编码碳酸酐酶和烯醇式丙酮酸羧化酶的 *ecaA* 基因和 *pepc* 基因在大肠杆菌中过表达可以提高丁二酸积累的效率[86]。然而，研究也表明细胞生长和琥珀酸的产量会受到抑制。故王丹课题组[87] 构建了 RBSSR 库，并依靠该库对 *ecaA* 基因和 *pepc* 基因表达量进行调控，得到了较高的琥珀酸产量。在 *ecaA* 增至 3.53 倍、*pepc* 增至 1.06 倍的基因共表达水平下，琥珀酸产率和生产速率达到最佳值，分别为 0.87 g/g 和 2.01 g/(L·h)。这种使用 RBSSR 库来调节代谢途径的方法还可扩展到其他生化物质的生产中。此外，他们还构建了在厌氧诱导的 P_{SnirB} 控制下具有单个 *ecaA* 表达或共表达 *ecaA* 和 *pepc* 的重组质粒[88]，以节省外源诱导剂的成本。由厌氧诱导的菌株与 IPTG 诱导的菌株相比，丁二酸浓度和产量分别增加了 8.56%和 6.82%。

2.4.3.3 丁二酸发酵过程控制与优化

在上述生产菌株中，丁二酸的合成过程需要 CO_2 的参与，理论上每生成 1 mol 丁二酸要消耗 1 mol CO_2。不同微生物固定 CO_2 生成琥珀酸的代谢途径有所差异，涉及 CO_2 固定的代谢途径关键酶主要有 PEP 羧化激酶（*pck*）、PEP 羧化酶（*ppc*）和丙酮酸羧化酶（*pyc*）等[86]。PEP 羧化激酶是野生型菌株 *A. Succiniciproducens*、*A. Succinogenes*、*M. succiniciproducens* 厌氧合成丁二酸代谢途径中 C_3 途径向 C_4 途径转换的关键酶[89]。而在 *E. coli* 和 *C. glutamicum* 中，通过过量表达固定 CO_2 的关键酶 PEP 羧化酶或引入丙酮酸羧化酶催化丙酮酸合成草酰乙酸，能够提高 CO_2 固定效率，提高 C_4 途径的代谢通量。

在微生物发酵产有机酸的过程中，发酵环境的 pH 会随着有机酸的增多而下降，过低的 pH 会影响微生物的生长和代谢活动。采用耐酸酵母底盘细胞作为宿主菌构建耐酸工程菌株是目前过程控制的热点。与常用的细菌和霉菌产酸菌比较，酵母菌作为有机酸的产生菌一般具有更强的低 pH 耐受性，此外，酵母不存在噬菌体污染问题，而且酵母菌具有发酵技术及遗传改造技术相对成熟等独特优点，成为合成生物塑料及塑料有机酸单体的优质底盘生物。因此，近年来酵母发酵大规模工业生产的有机酸研究数量持续增长，并且正在呈逐步扩大的趋势。

邢建民课题组[90,91] 利用产琥珀酸放线杆菌 130Z 同步糖化发酵将生物废棉秸秆转化为琥珀酸。在 40℃、pII 为 7.0 的条件下反应 54 h 后，琥珀酸产量为 63 g/L，产率为 1.17 g/(L·h)，转化率为 64%。通过聚苯乙烯（PSt）微球的吸附试验，建立了一种简单的同步糖化发酵液脱色脱蛋白的方法。以 5% PSt 负载量（质量分数）、pH 4.0 和 60℃的条件进行处理，脱色率、脱蛋白率和琥珀酸损失率分别为 96.6%、84.5%和 4.1%。该方法为从生物质废料中大规模生产琥珀酸提供了途径。

2.4.4 生物合成市场潜力与发展方向

目前，国内丁二酸的潜在市场巨大。随着环保意识的逐渐增强以及生物可完全降解塑料 PBS 生产技术的日益成熟，PBS 必将成为政府和市场主推的塑料品种之一。预计 2026 年，我国可降解塑料 PBS 新增产能将达到 486.8 万吨/年，届时可降解塑料 PBS 对丁二酸的需求将进一步释放。另一方面，丁二酸的下游产品线丰富，丁二酸二甲酯、丁二酸酰亚胺、丁二酸乙二酯红霉素等的市场也有较大的拓展空间。据 Tansparency 市场研究报告显示，全球丁二酸的传统市场从 2011 年的 2.403 亿美元增长到 2018 年的 8.326 亿美元，2012 年至 2018 年的年均增长率达 19.4%，2018 年产量超过 25 万吨。

发酵法生产丁二酸主要是利用可再生能源和二氧化碳作为原料。此举开辟了温室气体二氧化碳利用的新途径，且成本低廉、无环境污染，因此生物法生产丁二酸代表着未来发展的方向。且发酵法生产丁二酸也为农业碳水化合物产品打开一个重要的市场[92]。然而中国以微生物发酵为基础的丁二酸绿色生产工艺只是刚起步，发酵法生产丁二酸的产能有待进一步提升。

2.5 赖氨酸

2.5.1 市场价值

赖氨酸（lysine，L 型结构式见图 2-14）是一种天然碱性氨基酸，在自然界主要以 L、D 和 DL 三种类型存在，但只有 L 型才能被生物利用。赖氨酸与其他氨基酸不同，其碳链结构上的 ε-氨基使得蛋白质中的赖氨酸残基通常暴露于蛋白质表面或其 ε-氨基位于催化位点，赖氨酸也因此能够通过盐桥、氢键等相互作用来参与分子识别过程[93]。同时，由于 ε-氨基的存在，赖氨酸在动物机体内具有其特有的代谢路径。

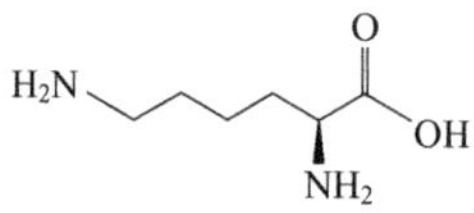

图 2-14 赖氨酸

赖氨酸是人体第一必需氨基酸。它在促进人体生长发育、增强机体免疫力、抗病毒、促进脂肪氧化、缓解焦虑情绪等方面都具有积极的营养学意义。缺乏赖氨酸时，其他氨基酸就得不到有效利用，严重影响机体对蛋白质的利用。但人体自身不能合成赖氨酸，必须从食物中摄取。

赖氨酸在医学临床上主要用于治疗颅脑损伤综合征、脑血管病、记忆力减退等，还可用于治疗赖氨酸缺乏引起的小儿食欲不振、营养不良、脑发育不全等。它可与其他多种氨基酸一起配制补充营养的平衡型氨基酸制剂。同时也能与一些营养素协同作用，更好地发挥各种营养素的效用。故赖氨酸被广泛用作饲料、食品和饮料行业的营养添加剂。近年来，随着合成生物学的发展，赖氨酸也被用作合成尸胺、己二胺等高附加值化学品的前体。

我国目前已成为世界赖氨酸生产、消费和出口第一大国，产品出口到欧美和东南亚等 60 多个国家和地区。2016 年我国赖氨酸产能已增加到 233 万吨/年，产量增加到 138 万吨，约占全球赖氨酸总产量的 60%。2018 年我国赖氨酸产能和产量分别为 267 万吨/年和 170.8 万吨[94]。2019 年全国赖氨酸出口量达 89.59 万吨。

2023 年中国赖氨酸产能达 350.2 万吨/年。在目前赖氨酸产能过剩的情况下，通过菌株选育、发酵工艺优化进一步降低赖氨酸的生产成本，同时将赖氨酸转化为可用于活性药物中间体、药物或生物基聚合材料的高附加值化学品，可以维持赖氨酸市场和开拓赖氨酸产业链。

2.5.2 化学合成路径

化学合成赖氨酸的工艺很多，所用的原料也有所不同[95]。

2.5.2.1 己内酰胺法

己内酰胺法是以己内酰胺为原料合成赖氨酸的方法（图 2-15）。最初由斯塔米卡邦公司开发研究，产品总收率达 70%～90%。其反应过程如下：

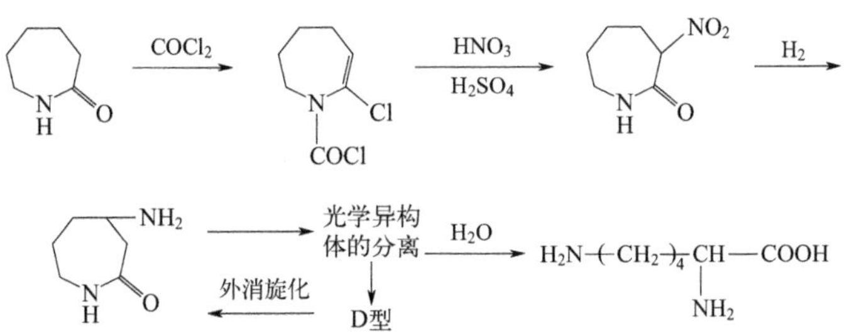

图 2-15 己内酰胺法合成 DL-赖氨酸

另一种方法是从己内酰胺出发，经由 α-氯代己内酰胺，用氨直接（或用叠氮化物间接）使其变成 α-氨基己内酰胺，然后水解得赖氨酸（图 2-16）。α-氯代己内酰胺亦可由氯直接氯化己内酰胺，然后环化重排而得。

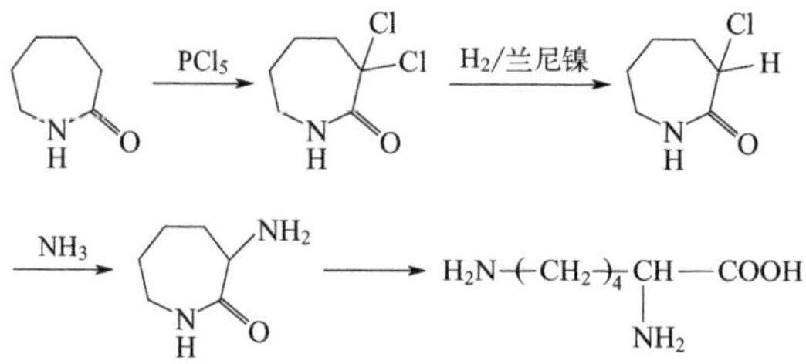

图 2-16 经由 α-氯代己内酰胺合成 DL-赖氨酸

此外，还可用此法的中间体 α-氨基己内酰胺的溴氢酸盐，经盐酸水解后，用阳离子交换剂处理，再用 5%的氨水处理制得赖氨酸。以及可用 NaOH 或 $Ca(OH)_2$，从 α-氨基-ε-己内酰胺水解制得 DL-赖氨酸。

2.5.2.2 糠醛法

这是一种杜邦公司研发的以糠醛为起始原料合成赖氨酸的方法（图 2-17）。后来报道的 5-(4-氨基丁基）己内酰脲水解法，5-(4-溴丁基）己内酰脲法和 5-(3-氰丙基）己内酰脲法均由此法发展得到。

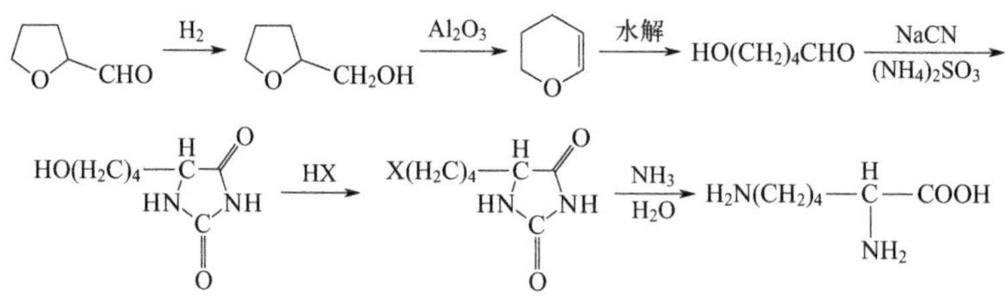

图 2-17 糠醛法合成 DL-赖氨酸

2.5.2.3 环己烷法（环己酮法）

此方法以环己酮为合成赖氨酸的起始原料，赖氨酸外消旋体的收率为 63%（图 2-18）。此外可从肟出发，经由 2-卤代-5-氰基戊酸烷基酯合成赖氨酸（图 2-19）。

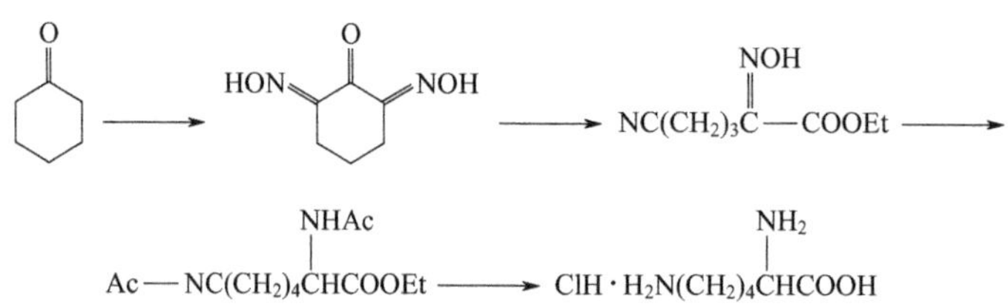

图 2-18 环己烷法合成 DL-赖氨酸

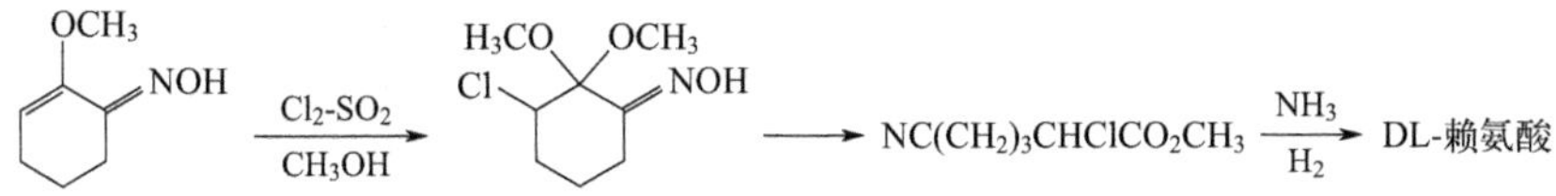

图 2-19　经 2-卤代-5-氰基戊酸烷基酯合成 DL-赖氨酸

2.5.2.4　2-乙氧基-3,4-二氢吡喃法

此法是以糠醛制得 2-乙氧基-3,4-二氢吡喃，经由二氨基庚二酸化学合成赖氨酸的方法。其反应过程如图 2-20 所示。

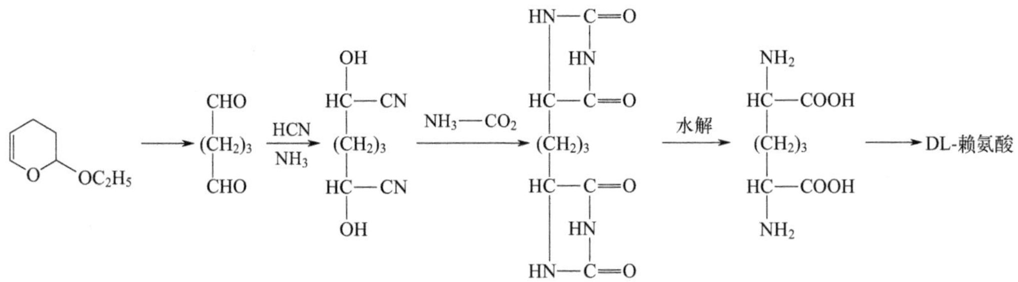

图 2-20　2-乙氧基-3,4-二氢吡喃法合成 DL-赖氨酸

2.5.2.5　1,3-丁二烯法

1,3-丁二烯经 N_2O_5 硝化后，与 β-硝基丙二酸二乙酯缩合，氢化后水解，便得到 DL-赖氨酸（图 2-21）。

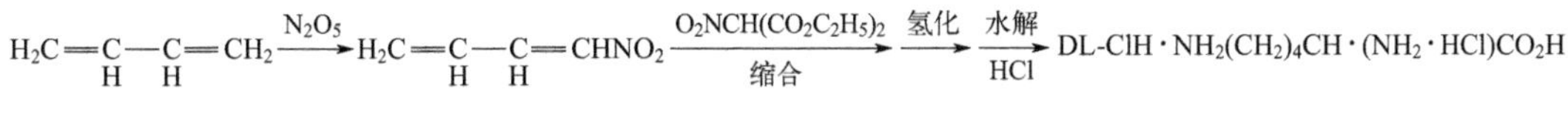

图 2-21　1,3-丁二烯法合成 DL-赖氨酸

2.5.2.6　哌啶及其衍生物法

以 α-氰基吡啶为原料，经水解和催化氢化得到哌可酰胺，将其与醋酐一起回流，便得到 1-乙醛基-2-氰基吡啶，接着用 58% NH_4OH 水溶液处理，可得到 DL-赖氨酸（总收率 11%～29%）。

另外一种 α,ω-二氨基酸的简便合成方法是：以哌啶衍生物为原料，经 Strecker-Buchser 反应便得到 $RCONH(CH_2)_4CH(NH_2)CN$ 或己内酰脲，再将其用盐酸水解得到赖氨酸盐酸盐。

2.5.2.7 1-甲酯基-2-氯-1-氮杂环庚烯法

此法是在含有氯气的氢氧化钠或氢氧化钙水溶液中，在 pH 7.5 和 -5℃的情况下，将 1-甲酯基-2-氯-1-氮杂环庚烯处理 2 h，便得到 *N*-甲酯基-2-氯-ε-己内酰胺，后者在 pH 11 及 20℃的 NaOH 水溶液中处理 3 h，开环得到 *N*-甲酯基-2-氯-6-氨基己酸，再将其与氨水反应生成赖氨酸盐酸盐。

赖氨酸的化工合成方法尚有丙烯醛法、丙二酸酯法和取代戊醛法等，在此不一一赘述。

2.5.3 生物合成路径

2.5.3.1 α-氨基己二酸途径

高等真菌中赖氨酸从头合成途径为 *α*-氨基己二酸途径（*α*-aminoadipate pathway，AAA 途径）[96]。反应分为两阶段，发生在不同的场所，最终合成赖氨酸。

AAA 途径的第一阶段发生在线粒体中，以 *α*-酮戊二酸为底物生成 *α*-氨基己二酸，且前 3 个反应对于高等真菌有很高的特异性[97]。该阶段的起始反应是高柠檬酸合酶催化 *α*-酮戊二酸与乙酰辅酶 A 缩合生成高柠檬酸，此反应是 AAA 途径的关键限速步骤。随后，高柠檬酸在高柠檬酸脱水酶的催化下生成顺-高乌头酸，后者在高乌头酸水合酶的作用下生成高异柠檬酸。高异柠檬酸在高异柠檬酸脱氢酶的催化下生成 *α*-酮己二酸，至此形成赖氨酸碳骨架结构。随后，*α*-酮己二酸在氨基己二酸转氨酶的催化下，以谷氨酸为底物生成 *α*-氨基己二酸和 *α*-酮戊二酸。

AAA 途径的第二阶段发生在细胞质中[98]，由 *α*-氨基己二酸生成 L-赖氨酸。首先以 *α*-氨基己二酸为底物，由氨基己二酸还原酶催化、ATP 供能、Mg^{2+} 参与、NADPH 作为辅酶，生成 *α*-氨基己二酸-*δ*-半醛。此反应仅存于真菌中且同时发生腺苷化反应和还原反应，且氨基己二酸还原酶催化的还原反应被认为是真菌赖氨酸合成进化中的关键步骤。然后，*α*-氨基己二酸-*δ*-半醛与谷氨酸在酵母氨酸还原酶催化下生成 L-酵母氨酸，后者在酵母氨酸脱氢酶催化下生成 L-赖氨酸和 *α*-酮戊二酸。其中酵母氨酸还原酶和酵母氨酸脱氢酶是真菌中特有的酶。

AAA 途径并非高等真菌所特有，少数细菌如嗜热栖热菌、超嗜热古菌等也通过此途径合成赖氨酸。细菌和真菌在第一阶段的反应是一样的，但是在第二阶段通过不同的酶促反应合成赖氨酸，也间接证明了真菌 AAA 途径中后 3 个酶的特异性[99]。

2.5.3.2 二氨基庚二酸途径

在二氨基庚二酸（diaminopimelic acid，DAP）途径中，L-赖氨酸由 L-天冬氨酸和丙酮酸合成。该途径主要存在于植物、细菌及低等真菌中。DAP 途径始于 L-天冬氨酸，代谢至 L-Δ^1-四氢吡啶二羧酸（THDPA）时，可通过脱氢酶途径、琥珀酰酶途径、乙酰酶途径和氨基转移酶途径这四种变体途径转化为内消旋二氨基庚二酸（meso-DAP）。这四种变体途径的共同步骤是，依次通过天冬氨酸激酶、天冬氨酸半醛脱氢酶、二氢二吡啶甲酸合成酶和二氢二吡啶甲酸还原酶将 L-天冬氨酸转化为 THDPA。琥珀酰酶途径在大肠杆菌等多数细菌中最常见，乙酰酶途径仅存在于某些芽孢杆菌中，脱氢酶途径仅存在于某些革兰氏阳性细菌和植物中，转氨酶途径常见于蓝藻、衣原体、甲烷热自养杆菌和拟南芥。在这四种变体途径中，THDPA 在脱氢酶途径中直接转化为 meso-DAP。因此，在能量有限的情况下，脱氢酶途径更有利。然而，由于二氨基甲酸脱氢酶对底物的亲和力较低，脱氢酶途径中 L-赖氨酸的积累需要较高的 NH_4^+ 浓度。因此，脱氢酶途径的应用受到限制。

2.5.3.3 谷氨酸棒杆菌

工业上最常使用谷氨酸棒杆菌生产 L-赖氨酸。谷氨酸棒杆菌利用 DAP 途径合成 L-赖氨酸。当 NH_4^+ 浓度高时，谷氨酸棒杆菌采用二氨基庚二酸脱氢酶途径合成 L-赖氨酸；当 NH_4^+ 浓度低时，则采用琥珀酰转移酶途径合成 L-赖氨酸[100]。

最初，人们通过诱变技术以获得高产 L-赖氨酸的谷氨酸棒杆菌突变体。Costa 等[101]通过 NTG 诱变谷氨酸棒状杆菌 ATCC 21513，得到氟乙酸盐敏感突变体，其生产赖氨酸的最大比速率为 1.3 g/(L・h)，比亲本高出约 2 倍。研究人员筛选了诱变后对 L-赖氨酸结构类似物 *S*-(2-氨基乙基)-L-半胱氨酸耐药的突变菌株，有效缓解了 L-赖氨酸对天冬氨酸激酶的协同抑制作用[102]。

虽然常规诱变改善了谷氨酸棒杆菌生产 L-赖氨酸的能力，但常规诱变无法避免在基因组中引入有害或不必要的突变。基因组育种法可以克服该方法的局限性。基因组育种法可精确地将预期突变引入基因组，以创建仅携带有益突变的明确突变体。Ohnishi 等[103]在通过基因组分析鉴定发现在野生型谷氨酸棒杆菌 ATCC13032 中以下突变为有益突变：高丝氨酸脱氢酶基因中的 *V59A*、天冬氨酸酶基因中的 *T311I* 和丙酮酸羧化酶基因中的 *P458S*。三重突变体仅在 27 h 后就产生了 80 g/L 的 L-赖氨酸。且突变体生长和消耗葡萄糖的速度几乎与野生型菌株一样快，因此发酵时间可以缩短近一半。Ikeda 等[104] 提到增加 L-天冬氨酸的供应也有助于提高 L-赖氨酸的产量。通过引入以下特异性突变，即厌氧通路中丙酮酸羧化酶基因的 *P458S*，提升了 L-天冬氨酸的供应量，有效增加了 L-赖氨酸的浓度。基因组育种规避了常规诱变引起的不良突变，保持了野生型菌株的稳健性，有利于提高产能，降低生产成本。

代谢工程也是提升谷氨酸棒杆菌产 L-赖氨酸量的有效策略之一，该方法可以优化底物利用、所涉及的途径和能量利用，改善细胞生长、提高 L-赖氨酸产生和细胞对 L-赖氨酸的耐受性。关键酶编码基因的过表达可增强核心合成途径。二氢二吡啶甲酸合成酶的过表达已被证明可驱动碳通量进入 L-赖氨酸合成途径，从而增加谷氨酸棒杆菌中的 L-赖氨酸产量[105]。此外，增加琥珀酰化酶途径中二氨基庚二酸差向异构酶和琥珀酰二氨基庚二酸转氨酶的表达也有利于增加 L-赖氨酸的产生，过表达编码这两种酶的基因使得 L-赖氨酸浓度与对照组相比分别提高了 13.4%和 7.3%[106]。

竞争性分支途径的阻断对于提高合成 L-赖氨酸的代谢通量至关重要。阻断 L-丙氨酸、

L-乳酸、乙酸盐、琥珀酸盐和苹果酸盐等合成途径可以减少丙酮酸的分流[107,108]。此外，通过消除丙酮酸脱氢酶活性来增加前驱体丙酮酸的可用性也可以提高 L-赖氨酸的产量，Blombach 等[109] 删除了谷氨酸棒杆菌 DM1729 中编码丙酮酸脱氢酶复合物（PDHC）E1p 酶的 *aceE* 基因，所得菌株 DM1729-BB1 用于 L-赖氨酸生产。与宿主菌株相比，菌株 DM1729-BB1 没有 PDHC 活性且产生 43 g/L L-赖氨酸，比对照组产量高出 56%。

谷氨酸棒杆菌每合成 1 mol L-赖氨酸需要 4 mol NADPH，故其生产 L-赖氨酸的一个关键是有效供应 NADPH。Takeno 等[110] 用链球菌的非磷酸化 NADP 依赖性甘油醛 3-磷酸脱氢酶取代谷氨酸棒杆菌的内源性 NAD 依赖性甘油醛-3-磷酸脱氢酶，从而构建了一种具有能产生 NADPH 的糖酵解途径的新型工程谷氨酸棒杆菌。该工程菌株中 NADPH/NADP 的比例显著提高，L-赖氨酸的最终浓度达到 120 g/L，比对照菌组高 1.4 倍。

还可以通过代谢工程扩大谷氨酸棒杆菌用于生产 L-赖氨酸的底物图谱。Rittmann 等[111] 在谷氨酸棒杆菌 DM1730 内实现了大肠杆菌甘油利用基因 *glpF*、*glpK* 和 *glpD* 的异源表达，改造后的工程菌使用等量的葡萄糖和甘油作为碳源，L-赖氨酸浓度高达 36.26 g/L，转化率为 0.236 g/g 葡萄糖-甘油，生产速率为 0.75 g/(L·h)。

2.5.4 生物合成市场潜力与发展方向

在 20 世纪，研究者主要是通过同位素放射性标记法及赖氨酸营养缺陷型菌株对 AAA 途径进行研究；如今随着计算机技术的成熟，旧的、烦琐的方法被替代，通过全基因组测序便可高效快速确定赖氨酸合成途径以及途径中酶的编码基因[112]。

在生产方面，赖氨酸因其自身的生理功能广泛应用于饲料、医药和食品等行业中。利用基因工程技术选育高产赖氨酸菌种已趋近成熟，但真菌中的高产赖氨酸菌种培育尚处于空白阶段。因此可以利用基因工程手段结合微生物发酵法提高真菌中的赖氨酸产量，为开发赖氨酸生物合成途径提供新思路[113]。

近些年对 AAA 途径的生物化学及酶学研究较为深入，但是对于参与该途径中的基因如何调控了解甚少。未来应利用分子手段进一步探究有益真菌产赖氨酸过程中作用机理及调控机理，并将其更加广泛地应用到生产和生活中。而在食用菌中，赖氨酸合成途径的研究是最近几年才开始的，多以金针菇为研究对象。在分子水平上探索赖氨酸生物合成的调控机制将辅助金针菇产业向高质量方向发展，满足消费者更高的营养需求。

2.6 丙酮

2.6.1 市场价值

丙酮（acetone，结构式见图 2-22），又称二甲基酮，可发生亲核加成反应、α-氢反应、催化氢化反应等酮的经典反应。其化学性质活泼、沸点低、具极性、溶解能力强，在各个领域中都有着广泛的应用，是最简单和最重要的酮。

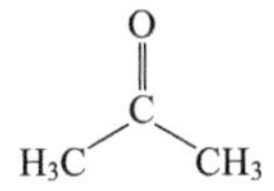

图 2-22 丙酮结构式

丙酮是一种极性非质子溶剂，能发生多种有机化学反应。它通常用作脂肪、油、蜡、树脂、橡胶、塑料、涂料的溶剂。丙酮是重要的有机合成前体，可用于制造有机玻璃、照相胶片、塑料、纤维、药物和其他化学品。丙酮还可作为萃取剂用于萃取各种维生素、激素及石油脱蜡。此外它还可用于储存乙炔气体。

我国丙酮行业的产能呈现出较为稳定的增长趋势，2018—2022 年中国丙酮产能复合增长率在 11.43%。截止到 2022 年 12 月，中国丙酮产能达到 259 万吨/年。但丙酮主要为制造苯酚的联产品，因此其产量很大程度上取决于苯酚市场的消费需求与生产，而丙酮行业下游需求强劲，故我国丙酮行业存在显著的供给缺口，对外依存度高。

2.6.2 化学合成路径

丙酮作为重要的化工原料，工业上有多种生产方法，其化工合成路径主要包括异丙醇脱氢法、异丙苯法、丙烯氧化法。其中异丙醇脱氢法生产丙酮在 20 世纪就实现了工业化[114]。下面主要介绍前两种方法。

2.6.2.1 异丙醇脱氢法

异丙醇脱氢法以异丙醇为原料，发生吸热反应，反应热为 62.9 kJ/mol，主反应见式(2-18)。其典型的反应条件是 350℃、1.97atm（$1atm = 1.01325 \times 10^5$ Pa）。反应在气相中进行，用金属氧化物作催化剂，例如铜、锌、铝。其单程转化率为 85%～92%。主要有以下特点：原料的生产成本较高、产品收率较低，但生产技术成熟、生产工艺简单，副反应少［式(2-19)和式(2-20)］、污染小、催化剂回收再生容易。且生产的丙酮中不含芳香烃、纯度高，适用于要求比较严格的制药行业。

主反应：

$$(CH_3)_2CHOH \longrightarrow (CH_3)_2CO + H_2 \tag{2-18}$$

副反应：

$$(CH_3)_2CHOH + (CH_3)_2CO \longrightarrow (CH_3)_2CHCH_2COCH_3 + H_2O \tag{2-19}$$

$$(CH_3)_2CHOH \longrightarrow CH_2 = CHCH_3 + H_2O \tag{2-20}$$

2.6.2.2 异丙苯法

异丙苯法是化学工业上制备丙酮的另一种方法[115]。其优点在于将较为廉价的原料苯和丙烯转化为更有价值的苯酚与丙酮。该方法需辅以少量催化剂、氧气与少量产生自由基的化合物。

在 30 atm、250℃条件下，原料由亲电催化剂（磷酸）催化，苯通过傅-克反应与丙烯加成生成异丙苯。异丙苯在微碱性条件下被产生自由基的化合物氧化成异丙苯自由基。在氧气存在的情况下，异丙苯自由基与异丙苯发生连锁反应不断产生过氧化氢异丙苯与过氧化氢异丙苯自由基。其中过氧化氢异丙苯在酸性环境下水解得到苯酚与丙酮[式(2-21)]。

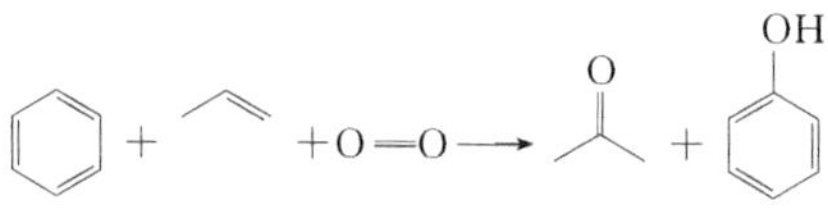

(2-21)

2.6.3 生物合成路径

虽然丙酮的化工合成法有许多种，但它们存在反应温度高、工艺复杂、产品精制困难、污染环境、副产物多等问题。与之相比，微生物法不需要苛刻的反应条件。

化石能源的问题和对环境问题的日益关注使研究人员的注意力集中在可以直接转化二氧化碳的工程光合作用生物上。

2.6.3.1 原核生物蓝细菌利用生物 CO_2 合成丙酮

由于丙酮对蓝藻细胞毒性较小，中国科学院微生物研究所研究团队，首先设计了一条从 CO_2 生物合成丙酮的代谢途径，然后对蓝细菌内源的光合固碳模块进行优化、重新分配碳流，进而通过引入与丙酮生物合成相关的转乙酰模块和脱羧模块，实现了蓝细菌内源固碳模块和两个外源模块的有效衔接，使碳流延伸到丙酮，创建了从 CO_2 生物合成丙酮的新途径[116]。

多种燃料和化学品，如乙醇、异丁醇、丁醇、脂肪醇、异戊二烯，已成功地由工程菌生产。在这些化学品中，几个外源合成途径已成功构建在蓝藻。然而，很少有人尝试将天然碳通量转化，用于生产有用的化学品。引入外源合成途径和改变天然碳通量的组合有利于蓝藻中丙酮的产生。以 CO_2 为原料合成丙酮生物主要是由 2 个模块组成。首先经第一个模块利用 CO_2 合成乙酰辅酶 A，然后乙酰辅酶 A 在第二个模块中转化为丙酮。

乙酰辅酶 A 通过模块一合成。丙酮合成途径是乙酰辅酶 A 依赖途径。乙酰辅酶 A 来源于黑暗和厌氧条件下的脂肪酸 β-氧化和糖原分解，脂肪酸和糖原来自氮和磷酸盐缺乏条件下光合作用过程中的 CO_2 固定。但是乙酰辅酶 A 会在 PHB 合成酶和转磷酸乙酰酶的作用下继续反应生成 PHB 和乙酸酯，为了得到乙酰辅酶 A，需要对这两个合成路径酶的编码基因进行敲除。

从乙酰辅酶 A 转化为丙酮依赖于模块二。从乙酰辅酶 A 转化为丙酮需要三种酶，其中 3-酮硫醇酶是将乙酰辅酶 A 转化为乙酰乙酰辅酶 A 的天然酶，辅酶 A 转移酶和乙酰乙酸脱羧酶是从乙酰丁酸梭菌 DSM 1731 中提取的酶，用于乙酰乙酰辅酶 A 转化为丙酮。

通过引入外源性合成途径和重定向天然碳通量相组合，实现了集胞藻 PCC 6803 以二氧化碳合成丙酮的过程（图 2-23）。在营养限制（无氮和无磷）条件下培养工程菌株，从光照、需氧条件下代谢转移到黑暗、缺氧条件下，在密封试管中培养基中可产生 36 mg/L 丙酮和 40 mg/L 乙酸盐。

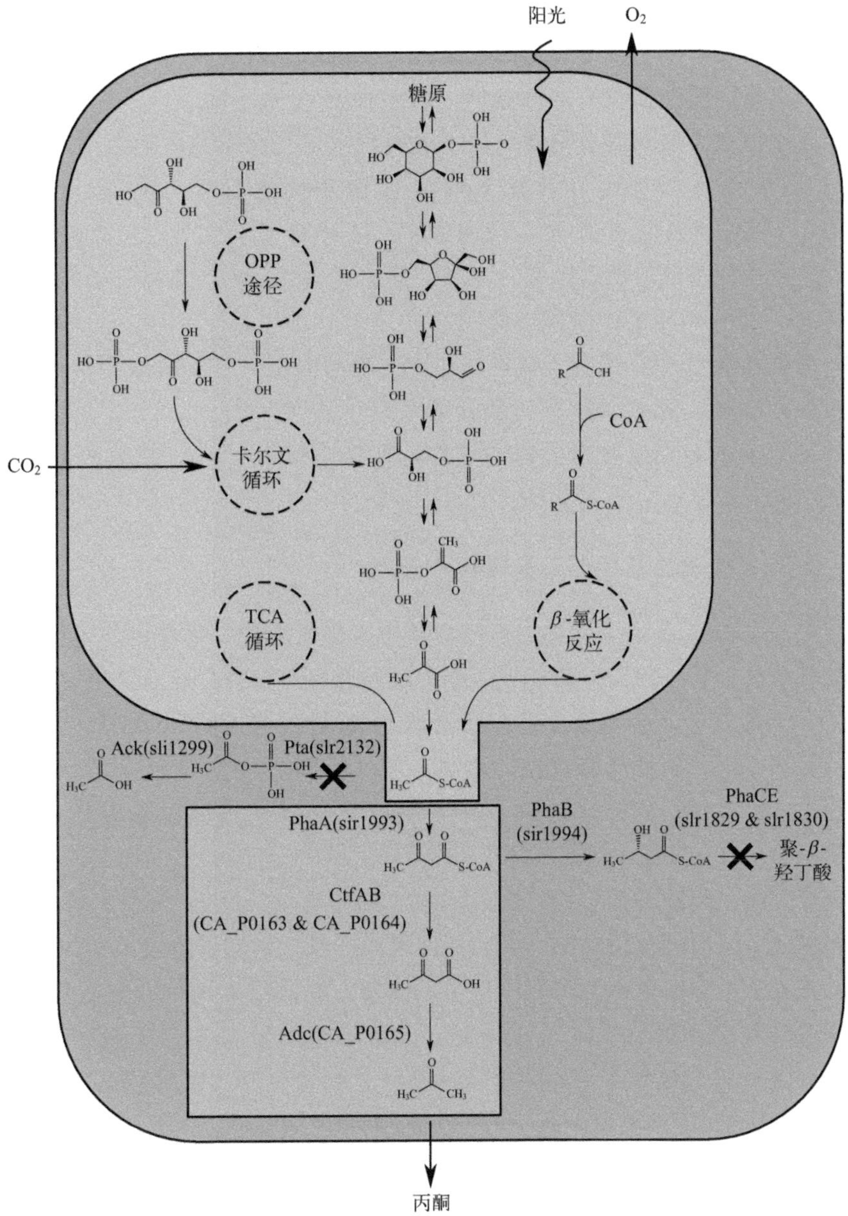

图 2-23　集胞藻 PCC 6803 中构建以二氧化碳合成丙酮的模块化生物合成途径

2.6.3.2 细长聚球藻通过光合作用转化 CO_2 生产丙酮

捕获 CO_2 并将其转化为有价值的化学品能够应对全球环境和气候变化以及能源安全方面的挑战。

研究人员可利用细长聚球藻 PCC 7942 工程菌将 CO_2 连续转化为唯一产品丙酮[117]。该过程利用 ATP 驱动丙二酰辅酶 A 合成途径和异源磷酸酮醇酶-磷酸转乙酰酶途径，在光照、需氧培养过程中发酵生成丙酮。

最初，研究人员发现表达乙酰乙酰辅酶 A 转移酶基因的细长聚球藻 PCC 7942，在光照和有氧条件下，其丙酮产量与乙酸盐消耗量之间存在很强的正相关关系，从乙酰辅酶 A 到丙酮的碳通量来自培养基额外添加的乙酸盐。但这样会导致最终产物中存在乙酸盐，难以从中纯化分离出丙酮。而没有乙酸盐时，乙酰辅酶 A 水平的不足或代谢流向的不合理分配，可能限制恒定光照和好氧培养条件下的丙酮生产。而研究人员由 ATP 驱动的天然 AccABCD 乙酰辅酶 A 羧化酶和异源 NphT7 硫解酶催化的两步反应可以解决这个问题[118]，故引入相关体系以 ATP 驱动代谢力使乙酰辅酶 A 转化为乙酰乙酰辅酶 A，由此生产丙酮。然而，此番改造所得的菌株虽在光照、需氧培养中产生单一丙酮，但由于乙酰辅酶 A 库有限，单一丙酮的产量相当低。

为扩大乙酰辅酶 A 库，研究人员进一步在工程菌内引入异源磷酸酮醇酶-磷酸转乙酰酶途径，使其在有氧、光照、没有乙酸盐的条件下产生了（13.74±2.39）mg/L 丙酮。将该菌株放在受控平面光生物反应器中培养，维持连续 5% CO_2 鼓泡和恒定光照供应，可得到（22.48±1.00）mg/L 的丙酮。

2.6.3.3 乙酸乙酰辅酶 A 和丙二酰辅酶 A 旁路

已知增加乙酰辅酶 A 池可促进工程菌光合作用合成丙酮。而细胞内乙酰辅酶 A 是通过丙酮酸脱氢酶复合物（PDC）或厌氧丙酮酸甲酸裂解酶途径介导的丙酮酸的氧化脱羧产生的。PDC 的功能在转录和翻译水平上都受到严格调控，并受到 NADH/NAD 氧化还原比率和底物水平变构抑制的严格调控，限制了乙酰辅酶 A 的高碳通量。为此，有研究者设计了一种人工的乙酸乙酰辅酶 A/丙二酰辅酶 A（AAM）旁路以克服 PDC 的限速，增加了乙酰辅酶 A 池，实现 CO_2 高效转化[119,120]。

研究人员先在工程蓝细菌中构建合成乙酸乙酰辅酶 A（AA）旁路，借助乙酸的分泌和同化将碳通量重定向到乙酰辅酶 A，以提高丙酮产量。磷酸烯醇式丙酮酸羧化酶可以通过磷酸烯醇式丙酮酸和草酰乙酸的 C_3-C_4 节点驱动乙酰辅酶 A 向丙二酰辅酶 A 的碳通量。将编码丙酮酸脱羧酶和醛脱氢酶（SeAld6）的合成基因整合到野生型细长聚球藻 PCC 7942 的染色体中，得到菌株 SeHL010，又引入了乙酸盐耐受乙酰辅酶 A 合成酶（ACS），以便由乙酸盐和 ATP 产生乙酰辅酶 A[120]（表 2-5）。

此外，一种人工磷酸烯醇式丙酮酸合成酶/磷酸烯醇式丙酮酸羧化酶/甲基丙二酰辅酶 A 羧基转移酶-CO_2 固定模块（M 模块）的创建可在净反应中将乙酰辅酶 A 和 CO_2 转化为丙二酰辅酶 A。同时引入 AA 旁路和 M 模块（即 AAM 旁路）增加了乙酰辅酶 A 池，丙酮产量增加，细胞生长好。

表 2-5　构建菌株丙酮生产量

名称	特性	产量/(mg/L)
SeHL010	*S. elongatus PCC 7942 NSI* :: *Bb1s-AAD NSII* :: *Bb1k-pdc-ald6*,(AtAaD-PAd)	252.2
SeHL020	*S. elongatus PCC 7942 NSI* :: *Bb1s-AAD NSII* :: *Bb1k-pdc-ald6-acs*(*L641P*),(AtAaD-PAdAs)	378.1

2.6.4　生物合成市场潜力与发展方向

发酵法生产丙酮，即以农副产品如玉米为原料，经过生物发酵得乙醇、丙酮和丁醇的混合液，再通过精制分离得到丙酮、乙醇和丁醇。该法生产规模小、产量低、成本高，远远不能满足国内实际生产的需求。

但随着技术的进步和“双碳”政策的提出，合成生物学相较于化学工程的优势突显。丙酮挥发性较强，对蓝藻细胞的毒性较小，许多科学家开始研究利用蓝藻等微生物以二氧化碳为原料来生产丙酮。与化学工程相比，合成生物学以可再生生物资源替代不可再生化石资源，以绿色清洁的生物制造工艺替代高能耗、高污染的石化、煤化工艺，从而可以摆脱对石油、煤等不可再生资源的依赖，解决化学工程过程中的高耗能和高污染问题，它的生产过程更为安全、绿色、环保，并大幅度降低生产成本，这对于促进国民经济的可持续发展至关重要。

2.7　生物乙烯

2.7.1　市场价值

乙烯（ethylene，结构式见图 2-24）是最简单的烯烃，为无色、易燃气体。乙烯是合成纤维、橡胶、塑料的基本化工原料，也用于制造氯乙烯、苯乙烯、环氧乙烷、醋酸、乙醛、乙醇和炸药等。它是一种已证实的植物激素，可用作水果和蔬菜的催熟剂。乙烯是世界上产量最大的化学产品之一，乙烯工业是石油化工产业的核心，乙烯产品占石化产品75%以上，在国民经济中占有重要的地位。世界上已将乙烯产量作为衡量一个国家石油化工发展水平的重要标志之一[121]。

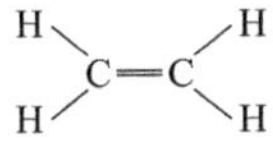

图 2-24　乙烯结构式

2.7.2 化学合成路径

在工业上，乙烯的化学生产方法主要分为裂解石油路线和非裂解石油路线（图 2-25）。

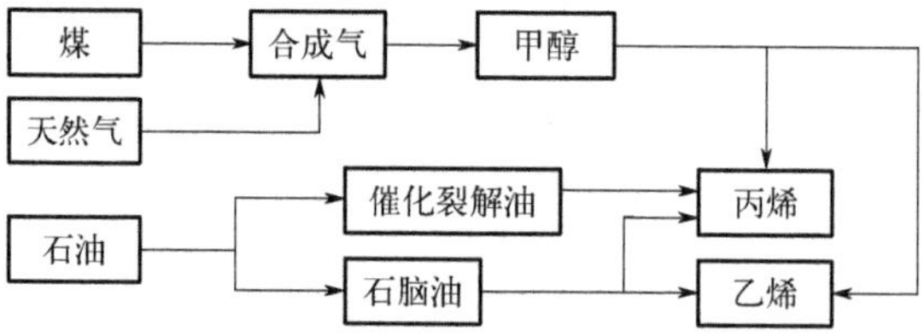

图 2-25 获得烯烃的石油路线和非石油路线[122]

2.7.2.1 裂解石油路线

我国在重油催化裂解制乙烯领域进行了卓有成效的开发研究并取得了重要进展。中国石化洛阳石油化工工程公司开发的重油接触裂解技术，在提升管出口温度为 700～750℃、停留时间小于 2 s 的工艺条件下，以大庆常压渣油为原料，选用选择性好、水热稳定性和抗热冲击性能优良的 LCM-5 催化剂，乙烯产率可达 19%～27%[123]。常压渣油原料进行催化热裂解反应后，反应油气先进入到急冷器降温再进到分馏塔、直冷塔，得到裂解气、裂解石脑油和裂解轻油。裂解气经压缩后进入气体精制与分离系统，得到聚合级的乙烯和丙烯，乙烷和丙烷则进一步进入裂解炉生成乙烯和丙烯。C_4 馏分先醚化生产 MTBE、醚后再进入 CPP 反应器进一步热裂解生产乙烯和丙烯。C_5 馏分也可返回 CPP 反应器进一步催化热裂解生产乙烯和丙烯[123]。以上实现了从常压渣油最大量生产乙烯、丙烯、异丁烯等低碳烯烃以及苯、甲苯、二甲苯等轻芳烃的目的，并实现了炼油装置与化工装置的一体化（图 2-26）。

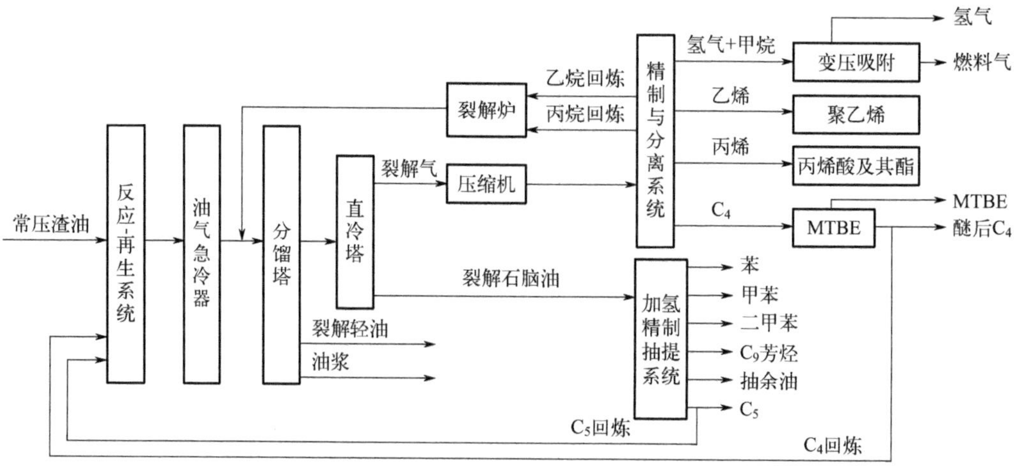

图 2-26 CPP 工业示范装置流程示意[123]

为避免依赖炼油厂或气体加工厂提供原料，一些公司开发出直接裂解原油的工艺，其主要特点在于省略了传统原油炼制生产石脑油的过程，使得工艺流程大为简化。其工艺过程为原油直接进入加氢裂化装置，去除硫并将高沸点组分转化为低沸点组分；分离后，瓦斯油及更轻的组分进入蒸汽裂解装置，重组分则进入沙特阿美公司自主研发的深度催化裂化装置。该工艺做到了烯烃生产的最优化。

2.7.2.2 非裂解石油路线

甲醇制烯烃技术是以天然气或煤为原料转化为合成气，合成气生成粗甲醇，再利用甲醇制备乙烯、丙烯的工艺，突破了石油资源紧缺、价格起伏大的限制。甲醇制烯烃的工艺流过程是：甲醇首先脱水为二甲醚，再继续脱水生成包括乙烯和丙烯在内的低碳烯烃（图 2-27）。目前国内外代表性工艺技术主要有鲁奇公司开发的甲醇制丙烯技术、UOP/NORSK Hydro 开发的甲醇制烯烃技术[121]、中国科学院大连化学物理研究所开发的甲醇制烯烃技术以及清华大学的流化床甲醇制丙烯技术[122]。

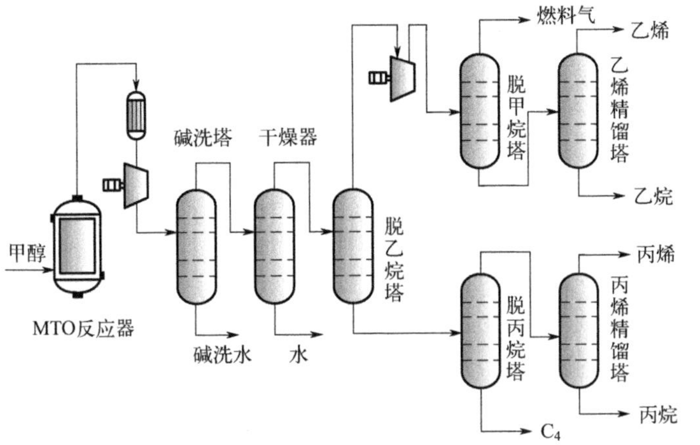

图 2-27 甲醇制乙烯的工艺流程图[124]

2.7.3 生物合成路径

随着石油资源的日益枯竭和原油价格的上涨，乙烯的成本也在急剧上升。且随着乙烯衍生产业的发展，乙烯供需矛盾日益突出。这为生物乙烯的发展带来了巨大机遇。生物乙烯是以生物质为原料，通过生物体的代谢活动直接或间接合成的[125]。

自 1940 年 Biale 首次报道微生物能合成乙烯以来，大量有关微生物合成乙烯的研究陆续展开。能合成乙烯的微生物多是土壤微生物，主要包括细菌、酵母菌、霉菌和一些海洋藻类等[124]。例如大肠杆菌能以甲硫氨酸为底物合成乙烯[126]，青枯假单胞菌、丁香假单胞菌能利用蛋白胨、葡萄糖醛酸、谷氨酸或延胡羧酸为底物合成乙烯[127]。

微生物合成乙烯的途径主要有两条（图 2-28）：一条以甲硫氨酸为前体，通过转氨作用生成 2-酮-4-甲基硫代丁酸后被氧化裂解为乙烯，但转化效率较低，故相关研究较少[128]；另一条以谷氨酸为前体，通过脱氨作用生成 α-酮戊二酸后由乙烯合成酶催化合成乙烯，青霉菌及丁香假单胞菌都采用这一途径[129]。

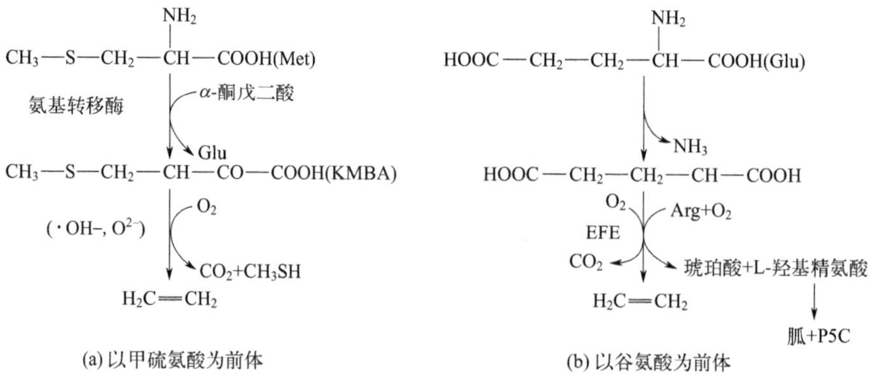

图 2-28　微生物中主要的乙烯合成途径[130]

2.7.3.1　利用假单胞菌合成生物乙烯

将来源于细菌的乙烯合成酶（ethylene forming enzyme，EFE）转入工程菌株后，可高效地直接生产生物乙烯。到目前为止，丁香假单胞菌中的 EFE 已被克隆并成功转入大肠杆菌、假单胞菌、木霉、酿酒酵母和蓝细菌中，明显提升了重组菌株乙烯产量[131]。

在大肠杆菌中过表达 EFE，虽表达量高达细胞总蛋白的 30%，但多为包涵体，酶活性很低，乙烯形成量也较少。Wang 等[132] 将 *efe* 通过基因重组整合入恶臭假单胞菌 KT2440 的 16SrDNA 位点（如图 2-29），当整合 5 个拷贝 *efe* 时，重组菌株 DC3 的乙烯合成速率达到 53.8 mg/(g·h)。继续增加拷贝数后，乙烯合成速率达到 80.2 mg/(g·h)。由此

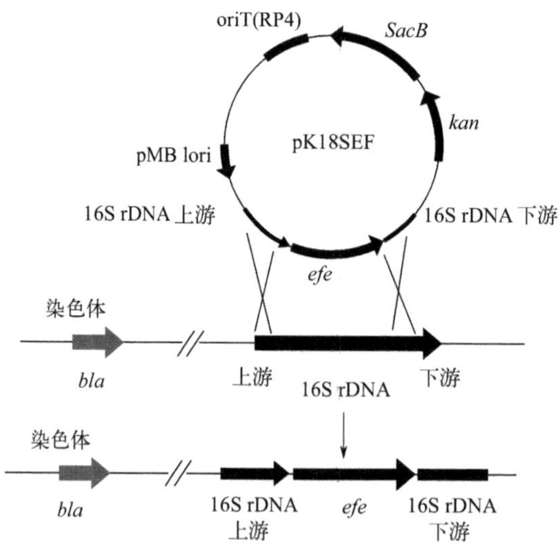

图 2-29　将 efe 插入恶臭假单胞菌 KT2440 染色体的示意图

可见，增加 *efe* 在重组菌中的拷贝数有助于提升乙烯的合成量。

重组菌中乙烯合成的动力学曲线显示，在对数早期乙烯合成速率达到峰值后下降，当对数后期添加葡萄糖时，乙烯合成速率又迅速升高（图 2-30）。可见葡萄糖是假单胞菌合成乙烯的限制因素。此外氧气也是乙烯合成的限制因子，增加反应器转速或者空气流速都能提高乙烯的合成速率[130]（表 2-6）。

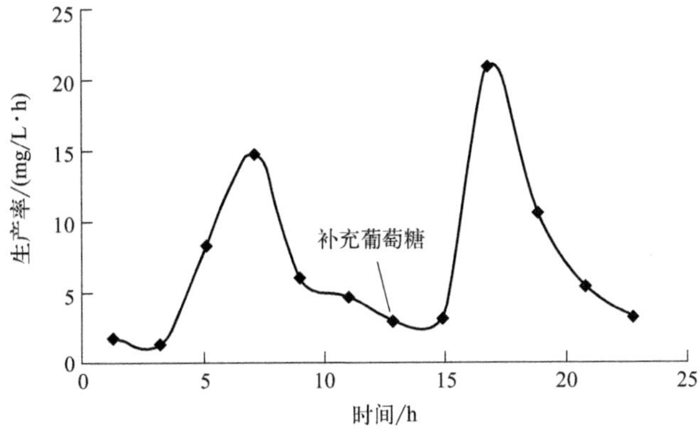

图 2-30　生物反应器发酵实验中的乙烯生产[132]

表 2-6　乙烯产率和*efe* 拷贝数[132]

菌株	乙烯产率/[mg/(g·h)]	*efe* 拷贝数
丁香假单胞菌	14.7	—
DC1	36.2	3
DC2	47.2	4
DC3	53.8	5
恶臭假单胞菌(pBBR1MCS2)	—	0
恶臭假单胞菌(pBBREFE)	31.9	—
DC3(pBBR1MCS2)	46.3	5
DC3(pBBREFE)	80.2	—

2.7.3.2　利用蓝细菌合成生物乙烯

因 CO_2 的封存和再循环能减缓气候变化，使用 CO_2 作为原料的生物乙烯生产是一种特别有吸引力的方法。有研究者证明，集胞藻可通过 CO_2 光合作用产生乙烯（图 2-31）[133]，其通过光合作用生产 1 t 乙烯可螯合 3.14 t CO_2。且乙烯作为气体可以直接从顶部空间收集，节省了用于产品分离的成本和能源。

利用蓝细菌（蓝细菌包括聚球藻）直接合成乙烯的研究较早，曾有研究者将携带有 *efe* 的穿梭载体 pUC303 转入聚球藻 PCC 7942 中，使其获得高效合成乙烯的能力。但随

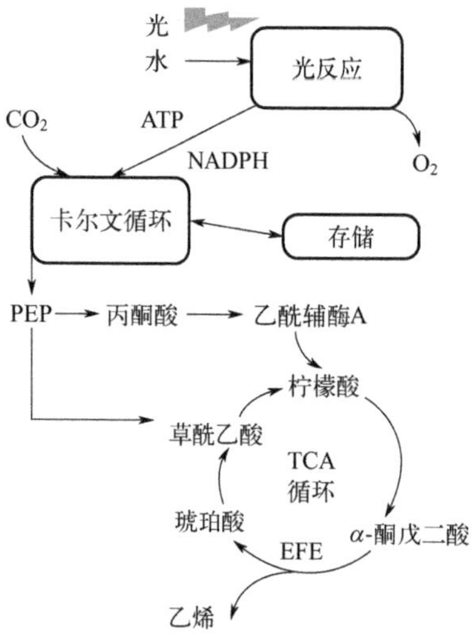

图 2-31 集胞藻的乙烯生产途径

着细胞分裂，质粒载体和染色体易发生同源重组，造成乙烯合成速率急剧下降[134]。此前对产乙烯蓝藻进行工程改造的尝试中，*efe* 基因在三次连续传代培养后的菌株中失活。在所有情况下，*efe* 基因的失活是由于 CTATG 序列重复导致肽段截短。该序列在 *efe* 基因内出现了 3 次，并且在所有三个位点都发现了重复，故这些位点被认为是"突变热点"。如此快速和完全的 *efe* 失活可能是由于这些突变热点受到乙烯生产的选择性压力的作用。可通过在 *efe* 中产生几个沉默突变来稳定 *efe* 基因序列、消除潜在热点，同时保留 EFE 的正确氨基酸序列。Sakai 等[134] 将突变修饰后的 *efe* 转入集胞藻中，提高了酶的稳定性及表达水平，高达 5.5%的固定的碳流向乙烯合成途径，甚至超过了流向三羧酸循环的碳流，最高乙烯合成速率为 7125 μg/(L·h)，且能持续稳定合成。

2.7.3.3 利用酵母菌合成生物乙烯

酵母菌作为细胞工厂已被广泛用于生产药物蛋白、酶制剂、生物能源等。Pirkov 等[135] 将丁香假单胞菌的 *efe* 转入酿酒酵母的代谢网络中，使不合成乙烯的酿酒酵母以葡萄糖为有机碳源实现了大量的乙烯合成，乙烯的产量为（320±90）μg/g(葡萄糖)。

为了提高酿酒酵母中乙烯的产量，Larsson 等[136] 对酿酒酵母代谢流进行分析，并提出乙烯的合成反应是 NAD（P）依赖的氧化还原过程，NAD（P）辅因子的平衡会影响乙烯的合成量[136]。乙烯合成的底物之一精氨酸来源于谷氨酸盐脱氨的产物 α-酮戊二酸，而谷氨酸脱氨反应由谷氨酸脱氢酶（GDH）催化。酵母细胞中存在 NADP 依赖型和 NAD 依赖型两类谷氨酸脱氢酶，NADPH 的补充主要来自磷酸戊糖途径，该途径形成大量的 CO_2，会损失过量的碳源，因此缺失 NADP-GDH 或者过表达 NAD-GDH 原理上能够增加乙烯的合成量[136]。

Pirkov 等[135] 使用来自酿酒酵母的强启动子 TPI1x，将 EFE 表达质粒引入酵母菌株。通过蛋白质印迹和/或通过荧光显微镜检测 GFP 来测试转化菌株的 EFE 蛋白表达。随后通过在气密烧瓶中培养转化菌株并分析瓶内气体来测试转化菌株的乙烯生产情况。将表达空质粒的野生型酵母与表达未标记的 EFE 蛋白的野生型酵母进行比较，发现仅在后者中有明显的乙烯产量。以葡萄糖为碳源和能源，以铵为氮源，所得乙烯甚少，推测是葡萄糖的使用抑制了重要基因或蛋白质，从而阻碍了生产。为了解决该潜在的问题，更换碳源进行实验，但并未减轻细胞的抑制作用。另一种更成功的提高生产率的尝试是将氮源从铵改为谷氨酸[135]。谷氨酸由谷氨酸脱氢酶催化后转化为 EFE 的底物——α-酮戊二酸。此举使乙烯的最大生产率翻了一番。然而，不管氮源为何，在长时间培养后，观察到乙烯生产速率下降。这种现象可能是氧气限制所致。缺氧会影响酿酒酵母的整体能量代谢，且导致乙烯形成反应中的底物缺失。为了避免氧气限制问题和量化分批培养过程中乙烯生产的动态，可使用高性能生物反应器[135]（图 2-32）。

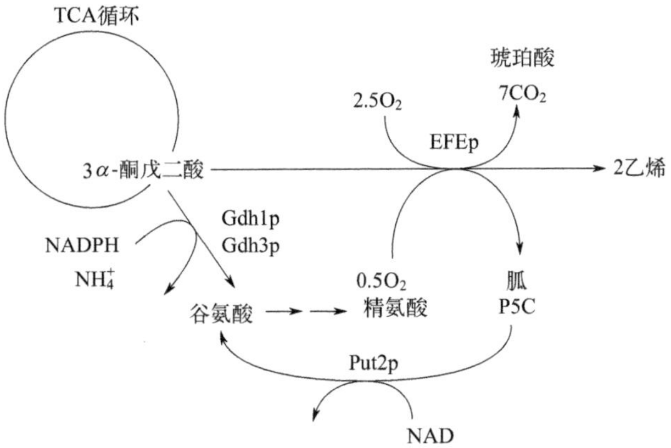

图 2-32　乙烯形成酶（EFE）插入到酿酒酵母中进行乙烯生物合成代谢[135]

结果证实以谷氨酸为氮源，乙烯产量可从最初的（320±90）μg/g（葡萄糖）提高到（890±160）μg/g（葡萄糖）。尽管如此，其产量仍然远远低于理论值，利用酵母菌生产生物乙烯仍然有很大的上升空间[135]。

2.7.4　生物合成市场潜力与发展方向

乙烯是我国需求量最大的化工原料，随着能源危机的加剧，石化乙烯的成本也急剧增加。利用生物体直接合成乙烯已引起人们的广泛关注。将微生物来源的乙烯形成酶转入工程菌株如木霉、酿酒酵母、蓝细菌中，通过微生物的代谢网络调控可实现乙烯的异源合成，但是乙烯的产量与理论计算值还有较大差距，还远远不能满足实际生产的需要。

一方面，设计更加合理的生物反应器、优化培养条件以尽可能地降低生产成本；另一方面，结合代谢工程手段对现有菌株进行改造，提高乙烯合成量，将是未来研究的焦点。提高乙烯合成量的研究策略：一是通过同源重组或质粒载体转化增加 *efe* 在重组菌中的拷贝数，从而尽可能提高乙烯形成酶的活性；二是研究 *efe* 的催化结构与活性关系，然后通过分子设计手段提高 *efe* 的催化活性；三是通过分析工程菌株的碳代谢通路，利用代谢工程手段辅助设计更加合理的乙烯合成路线，以尽可能去除菌株本身对碳的储存，从而实现乙烯合成效率最大化。

随着乙烯类产品的使用范围不断扩大，全球对乙烯类产品的需求量日益升高，各行业的市场需求稳步上涨。生物法生产乙烯的优势明显，我国要牢牢把握机会，提高生产质量和效率，降低生产成本和能耗，进一步推动乙烯及其相关行业的发展。

参考文献

[1] Freund A. Über die bildung und darstellung von trimethylenalkohol aus glycerin [J]. Monatshefte fur Chemie, 1881, 2: 636-641.

[2] Biebl H, Menzel K, Zeng A P, et al. Microbial production of 1,3-propanediol [J]. Applied Microbiology and Biotechnology, 1999, 52: 289-297.

[3] Laura M, Monica T, Dan-Cristian V. The effect of crude glycerol impurities on 1,3-propanediol biosynthesis by Klebsiella pneumoniae DSMZ 2026 [J]. Renewable Energy, 2020, 153, 1418-1427.

[4] Lee J, Islam T, Cho S, et al. Energy metabolism coordination for the byproduct-free biosynthesis of 1,3-propanediol in Escherichia coli [J]. Bioresource Technology, 2025, 421, 132147.

[5] Kraus G A. Synthetic methods for the preparation of 1,3-propanediol [J]. Clean-Soil Air Water, 2008, 36: 648-651.

[6] Zhu S, Zhu Y, Hao S, et al. Aqueous-phase hydrogenolysis of glycerol to 1,3-propanediol over Pt-$H_4SiW_{12}O_{40}/SiO_2$ [J]. Catalysis Letters, 2012, 142: 267-274.

[7] Saxena R K, Anand P, Saran S, et al. Microbial production of 1,3-propanediol: Recent developments and emerging opportunities [J]. Biotechnology Advances, 2009, 27: 895-913.

[8] Zhang S L, Zhang F, Sun J K, et al. Systems metabolic engineering of *Klebsiella pneumoniae* for high-level 1,3-propanediol production [J]. Metabolic Engineering, 2026, 93, 1-13.

[9] Xiu Z L, Chen X, Sun Y Q, et al. Stoichiometric analysis and experimental investigation of glycerol-glucose co-fermentation in *Klebsiella pneumoniae* under microaerobic conditions [J]. Biochemical Engineering Journal, 2007, 33: 42-52.

[10] Yang G, Tian J, Li J. Fermentation of 1,3-propanediol by a lactate deficient mutant of *Klebsiella oxytoca* under microaerobic conditions [J]. Applied Microbiology and Biotechnology, 2007, 73: 1017-1024.

[11] Sarantou S, Stoforos N G, Kalantzi O, et al. Biotechnological valorization of biodiesel-derived glycerol: Trials with the non-conventional yeasts *Yarrowia lipolytica* and *Rhodosporidium* sp [J]. Carbon Resources Conversion, 2021, 4: 61-75.

[12] Johnson D T, Taconi K A. The glycerin glut: Options for the value-added conversion of crude glycerol resulting from biodiesel production [J]. Environmental Progress, 2007, 26: 338-348.

[13] da Silva G P, Mack M, Contiero J. Glycerol: A promising and abundant carbon source for industrial microbiology [J]. Biotechnology Advances, 2009, 27: 30-39.

[14] Luo W, Lyu Y, Gong L, et al. Selective hydrogenolysis of glycerol to 1,3-propanediol over egg-shell type Ir-ReO_x catalysts [J]. Rsc Advances, 2016, 6: 13600-13608.

[15] Wu Z, Zhang M, Yao Y, et al. One-pot catalytic production of 1,3-propanediol and gamma-valerolactone from glycerol and levulinic acid [J]. Catalysis Today, 2018, 302: 217-226.

[16] Oh J, Dash S, Lee H. Selective conversion of glycerol to 1,3-propanediol using Pt-sulfated zirconia [J]. Green Chemistry, 2011, 13: 2004-2007.

[17] Fokum E, M. Zabed H, Ravikumar Y, et al. Co-fermentation of glycerol and sugars by Clostridium beijerinckii: Enhancing the biosynthesis of 1,3-propanediol [J]. Food Bioscience, 2021, 41, 101028.

[18] Chaminand J, Djakovitch L, Gallezot P, et al. Glycerol hydrogenolysis on heterogeneous catalysts [J]. Green Chemistry, 2004, 6: 359-361.

[19] ten Dam J, Djanashvili K, Kapteijn F, et al. Pt/Al_2O_3 Catalyzed 1,3-Propanediol Formation from Glycerol using Tungsten Additives [J]. Chemcatchem, 2013, 5: 497-505.

[20] Nakagawa Y, Ning X, Amada Y, et al. Solid acid co-catalyst for the hydrogenolysis of glycerol to 1,3-propanediol over Ir-ReO_x/SiO_2 [J]. Applied Catalysis A: General, 2012, 433: 128-134.

[21] Nakagawa Y, Tamura M, Tomishige K. Catalytic materials for the hydrogenolysis of glycerol to 1,3-propanediol [J]. Journal of Materials Chemistry A, 2014, 2: 6688-6702.

[22] Yang C, Jiang P, Xiao S, et al. Fed-batch fermentation of recombinant *Citrobacter freundii* with expression of a violacein-synthesizing gene cluster for efficient violacein production from glycerol [J]. Biochemical Engineering Journal, 2011, 57: 55-62.

[23] Pfluegl S, Marx H, Mattanovich D, et al. 1,3-Propanediol production from glycerol with *Lactobacillus diolivorans* [J]. Bioresource Technology, 2012, 119: 133-140.

[24] Zeng A P, Biebl H. Bulk chemicals from biotechnology: the case of 1,3-propanediol production and the new trends [J]. Advances in Biochemical Engineering/Biotechnology, 2002, 74: 239-259.

[25] Wang K Y, Hawley M C, DeAthos S J. Conversion of glycerol to 1,3-propanediol *via* selective dehydroxylation [J]. Industrial & Engineering Chemistry Research, 2003, 42: 2913-2923.

[26] Wang F, Qu H, Zhang D, et al. Production of 1,3-propanediol from glycerol by recombinant *E. coli* using incompatible plasmids system [J]. Molecular Biotechnology, 2007, 37: 112-119.

[27] Papanikolaou S, Fakas S, Fick M, et al. Biotechnological valorisation of raw glycerol discharged after bio-diesel (fatty acid methyl esters) manufacturing process: Production of 1,3-propanediol, citric acid and single cell oil [J]. Biomass & Bioenergy, 2008, 32: 60-71.

[28] Zheng Z M, Cheng K K, Hu Q L, et al. Effect of culture conditions on 3-hydroxypropionaldehyde detoxification in 1,3-propanediol fermentation by *Klebsiella pneumoniae* [J]. Biochemical Engineering Journal, 2008, 39: 305-310.

[29] Mu Y, Teng H, Zhang D J, et al. Microbial production of 1,3-propanediol by *Klebsiella pneumoniae* using crude glycerol from biodiesel preparations [J]. Biotechnology Letters, 2006, 28: 1755-1759.

[30] Tang X, Tan Y, Zhu H, et al. Microbial conversion of glycerol to 1,3-propanediol by an engineered strain of *Escherichia coli* [J]. Applied and Environmental Microbiology, 2009, 75: 1628-1634.

[31] Boenigk R, Bowien S, Gottschalk G. Fermentation of glycerol to 1,3-propanediol in con-

tinuous cultures of citrobacter-freundii [J]. Applied Microbiology and Biotechnology, 1993, 38: 453-457.

[32] 马正，饶志明，沈微，等. 一步法产 1,3-丙二醇酿酒酵母基因工程菌的构建 [J]. 微生物学报，2007，598-603.

[33] Li B , Gao W Y , Pan Y Y, et al. Progress in 1,3-propanediol biosynthesis [J]. Frontiers in Bioengineering and Biotechnology. 2024, 12: 1507680.

[34] Abbad-Andaloussi S, Amine J, Gerard P, et al. Effect of glucose on glycerol metabolism by *Clostridium butyricum* DSM 5431 [J]. Journal of Applied Microbiology, 1998, 84: 515-522.

[35] Luthi-Peng Q, Dileme F B, Puhan Z. Effect of glucose on glycerol bioconversion by *Lactobacillus reuteri* [J]. Applied Microbiology and Biotechnology, 2002, 59: 289-296.

[36] Tong I T, Cameron D C. Enhancement of 1,3-Propanediol production by cofermentation in *Escherichia coli* expressing *Klebsiella pneumoniae* dharegulon genes [J]. 1992, 34-35: 149-159.

[37] Griffiths M S, Bosley J A. Assessment of macroporous polystyrene-based polymers for the immobilization of citrobacter-freundii [J]. Enzyme and Microbial Technology, 1993, 15: 109-113.

[38] Pflugmacher U, Gottschalk G. Development of an immobilized cell reactor for the production of 1,3-propanediol by citrobacter-freundii [J]. Applied Microbiology and Biotechnology, 1994, 41: 313-316.

[39] Zhao Y N, Chen G, Yao S J. Microbial production of 1,3-propanediol from glycerol by encapsulated *Klebsiella pneumoniae* [J]. Biochemical Engineering Journal, 2006, 32: 93-99.

[40] Seifert C, Bowien S, Gottschalk G, et al. Identification and expression of the genes and purification and characterization of the gene products involved in reactivation of coenzyme B-12-dependent glycerol dehydratase of *Citrobacter freundii* [J]. European Journal of Biochemistry, 2001, 268: 2369-2378.

[41] Xiu Z L, Zeng A P. Present state and perspective of downstream processing of biologically produced 1,3-propanediol and 2,3-butanediol [J]. Applied Microbiology and Biotechnology, 2008, 78: 917-926.

[42] Hao J, Xu F, Liu H J, et al. Downstream processing of 1,3-propanediol fermentation broth [J]. Journal of Chemical Technology and Biotechnology, 2006, 81: 102-108.

[43] 王丽娟，邱婷，陆震鸣，等. L-丙氨酸对鱼露风味的影响 [J]. 食品工业科技，2018，39 (14)：186-189.

[44] 武彦文，欧阳杰. 氨基酸和肽在食品中的呈味作用 [J]. 中国调味品，2001，26 (1)：19-22.

[45] 纪静，张学礼，张冬竹，等. 一种前景广阔的食品增味剂—L-丙氨酸 [J]. 食品与营养科学，2015，4 (4)：111-115.

[46] 冯佳婷，陆震鸣，李恒，等. L-丙氨酸对腌渍蔬菜风味的影响 [J]. 中国调味品，2020，45 (6)：20-23，36.

[47] 郭媛，王丽娟，邱婷，等. L-丙氨酸在食品工业中的应用潜力 [J]. 中国调味品，2017，42 (7)：177-180.

[48] Poppelsdorf F, Lemon R C. Improved syntheses of beta-alanine [J]. Journal of Organic Chemistry, 1961, 26 (1): 262-263.

[49] 徐虹，王雪根，朱建良，等．L-丙氨酸酶法工业生产的研究 [J]. 工业微生物，1997，(2)：17-20.

[50] 徐友强，马玉岳，姚粟，等．重组大肠杆菌转化富马酸生产 L-丙氨酸 [J]. 生物加工过程，2016，14 (2)：7-11.

[51] Santoyo A B, Rodriguez J B, Carrasco J L G, et al. Production of optically pure L-alanine by immobilized *Pseudomonas* sp. BA2 cells [J]. Journal of Chemical Technology and Biotechnology, 1998, 73 (3): 197-202.

[52] 陆健，屠志刚，沈良，等．家蚕丝素凝胶固定化细胞生产 L-丙氨酸的研究 [J]. 微生物学杂志，2005 (3)：22-24.

[53] 聂玉朋，徐慧，姚明静，等．L-丙氨酸的应用及生产现状概述 [J]. 中国酿造，2021，40 (11)：5.

[54] Lacmata S T, Kuiate J R, Ding Y, et al. Enhanced poly (3-hydroxypropionate) production *via* β-alanine pathway in recombinant *Escherichia coli* [J]. PloS One, 2017, 12 (3): e0173150.

[55] Lopachin R M, Gavin T. Acrylamide and Related α, β-unsaturated carbonyl derivatives [M]. Oxford: Academic Press, 2014: 29-32.

[56] Smith E A, Oehme F W. Acrylamide and polyacrylamide: a review of production, use, environmental fate and neurotoxicity [J]. Rev Environ Health, 1991, 9 (4): 215-228.

[57] QYResearc. 2020-2026 全球及中国丙烯酰胺行业研究及“十四五”规划分析报告 [R/OL]. (2020-11-13) [2022-05-15]. https: //www. qyresearch. com. cn/reports/Acrylamide-p220944. html.

[58] 钟驭涛，尚长宇，王言东，等．利用酵母细胞工厂合成丁二酸的研究进展 [J]. 生物工程学报，2024，40 (08)：2644-2665.

[59] Sheng M W, Sen M T, Yang S Y. Advances of nitrile hydratase and its application in production of acrylamide [J] . Chemical Researches, 2004, 1, 76-80.

[60] Nagasawa T, Yamada H. Microbial transformations of nitriles [J]. Trends in Biotechnology, 1989, 7 (6): 153-158.

[61] Prasad S, Bhalla T C. Nitrile hydratases (NHases): At the interface of academia and industry [J]. Biotechnology Advances, 2010, 28 (6): 725-741.

[62] Kobayashi M, Shimizu S. Metalloenzyme nitrile hydratase: structure, regulation, and application to biotechnology [J]. Nature Biotechnology, 1998, 16 (8): 733-736.

[63] Kobayashi M, Nagasawa T, Yamada H. Enzymatic synthesis of acrylamide: a success story not yet over [J]. Trends in Biotechnology, 1992, 10: 402-408.

[64] Yamada H, Kobayashi M. Nitrile hydratase and its application to industrial production of acrylamide [J]. Journal of the Agricultural Chemical Society of Japan, 1996, 60 (9): 1391-1400.

[65] Watanabe I, Satoh Y, Enomoto K. Screening, isolation and taxonomical properties of microorganisms having acrylonitrile-hydrating activity [J]. Agricultural and Biological Chemistry, 2006, 51 (12): 3193-3199.

[66] Nagasawa T, Nanba H, Ryuno K, et al. Nitrile hydratase of *Pseudomonas chlororaphis*

B23. purification and characterization [J]. European Journal of Biochemistry, 1987, 162 (3): 691-8.

[67] Ryuno K, Nagasawa T, Yamada H. Isolation of advantageous mutants of *Pseudomonas chlororaphis* B23 for the enzymatic production of acrylamide [J]. Agricultural and Biological Chemistry, 2006, 52 (7): 1813-1816.

[68] Nagasawa T, Ryuno K, Yamada H. Superiority of *Pseudomonas chlororaphis* B23 nitrile hydratase as a catalyst for the enzymatic production of acrylamide [J]. Cellular and Molecular Life Sciences, 1989, 45 (11): 1066-1070.

[69] Nagasawa T, Shimizu H, Yamada H. The superiority of the third-generation catalyst, *Rhodococcus rhodochrous* J1 nitrile hydratase, for industrial production of acrylamide [J]. Applied Microbiology and Biotechnology, 1993, 40 (2): 189-195.

[70] Yang Z, Pei X, Xu G, et al. N-terminal engineering of overlapping genes in the nitrile hydratase gene cluster improved its activity [J]. Enzyme and Microbial Technology, 2018, 117: 9-14.

[71] Wu Z C, Zhang Z, Cai S, et al. High-level expression of nitrile hydratase from *Pantoea* sp. At-9b in *Escherichia coli* [J]. Process Biochemistry, 2021, 101: 199-206.

[72] Ma Y, Yu H. Engineering of Rhodococcus cell catalysts for tolerance improvement by sigma factor mutation and active plasmid partition [J]. Journal of Industrial Microbiology & Biotechnology, 2012, 39 (10): 1421-1430.

[73] Jiao S, Li F, Yu H, et al. Advances in acrylamide bioproduction catalyzed with Rhodococcus cells harboring nitrile hydratase [J]. Applied Microbiology and Biotechnology, 2020, 104 (3): 1001-1012.

[74] 庄贤军. 生物转化法生产丙烯酰胺的研究进展 [J]. 生物化工, 2017, 3 (03): 88-90.

[75] 钟驭涛, 尚长宇, 王言东, 等. 利用酵母细胞工厂合成丁二酸的研究进展 [J]. 生物工程学报, 2024, 40 (08): 2644-2665.

[76] 韩艳辉, 胡慧敏, 张伟, 等. 丁二酸生产技术研究进展 [J]. 山西化工, 2017, 37 (3): 38-40.

[77] 万屹东, 高有军, 马江锋. 生物法制备丁二酸的研究及产业化进展 [J]. 生物加工过程, 2020, 18 (5): 583-591.

[78] Lee P C, Lee S Y, Chang H N. Succinic Acid Production by *Anaerobiospirillum succiniciproducens* ATCC 29305 growing on galactose, galactose/glucose, and galactose/lactose [J]. Journal of Microbiology and Biotechnology, 2008, 18 (11): 1792-1796.

[79] Bretz K. Succinic Acid production in fed-batch fermentation of *Anaerobiospirillum succiniciproducens* using glycerol as carbon source [J]. Chemical Engineering & Technology, 2015, 38 (9): 1659-1664.

[80] Lin S K C, Du C, Koutinas A, et al. Substrate and product inhibition kinetics in succinic acid production by *Actinobacillus succinogenes* [J]. Biochemical Engineering Journal, 2008, 41 (2): 128-135.

[81] Guettler M V, Jain M K, Rumler D, et al. Method for making succinic acid, bacterial variants for use in the process, and methods for obtaining variants: US, 5573931 [P]. 1996-11-12.

[82] Lee P C, Lee S Y, Hong S H. Isolation and characterization of a new succinic acid-produ-

cing bacterium, *Mannheimia succiniciproducens* MBEL55E, from bovine rumen [J]. Applied Microbiology and Biotechnology, 2002, 58 (5): 663-668.

[83] Lin H, Bennett G N, San K Y. Fed-batch culture of a metabolically engineered *Escherichia coli* strain designed for high-level succinate production and yield under aerobic conditions [J]. Biotechnology & applied microbiology, 2005, 90 (6): 775-779.

[84] Otero J M, Cimini D, Patil K R. Industrial systems biology of *Saccharomyces cerevisiae* enables novel succinic acid cell factory [J]. PLoS One, 2013, 81: e54144.

[85] Yuzbashev T V, Yuzbasheva E Y, Soboleskaya T I. Production of succinic acid at low pH by a recombinant strain of the aerobic yeast *Yarrowia lipolytica* [J]. Biotechnology & applied microbiology, 2010, 107 (4): 673-682.

[86] Kai Y, Matsumura H, Lzui K. Phosphoenolpyruvate carboxylase: three-dimensional structure and molecular mechanisms [J]. Archives of Biochemistry and Biophysics, 2003, 414: 170-179.

[87] Wang J, Qin D D, Zhang B Y, et al. Fine-tuning of ecaA and pepc gene expression increases succinic acid production in *Escherichia coli* [J]. Applied Microbiology and Biotechnology, 2015, 99: 8575-8586.

[88] Huang M H, Cheng J, Chen P, et al. Efficient production of succinic acid in engineered *Escherichia coli* strains controlled by anaerobically-induced nirB promoter using sweet potato waste hydrolysate [J]. Journal of Environmental Management, 2019, 237: 147-154.

[89] Jiang M, Xu R, Xi Y L. Succinic acid production from cellobiose by *Actinobacillus succinogenes* [J]. Bioresource Technology, 2013, 135: 469-474.

[90] Li Q, Lei J D, Zhang R Y, et al. Efficient decolorization and deproteinization using uniform polymer microspheres in the succinic acid biorefinery from bio-waste cotton (*Gossypium hirsutum* L.) stalks [J]. Bioresource Technology, 2013, 135: 604-609.

[91] Wang J, Zhang B Y, Zhang J, et al. Enhanced succinic acid production and magnesium utilization by overexpression of magnesium transporter mgtA in *Escherichia coli* mutant [J]. Bioresource technology, 2014, 170: 125-131.

[92] 臧运芳. 我国丁二酸行业的现状与发展趋势 [J]. 化工管理, 2019, 30: 16-17.

[93] Beaver J E, Waters M L. Molecular recognition of Lys and Arg methylation [J]. Acs Chemical Biology, 2016, 11 (3): 230-237.

[94] 程杰. 大宗化学品赖氨酸的生物衍生转化与工艺研究 [D]. 重庆: 重庆大学, 2019.

[95] Wang B, K. Babele P, N. Crockett M, et al. Targeted metabolomics-guided rational refinement of cyanobacterial metabolism enables enhanced photosynthetic production of L-lysine [J]. Metabolic Engineering, 2025, 92, 136-147.

[96] Liu J Y, Wang R J, Zhang D, et al. Analysis of genes related to lysine biosynthesis based on whole genome of *Flammulina velutipes* [J]. Microbiology China, 2016, 43 (10): 2225-2233.

[97] Gabriel I, Rychłowski M. Consequences of lysine auxotrophy for *Candida albicans* adherence and biofilm formation [J]. Acta Biochimica Polonica, 2017, 64 (2): 323-329.

[98] 蒋佩钰, 尚晓冬, 宋春艳, 等. 真菌中赖氨酸生物合成途径研究进展 [J]. 微生物学通报, 2020, 47 (3): 915-922.

[99] 刘建雨, 王瑞娟, 张丹, 等. 基于金针菇全基因组的赖氨酸合成途径关键酶分析 [J]. 微

生物学通报，2016，43（10）：2225-2233.

[100] Sahm H，Eggeling L，Graaf A A. Pathway analysis and metabolic engineering in *Corynebacterium glutamicum* [J]. Biological Chemistry，2000，381（9）：899-910.

[101] Costa-Ferreira M，Duarte J C. Glucose-utilization by lysine-producing fluoroacetate-sensitive mutants of corynebacterium-glutamicum [J]. Applied Biochemistry and Biotechnology，1991，27（3）：251-257.

[102] YOKOTA A，IKEDA M. Amino Acid Fermentation. [M]. Berlin：Springer，2017.

[103] Ohnishi J，Mitsuhashi S，Hayashi M，et al. A novel methodology employing *Corynebacterium glutamicum* genome information to generate a new L-lysine-producing mutant [J]. Applied Microbiology and Biotechnology，2002，58（2）：217-223.

[104] Ikeda M，Ohnishi J，Hayashi M，et al. A genome-based approach to create a minimally mutated，*Corynebacterium glutamicm* strain for efficient L-lysine production [J]. Journal of Industrial Microbiology & Biotechnology，2006，33（7）：610-615.

[105] Vasicová P，Abrhámová Z，Nesvera J，et al. Integrative and autonomously replicating vectors for analysis of promoters in *Corynebacterium glutamicum* [J]. Biotechnology Techniques，1998，12（10）：743-746.

[106] Hartmann M，Tauch A，Eggeling L，et al. Identification and characterization of the last two unknown genes，*dapC* and *dapF*，in the succinylase branch of the L-lysine biosynthesis of *Corynebacterium glutamicum* [J]. Journal of Biotechnology，2003，104（1）：199-211.

[107] Kind S，Becker J，Wittmann C. Increased lysine production by flux coupling of the tricarboxylic acid cycle and the lysine biosynthetic pathway-metabolic engineering of the availability of succinyl-CoA in*Corynebacterium glutamicum* [J]. Metabolic Engineering，2013，15：184-195.

[108] Wang Y，Liu Y，Li J，et al. Expanding targeting scope，editing window，and base transition capability of base editing in *Corynebacterium glutamicum* [J]. Biotechnology and Bioengineering，2019，116（11）：3016-3029.

[109] Blombach B，Schreiner M E，Moch M，et al. Effect of pyruvate dehydrogenase complex deficiency on L-lysine production with *Corynebacterium glutamicum* [J]. Applied Microbiology and Biotechnology，2007，76（3）：615-623.

[110] Takeno S，Hori K，Ohtani S，et al. L-Lysine production independent of the oxidative pentose phosphate pathway by *Corynebacterium glutamicum* with the *Streptococcus mutans gapN* gene [J]. Metabolic Engineering，2016，37：1-10.

[111] Rittmann D，Lindner S N，Wendisch V F. Engineering of a glycerol utilization pathway for amino acid production by *Corynebacterium glutamicum* [J]. Applied and Environmental Microbiology，2008，74（20）：6216-6222.

[112] 赵德周．基于代谢工程构建大肠杆菌 L-赖氨酸高产菌 [D]. 重庆：重庆大学，2017.

[113] 陈锦珠．多基因聚合的高赖氨酸转基因水稻的选育及评价 [D]. 扬州：扬州大学，2014.

[114] 韩大维，薛丽梅，王焕民，等．丙酮的生产与发展 [J]. 化学与黏合，1996，4：45-50.

[115] 曹钢．异丙苯法生产苯酚丙酮 [M]. 北京：化学工业出版社，1983.

[116] Zhou J，Zhang H，Zhang Y，et al. Designing and creating a modularized synthetic path-

way in cyanobacterium *Synechocystis* enables production of acetone from carbon dioxide [J]. Metabolic Engineering, 2012; 14 (4): 394-400.

[117] Chwa J W, Kim W J, Sim S J, et al. Engineering of a modular and synthetic phosphoketolase pathway for photosynthetic production of acetone from CO_2 in *Synechococcus elongatus* PCC 7942 under light and aerobic condition [J]. Plant Biotechnology Journal, 2016, 14 (8): 1768-1776.

[118] Okamura E, Tomita T, Sawa R, et al. Unprecedented acetoacetyl-coenzyme A synthesizing enzyme of the thiolase superfamily involved in the mevalonate pathway [J]. Proceedings of the National Academy of Sciences of the United States of America, 2010, 107 (25): 11265-11270.

[119] Lee H J, Son J, Sim S J, et al. Metabolic rewiring of synthetic pyruvate dehydrogenase bypasses for acetone production in cyanobacteria [J]. Plant Biotechnology Journal, 2020, 18 (9): 1860-1868.

[120] Starai V J, Gardner J G, Escalante-Semerena J C. Residue Leu-641 of acetyl-CoA synthetase is critical for the acetylation of residue Lys-609 by the Protein acetyltransferase enzyme of *Salmonella enterica* [J]. Journal of Biological Chemistry, 2005, 280 (28): 26200-26205.

[121] 李振宇，王红秋，黄格省，等．我国乙烯生产工艺现状与发展趋势分析 [J]. 化工进展，2017，36 (3): 767-773.

[122] 石胜启，吴凤明．甲醇制烯烃技术工业化进展 [J]. 现代化工，2016，36 (4): 38-41.

[123] 王大壮，王鹤洲，谢朝钢，等．重油催化热裂解（CPP）制烯烃成套技术的工业应用 [J]. 石油炼制与化工，2013，44 (1): 56-59.

[124] 胡燚，李慧，黄和，等．生物乙烯开发进展与产业化 [J]. 现代化工，2009，29 (1): 6-9.

[125] Hu Y C, Zhan N N, Dou C, et al. Selective dehydration of bio-ethanol to ethylene catalyzed by lanthanum-phosphorous-modified HZSM-5: Influence of the fusel [J]. Biotechnology Journal, 2010, 5 (11): 1186-1191.

[126] Hahm D H, Kwak M Y, Bae M, et al. Effects of dissolved-oxygen tension on microbial ethylene production in continuous culture [J]. Bioscience Biotechnology and Biochemistry, 1992, 56 (7): 1146-1147.

[127] Ince J E, Knowles C J. Ethylene formation by cell-free-extracts of *Escherichia Coli* [J]. Archives of Microbiology, 1986, 146 (2): 151-158.

[128] Qadir A, Hewett E W, Long P G, et al. A non-ACC pathway for ethylene biosynthesis in *Botrytis cinerea* [J]. Postharvest Biology and Technology, 2011, 62 (3): 314-318.

[129] Wang K L C, Li H, Ecker J R. Ethylene biosynthesis and signaling networks [J]. Plant Cell, 2002, 14: S131-S151.

[130] 孙芝兰，陈以峰．乙烯的直接生物合成 [J]. 生物工程学报，2013，29 (10): 1431-1440.

[131] Ishihara K, Matsuoka M, Inoue Y, et al. Overexpression and *in-vitro* reconstitution of the ethylene-forming enzyme from *Pseudomonas-Syringae* [J]. Journal of Fermentation and Bioengineering, 1995, 79 (3): 205-211.

[132] Wang J P, Wu L X, Xu F, et al. Metabolic engineering for ethylene production by inserting the ethylene-forming enzyme gene (efe) at the 16S rDNA sites of *Pseudomonas putida* KT2440 [J]. Bioresource Technology, 2010, 101 (16): 6404-6409.

[133] Ungerer J, Tao L, Davis M, et al. Sustained photosynthetic conversion of CO_2 to ethylene in recombinant cyanobacterium *Synechocystis* 6803 [J]. Energy & Environmental Science, 2012, 5 (10): 8998-9006.

[134] Sakai M, Ogawa T, Matsuoka M, et al. Photosynthetic conversion of carbon dioxide to ethylene by the recombinant cyanobacterium, *Synechococcus* sp. PCC 7942, which harbors a gene for the ethylene-forming enzyme of *Pseudomonas syringae* [J]. Journal of Fermentation and Bioengineering, 1997, 84 (5): 434-443.

[135] Pirkov I, Albers E, Norbeck J, et al. Ethylene production by metabolic engineering of the yeast *Saccharomyces cerevisiae* [J]. Metabolic Engineering, 2008, 10 (5): 276-280.

[136] Larsson C, Snoep J L, Norbeck J, et al. Flux balance analysis for ethylene formation in genetically engineered *Saccharomyces cerevisiae* [J]. Iet Systems Biology, 2011, 5 (4): 245-251.

第3章
生物合成生物基精细化学品

3.1 功能糖

功能性糖通常是指一大类具有独特结构和生理特征的糖，主要包括功能性低聚糖（如低木聚糖）、功能糖醇（如阿拉伯糖）、功能性单糖及一部分功能性多糖，但在自然界中以非常低的数量出现[1]。功能性糖具有抗龋齿、降低血清胆固醇、降血压、保护肠道等一系列保健功能，在食品和健康行业中非常重要且广泛使用。

3.1.1 阿拉伯糖

3.1.1.1 市场价值

阿拉伯糖是一种有机化合物，化学式为 $C_5H_{10}O_5$，又被称为 L(+)-树胶醛糖、L(+)-阿戊糖、果胶糖等。原系从阿拉伯树分泌的胶体中经复杂的化学和物理方法分离提取的一种左旋单糖。天然的 L-阿拉伯糖很少游离存在。阿拉伯糖有八种异构体，如 β-D-阿拉伯糖、β-L-阿拉伯糖等[2]。阿拉伯糖可以通过半纤维素-阿拉伯半乳聚糖的水解产生。阿拉伯半乳聚糖中半乳糖与阿拉伯糖的平均摩尔比约为 6∶1，摩尔质量为 20000～100000 g/mol。阿拉伯糖工业产品主要有 D-阿拉伯糖和 L-阿拉伯糖两种。其中，D-阿拉伯糖可通过降解 D-葡萄糖获得，自然界较为少见。

随着人们生活水平的提高，肥胖已经成为成年人和少年儿童的流行病。过多食用精加工的碳水化合物造成能量过剩，是引起肥胖的一个重要原因，因为摄入的过多的碳水化合物会转化为脂肪沉积在体内，还会造成血糖升高，增加胰岛的负荷，长期积累将大大增加患 2 型糖尿病的风险。通过降低碳水化合物在肠道的吸收达到减少能量吸收的目标是研究的热点。L-阿拉伯糖能抑制水解双糖的酶，因此可抑制因摄入蔗糖（在小肠蔗糖酶的作用下分解成葡萄糖和果糖而被吸收）而导致的血糖升高。此外，因 L-阿拉伯糖对双糖水解酶的抑制作用，使在小肠里没被分解的蔗糖在大肠里被微生物分解而产生大量的有机酸，这种有机酸对肝脏合成脂肪有抑制作用。再加上 L-阿拉伯糖在小肠里对吸收蔗糖的抑制作用，可减少体内新脂肪的产生。L-阿拉伯糖可以与蔗糖配合使用也可单独食用。在蔗糖中加入 3.5%L-阿拉伯糖，能够抑制人体 60%～70%蔗糖的吸收，长期使用可以降低血糖。单独食用 L-阿拉伯糖，效果相同。

3.1.1.2 化学合成路径

阿拉伯糖可以采用化学或电化学的方法进行合成，使葡萄糖酸的碳原子通过氧化降解减去一个碳原子获得阿拉伯糖。许多文献中报道了化学法生产阿拉伯糖的方法。芦福法的阿拉伯糖的收率在 40%左右。由 Sankyo 公司申请的专利中介绍了一种用全合成法制备阿拉伯糖的工艺，这种方法需要制备五种中间反应产品，工艺太长。另一生产方法是电化学合成法，但由于传统电解槽效率不高，限制了其大规模生产。因此现在合成 D-阿拉伯糖的方式还是以芦福法为主，但其阿拉伯糖的收率低。袁淏等[3] 采用由 Fenton 试剂来氧化降解葡萄糖酸钙合成阿拉伯糖，葡萄糖酸钙转化率达到理论值的 60%以上，且生成物部分沉淀，减少了后处理过程中的除盐量，收率明显增加，从而形成了一条可产业化的制备阿拉伯糖的工艺。朱路甲等[4] 发现木糖结晶后的母液富含大量的 L-阿拉伯糖，以该母液为原料，通过分散聚合法合成钙型苯乙烯系螯合树脂，此树脂可作为工业色谱填料，用于实现木糖母液中 L-阿拉伯糖与木糖和其他杂糖的分离。考察了交联剂、致孔剂等不同因素对色谱填料粒径和分离效果的影响，采用优化的具备合适骨架弹性和刚性的 15%交联度的树脂，在 Φ50 mm×850 mm 的模拟移动床（SMB）色谱系统上进行木糖母液分离研究。L-阿拉伯糖收率达到了 96%，纯度可达 99.5%。该工艺条件为进一步工业化放大设计和生产优化奠定了基础。

3.1.1.3 生物合成路径

曹艳子等[5] 研究了通过微生物米曲霉（MQ）、绿色木霉（LM）、康氏木霉（KM）菌株发酵方法处理玉米芯、麦秆、稻壳、花生壳 4 种农作物副产物来制备阿拉伯糖。研究摒弃了获得阿拉伯糖的传统酸碱法，首次利用微生物菌种发酵法将农作物废弃物中的新资源阿拉伯糖分离出来，以新的视角开辟了一条微生物发酵生产阿拉伯糖的绿色通道。通过显色剂法测得 LM、KM、MQ 3 种菌均可降解 5 种原料得到阿拉伯糖，得到的量 KM、LM 多于 MQ。研究人员[6] 利用玉米芯酸水解液作为原料，水解液含有葡萄糖、木糖和阿拉伯糖等单糖，以葡萄糖作为碳源供菌体生长，木糖被菌体还原成木糖醇，发酵液中的阿拉伯糖被保留下来，利用连续离交分离技术高效分离纯化木糖醇和阿拉伯糖。微生物发酵法在木糖醇联产阿拉伯糖生产工艺中有以下优势。①原料利用率高。在发酵法工艺中，水解液中的木糖充分被利用。而化学法以纯木糖为原料，玉米芯水解液中有 30%～40%以上的木糖在母液中较难得到充分利用。②工艺简单高效，木糖醇和阿拉伯糖得率高。在微生物发酵中，木糖到木糖醇的转化率达到 98%，阿拉伯糖得率达到 90%。③节能降耗。生物转化法一次浓缩结晶就可得到木糖醇，降低了能耗。生物法避免了与金属类催化剂的接触，产品更适于作为食品和药品。而化学催化法是先用纯木糖加氢，再浓缩结晶，能耗高[7]。④生产设备简单，操作简便安全。生物转化法只用极少发酵罐、整个生物转化过程是在常温、常压下进行，且无需无菌操作。与化学法相比，操作更简单、更安全[8]。而化学法需制氢，加氢在高温、高压下进行，设备要求高。⑤下游分离纯化工艺简单、高效。木糖醇回收率最高可达 99%，酸碱用量减少超过 30%。上述技术成果已应用于丰原集团，玉米芯加工年产 2000 t 木糖醇，联产 100 t 阿拉伯糖，产生了巨大的经济效益。

3.1.1.4 生物合成市场潜力与发展方向

与其他 L 型糖不同，L-阿拉伯糖在自然界中含量丰富且广泛可及。它通常作为植物木质纤维素的组分存在，并且可以很容易地从甜菜浆和玉米棒纤维水解物中提取[9]。L-阿拉伯糖异构酶可以催化 L-阿拉伯糖、L-核糖、D-半乳糖和 D-塔格糖之间的可逆异构化，使得单糖的合成成为新的研究热点。2007 年，Helanto 等[10] 首次报道了使用工程化的植物乳杆菌 NCIMB8826 细胞将 L-阿拉伯糖生物转化为核糖。Liu 等[11] 报道了 L-阿拉伯糖异构酶在酿酒酵母孢子上的固定化，实现了 L-核糖的食品级安全生产，L-阿拉伯糖的收率为 25%。最近，Yeo 等[12] 构建了一种改良的热带念珠菌突变体，其可以以葡萄糖和 L-阿拉伯糖混合物为原料经微生物发酵生产 L-核糖。48 h 后从 30 g/L 的阿拉伯糖中获得约 9 g/L 的 L-核糖，转化率为 30%。

D-1,2,4-丁三醇（BT）因其在高能材料和制药工业中的各种应用而受到广泛关注。研究人员在大肠杆菌中构建并优化了利用 D-阿拉伯糖生物合成 BT 的合成途径[13]。首先，选择大肠杆菌 Trans1-T1 合成 BT，考虑到不同生物体的酶在大肠杆菌中表达时的性能不同，优化了合成途径。筛选了两种 D-阿拉伯糖脱氢酶（ARA）、两种 D-阿拉伯糖脱水酶（AD）、四种 2-酮酸脱羧酶（ADX）和三种醛还原酶（ALRs），催化 48 h 后，重组菌株 BT5 产生 BT 0.88 g/L。催化 48 h 后，最终菌株 BT5Δ*yiaE*Δ*ycdW*Δ*yagE* 生成 BT 1.13 g/L。最后，对 BT5Δ*yiaE*Δ*ycdW*Δ*yagE* 的发酵条件和特性进行了评价，在优化后的条件下催化 48 h 后得到 BT 2.24 g/L。该研究是对于 D-阿拉伯糖生物合成 BT 的首次报道，它为大规模生产基于 D-葡萄糖的 BT 提供了潜力。

3.1.2 低聚木糖

3.1.2.1 市场价值

低聚木糖，又称木寡糖，是一种功能性低聚糖[14]，由 2～10 个木糖分子通过 β-1,4 糖苷键连接而成，分子量一般在 200～300 左右（图 3-1）。低聚木糖具有良好的理化性质。如具有较高的耐热和耐酸性能[15]；糖度约为蔗糖的 40%～50%，可作为食品甜味剂[16]；黏度比其他低聚糖低，可降低水分活度[17]；在水溶液中可形成螺旋状结构，增大持水能力，改善食品流变学特性[18]；有良好的抗冻性能，可解决食品不耐冻的问题[19]。

低聚木糖除了具有较好的理化性质外，其作为益生元所表现的生理活性也是各界学者

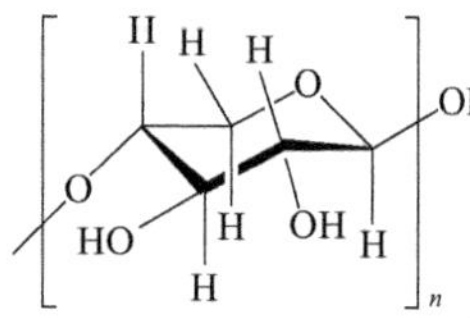

$2 \leqslant n \leqslant 9$

图 3-1　低聚木糖结构示意图

研究热点之一。大量的动物实验证明了低聚木糖在抗龋齿、调节血糖、降血脂、降胆固醇、调节肠道菌群结构、抗癌症、抗炎症、提高免疫、抗氧化、促进钙吸收等方面的健康作用，另外，也有较多报道其能够有效预防肥胖、心血管疾病以及肠道疾病。由于其有效摄入量比其常见功能性低聚糖低得多，低聚木糖也被称为“超强双歧因子”。关于低聚木糖的慢性毒理学研究显示，其在人、狗以及大鼠等动物中无任何毒性表现，LD_{50} 值大于 32 g/kg，NOAEL 值超过 3000 mg/kg，说明低聚木糖无毒。

（1）调节血糖

低聚木糖在动物的胃或肠道中不被消化吸收，因此，低聚木糖的摄入不会导致血糖的升高，摄入的低聚木糖大多到达大肠，在大肠中被部分微生物发酵利用。已有较多研究结果证实其在降血糖方面的功能性，并从胰岛素、生长素、饥饿素、短链脂肪酸以及与脂肪组织的关系等方面解释其调节血糖的机制。但是也有一些报道称，低聚木糖的摄入对机体血糖变化不明显，虽然普遍认为低聚木糖等益生元能改善血糖水平，但对于低聚木糖能否改善高血糖患者或调解健康人群的血糖水平，有不同的报道结果。Sheu 等[20] 研究发现，2 型糖尿病患者摄入低聚木糖 8 周后能显著降低血糖水平；Wang 等[21] 发现，摄入 5% 的低聚木糖能显著降低肥胖小鼠的血糖；研究人员[65] 发现，玉米芯制备的低聚木糖有助于降低四氧嘧啶对糖尿病小鼠血糖的提升；Broekaert 等[22] 研究发现，谷物来源的阿拉伯糖-木糖-低聚糖、低聚木糖和阿拉伯木聚糖均能有效改善哺乳动物的血糖水平；Siddhartha 等[23] 发现阿拉伯木聚糖不能改善高血糖肥胖小鼠的血糖水平，但是能改善其葡萄糖耐量。对健康人群来说，大量研究结果表明，低聚糖对血糖水平的影响不显著。Chapla 等[14] 研究麦麸阿拉伯糖-木糖-低聚糖益生作用时发现，健康人群分别摄入 2.2 g/d 和 4.8 g/d 剂量的阿拉伯糖-木糖-低聚糖 3 周后，血糖和胰岛素水平比空白组有所降低，但没有显著性差异；同样，Wang 等也发现在健康小鼠膳食中加入 5% 的低聚木糖 6 周后，血糖水平较正常膳食的健康小鼠没有显著性降低；Chung 等[24] 在健康老年人体实验中发现，连续摄入 4 g/d 的低聚木糖 8 周，空腹血糖水平没有变化。

（2）降低血脂、血清胆固醇

对脂质代谢的调控是低聚木糖的重要生理作用之一[25]。在研究低聚木糖在调节脂质代谢的具体作用时，一般通过甘油三酯、总胆固醇、低密度脂蛋白胆固醇、高密度脂蛋白胆固醇、白色脂肪组织质量或者与脂肪代谢相关的基因表达等指标进行评价[26]。

大量研究表明，低聚木糖能有效降低肥胖人群的脂质水平[27]，如 Sheu 等[20] 称连续摄入 4 g/d 的低聚木糖 8 周后，2 型糖尿病患者的脂肪水平有显著性降低。Wang 等[21] 发现低聚木糖能降低高脂肪膳食的肥胖小鼠的总胆固醇、低密度脂蛋白、甘油三酯水平，增加高密度脂蛋白水平。Wolever 等[28] 称可溶性膳食纤维的摄入能够降低高胆固醇患者的胆固醇水平。同样，杨书艳[16] 在对高脂膳食小鼠分别饲喂 0.5 g/kg 和 1.0 g/kg 剂量的阿拉伯木聚糖 10 周后，发现甘油三酯、总胆固醇、非酯化脂肪酸、低密度脂蛋白胆固醇以及总血脂水平都有所降低，并通过组织学观察和油红染色实验证实了阿拉伯低聚木糖的摄入能够降低小鼠的脂肪合成，但高密度脂蛋白胆固醇和动脉粥样硬化指数没有显著性变化。

(3) 优化肠道菌群、预防肠道疾病

一直以来摄入膳食纤维的健康作用被认为与大肠中微生物对其发酵有密切关系[29]。低聚木糖在大肠中被有益菌利用，过程中产生的短链脂肪酸对机体健康有重要意义，不仅对肠道健康有影响，更重要的是还影响低聚木糖发挥其他生理功能[30]。张军华[31] 研究发现，低聚木糖的生理活性主要是来源于平均聚合度较小的组分，且木三糖的体外增殖双歧杆菌的效果要高于木二糖、木五糖、木六糖以及混合的低聚木糖。有报道称决定增殖双歧杆菌能力大小的主要因素是碳源的种类，而不是碳源的浓度[32]。研究发现低聚木糖在肠道中对双歧杆菌的增殖效果和葡萄糖接近，所不同的是其仅能够增殖双歧杆菌等有益菌[33]。另外，低聚木糖对双歧杆菌的增殖效果大约是其他功能性低聚糖的 20 倍，且选择性更高[34]。Salas-Veizaga 等[35] 发现，桦木来源的低聚木糖体外发酵能显著增殖双歧杆菌的数量，且能增殖葡萄球菌，尤其是 *Staphylococcus hominis*。这种葡萄球菌能够产生抑菌素，抑制相应的致病菌如金黄色葡萄球菌和幽门螺杆菌。

(4) 预防癌症

低聚木糖等益生元在预防疾病方面的作用已被大量的研究所证实[36-39]。低聚木糖除了可调节血糖、预防糖尿病以及降低心血管疾病、动脉粥样硬化等疾病的发生概率外，还具有预防癌症的作用[37]。低聚木糖在肠道中发酵产生的短链脂肪酸等有机酸有一定的预防肿瘤作用[38]。低聚木糖能增殖肠道中的有益微生物，且能够抑制细胞培养物和小鼠体内的炎性细胞因子的分泌[39]。血浆中 C-反应蛋白水平的增加是最终发展为结直肠癌的炎症标志，而膳食纤维的摄入能够有效降低 C-反应蛋白和促炎细胞因子 IL-6 和 TNF-α 的水平[40]。

3.1.2.2 化学合成路径

木聚糖在酸性条件下会水解成为可溶的低聚木糖，一般使用盐酸、硫酸等稀酸水解高聚合度的木聚糖来生产低聚木糖[41]。韩鹏飞等[42] 利用固体酸催化水解的方式得到低聚木糖将反应时间、温度以及大孔树脂用量等作为变量，分析其对转化率等的影响。最优条件为 0.5 g 的木聚糖、0.3 g 的大孔树脂以及 3 h 的反应周期，温度控制为 110℃。张红玉及其团队[43] 通过醋酸循环的方式对玉米芯等进行处理，实现了近 46%目标糖分获得，1 kg 玉米芯大致可以获得 139.8 g 左右的低聚糖。这些方法提高了低聚木糖的得率，优化现有的制备工艺，但是酸水解效率不高，制备出来的成品中杂质较多，且低聚木糖的含量仍旧较低。

生物质农业废弃物富含木聚糖，在高温和高压下也可以水解，从而得到低聚木糖。连之娜团队[44] 通过高温水浴水解的办法得到了蔗渣内的低聚木糖。利用正交测试的方式确定最优提取条件。该实验表明，蔗渣水解的最优条件为160℃、1∶8的料液比，反应2 h。在该情况下，低聚木糖得率为17.0%。Sahota 等[45] 以甘蔗渣为底物进行自水解，当在200℃下自水解10 min，低聚木糖产率达50.35%。在相同条件下，通过添加乙酰基帮助水解，木糖寡糖的收率为52.99%，没有显著增加产率。另外，后续的精制过程过于烦琐，这也制约了其应用。

3.1.2.3 生物合成路径

通常利用一些微生物所含的木聚糖酶对半纤维素或木聚糖进行直接水解。张立钊等[46] 以碱法油茶籽壳抽提的木聚糖粗提液为底物，对木聚糖酶解环境温度、周期底物浓度以及酶用量等逐个分析测试，并结合响应面法优化了木聚糖寡糖的酶法制备工艺。在最佳条件下酶解，木糖寡糖浓度为11.63 g/L，比优化前提高了4.63 g/L。该方法以农业废渣为原料，通过优化最佳反应条件，显著提高了低聚木糖的收率。陈嘉川等[47] 以桉木预水解液为原料，首先采用$Ca(OH)_2$和活性炭处理制备预水解液，用于低聚木糖的制备。通过优化木聚糖酶添加量、酶反应时间、反应温度和反应pH值提高了预水解液中聚合度为2～4的低聚木糖含量。在木聚糖酶添加量2 U/g、反应时间3 h、反应温度559℃和反应pH值5.5时，三级酶解液中低聚木糖DP2～4含量为12.22 g/L，与酶解前水解液含量提高了67.2%。三级酶解液中低聚木糖DP2～4含量占桉木预水解液中总木糖含量的56.1%。

3.1.2.4 生物合成市场潜力与发展方向

木聚糖酶定向水解糖分，整个过程相对温和，没有明显的其他杂质产生，便于纯化。目前，生产低聚木糖的原料和方法多样，酶水解是生产木聚糖寡糖的主要方法，但其提取制备方法有待进一步优化。酶解反应后产品精制过程复杂，大大地提高了生产成本，影响了低聚木糖的工业化生产进程。其次，可加强木聚糖酶解的机理研究。酶法生产低聚木糖过程中，针对不同原材料的酶的选择、工艺参数的确定都有待研究。农林废料生产制备低聚木糖，可降低生产成本，促进其高值化利用，同时有助于解决农林废料带来的环境问题。

3.1.3 甘露寡糖

3.1.3.1 市场价值

甘露寡糖（manooligosaccharides，MOS），又称甘露低聚糖，聚合度通常为2～10，其主链由甘露糖或者甘露糖与葡萄糖通过糖苷键相连接，有些具有半乳糖等残基构成的侧链[48]。MOS结构与多糖类似，根据糖单元的不同，可分为纯甘露寡糖、葡甘露寡糖、半乳甘露寡糖和半乳葡甘露寡糖；根据来源不同，可分为酵母细胞壁α-甘露聚糖和植物β-甘露聚糖。研究表明甘露寡糖具有降血脂、调节肠道菌群、提高动物机体免疫力、替代抗生素、润肠通便、抗氧化、抗结肠炎症等功能，在动物饲料添加剂、食品、饮料和医药等领域应用前景广阔。甘露寡糖作为一种新的益生元而引起人们极大的关注。益生元是一种选择性发酵的成分，它可使胃肠道菌群的组成和/或活性发生特定变化，从而赋予宿主健康和健康益处。根据这一定义，只有满足以下三个条件的非消化性低聚糖才能被归类为益生元：①可以抵抗宿主的消化，包括胃酸、宿主水解酶和胃肠道吸收；②可通过肠道菌群发酵；③可以有助于健康的肠道细菌的生长，这些肠细菌包括乳酸杆菌属、肠球菌属、双歧杆菌属、拟杆菌属细菌等。根据上述标准，已经确定的益生元包括低聚糖类和藻类。已有研究表明 β-MOS 可以作为益生元，改善肠道菌群的状况，并通过膳食纤维减少肠道疾病的发生，从而增强动物的免疫力。酵母细胞壁中的 α-MOS 可以作为补充饲料来改变动物肠道细菌的活性，另外，来自酵母细胞壁的 α-MOS 还可作为抗生素的替代品。

甘露寡糖是以甘露聚糖如魔芋粉、槐豆胶、咖啡渣等为原料制备而得。目前甘露寡糖的制备方法有酶解法、化学法、物理法。物理法有辐照降解、超声波和微波降解法等。物理法制备甘露寡糖具有难以控制聚合度大小以及不能彻底降解甘露聚糖的缺点，造成原料浪费。化学法有酸降解、碱降解以及合成法。虽然酸、碱降解法简单快速，但是反应条件苛刻、安全性差、容易对环境产生污染。生物法是目前常用的方法，是通过酶解甘露聚糖制备甘露寡糖。与其他两种方法相比，酶解制备甘露寡糖具有反应条件温和、对环境友好和产物结构可控等优点。水解后的寡糖溶液中具有不同聚合度的甘露寡糖、甘露糖、大分子蛋白质、未反应完全的甘露聚糖和盐离子等杂质，在一定程度上会影响甘露寡糖功能的发挥，因此必须对产品进行纯化。有研究表明，分离于同一甘露寡糖溶液、不同聚合度的甘露寡糖具有不同的生理功能；不同的益生菌对不同聚合度的甘露寡糖利用率也不同。

3.1.3.2 化学合成路径

化学法制备甘露寡糖由于需要使用强酸等化学试剂，易造成环境污染，且产品用于食品行业也存在一定的安全隐患。此外，化学法制备甘露寡糖还存在能耗高、水解过程不易控制、产物结构易受破坏、副产物多以及分离纯化困难等缺点，使其应用受到一定限制。简洪磊[49] 公布了甘露寡糖的一种制备方法，包括将魔芋粗粉水溶液在均质后进行钙盐（包含单独使用不同比例的氧化钙、氯化钙和磷酸二氢钙）水解，芋粗粉水溶液剪切乳化和均质的压力为 100 M～200 MPa，魔芋粗粉水溶液中魔芋粗粉的质量分数为 0.1%～5%。

3.1.3.3 生物合成路径

酶法制备甘露寡糖是一种高效、特异性强、环境友好的方法，具有很多优点，如反应条件温和、不破坏低聚糖组成单元的化学结构、产物均一、能耗低、无污染等。优良的特异性 β-甘露聚糖酶是能成功高效制备甘露寡糖的关键。不同来源甘露聚糖有直链甘露聚糖、半乳甘露聚糖、葡甘露聚糖和半乳葡甘露聚糖之分（图 3-2）。

如棕榈粕等的甘露寡糖的单糖组成主要为甘露糖，一般不含其他单糖，而魔芋胶等（葡甘露聚糖）的甘露寡糖除了主要成分甘露糖外还含有葡萄糖，来源于瓜尔豆胶和槐豆

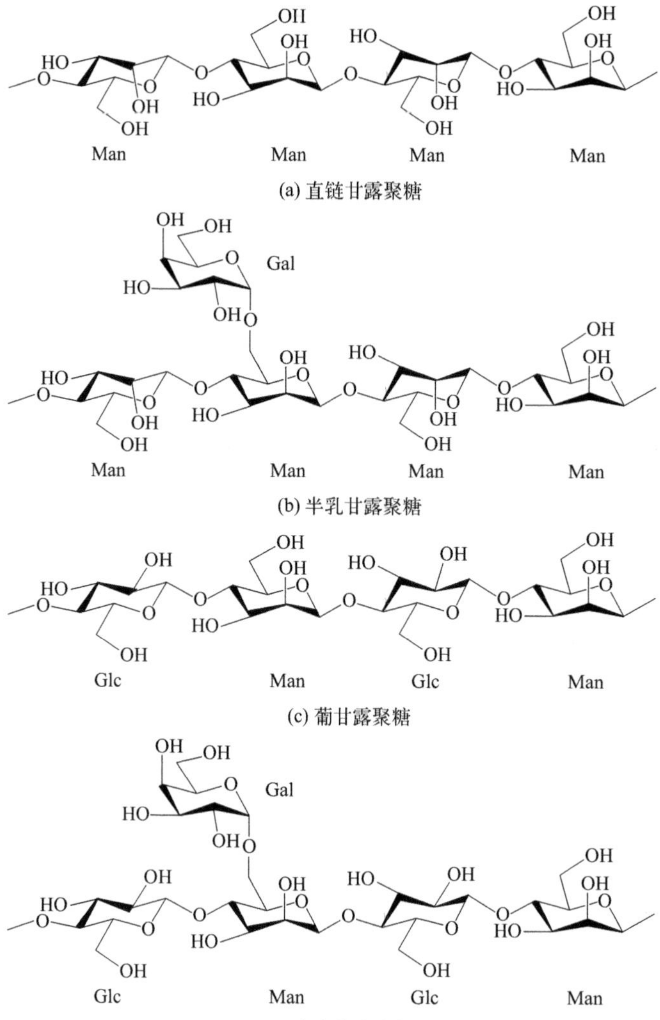

(a) 直链甘露聚糖

(b) 半乳甘露聚糖

(c) 葡甘露聚糖

(d) 半乳葡甘露聚糖

图 3-2 部分不同来源的典型甘露聚糖结构

Man—甘露糖；Glc—葡萄糖；Gal—半乳糖

胶等（半乳甘露聚糖）的甘露寡糖还含有半乳糖。皂荚胶[49]、魔芋胶[50] 和槐豆胶[51] 等天然植物胶是制备甘露寡糖的常用底物。这些植物胶具有很高的黏度，因此在制备甘露寡糖时，常用的底物浓度较低，一般为 0.5%～5.0%[52]。多数 β-甘露聚糖酶水解角豆胶、槐豆胶等主要产生聚合度为 2～5 的甘露寡糖和一些带半乳糖残基侧链的半乳甘露寡糖；*Malbranchea cinnamomea* NFCCI 3724 β-甘露聚糖酶水解 0.5%（质量浓度）的槐豆胶则主要产生甘露四糖[53]。β-甘露聚糖酶水解魔芋胶的产物更为复杂。利用里氏木霉 β-甘露聚糖酶降解 1.0%（质量浓度）的魔芋胶制备甘露寡糖后，结构分析表明，产物中除普通的甘露寡糖外还含有多种葡甘寡糖。一些富含线性甘露聚糖（>30%）的农业副产物也是制备甘露寡糖的重要原料，如咖啡渣、椰子粕和棕榈粕等。然而，这些原料中的甘露聚糖通常难以降解，需要使用一些预处理方法破坏上述原料的组织结构，从而使β-甘露聚糖酶易于接近其中的线性甘露聚糖。利用β-甘露聚糖酶和纤维素酶复合水解蒸汽爆破预处理后的咖啡渣，甘露聚糖的水解率达 57.8%，甘露寡糖得率达 12.5%，产物以甘露二糖为主，还含有一些甘露三糖和甘露四糖[54]。蒸汽爆破预处理同样可以提高棕榈粕中甘露聚糖的水解率，与未处理的棕榈粕相比，处理后的棕榈粕中甘露聚糖水解率和甘露寡糖的得率均提高了 10 倍，甘露聚糖的水解率达 80.6%，甘露二糖、甘露三糖和甘露四糖的得率分别达到 15.9 g/100 g（干棕榈粕）、14.6 g/100 g（干棕榈粕）和 4.4 g/100 g（干棕榈粕）[55]。

3.1.3.4 生物合成市场潜力与发展方向

功能性甘露寡糖作为一类重要的益生元，具有非常广泛的生理功能和广阔的市场发展空间，然而目前仍存在一些不足，主要体现在以下几个方面：①作为功能性食品配料用于改善肠道菌群和促进人体健康方面的研究还不够深入；②目前用于转化低聚糖的酶大多是通用酶制剂，缺少针对某一特定原料的专一性酶制剂，转化率相对较低；③功能性低聚糖的生产成本相对较高，一定程度限制了其大规模的推广应用。因此，针对功能性低聚糖的高效转化，开发一系列特异性的酶制剂具有重要意义。另外，我国资源丰富，农业副产物（如玉米芯、棕榈粕、乳清粉等）价格低廉，研究利用生物转化的方法制备高附加值的功能性低聚糖，不仅可以提高农产品价值，还可以避免农业副产物的浪费，具有重要的经济、社会和环境效益。

3.1.4 阿洛酮糖

3.1.4.1 市场价值

D-阿洛酮糖是一种新型的低热量功能性稀少糖，由 D-果糖转化而成（图 3-3），具有与蔗糖相似的口感和容积特性，具有广阔的应用前景。D-阿洛酮糖（D-allulose）是 D-果糖在 C3 位的差向异构体，IUPAC 将其系统命名为 D-核糖-2-己酮糖。最开始 D-阿洛酮糖从抗生素阿洛酮糖腺苷即狭霉素 C 中分离而来，因此，英文名为 D-psicose[56]。2014 年，日本举办的国际稀有糖大会正式将 D-阿洛酮糖的惯用名称由 D-psicose 更正为 D-allulose[57]。D-阿洛酮糖是一种白色粉末状晶体，无特殊气味[58]，其分子式为 $C_6H_{12}O_6$。D-阿洛酮糖是一种具有还原性的己酮糖，能够发生美拉德反应，具有较高的熔点（109℃）、

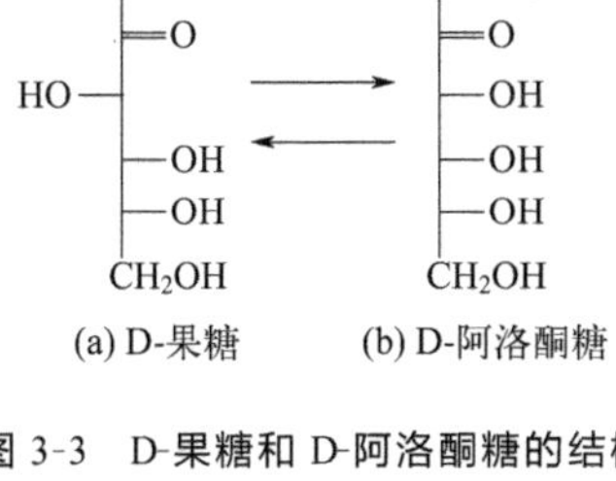

图 3-3 D-果糖和 D-阿洛酮糖的结构

沸点［(551.7±50.0)℃］，不易吸潮，极易溶于水，同时具有较高的甜度（蔗糖甜度的70%）和较低的能量值（0.4 kcal/g），甜度曲线与蔗糖相似。D-阿洛酮糖属于己糖类稀有糖，在自然界中的存在量极其稀少，仅在少量植物（小麦和鼠刺属植物）和特定细菌中被发现，并不存在于动物体，主要通过化学合成法和生物转化法进行合成。

D-阿洛酮糖凭借其甜味高、易溶解、极低热量和低血糖反应的特性被认为是一种理想的蔗糖替代品，被广泛应用于食品、医药制剂和膳食补充剂等领域。①低热量甜味剂，能够发生美拉德反应，可以改善食品的风味和色泽。D-阿洛酮糖具有与蔗糖相近的口感和甜度，但所含热量低。它能够提高食品的凝胶度，改善食品的风味，并且它能够与食品中的蛋白质发生美拉德反应，不仅能够改善食品的色泽，还能提高食品的抗氧化性，增长食品的货架期[59]。②降血糖，抑制脂肪堆积，可用于研制治疗肥胖和糖尿病的药物。D-阿洛酮糖能够抑制肠道 α-糖苷酶的活性，从而降低小肠对糖的吸收，抑制脂肪堆积，提高胰岛素的敏感性，降低血糖，在研制治疗肥胖和糖尿病药物方面具有重要的应用价值[60]。③促进谷胱甘肽的增量调节，具有神经保护功能。Takata 等[61] 研究发现 D-阿洛酮糖通过诱导细胞内谷胱甘肽上调而在神经退行性疾病的治疗中发挥潜在的神经保护作用。④抑制寄生虫生长，是一种潜在的驱虫剂。Sato 等[62] 研究发现 D-阿洛酮糖可能是通过干扰秀丽隐杆线虫的消化、吸收或代谢，对秀丽隐杆线虫的运动、生长和生殖成熟产生抑制作用，成为一种潜在的驱虫剂。⑤作为添加剂。Sun 等[63] 将 D-阿洛酮糖添加到奶油布丁的原料中，作为蔗糖的替代品，结果发现添加 D-阿洛酮糖的布丁具有很高的抗氧化活性，可以作为一种有效预防氧化应激的功能性甜点。D-阿洛酮糖也可作为食品添加剂加入含有蛋清的曲奇饼干、蛋糕等食物中，有研究表明[64] 它能够改善蛋清蛋白的发泡性能，且改善奶油曲奇的品质。⑥生产其他稀有糖醇的前体。根据 Izumoring 策略[65]，以 D-阿洛酮糖为底物经异构酶催化可以得到 D-阿洛糖，经氧化还原酶催化可以得到阿洛醇。D-阿洛酮糖和阿洛醇都是具有重要生理功能的稀有糖醇。

3.1.4.2 化学合成路径

最初，D-阿洛酮糖的化学合成方法包含关环转换合成法[66]、选择性醇醛缩合合成法[67] 等，后续开发的方法有催化加氢法、加成反应法、Ferrier 重排法等[57]。

方志杰等[68] 先利用糖酸内酯与二碘甲烷反应得到1-脱氧碘代酮糖，再在碱性条件进行水解反应得到酮糖中间体，对羟基进行选择性保护及脱保护后合成 D-阿洛酮糖。王成福等[69] 以葡萄糖为原料，钼酸盐作为催化剂，在 80～120℃条件下保温反应 2～5 h，即可生成 D-阿洛酮糖产品，含量 98.5%～99.5%。朱季[70] 以 D-果糖为原料，通过糖类化合物中羟基的异丙叉基和苄醚的保护与脱保护等过程，设计合成出 β-D-吡喃阿洛酮糖衍生物，再通过氧化、还原的方法得到二异丙叉基保护的阿洛酮糖。但采用这种化学方法制备 D-阿洛酮糖，在最适条件下得率也仅为 9.8%。

化学合成法可以制备 D-阿洛酮糖，但存在经济性差、环境污染严重、易产化学废料、生成无价值副产物等问题，因此 D-阿洛酮糖的化学合成未能实现工业化。

3.1.4.3 生物合成路径

D-阿洛酮糖的生物合成路径主要有三条：①经 DTE 或 DPE 酶催化 D-果糖得到 D-阿洛酮糖；②经葡萄糖异构酶（glucose isomerase，GI）催化 D-葡萄糖为 D-果糖，D-果糖再经路径（1）得到 D-阿洛酮糖；③经氧化还原酶催化阿洛醇得到 D-阿洛酮糖。

路径 1：D-果糖$\xrightarrow[\text{催化}]{\text{DTE/DPE}}$D-阿洛酮糖

路径 2：D-葡萄糖$\xrightarrow[\text{催化}]{\text{GI}}$D-果糖$\xrightarrow[\text{催化}]{\text{DTE/DPE}}$D-阿洛酮糖

路径 3：D-阿洛醇$\xrightarrow{\text{氧化还原酶}}$D-阿洛酮糖

(1) 利用微生物来源的 DPE 酶催化 D-果糖为 D-阿洛酮糖

目前，生物合成 D-阿洛酮糖主要是由 D-阿洛酮糖 3-差向异构酶催化 D-果糖得到。D-阿洛酮糖 3-差向异构酶的异源表达系统常用的是大肠杆菌，因为其遗传背景清晰、培养简单且生长迅速。此外，食品级表达系统，如酵母菌、枯草芽孢杆菌等，在企业生产中格外受欢迎。

Park 等[71] 构建了可异源表达来自 *Agrobacterium tumefaciens* 的 DPE 酶的大肠杆菌（*Escherichia coli*）工程菌株，该菌株催化 D-果糖为 D-阿洛酮糖的最适温度和 pH 分别为 60℃和 8.5，以 700 g/L D-果糖为底物，反应 40 min，可以得到 230 g/L D-阿洛酮糖，转化率为 33%。Jeong 等[72] 构建了可异源表达来自 *Flavonifractor plautii* 的 DPE 酶的谷氨酸棒状杆菌（*Corynebacterium glutamicum*）工程菌株，该菌株催化 D-果糖为 D-阿洛酮糖的最适温度和 pH 分别为 65℃和 7.0，以 750 g/L D-果糖为底物，反应 40 min，可以得到 235 g/L D-阿洛酮糖，转化率为 31%。Li 等[73] 构建了可异源表达来自菌 *Ruminococcus* sp. 5_1_39BFAA 的 DPE 酶的短小芽孢杆菌（*Bacillus pumilus*）工程菌株，该工程菌株具有较高的 DPE 表达量，游离 DPE 酶经离子交换树脂固定，所得固定化 DPE 酶的最适温度为 60℃、最适 pH 为 9.0，当以 500 g/L D-果糖为底物时，经固定化 DPE 酶催化 4 h 可得 126.95 g/L D-阿洛酮糖，转化率为 25%。Yang 等[74] 报道了一株马克斯克鲁维酵母（*Kluyveromyces marxianus*）工程菌株，该菌株能够表达来自 *Agrobacterium tumefaciens* 的 DPE 酶，利用该工程菌株作为生物催化剂，以 750 g/L D-果糖为底物，55℃反应 12 h 得到 190 g/L D-阿洛酮糖，转化率达到 25.3%。Zhu 等[75] 构建了可异源表达来自菌 *Halanaerobium congolense* 的 DPE 酶的枯草芽孢杆菌（*Bacillus subtilis*）工程菌株，以 750 g/L D-果糖为底物，60℃静息细胞反应，得到 240 g/L D-阿洛酮糖，转化率达到 32%。同时，Zhu 等[75] 通过理性设计获得具有组合突变体 Y7H/C66L/I108A/R156C/K260C 的 DPE 酶，温度为 70℃时该突变酶的半衰期增加了 5.2 h，Tm 值增加了 6.5℃。通过对关键位点进行突变，亚单元间引入了二硫化物桥梁，增加了界面交互，提高了 DPE 酶的热稳定性。利用可异源表达具有组合突变体 DPE 酶的枯草芽孢杆菌工程菌株作为生物催化剂，以 750 g/L D-果糖为底物，60℃反应，可得到 262.5 g/L D-阿洛酮糖，转化率高于 32%，达到 35%。

(2) 利用微生物来源的GI和DPE催化转化D-葡萄糖为D-阿洛酮糖

Chen等[76] 构建了一株大肠杆菌工程菌株，能够共表达来自*Bacillus* sp. 的GI酶和来自*Ruminococcus* sp. 5_1_39BFAA的DPE酶，在65℃和pH 7.0的条件下进行静息细胞反应8 h，所得D-葡萄糖、D-果糖、D-阿洛酮糖的平衡比为3.0∶2.7∶1.0，D-阿洛酮糖的转化率为15%。Zhang等[77] 在大肠杆菌表达系统中异源表达来自*Acidothermus cellulolyticus* 11B的GI酶和来自*Dorea* sp. CAG317的DPE酶，在65℃和pH 6.5的条件下进行静息细胞反应8 h，所得D-葡萄糖、D-果糖、D-阿洛酮糖的平衡比为2.3∶2.3∶1.0，D-阿洛酮糖的转化率为17.8%。Zhao等[78] 在枯草芽孢杆菌表达系统中共表达来自菌*Bacillus* sp. 的GI酶和来自菌*Dorea* sp. CAG317的DPE酶，在75℃和pH 6.5的条件下进行静息细胞反应3 h，所得D-葡萄糖、D-果糖、D-阿洛酮糖的平衡比为2.8∶2.9∶0.9，D-阿洛酮糖的转化率为13.6%。

(3) 利用微生物来源的ADH催化转化阿洛醇为D-阿洛酮糖

Gullapalli等[79] 利用*Enterobacter aerogenes* IK7静息细胞为生物催化剂，以3%的阿洛醇为底物，在37℃、pH 11.0条件下反应24 h，最终D-阿洛酮糖的转化率为89.3%。Poonperm等[80] 利用*Bacillus pallidus* Y25静息细胞为生物催化剂，以1%的阿洛醇为底物，在55℃、pH 7.0条件下反应16 h，最终D-阿洛酮糖的转化率为98%。

Chen等[81] 在大肠杆菌中异源表达来自*Gluconobacter frateurii* NBRC 3264的NAD(P)-依赖型醇脱氢酶，对该酶进行了纯化分析，并研究了其酶学性质，以0.05 mol/L阿洛醇为底物，在50℃、pH 7.0和添加0.001 mol/L Co^{2+}的条件下反应4 h，最终D-阿洛酮糖的转化率为97%。另外，利用可异源表达来自*Gluconobacter frateurii* NBRC 3264的NAD(P)-依赖型醇脱氢酶的重组大肠杆菌作为生物催化剂，分别以10 g/L和100 g/L阿洛醇为底物，在50℃、pH 10.0、细胞用量OD_{600}为80的条件下反应，最终D-阿洛酮糖的转化率分别为80.9%和48%。同时，利用制备型色谱柱对反应液进行分离，得到阿洛酮糖溶液，再通过高效液相色谱法分析、比旋光度测定和质谱分析证实由阿洛醇生产所得阿洛酮糖的构型为D型，且分子量与已知D-阿洛酮糖分子量一致。

3.1.4.4 生物合成市场潜力与发展方向

D-阿洛酮糖作为一种理想的蔗糖替代品，具有广阔的市场前景，对于提高人民健康水平、幸福指数和满足日益升级的消费市场需求具有重要意义。想提高D-阿洛酮糖的生产效率，建议从以下几个方面进行重点研究：

(1) 提高酶的催化活性和稳定性，降低最适pH

一直以来，提高酶的催化活性和稳定性是生物合成领域的研究重点和难点。催化活性高、耐热性好、半衰期长的酶是高产能和降低酶使用成本的必要条件。另外，大多数报道的DPE或DTE酶的最适反应条件为碱性，容易发生美拉德反应，导致糖液颜色加深，产生副产物，对后期产品分离纯化不利。通过酶分子理性设计和定向进化的方式改造DPE或DTE酶以及筛选和挖掘新的具有应用潜力的酶是未来D-阿洛酮糖生物合成的重点。

（2）构建食品级宿主工程菌株，满足食品安全要求

大肠杆菌作为常用的表达系统因产生内毒素而不利于食品级D-阿洛酮糖的生产。虽然有酵母菌、枯草芽孢杆菌和谷氨酸棒状杆菌等食品级表达系统构建的工程菌株生产D-阿洛酮糖的报道，但是这些表达系统具有稳定性差、重复率低等缺点。因此，构建具有高稳定性、耐受高底物浓度、高转化率、高生产强度、高安全性的工程菌株是实现食品级D-阿洛酮糖生物合成的重要基础。

（3）构建简单、高效、低成本的D-阿洛酮糖工业化生产工艺

要开发创新型工艺路线，提高转化效率，解决D-阿洛酮糖分离纯化问题，降低分离纯化工艺难度和成本，构建适合大规模工业化生产D-阿洛酮糖的简单、高效、创新型生产工艺路线。

（4）开发利用D-阿洛酮糖保健功能和生物医药应用潜能

D-阿洛酮糖的医药价值巨大，它既能抗龋齿、降血糖、抗氧化，又能防止脂肪堆积、发挥神经保护作用和清除活性氧自由基等，可用于制备特医食品、保健品和合成药物。进一步开发D-阿洛酮糖的医药潜能，可能会为患有糖尿病、肥胖症以及动脉粥样硬化等的患者带去福音，提高他们的生活水平和质量。

3.2 生物基增塑剂

增塑剂通常作为“类溶剂”，能增加聚合物的延展性、灵活性、柔韧性或膨胀性[82]。增塑剂的种类很多，但一般来说，任何可与高分子材料相容、降低聚合物熔点、增加聚合物流动性并能改变塑料制品柔韧性的物质均被认为属于增塑剂[83]。

大多数增塑剂是低分子量的树脂或液体，通过与增塑剂体内的官能团相互作用的方式，削弱分子链之间的相互作用力；或镶在分子链中，增加分子链间距，从而破坏晶体区。这样降低了结晶度，增加了聚合物自由体积，削弱了分子链的相互作用力，使链运动更容易发生。因此，为了使聚合物分子链柔顺性更好、加工窗口更宽、加工难度更小，就必须使用增塑剂。与高分子材料具有优异相容性是成为理想型增塑剂的首要条件。另外，能在温度条件较为恶劣的情况下也能保持良好的增塑效果，在环境温度波动明显时依然保持稳定，阻隔性强，无析出迁移以及安全、绿色、低成本也是理想型增塑剂的特征[84]。市场上的增塑剂有很多种，但不能兼具多种优点。因此，不同的增塑剂所适合的增塑材料是有差异的，所适应的环境也不尽相同。

邻苯二甲酸酯类增塑剂是用量最大的一类增塑剂[85]。但是，大量的研究表明，这类增塑剂具有潜在的毒性和致癌性，并且易迁移，无论是对人体健康还是环境保护方面都有十分恶劣的影响，许多发达国家为了从根源上遏制此类增塑剂的使用，陆续颁布了许多法律法规。随着大家环保意识不断提高和可持续发展理念不断深入，开发无毒、环保的新型增塑剂逐渐成为增塑剂研究领域的热点[86-92]。

3.2.1 柠檬酸酯

3.2.1.1 市场价值

柠檬酸酯类增塑剂是以柠檬酸为主要原料合成的增塑剂，具有生物降解性好、挥发性小、抗细菌、增塑效率高等优点[93]，将其加入肥皂中，不仅没导致出现过敏，反而增加了其清洁能力，有作为表面活性剂的潜能，属无毒型增塑剂[94]。在柠檬酸酯类增塑剂中，柠檬酸三正丁酯（TBC）和乙酰柠檬酸三丁酯（ATBC）最为常用，可用于聚氯乙烯（PVC）的食品包装薄膜、聚偏二氯乙烯（PVDC）的保鲜膜、药品包裹与医疗器械等[95]。

3.2.1.2 化学合成路径

柠檬酸酯作为新型环保类增塑剂，是邻苯二甲酸酯类增塑剂的理想替代品。柠檬酸三丁酯广泛应用于聚氯乙烯、氯化烯共聚物、纤维素树脂的增塑剂。其具有相容性好，增塑效率高，耐光、耐水性优良，挥发性小，无毒，抗酶性。柠檬酸三丁酯的合成一般以沸石分子筛、Lewis 酸、酸性无机盐、杂多酸、固体超强酸、三氯化铁等为催化剂[96]，以正丁醇为带水剂，由柠檬酸和正丁醇通过酯化反应得到（反应式如图 3-4 所示）。我国有着先进的柠檬酸发酵工艺，2019 年我国柠檬酸产量 139 万吨。据统计，近几年我国 70%柠檬酸用于出口。截至 2020 年上半年，我国柠檬酸出口量为 53 万吨，同比增长 7%。这为我国发展柠檬酸酯工业的生产奠定了良好的发展基础。现在国内的柠檬酸三丁酯生产工艺水平偏低，收率低、成本高，研究新型高效催化剂是提高柠檬酸三丁酯生产工艺的关键。主要方法包括以下 2 种。

图 3-4 柠檬酸和正丁醇酯化反应式

(1) 直接酯化

在有催化剂（或溶剂）存在下柠檬酸可与脂肪醇（醚）直接酯化得到柠檬酸酯，当酸与醇（醚）等摩尔比反应时，生成物中单酯占主要部分。直接酯化法的不足之处在于得到的是单酯、双酯、三酯的混合物，要想从混合体系中对某种酯进行提纯，需要昂贵而且烦琐的步骤，如用适当的溶剂体系去选择性萃取、分馏及重结晶等。直接酯化方法主要有 3 种。①在连接搅拌器、温度计、油水分离器和冷凝器的四口瓶中，加入一定量的柠檬酸和催化剂（通常为路易斯酸或金属氧化物），在一定的温度和真空度下，不断地从反应器中分出水。按时测定反应物的酸度值，以判断反应进行的程度，直到酸度值不变为止。冷却，在较低的温度下边搅拌边滴加碱液中和，到 pH 为中性，即得到产品。此时得到的是单、双、三酯的混合物，单酯的产率在60%左右。②在连接搅拌器、温度计、回流冷凝器的四口烧瓶中，加入一定量的柠檬酸和二氧六环，在柠檬酸溶解后，加入脂肪醇，经16～18 h长时间回流后，减压蒸出二氧六环，可得到柠檬酸酯产品，单酯的产率大于60%。③将无水柠檬酸溶于干燥处理过的吡啶中，向溶液中加入脂肪醇，加热到100℃，维持4～6 h，由于低浓度的脂肪醇可溶于吡啶，只有较小浓度的脂肪醇可连续与高浓度的柠檬酸反应。然后，降温到40～50℃，维持14～18 h，经处理后可得到纯度较高的单酯。

(2) 间接酯化法

间接酯化法分为两步：第一步是柠檬酸酐的合成，将无水柠檬酸与一种有机酸酐混合，有机酸酐的量稍过量于无水柠檬酸，在一定温度下进行反应生成柠檬酸酐；第二步是柠檬酸酐与脂肪醇开环酯化，进行处理后，即可得到柠檬酸酯。用这种方法制备的柠檬酸单酯的含量较高，是一种理想的合成柠檬酸单酯的方法。

3.2.1.3 生物合成路径

目前，国内外尚未通过生物法直接合成柠檬酸酯，可通过生物法合成的柠檬酸与脂肪醇（醚）直接酯化得到柠檬酸酯。其中，柠檬酸的生物合成途径是：葡萄糖经过EMP、HMP途径降解生成丙酮酸，丙酮酸一方面氧化脱羧生成乙酰CoA，另一方面经CO_2固定生成草酰乙酸，草酰乙酸与乙酰CoA缩合生成柠檬酸。

3.2.1.4 生物合成市场潜力与发展方向

中国是柠檬酸生产大国，有丰富的柠檬酸原料资源、先进的发酵技术和较低的生产成本，这些都为开发柠檬酸下游产品奠定了坚实的基础，应充分利用柠檬酸作为有机中间体开发和扩大柠檬酸酯的应用领域。开发柠檬酸酯的研究，应首先从日用化工领域入手，由柠檬酸酯类表面活性剂代替洗涤剂中不易生物降解的三聚磷酸钠，使洗涤剂向超浓缩、多功能、无磷化方向发展。

3.2.2 聚酯

3.2.2.1 市场价值

聚酯增塑剂主要是二元酸和二元醇的缩聚物，聚酯的末端通常用一元醇或一元酸封端。其主要优点是耐久性好，分子量为1000～8000，一般为无色或黄色、黏稠、透明、油性液体，无味，不溶于水，被称为“永久性”塑化剂，是近年来塑化剂研发的热点。与传统单体增塑剂相比，聚酯增塑剂具有分子量大、毒性小、挥发性低、耐溶剂萃取性能好、迁移性能好、热稳定性好、黏度调节范围广等优点。聚酯增塑剂已广泛应用于各领域，产出的产品包含了耐油电缆、燃气软管、耐油软管、乳制品机械、瓶盖垫圈、石油和矿物电缆护套等[97]。

3.2.2.2 化学合成路径

聚酯增塑剂是一种线型高分子聚合物，通常以内酯开环聚合或二元酸和二元醇缩聚合。因其分子结构中含有大量的羰基基团，可以与 PVC 中的 α-H、β-H 形成氢键，且与氯原子间存在偶极-偶极的相互作用[98]。常用的二元酸主要有己二酸类、壬二酸类、癸二酸类等，常用的二元醇主要有乙二醇、1,2-丙二醇、1,3-丙二醇、1,4-丁二醇等。

3.2.2.3 生物合成路径

毛倩等[99] 构建了一条从生物质衍生物合成生物基增塑剂 2,5-呋喃二甲酸二异辛酯的工艺路线。即首先在大肠杆菌表达系统中表达出 5-羟甲基糠醛氧化酶 HMFO 及其突变体（V367R-W466F)，用有酶活力的粗酶液对 5-羟甲基糠醛（HMF）进行氧化，野生型的酶催化体系中几乎不存在 2,5-呋喃二甲酸（FDCA)，而突变型 HMFO（V367R-W466F）主要生成了 FDCA，且反应 5 h 后浓度达 267.72 mg/L；再通过绿色催化剂离子液体催化 FDCA 和异辛醇反应，生成 2,5-呋喃二甲酸二异辛酯。研究发现，$[BSO_3HMIm][HSO_4]$ 催化效果最好，最优反应条件为：离子液体用量为 5%（质量分数），酸醇摩尔比 1∶5，反应温度 140℃。酯化率最高达到 97.72%。经分离纯化，可获得纯度为 99.05%的产品。该研究从生物质衍生物 HMF 出发，经酶催化合成 FDCA，选择绿色环保、催化效果优异的离子液体作为催化剂催化 2,5-呋喃二甲酸二异辛酯的合成，开发了一种绿色环保的从生物质衍生物合成生物基增塑剂的工艺路线。

3.2.2.4 生物合成市场潜力与发展方向

聚酯分子量大，具有耐迁移性、耐低温性，与 PVC 具有良好的相容性，很适合作为增塑剂应用于 PVC 等高聚物。合成聚酯所用原料发展趋势为生物基多元酸/醇，其可再生性和可降解性符合环保等政策的发展要求，但多数生物基原料需碳碳双键化学修饰，使其具有合适的羧基或羟基后才可进行酯化缩聚反应，并且部分生物基聚酯需要与 DOP 复配才能发挥较好的增塑效果。逐渐提高复配增塑剂产品中生物基聚酯的占比是未来研究中需解决的问题。聚酯多元醇反应过程中嵌入聚氨酯弹性体材料结构，可明显改善聚氨酯材料的可塑性和耐候性，未来聚酯增塑剂的应用可以扩展到聚氨酯黏接材料和涂层材料。随着聚酯增塑剂的应用性能逐渐增强，未来国内聚酯增塑剂在高端材料领域的使用量会越来越高，具有良好的发展前景。聚酯增塑剂的生物合成工艺路线可以从生物质衍生物出发，合成方法绿色环保，体现了绿色的发展理念，具有较大的发展潜力。

3.3 表面活性剂

表面活性剂是一类重要的精细化学品，具有润湿/抗黏、乳化/破乳、起泡/消泡、增溶、分散、洗涤、防腐、抗静电等作用，因此在工业和生活的各领域都有着广泛的应用。

传统类型的表面活性剂存在表面活性不高，增溶、协同作用差及不易形成胶束等缺点，不能满足目前工业应用上更高的需求，因而一些具有特殊结构和功能的新型表面活性剂被相继开发出来。根据结构和功能特点的不同，新型表面活性剂主要分为以下七种类型。

（1）Gemini 型表面活性剂

Gemini 型表面活性剂是指由两个亲水基团和两个亲油基团在其亲水头基处或靠近亲水头基处由一连接基团通过化学键连接而成的新型表面活性剂（图 3-5）。Gemini 型表面活性剂以其独特的结构可以有效地阻止离子头基同名电荷的排斥作用，使极性基排列更加紧密，并不改变离子头基的亲水特性，从而大幅度降低表面能，是一种表面性能优越的新型表面活性剂。与传统的表面活性剂相比，其具有较高的表面活性，较低的临界胶束浓度，更好的润湿能力、起泡能力和独特的流变性能，这些特性已引起人们的关注。

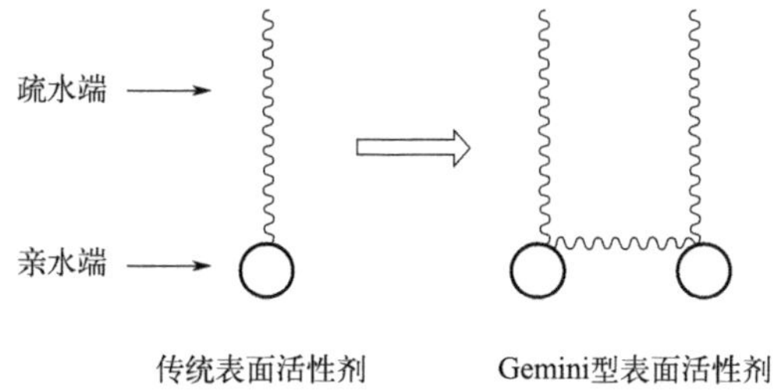

图 3-5 Gemini 型表面活性剂的结构示意图

（2）Bola 型表面活性剂

Bola 型表面活性剂由一个疏水基连接两个亲水部分构成的两亲化合物，其结构如图 3-6 所示。1951 年，Fuoss 将具有这种特殊结构的两亲化合物称为 bolaformelectrolyte，从此，Bola 成为该类表面活性剂的简称。Bola 型表面活性剂在降低水表面张力的能力方面较差，而且在溶液表面的面积是同等条件下相应的经典表面活性剂所占面积的两倍或更大，这可能是由于 Bola 分子具有两个亲水基，表面吸附分子在界面采取“倒 U 型”构象。Bola 型表面活性剂临胶束浓度较高，Krafft 点较低，常温下具有较好的溶解性。

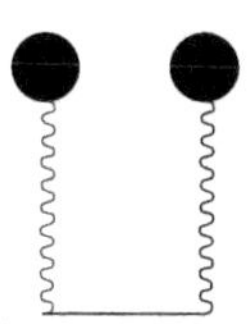

图 3-6 Bola 型表面活性剂的结构示意图

（3）生物表面活性剂

生物表面活性剂是微生物或植物在生长过程中分泌出的具有两亲结构的化合物。其可以吸附于界面、改变界面的性质。按照其亲水基的类别，分为以下几种：糖脂系生物表面活性剂、酰基缩氨酸系生物表面活性剂、磷脂系生物表面活性剂和其他生物表面活性剂。

生物表面活性剂是微生物的代谢产物，具有较低的临界胶束浓度，低毒甚至无毒，生物相容性好，具有较高的起泡性。利用生物表面活性剂进行原油污染修复，提高石油回收率以及应用到食品、医药和生物工程等方面都成为研究的热点。

（4）反应型表面活性剂

反应型表面活性剂是指包含亲水基、亲油基和反应基团的化合物，它能与所吸附的基体发生化学反应，从而成为基体的一部分。反应型表面活性剂能参与化学反应，而且反应后不损失其表面活性。反应型表面活性剂已经被广泛地应用于功能性高分子材料的制备等方面。

（5）螯合型表面活性剂

螯合型表面活性剂是一类具有螯合金属离子功能的表面活性剂，由一个长链烷基或酰基和几个相邻的离子亲水基构成，如 *N*-酰基 ED3A。螯合型表面活性剂兼具了表面活性和螯合性，并且生物易降解，具有良好的环境兼容性。

（6）可解离型表面活性剂

可解离型表面活性剂是可以在完成其应用功能之后，通过酸、碱、盐、热或光的作用，被分解成不具有表面活性的物质或转变成具有表面活性的新化合物的一类表面活性剂。目前，已经被人们所熟知的该类表面活性剂的特点主要有：易于被分解和生物降解；分解后易于被去除；可产生具有新功能的解离产物。

（7）冠醚类表面活性剂

冠醚类表面活性剂是一类具有特殊结构的大环多醚化合物，以冠醚作为亲水基团，以冠醚环上连接的长链烷基、苯基等作为疏水基团。冠醚的亲水基团不带有羟基，亲水性下降，随着烷基链长度的增加，临胶束浓度降低，表面活性也降低，润湿和起泡性能增加。冠醚类表面活性剂具有与金属离子络合的作用，形成可溶于有机溶剂的络合物，可以用作生物膜、离子选择电极、相转移催化剂等。

3.3.1 鼠李糖脂

3.3.1.1 市场价值

鼠李糖脂（rhamnolioid）是目前研究较多的一类阴离子表面活性剂，由于具有乳化、降低界面张力等性能，并且具有毒性低、易降解的特点，因而在石油化工、食品卫生、医药等多个领域应用广泛[100-102]。利用最多的鼠李糖脂产生菌为铜绿假单胞菌。铜绿假单胞菌能够利用不同的碳源转化为鼠李糖脂，并且随着碳源的改变，产生不同结构的鼠李糖脂。为了降低鼠李糖脂的生产成本、提高鼠李糖脂产量，首先应考虑的因素是寻找合适的碳源[103]。

鼠李糖脂兼具良好的生物和化学特性，具有优良的表面活性和稳定的乳化性，同时具有低毒、易降解的特点，在石油工业、土壤修复、食品、化妆品等领域具有广阔的应用前景[104]。近年来，随着工农业的发展，出现土壤中的多环芳烃、重金属离子、原油等污染物过多的情况，污染物量超出了土壤自身的净化能力[105]。田丹妮等[106]发现鼠李糖脂对多环芳烃类物质（如萘、芘、菲）具有较好的增溶作用，且随着鼠李糖脂浓度的增加，三种物质的溶解度均表现出不同程度的增加，当鼠李糖脂浓度为500 mg/L时，三者的表观溶解度最大。此外，可以通过调控温度、pH值及盐度等环境因素来提高鼠李糖脂对多环芳烃的增溶效率[107]。土壤中的重金属是通过和鼠李糖脂的胶束结合的方式被从土壤中去除，当胶束被破坏后，鼠李糖脂就不再具备和重金属结合的能力[108]。与化学表面活性剂相比，鼠李糖脂的低毒和易降解的特性决定了其不会增加重金属淋溶的风险[109]。鼠李糖脂可促进土壤中原油的降解，缩短原油降解的半衰期，从而缩短修复时间。与化学合成的表面活性剂相比，鼠李糖脂毒性低，不会成为土壤额外的污染源。另外，鼠李糖脂在作为织物洗涤剂方面有很好的应用潜力。金黎等[110]发现，当鼠李糖脂与市场销售的洗衣粉复合使用，能够有效改善去除高油脂类、蛋白质类污渍和血渍的效果。除此之外，我国稠油资源丰富，储量达16亿吨，但开采难度很大[111]。鼠李糖脂具有降低油水界面张力的特性，被广泛应用于三次采油技术中。

3.3.1.2 化学合成路径

生产鼠李糖脂的传统方法是从天然植物中提取，这些物质分子中含有鼠李糖基，可通过水解这些物质而得到鼠李糖脂，再通过萃取及其他化工单元过程操作获得鼠李糖脂纯品[112]。但这种生产方法存在较大缺点，如劳动强度大、在萃取过程中产生大量潜在的有毒物质、在提取过程中需要用到有毒或腐蚀性化学试剂、原材料受季节和地域影响。因此，工业化生产鼠李糖脂的方法主要为生物发酵法。

3.3.1.3 生物合成路径

1949年Jarvis和Johnson首次利用铜绿假单胞菌生物合成生物表面活性剂鼠李糖脂。该菌在自然界中广泛分布，2000年研究人员完成了其模式菌株PAO1的全基因组测序[113]。可代谢产生鼠李糖脂的其他菌株包括：醋酸钙不动杆菌、阿式肠杆菌、生癌肠杆菌、荚壳伯克氏菌以及植物伯克氏菌等菌株[114]。但不同的菌株代谢产生的鼠李糖脂的活性和产量各不相同，其中，假单胞菌的代谢活性最为突出，能够利用不同种类的餐厨废弃油脂作为碳源，并且对餐厨废弃油脂的利用率较高。自1963年Burger等[115]首次提出鼠李糖脂合成反应以来，针对铜绿假单胞菌合成鼠李糖脂的代谢途径、相关基因及调控网络的研究已取得了较大进展。因此当前生产鼠李糖脂的研究都多以假单胞菌为初始菌株。

鼠李糖脂的高产优化策略如下所示。

(1) 鼠李糖脂高产菌株选育

当前最常见、最高产的鼠李糖脂产生菌是铜绿假单胞菌（*P. aeruginosa*），据报道从油藏采出液、污染土壤、水体、底泥、废弃食用油等中筛选出的铜绿假单胞菌具有较高的鼠李糖脂产量。微生物产生鼠李糖脂等表面活性剂为其自身能够高效利用环境中的疏水性有机营养物质提供了便利。利用诱变育种、基因工程改造等方法对已有菌种进行选育，可以定向获得鼠李糖脂高产菌株。例如采用离子体诱变育种技术获得的诱变菌株，其鼠李糖脂产量提高了 55%[116]。鼠李糖脂合成中 *rhlAB* 基因是最关键基因，其启动子的强度可从转录水平上控制鼠李糖脂的产量。孙瑾[117] 用铜绿假单胞菌的本源强启动子替换鼠李糖基转移酶基因原有的启动子获得重组菌株，该菌株鼠李糖脂产量比原始菌株提高了 76%；Feng 等[118] 通过替换 *rhlAB* 基因的启动子和增加 *rhlAB* 基因的拷贝数，使鼠李糖脂产量提高了 83%。冯蕾等[119] 将血红蛋白基因（*vgb*）在铜绿假单胞菌 S301 中表达，获得的转化子 SY26 在不增加通气量的条件下，鼠李糖脂产量达到 12.9 g/L，比对照菌株提高了 150%。

(2) 鼠李糖脂的异源宿主合成

在铜绿假单胞菌中，鼠李糖脂的合成受到复杂的调控，如群体感应、全局调控等，使得鼠李糖脂的规模化生产调控充满挑战。鼠李糖脂的异源宿主合成可以避开铜绿假单胞菌中的复杂调控系统。dTDP-L-鼠李糖和 *β*-羟基脂肪酸是鼠李糖脂合成的前体物质。*β*-羟基脂肪酸起源于脂肪酸的从头合成和 *β*-氧化途径。dTDP-L-鼠李糖是合成革兰氏阴性菌细胞壁脂多糖的一个重要组分，即催化 6-磷酸葡萄糖转变成 L-鼠李糖的代谢途径普遍存在于革兰氏阴性菌中。因此，将鼠李糖基转移酶 RhlAB 的编码基因 *rhlAB* 导入革兰氏阴性宿主菌中，有望实现鼠李糖脂的异源宿主合成。Ochsner 等[120] 将 *rhlAB* 基因在荧光假单胞菌（*P. fluorescens*）、食油假单胞菌（*P. oleovorans*）、恶臭假单胞菌（*P. putida*）和大肠杆菌（*Escherichia coli*）中成功表达，但是这 4 种异源生产菌的最高鼠李糖脂产量仅为 60 mg/L。Biselli 等[121] 在大肠杆菌（*E. coli*）中共表达铜绿假单胞菌的 *rhlAB* 基因和 *rmlBDAC* 操纵子基因，所构建基因工程菌的鼠李糖脂产量也仅达到 0.12 g/L。研究人员[122] 利用转座子介导的染色体整合技术将 *rhlAB* 基因整合到受体菌的染色体上，构建的重组菌株铜绿假单胞菌（*P. aeruginosa*）PEER02 可以产生 1.9 g/L 鼠李糖脂。郝东辉[123] 将 *rhlABRI* 操纵子导入假单胞菌（*Pseudomonas* sp.）JH4 中进行异源表达，鼠李糖脂产量仅为 101.8 mg/L。Cha 等[124] 利用接合转移的方法使 *rhlABRI* 基因在恶臭假单胞菌（*P. putida*）1067 中成功表达，基因工程菌 *P. putida* 1067（pNE2）的鼠李糖脂产量可达 7.2 g/L。Wittgens 等[125] 将 *rhlAB* 基因导入恶臭假单胞菌 KT2440 中，基因工程菌 *P. putida* KT2440 pVLT33_rhlAB 可产生 14.9 g/L 鼠李糖脂。Tavares 等[126] 将铜绿假单胞菌 PAO1 的 *rhlAB* 基因导入到久留里伯克霍尔德菌（*Burkholderia kururiensis*）中进行异源表达，基因工程菌的鼠李糖脂产量比野生型菌株 PAO1 提高了 600%。上述研究中构建的基因工程菌虽然实现了鼠李糖脂的异源生产，但产量不尽如人意，还需要对异源合成鼠李糖脂的宿主菌开展进一步的优化调控研究。

(3) 鼠李糖脂的代谢途径调控

在铜绿假单胞菌中存在一些与鼠李糖脂生物合成途径竞争利用前体物质的代谢旁路。竞争利用糖前体物质的代谢旁路途径主要包括脂多糖（lipopolysaccharide，LPS）的合成途径、海藻酸（alginate）的合成途径以及胞外多糖 Pel 和胞外多糖 Psl 的合成途径[127]。LPS 是细胞壁的重要组成成分，海藻酸对菌体起到黏附、保护的作用。胞外多糖 Pel 和 Psl 是铜绿假单胞菌在特殊条件下形成生物膜的主要组成部分。选择性阻断糖前体的竞争途径有望提高铜绿假单胞菌的鼠李糖脂产量。Lei 等[128] 分别敲除胞外多糖 Psl 和 Pel 的关键基因 *pslAB* 和 *pelA*，敲除菌株 SGΔpslAB 的鼠李糖脂产量比野生型菌株提高了 21.0%，而敲除菌株 SGΔpelA 的鼠李糖脂产量比野生型菌株降低了 39.8%，说明 Psl 合成途径是鼠李糖脂高产调控中需要选择性阻断的代谢旁路。与鼠李糖脂的合成竞争脂前体物质的代谢旁路主要为聚羟基脂肪酸酯（polyhydroxyalkanoates，PHA）合成途径。PHA 和鼠李糖脂这 2 种物质的脂类基团均由脂肪酸代谢途径得来，并共用 β-羟基脂肪酸为其各自的前体物质。Wittgens 等[125] 在恶臭假单胞菌 KT2440 中异源表达来自铜绿假单胞菌 PAO1 的 *rhlAB* 基因，同时敲除宿主菌中的 *phaC1* 基因降低 PHA 的合成，最终使鼠李糖脂产量较原始菌株提高了 7 倍。Choi 等[129] 研究发现分别敲除铜绿假单胞菌中 PHA 合成的相关基因 *phaC1* 和 *phaC2*，这 2 个敲除菌株的鼠李糖脂产量未明显增加。因为 *phaC1* 和 *phaC2* 是铜绿假单胞菌中表达 PHA 合酶的 2 个等位基因，单纯敲除掉 *phaC1* 基因或者 *phaC2* 基因并不能完全阻断 PHA 的合成途径。Lei 等[128] 敲除铜绿假单胞菌中 PHA 合成的关键基因 *phaC1DC2* 后，敲除菌株的鼠李糖脂产量比野生型菌株提高了 25.3%，同时敲除胞外多糖 Psl 的关键基因 *pslAB* 和 PHA 合成的关键基因 *phaC1DC2*，双敲除菌株的鼠李糖脂产量比野生型菌株提高了 69.7%。目前，关于阻断鼠李糖脂合成代谢旁路提高鼠李糖脂产量的研究相对较少，还需进一步研究鼠李糖脂合成的代谢旁路，明确其对菌体生长代谢的意义以及与鼠李糖脂合成的关系，为通过选择性阻断代谢旁路来提高鼠李糖脂产量奠定理论基础。

（4）鼠李糖脂的发酵优化

通过培养基组分和发酵工艺优化可在一定程度上提高鼠李糖脂的产量，从而相应地降低生产成本。在鼠李糖脂的发酵优化方面已有大量的研究报道，主要集中在廉价底物选用、培养基配方优化、新型发酵工艺探索这 3 个方面。筛选评价可生物利用的废弃物作为鼠李糖脂发酵生产的底物可变废为宝，还能降低鼠李糖脂的原料投入成本。研究报道，铜绿假单胞菌以废弃油为底物时鼠李糖脂产量可达 12.3 g/L。在获得鼠李糖脂产生菌后，培养基优化是快速有效提高菌株鼠李糖脂产量的方法。Gong 等[130] 通过响应面法进行培养基优化使铜绿假单胞菌 SKY 的鼠李糖脂产量达到 39.8 g/L；张澄[131] 利用响应面法优化后的培养基将铜绿假单胞菌 Zs1 的鼠李糖脂产量提高了 3.74 倍，达到 49.4 g/L。研发新的发酵工艺已成为鼠李糖脂发酵优化过程中的重要一环。Santos 等[132] 将铜绿假单胞菌的前发酵液循环利用以补充鼠李糖脂合成调控的信号分子，使菌株的鼠李糖脂产量提高了 3.8 倍；Camilios-Neto 等[133] 利用含甘油浸渍的固体培养基进行铜绿假单胞菌的固体发酵，避免了泡沫的产生，鼠李糖脂产量提高到 45.4 g/L。

3.3.1.4 生物合成市场潜力与发展方向

发展至今，鼠李糖脂具有优秀的乳化及增溶作用，在众多领域具有广阔的应用前景，却没有进行大规模的工业化生产，碳源成本过高、产量过低是其主要的原因。目前许多研究者们都在寻找廉价易得并可以循环利用的废弃物为碳源以降低生产鼠李糖脂的成本，目前已有许多利用餐厨废弃油脂作为碳源生产鼠李糖脂的研究文献。鼠李糖脂的结构不仅受到碳源的影响，也受培养基、菌龄、假单胞菌种类及培养条件等因素的影响，都是工业化生产需要考虑的重要因素。

利用餐厨废弃油脂为碳源生物合成鼠李糖脂是一种有效处理我国每年产生的大量餐厨废弃油、降低鼠李糖脂生产成本的新方法。对于餐厨废弃油脂合成鼠李糖脂的生产工艺要不断完善、改进，以期实现对环境、社会以及经济效益的统筹兼顾，实现三者的有机统一[134]。虽然，现在该项目在实验室的研究已经颇为成熟，但是想要实现工业化生产还需对以下几个方面的研究不断完善。①不同的餐厨废弃油脂发酵产生的鼠李糖脂的结构、性质、产量存在差异，在众多餐厨废弃油脂中选择可发酵产生鼠李糖脂产量最高、性能最优的废弃油脂作为碳源。并在使用前，对餐厨废弃油脂进行精制处理及官能团测定。②不断进行氮源、pH 值、微量元素以及培养方式等条件的研究，综合考虑鼠李糖脂的产量及经济成本，对培养条件进行优化选择，以最优的生产条件对鼠李糖脂进行规模化生产。③纯化菌株并利用诱变技术对纯化菌株进行诱变，分离筛选培育出高效产出鼠李糖脂的菌株，同时研究并且建立混合发酵代谢模型。以高效菌株和优秀的发酵体系提高鼠李糖脂的产量，优化生产。④充分利用鼠李糖脂的功效及特性，开发新产品，增加鼠李糖脂的利用价值。增加鼠李糖脂在医药、化妆品等领域的研究，进一步挖掘鼠李糖脂的潜在价值，扩大鼠李糖脂的应用范围，增加鼠李糖脂的附加值。随着我国经济的迅速增长，据统计每年产生 700 万吨左右的餐厨废油脂[135]，一旦进入环境或者被不法商贩利用，将会极大地破坏生态环境和人体健康。利用餐厨废弃油脂为碳源生物转化鼠李糖脂，不仅为餐厨废油脂的安全处理开辟了新途径，而且降低了生产鼠李糖脂的成本，实现了废物的资源化利用。

有关鼠李糖脂的菌种选育、异源宿主合成、发酵优化、信号分子调控等研究已相继开展，但是通过调控生产菌的代谢通量提高鼠李糖脂产量的研究还相对较少。Lei 等[128] 研究已证实选择性阻断竞争前体物质的代谢旁路可以有效提高铜绿假单胞菌的鼠李糖脂产量。进一步明确铜绿假单胞菌中与鼠李糖脂合成相偶联的代谢途径，挖掘鼠李糖脂合成负调控因子，解析负调控因子对鼠李糖脂合成的调控机制，对未来鼠李糖脂高产调控具有重要的科学意义。

3.3.2 槐糖脂

3.3.2.1 市场价值

槐糖脂是一类由酵母菌代谢生产的糖脂型生物表面活性剂，具有优越的表/界面活性和稳定性，且无毒、无刺激、易被生物降解，在众多领域具有良好的应用前景，被认为是最具潜力替代化学表面活性剂的生物表面活性剂之一。

天然酵母菌生产的槐糖脂有 20 种主要结构以及 100 种次要结构。槐糖脂结构的复杂性主要取决于槐糖脂酸型和内酯型结构、槐糖分子上 6′和/或 6″位置乙酰化程度、槐糖所连接脂肪酸种类以及脂肪酸链与糖原连接位点（ω 或 ω-1 位点连接等）。槐糖脂具有卓越的表/界面活性，在临界胶束浓度（critical micelle concentration，CMC）为 40～100 mg/L 时，能将水的表面张力由 72.8 mN/m 降至 30～40 mN/m。槐糖脂的亲水亲油平衡值（hydrophile lipophilic balance，HLB）为 10～13，可用作水包油型乳液的乳化剂。同时，槐糖脂拥有良好的耐盐特性和热稳定性。

除了表现出良好的乳化、分散、增溶、自聚合等表面活性外，槐糖脂还具有抑菌、抗癌、抗炎、抗病毒等生物活性。然而，结构不同的槐糖脂在生物活性方面表现出相应的差异。相比于酸型槐糖脂，内酯型具有更显著的抑菌活性和抗癌活性。而酸型槐糖脂在抗病毒活性以及精子固定化性能上更具优势，同时，随着槐糖脂分子乙酰化程度的增强，其生物活性呈现上升的趋势。此外，酸型槐糖脂的疏水脂肪酸链尾部包含—COOH 基团，从而使其具备独特的 pH 敏感性和自聚合性能，而酸型槐糖脂的开环结构也为其在高附加值领域，尤其是生物医药领域的改性修饰提供了便利。因此，为了发挥不同结构槐糖脂独特的性能优势，槐糖脂的分离纯化开始受到人们的广泛关注。

3.3.2.2 化学合成路径

传统的槐糖脂化工生产工艺主要包括原材料的筛选、提取、纯化和加工等环节。首先，槐糖脂的原材料是从槐树皮中提取的，因此需要进行材料的筛选，选择质量好、含量高的槐树皮进行加工。然后，通过提取技术将槐树皮中的槐糖脂分离出来，通常采用溶剂提取、水提取等方法。其中，溶剂提取法是目前应用最广泛的方法，可以采用乙醇、丙酮等有机溶剂进行提取。接下来，将提取出的槐糖脂进行纯化处理，主要通过离子交换、凝胶色谱分离、超滤等技术进行，去除杂质和其他杂质成分，以提高槐糖脂的纯度和质量。最后，将纯化后的槐糖脂进行加工，制成粉末、膏状或液体等不同形态的产品。这个过程通常包括混合、烘干、粉碎等步骤，最终生产出符合各种应用要求的槐糖脂产品。

3.3.2.3 生物合成路径

(1) 槐糖脂的生产菌株及其合成作用

槐糖脂（sophorolipids，SLs）是一类由酵母菌代谢产生的糖脂类生物表面活性剂，具有低毒性、可生物降解、对环境友好等特性，是目前研究最多，也最具有市场前景的生物表面活性剂之一。槐糖脂是由 Spencer 等[136] 在酵母菌 *Starmerella magnoliae*（曾用名 *Torulopsis magnoliae*）培养液中首次发现，该酵母菌在 1968 年被重新鉴定为 *Starmerella apicola*（曾用名 *Torulopsis apicola*，也称 *Candida apicola*）。之后，又陆续发现 *Starmerella bombicola* 等真菌也可分泌槐糖脂。迄今为止，欧洲的 Evonik、DSM 和 Croda 公司已经实现了槐糖脂的工业化生产；日本 Saraya 公司和比利时 Ecover 公司也已经将槐糖脂应用到洗涤剂产品中，而法国 Soliance 公司（已并入瑞士 Givaudan 公司）和韩国 MG Intobio 公司在化妆品产品中添加了槐糖脂。经 50 余年的研究，槐糖脂的发酵生产工艺日趋成熟，但产品的分离纯化仍是难点。

在过去的几十年中，有关槐糖脂的研究报告日益增加，不断有新型生产菌株的文献报道。野生菌株分泌的槐糖脂可分为酸型和内酯型两种类型，又以内酯型为主，而脂肪酸链与糖原的连接则主要在 ω 和 ω-1 位点。其中，菌株 *Pseudohyphozyma bogoriensis* 和 *Candida kuoi* 的槐糖脂产物具有其独特之处。*P. bogoriensis* 所产槐糖脂为含二十二碳的二乙酰化酸型槐糖脂，脂肪酸链在C13位点处羟基化后，通过糖苷键与特定糖分子连接，与传统槐糖脂结构的 ω 或 ω-1 连接结构不同［图3-7(a)］。Price等[137] 除合成常见的槐糖脂混合物外，还可合成槐糖脂聚合产物，即一个酸型槐糖脂分子的羧基与另一个乙酰化的槐糖或酸型槐糖脂分子在C4″位置通过酯键连接起来生成二聚体或三聚体槐糖脂［图3-7(b)］。

Starmerella bombicola 是已知槐糖脂生产菌株中研究最多、产量最高、也是应用最广泛的野生菌株，又名 *Candida bombicola*，由Spencer等[138] 从大黄蜂蜂蜜中筛选获得。通过系统地敲除菌株槐糖脂基因簇中负责槐糖脂合成的基因，已经明确了 *S. bombicola* 合成槐糖脂的生化途径[139]。

目前，野生型 *S. bombicola* 生产槐糖脂的产量可达400 g/L以上[140]，但研究者仍期望使用菌株改造技术以获得更高的产量。Hayes等[141] 报道 *S. bombicola* 的 Δpxa1、Δpxa2和Δfox2定向突变体的槐糖脂产量为野生型菌株的360%。然而，在某些应用领域和地区，转基因生物（genetically modified organisms，GMOs）产品的生产和销售受到限制，因此，传统的诱变育种仍然是获得性能优异菌株不可或缺的方法，同时高通量筛选技术的快速发展极大地增加了高性能突变体的可能性。常压室温等离子体（atmospheric pressure and room temperature plasma，ARTP）技术是近几十年发展起来的一种全细胞诱变技术，它比化学诱变剂或紫外线辐射具有更高的突变率，被应用于 *S. bombicola* 菌株诱变以提高槐糖脂产量。ARTP技术孵育的突变体的槐糖脂产量为野生菌株的115%～140%，同时产物中酸型和内酯型槐糖脂的比例也随之改变。Ma等[142] 报道的突变体A6-9的内酯型槐糖脂产量为野生菌株的174%，A2-8的酸型产物产量为野生菌株的152%。同时，ARTP技术和化学诱变剂的联用能使突变体的高产性能得到显著提升，Chen和Tian等[143] 联用ARTP技术和 $NaNO_2$ 诱变剂获得的Ncbio 5突变体的产量、产率及碳源转化率为野生菌株的126%、127%和135%。此外，通过低能离子束注入随机诱变技术[144] 获得的 *W. domercqiae*（后被鉴定为 *S. bombicola*）最佳正向突变菌株的槐糖脂产量为野生型的184%，达135 g/L。

除提升槐糖脂的产量外，随着槐糖脂应用领域的不断拓展，具有特定结构或功能的槐糖脂已成为新的研发目标。研究人员[145] 通过敲除参与脂肪酸 β-氧化的多功能酶2型(mfe-2)的编码基因，使碳源花生四烯酸（二十碳四烯酸）无法转化为 C_{16}～C_{18} 脂肪酸，从而合成得到 ω-C20∶4槐糖脂，再通过酸水解途径获得目的产物20-羟基二十碳四烯酸(20-hydroxyeicosatetraenoic acid，20-HETE)。Soetaert等[146] 为了获得分子结构中不含有乙酰基团的槐糖脂产物，将负责编码乙酰转移酶的基因敲除，但该措施使得槐糖脂的总产量下降了84.8%。研究人员[147] 通过表达或敲除表达内酯酶的 *sble* 基因，实现了内酯型槐糖脂或酸型槐糖脂的高效生产。Renterghem等[148] 为获得不受环境pH影响的槐糖脂产物，通过选择性地敲除基因，分别获得了非对称Bola型槐糖脂（non-symmetrical bolaform SLs，nsBola SLs）和对称Bola型槐糖脂（symmetrical bolaform SLs，sBola SLs）。Takahashi等[149] 通过敲除编码脂肪醇氧化酶的基因，使得 *S. bombicola* 突变体无法将十四烷醇转化为脂肪酸，从而合成了烷基槐糖脂和Bola型槐糖脂。

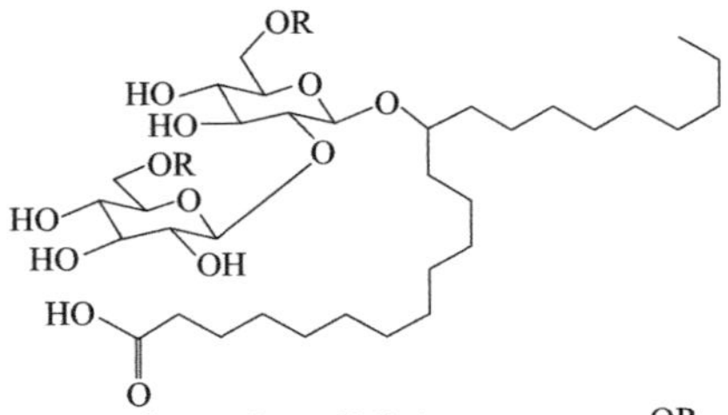

6″-乙酰化-C_{22}槐糖脂

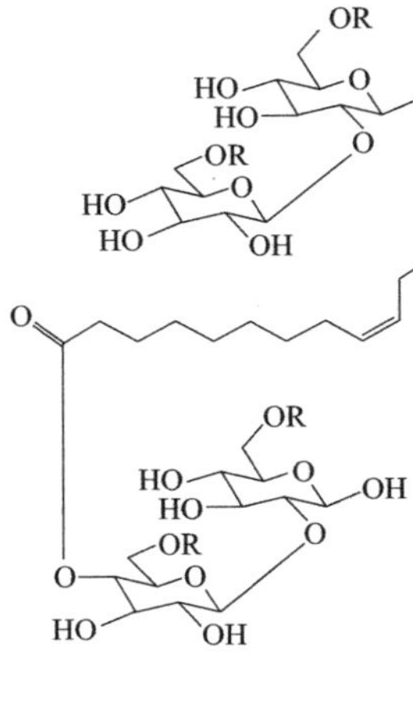

6′-乙酰化-C_{22}槐糖脂

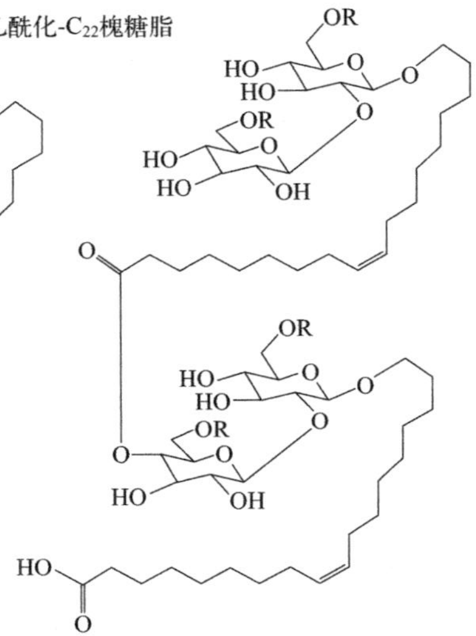

6′, 6″-二乙酰化-C_{22}槐糖脂

(a) 传统槐糖脂结构

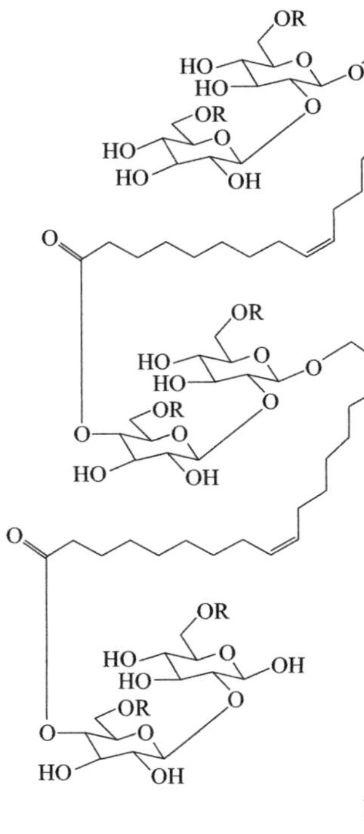

二聚体槐糖脂

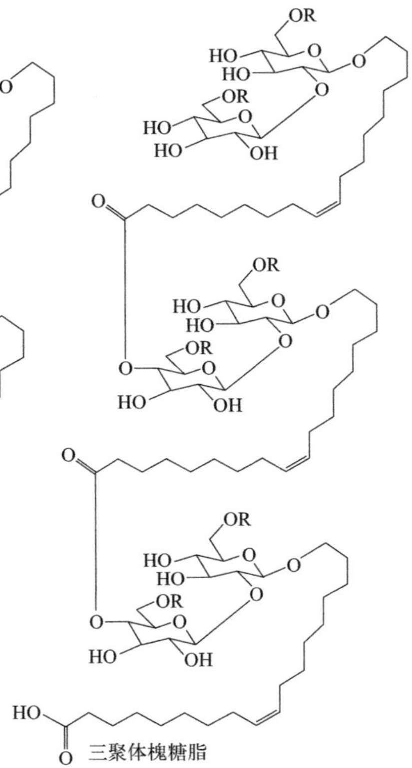

三聚体槐糖脂

(b) 槐糖脂聚合物

图 3-7　槐糖脂结构

（2）槐糖脂的发酵工艺

① 流加发酵工艺

流加发酵（fed-batch fermentation）是槐糖脂生产过程中最常用的发酵工艺之一。相比于传统的批次发酵工艺，流加发酵中槐糖脂的产量显著提升，其中又以碳源（如葡萄糖、植物油和脂肪酸酯等）的流加为主。Anne-Marie 等[150] 发现，在亲水性碳源（葡萄糖）供应充足的条件下，流加脂肪酸酯等疏水碳源更有利于提高槐糖脂的产量，流加菜籽油酯（脂肪酸甲/乙醇酯）与流加菜籽油（脂肪酸甘油酯）相比，可将槐糖脂产量从 255 g/L 提升至 340 g/L。然而，油脂酯类衍生物的价格昂贵，且在代谢途径中易于产生的甲醇/乙醇，使得槐糖脂的生产过程变得危险，因此未得到广泛的应用。另一种新颖的两步流加-批次发酵方法被 Daniel 等[151] 报道，他们发现 *S. bombicola* 无法消耗乳清废液中的乳糖，故而在第一步发酵中利用 *Cryptococcus curvatus* ATCC 20509 分解乳糖，随后破碎细胞释放胞内油脂（single-cell oil，SCO）并得到细胞碎片，使用这种菌体破碎液作为第二步的发酵原料并在后续发酵过程中流加菜籽油，使得槐糖脂的产量达到了 422 g/L。但同样的工艺条件下（使用 *C. curvatus* 菌体破碎液作为第二阶段的发酵原料），不流加菜籽油、仅使用葡萄糖作为第二阶段发酵生产的碳源，槐糖脂产量低至 12 g/L，产率仅为 0.06 g/(L·h)。可见，无论在批次发酵还是在流加发酵过程中，油脂对槐糖脂的高产具有重要影响。

虽然研究者们在槐糖脂的流加发酵工艺生产中取得了卓越的成效，但流加发酵工艺仍然具有不足之处。与批次发酵相同，流加发酵在微生物接种后的 2 d 内几乎没有槐糖脂产出，这将降低整个发酵过程中的生产效率；流加发酵过程中的高产率状态往往无法维持，槐糖脂的生产阶段一般维持 200 h 左右就不得不因为发酵液黏度过高而终止；发酵批次的切换使得发酵设备长时间停止运行，后续需要清洁、灭菌等，大大增加了运营成本。为了降低发酵批次切换的频率，进一步减少前期准备时间，提升槐糖脂的产率，研究者引入了循环发酵的概念[152]，并开发了半连续发酵工艺和连续发酵工艺，有效地提升了设备的利用率。

② 半连续发酵工艺

在半连续发酵工艺中，反应器中的产物累积到一定浓度后，部分富含产物的发酵液将被排出进入下游分离工序，然后新鲜的培养基加入反应器中，在补充营养物质的同时还有助于降低发酵液的黏度，有利于发酵的进行，如此循环往复，直至槐糖脂产量开始大幅度下降时发酵终止。Remy 等[153] 进行了 7 个周期的循环发酵试验，反应器初始装液量为 2 L，疏水碳源（菜籽油乙酯）的流加速率为 2.1 g/h。每完成 1 个发酵周期（96 h），将移出一定量发酵液，直至反应器中剩余发酵液体积为 1 L，随后加入 1 L 的新鲜培养基，开始新一批次的发酵培养，连续 7 个切换周期完成后，总计发酵时长 672 h。最佳情况下（第 7 周期），槐糖脂产率可达 2.34 g/(L·h)，碳源转化率高达 74%。半连续发酵工艺的开发能有效缩短批次切换过程中所需的辅助时间，降低槐糖脂的生产成本，同时能在一定程度上降低产物的抑制效应并缓解发酵过程中的泡沫问题。但半连续发酵工艺仍存在不足之处，生产过程中发酵液的外排导致了生物量的损失，这需要额外的时间和物质能量来使细胞重新生长至稳定期（时间较批次发酵短），然后才能重新开始槐糖脂的生产。另外，工业规模上进行间歇性地取出发酵液和补充新鲜培养基存在操作困难、易染菌等风险。因此，研究者们对发酵工艺的优化进行了进一步探索。

③ 连续发酵工艺

为了减少生物量在循环发酵过程中的损失，研究者们开发了连续发酵工艺。在连续发酵工艺中，酵母细胞保留在反应器内，而产物可随发酵液流出而实现分离。因此，连续发酵也称“产物原位分离”发酵，这在一定程度上降低了产物抑制效应，同时避免有害代谢废物的积累。该发酵工艺中，如何高效快速地保留（回收）菌体细胞显得尤为重要。Dória 等[154] 将超声波强化沉降技术用于槐糖脂发酵过程中菌体的原位分离，在不影响细胞活力的前提下，细胞分离率最高可达 99%，但存在槐糖脂回收率较低（约 10%）等问题。为了提高槐糖脂的回收率，Dolman 等[155] 设计了一个独立的重力分离单元，开发了一种新颖的槐糖脂连续发酵生产工艺，并且能适应槐糖脂相密度的变化。该工艺在顶部分离情况下能够连续运行 42 d，共分离获得 623 g 槐糖脂。作者认为[155] 槐糖脂相位于反应器的顶部或底部取决于发酵液中葡萄糖浓度是否超过 50 g/L，但另有学者[153] 报道发酵液中疏水底物含量的多少才是决定槐糖脂相位置的决定因素。Liu 等[156] 首次报道了基于泡沫浮选分离的槐糖脂连续发酵工艺，通过调控体系中疏水底物与槐糖脂的比例，利用两级分离器，短时间内即可回收 75%的槐糖脂。整个发酵工艺运行 221 h 后共获得 777 g 槐糖脂，回收率高达 91%，生物量损失控制在 1%以下，与批次发酵相比，产量提高了 41%。Wang 等[157] 利用餐饮泔水的酶水解物作为底物，并进行葡萄糖和油酸的流加，利用分液漏斗作为简易分离器，开发了利用废弃物生产槐糖脂的连续发酵工艺。取样、静置 1～2 min，以确定反应器内槐糖脂已累积至可沉淀水平。之后，将全部发酵液泵入分离单元，静置 10～15 min，通过控制管道的开关，将槐糖脂相排出发酵系统，而上部含微生物的发酵液泵回反应器内，流加底物后进行新一轮发酵。整个发酵过程（480 h）几乎没有生物量损失，槐糖脂的回收率高达 93%，槐糖脂产率相比于批次发酵提升了 2～6 倍。连续发酵工艺能够在最大程度上保留（回收）菌体细胞，实现槐糖脂的高效生产。但与半连续发酵相同，工业规模上的连续发酵工艺存在操作困难、易染菌等风险。

④ 固态发酵工艺

与传统的沉浸式液体发酵相比，固态发酵可避免泡沫问题的产生，尤其是在生物表面活性剂的发酵过程中，槐糖脂固态发酵工艺的研究几乎全部以废弃物基质作为底物。研究人员[158] 在以冬化油饼和甜菜糖蜜作为底物的固态发酵工艺研究中发现，对基质进行间歇搅拌能够使槐糖脂的产量提升 31%。同一课题组后续构建了以聚氨酯泡沫（polyurethane foams，PUF）为支撑，以硬脂酸和糖蜜为碳源的固态发酵工艺[159]，通过优化 PUF 基床的比表面积和持水能力等发酵参数，获得了最佳槐糖脂产量 0.211 g/g。然而，固态发酵工艺也不可避免地在，如生物反应器的设计、发酵参数的监测以及槐糖脂的提取方式等方面存在不足之处。研究人员[158,159] 发现固态发酵槐糖脂产量与微生物的累积耗氧量呈线性关系，线性系数由具体的发酵工艺条件决定，这意味着有望实现槐糖脂固态发酵生产产量的在线检测。

3.3.2.4 生物合成市场潜力与发展方向

近年来，对槐糖脂应用研究的报道层出不穷，槐糖脂在石油回收、环境保护、药物开发等诸多领域表现出良好的应用前景。目前，槐糖脂纯品（纯度97%以上）和槐糖脂浓缩物（纯度78%）的市场价格分别估计为38460美元/吨和25640美元/吨[160]，远高于常规的化学表面活性剂。虽然槐糖脂的发酵生产水平高于其他的生物表面活性剂（surfactin、RHA和MELs等），但其产率和碳源转化率还有待提高，对半连续切换工艺和连续发酵工艺进行优化有望实现这一目的。此外，构建或选育高效利用工农业废弃物生产槐糖脂的工程菌株，提升其发酵工艺生产水平也可进一步降低槐糖脂生产成本。对于槐糖脂的分离纯化工艺，使用化学修饰手段或借助特定生物酶催化手段将产物的复杂成分归一化，并结合溶剂萃取技术，可实现高效的分离纯化，有望降低其生产成本。而该分离技术的完善也有助于进一步开发槐糖脂在高附加值领域（如化妆品、制药、新材料等）的应用，提升其与化学表面活性剂的竞争力，有助于加速其产业化应用。

3.3.3 烷基多糖苷

3.3.3.1 市场价值

烷基多糖苷（APG）作为一种重要的新一代非离子表面活性剂，其合成基于天然可再生资源，包括糖类、淀粉质和脂肪醇，具有可生物降解性。合成糖苷的过程是多糖和亲核试剂如乙醇、糖类或蛋白质结合。由于APG同时兼有非离子和阴离子表面活性剂的许多特点，具有较低的表/界面张力、泡沫丰富、优越的生物降解性和配伍性好，并且具有无毒、无刺激性等优点，近年来已广泛应用于许多领域。

① 餐具洗涤剂　传统的餐具洗涤剂以LAS、AEO或AES为主要成分，还须加入较多有一定毒性的助溶剂以改善溶解性和温和性，配方去污性能不强，但脱脂性能强。LAS/APG混合物则表现优异的协同效应，抗硬水性好，对皮肤温和，用后手感爽快舒适，易漂洗，不留痕迹。

② 洗衣剂　在粉状洗衣粉中，使用APG替代AEO或部分LAS能在保持原有洗涤力的同时，明显改善温和性抗硬水性和对皮脂污垢的洗涤性。在液体洗涤剂中以APG替代AES后，可用于各种织物的清洗，有效地去除泥土和油污，同时具有柔软、抗静电及防缩功能，在硬水中使用仍具有优良的洗涤力。

③ 浴用及发用洗涤剂　以APG为基剂制成的新一代洗发水和浴液起泡力大，泡沫洁白细腻，对皮肤有柔软作用，对眼睛无刺激，耐硬水性良好，具良好的调养和养护功能。

④ 化妆品　APG可在较大的温度范围内作较长时间的存放，同时具有增湿的功能，完全符合化妆品用活性组分的性能要求。国内外已将APG作为活性组分制成化妆品，这类新型化妆品显示出良好的皮肤保湿性和皮肤养护性能。

⑤ 硬表面清洗剂和特殊清洗剂　APG在强酸强碱和高浓度电解质中性能稳定，与塑料接触时腐蚀小，因而特别适于配制硬表面清洗剂，尤其是短链APG。短链APG除了具

良好的洗涤性能外，还具有水溶性好、斑痕少、残留物少的优点，文献[161]推荐使用 C_8～C_{10} 或 C_8～C_{14} 的 APG。在硬表面清洗剂中，APG 与其他表面活性剂如 FASAES 混合有增效作用。APG 还可作通用清洗剂、浴器清洗剂、玻璃清洗剂、地板保护用品、家具保护用品。

⑥ 乳化剂　还可用于食品乳化及农药增效。与传统食品乳化剂相比具有相同或相似的性质，以 APG 作为乳化剂解决了我国食品乳化剂只有亲油性（HLB 为 5～9）产品的问题。APG 还具有易降解、不污染农作物和土地、吸湿性好等特点，因而适宜作农药乳化剂，并可调节土壤湿度，对除草剂、杀虫剂和杀菌剂有显著增效作用。

3.3.3.2 化学合成路径

烷基多糖苷是由葡萄糖与脂肪醇在有催化剂的条件下脱去一个水分子而得，一般为组成极端复杂的同分异构体混合物，其结构通式如图 3-8 所示。

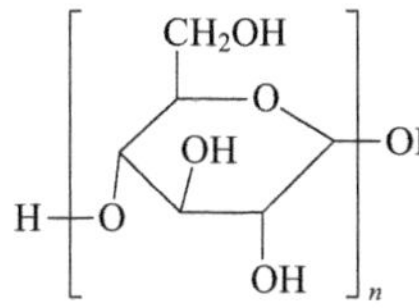

图 3-8　烷基多糖苷的结构通式

聚合度 n 为 1.1～3；R 为 C_8～C_{16} 基团

APG 的研制已有 100 多年的历史，合成路线主要有：

① 基团保护法（Koenigs-Knorr 反应）　由葡萄糖卤代物和高碳醇反应制备。该合成方法工艺繁杂，所用催化剂氧化银价格较贵，在实践过程中无实用价值。

② 直接苷化法　将葡萄糖直接与长链脂肪醇进行苷化反应。该方法工艺简单，但须严格控制温度、催化剂用量、醇糖比等反应条件，需采用共沸脱水和减压脱水方法脱水。

③ 转糖苷化法　在酸性催化剂作用下，首先将葡萄糖与短链醇（如甲醇、丁醇）反应，生成短链烷基多糖苷，再用长链醇来置换，转化制得所需的长链烷基葡萄糖苷。

④ 原酯法　以 CH_3NO_2 为介质、$HgBr_2$ 为催化剂，用已合成的全乙酰化糖原乙酸脂与脂肪醇反应。

考虑到实用性和经济因素，真正可用于且已工业化生产的只有直接糖苷化法和转糖苷化法。国内生产 APG 多采用转糖苷化法，但尚处于中试阶段。转糖苷法虽然生产过程较易控制，但反应过程需提供防爆环境、生产成本较高，所得产品色泽较深、具有强烈刺激气味、性能不够稳定。而直接苷化法生产不需防爆、生产成本低、产品质量好且平均聚合度可人为控制，因此从高效低成本的发展方向来看，直接苷化法更有优势，德国 Henkel 公司、法国 Seppic 公司和英国 ICI 公司均采用该法生产 APG。

3.3.3.3 生物合成路径

酶法制备 APG 相较于传统制备方法有极大的优势，主要体现在制备条件温和、反应过程简单且产物组分简单，易于后期分离纯化。但因酶的生产未达到产业化标准，价格较为昂贵，因此目前未能实现酶法制备 APG 的工业化生产。目前研究酶法合成 APG 利用较多的酶是 β-葡萄糖苷酶。Takashi Kobayashi 等[162] 利用 β-葡萄糖苷酶在酸性条件下合成己基糖苷、庚基糖苷和辛基糖苷。研究人员[163] 研究以葡萄糖和脂肪醇为底物合成烷基糖苷，并优化其反应条件。Mladenoska[164] 研究报道了杏仁中的 β-葡萄糖苷在低水含量的条件下合成己基葡萄糖苷，并对实验条件进行优化。木聚糖酶兼具水解活性与转糖苷活性，在利用木聚糖为底物时优势突出，水解木聚糖生成单糖并同时进行转糖苷反应，一步完成制备，因此研究利用木聚糖酶为催化剂生成烷基糖苷具有极大的实际意义。

(1) 木聚糖酶合成烷基糖苷

国内以木聚糖酶为催化剂合成 APG 的研究较少。朱运平等[165] 采用转糖基化反应法，以海栖热袍菌来源的木聚糖酶为催化剂，糖基供体是天然来源的木聚糖，亲核试剂选择段碳链（$C_1 \sim C_4$）醇，合成烷基木糖苷和木二苷，最后使用活性炭柱进行分离纯化，得到纯度较高的产物。国外研究多将木聚糖酶作为合成 APG 催化剂，主要利用木聚糖酶的水解活性和转糖苷活性，在反应过程中对反应底物同时进行水解和转糖基作用，使反应同步进行，为工业化生产提供了便利。研究人员[164] 研究以燕麦木聚糖和辛醇为底物，在短梗霉（*Aureobasidium pillulans*）来源的木聚糖酶的催化下，生成辛基多糖苷，并以相同方法合成乙基己基多糖苷。Lancefield 等[166] 利用木聚糖酶的水解活性对燕麦木聚糖及淀粉进行水解，并对水解产物进行定性定量分析，再利用木聚糖酶的水解活性和转糖苷活性，在反应过程中对燕麦木聚糖和淀粉同时进行水解和转糖基作用，使反应同步进行，并对转糖苷产物进行理化性质分析，测定表面张力及泡沫性。

(2) 耐热木聚糖酶合成烷基糖苷

将耐高温木聚糖酶 XynB 应用于工业生产有很多优点。首先，随着反应温度的升高，反应速率也会加快，且温度每上升 10℃，其反应速率会增加约一倍，并且反应所需的酶量不多。其次是在使用耐热 XynB 时，因为环境的温度较高，所以其他微生物的生长会受到抑制，因此可以减少微生物污染。此外，在高温条件下进行酶处理也可能使液体的黏度降低，溶解度升高，这样更加有利于反应的进行。

在一般情况下，耐热 XynB 大多数是由嗜热菌产生的。如今已发现的，能产耐热 XynB 的细菌多达 20 多种，真菌则不到 10 种，大多数情况下，嗜热真菌产的 XynB 比嗜热细菌产生的 XynB 耐热性要差。嗜热细菌产生的 XynB 最适温度很高，如栖热袍菌属的 XynB 最适温度可高达 100℃以上。现已发现的耐热木聚糖酶中只有 *Thermomonosra fuss* 的 XynA 属于 GHI1 族，其他都属于 GH10 族。耐热木聚糖酶兼具水解活性与转糖苷活性，可在水解木聚糖同时进行转糖基化反应。

3.3.3.4 生物合成市场潜力与发展方向

我国拥有丰富的淀粉和糖资源，又已有多个大型脂肪醇生产装置建成，生产 APG 的主要原料资源充足，我们应该抓住这一机遇尽快发展 APG 这一类表面活性剂品种。玉米是我国极为重要的一类粮食经济类作物，所以玉米芯作为农业废弃物的产量也是非常庞大的。从玉米芯中提取玉米芯低聚木糖进行工业生产可创造可观的经济附加值。可利用 XynB 的水解活性和转糖苷活性，以玉米芯木聚糖为底物，合成烷基糖苷，这样不仅解决了环境保护问题，也将原先的废弃物利用起来。

3.4 食品添加剂

食品添加剂是指为改善食品品质和色、香、味以及为防腐和加工工艺的需要而加入食品中的化学合成或天然物质。由于食品工业的快速发展，食品添加剂已经成为现代食品工业的重要组成部分，并且已经成为食品工业技术进步和科技创新的重要推动力[167]。在食品添加剂的使用中，除保证其发挥应有的功能和作用外，最重要的是应保证食品的安全卫生。为了规范食品添加剂的使用、保障食品添加剂使用的安全性，国家卫生健康委员会根据《中华人民共和国食品安全法》的有关规定，制定颁布了《食品安全国家标准——食品添加剂使用标准》(GB 2760—2024)。该标准规定了食品中允许使用的添加剂品种，并详细规定了使用范围、使用量。

食品添加剂大大促进了食品工业的发展，并被誉为现代食品工业的灵魂。防腐剂可以防止由微生物引起的食品腐败变质，延长食品的保存期，同时具有防止由微生物污染引起的食物中毒作用。抗氧化剂则可阻止或推迟食品的氧化变质，以提高食品的稳定性和耐藏性，同时可防止可能有害的油脂自动氧化物质的形成。此外，还可用来防止食品，特别是水果、蔬菜的酶促褐变与非酶褐变。这些对食品的保藏都具有一定的意义。改善食品感官性状适当使用着色剂、护色剂、漂白剂、食用香料、乳化剂、增稠剂等食品添加剂，可以明显提高食品的感官质量，满足人们的不同需要。在食品加工时适当地添加某些食品营养强化剂，可以大大提高食品的营养价值，这对防止营养不良和营养缺乏、促进营养平衡、提高人们健康水平具有重要意义。市场上已拥有多达 20000 种以上的食品可供消费者选择，尽管这些食品的生产大多通过不同加工方法处理，但在生产过程中，一些色、香、味俱全的产品，大都不同程度地添加了着色、增香、调味乃至其他食品添加剂[168]。众多的食品，尤其是方便食品的供应，给人们的生活和工作带来极大的方便。方便食品在加工中使用消泡剂、助滤剂、稳定和凝固剂等，这有利于食品的加工操作。例如，当使用葡萄糖酸 δ 内酯作为豆腐凝固剂时，可有利于豆腐的机械化和自动化生产。其他特殊食品中添加食品添加剂可尽可能满足人们的不同需求。例如，糖尿病人不能吃糖，则可添加无营养甜味剂或低热能甜味剂，如三氯蔗糖或天门冬酰苯丙氨酸甲酯，制成无糖食品。

随着人们生活质量的提高，人们更加追求饮食安全，而生物合成食品添加剂符合人们的饮食追求，在未来将更受市场欢迎，将逐渐成为食品添加剂发展的主流。

3.4.1 谷氨酸钠

3.4.1.1 市场价值

谷氨酸钠（monosodium glutamate，MSG），商品名称为味精，进入机体后作为一种增加食品风味的调味料，可分解为谷氨酸和钠离子。据统计分析，通过正常饮食，MSG 可以增加蔬菜等的味道，增加谷氨酸的日平均摄入量（>1 g/d），总谷氨酸的日平均摄入量为 10 g/d，世界各国尤其亚洲国家使用十分广泛。但长期摄入外源性 MSG，会引起人体内谷氨酸浓度增高，进而出现一系列异常反应，即使每日摄入量低至 0.3～1.0 g/d，连续摄入 5 年后，人体异常反应风险亦增加。1969 年 Olney 首次报道，给新生小鼠皮下注射 2 mg/g MSG 可引起急性神经损害，并在小鼠成年后引发肥胖等。从此，MSG 的食品安全问题一直是一个争论不休的话题。

① 调味剂　做调味剂使用时，一般用量为 0.2%～0.5%。除单独使用外，宜与核糖核苷酸和肌苷酸钠之类核酸类调味料配成复合调味料，以提高效果。谷氨酸钠是国内外应用最为广泛的鲜味剂，与食盐共存时可增强其呈味作用。我国规定可在各类食品中按生产需要适量使用。谷氨酸钠具有强烈的肉类鲜味，味精用水稀释至 3000 倍仍可感觉到鲜味，广泛用于食品加工业（汤、香肠、鱼糕、辣酱油、罐头等）。鸟苷酸钠与谷氨酸钠同时使用，具有协同作用，能提高鲜味，又称助鲜剂或强力味精。

② 医药用生化试剂　谷氨酸广泛存在于动植物的机体中，是食品中天然存在的营养成分。谷氨酸被食用后，有 96%在体内被吸收，其余氧化后在尿中排出。谷氨酸虽然不是人体必需的氨基酸，但在氮代谢中与酮酸发生氨基转移作用，能合成其他氨基酸。谷氨酸有降低血液中毒素的作用。当肝功能受损时，血液中含氨量增高，引起严重的氮代谢紊乱，导致肝昏迷，而谷氨酸能与氨起作用，降低血液中氨的含量。另外，脑组织只能氧化谷氨酸，而不能氧化其他的氨基酸。当葡萄糖供应不足时，谷氨酰胺可参与脑组织的能量代谢，发挥一定的辅助供能作用，因此谷氨酸对改进和维持脑机能是必要的。此外，医药上可用于预防肝昏迷，防止癫痫，也可用作脑营养剂。

③ 有机合成中间体　在工业上可用作有机合成中间体，如应用于助剂、渗透膜、丝蛋白改性、皮革助剂、生物医学材料、改性再生胶原纤维等各个领域，但这种应占比极小。

3.4.1.2 化学合成路径

在 120～150℃和 20～30 MPa 条件下，钴催化剂 $Co_2(CO)_8$ 局部选择催化丙烯腈氢甲酰化，生成 3-氰基丙醛（直链醛产率为 80%），然后通过斯特雷克氨基酸合成反应合成生成 L-谷氨酸钠。这种方法曾经是一种工业生产工艺路线，但已被更经济的办法取代。

3.4.1.3 生物合成路径

工业上采用谷氨酸发酵生产味精，即谷氨酸产生菌进行分解、代谢营养物质，最后合成所需要产物的过程。谷氨酸产生菌是谷氨酸发酵过程中的主要参与物，也是反应过程中的生物催化剂。底物中的反应物透过细胞壁和细胞膜进入细胞体内，通过酶的催化作用，加快生化反应，经谷氨酸产生菌转化为谷氨酸并释放出来。随后，通过谷氨酸发酵液与盐酸离心搅拌并育晶、搅拌、沉淀得到谷氨酸钠。

（1）玉米浸泡水发酵法

研究人员[169]利用提取菲汀后的玉米浸泡水作为发酵生产谷氨酸的原料，以菌株 *Corynebacterium glutamicum* S9114 在 BIOTECH-10JS 型的 10 L 发酵罐中生产谷氨酸，通过调整原料配比，探讨提取菲汀后的玉米浸泡水代替玉米浆的可行性。分别用玉米浆、玉米浸泡水和去菲汀玉米浸泡水（根据测得的干物质和总氮含量，玉米浸泡水和去菲汀玉米浸泡水的用量均为玉米浆的 6 倍）配料发酵谷氨酸，其余培养基成分和工艺条件一致。结果表明，各个试验方案发酵产酸和 OD 值变化趋势保持一致，说明用去菲汀玉米浸泡水和玉米浸泡水代替玉米浆作为发酵原料，在整个发酵过程中对菌体生长和谷氨酸代谢未产生显著影响。采用去菲汀玉米浸泡水代替玉米浆作为发酵原料，谷氨酸发酵生产的各项指标没有明显差异，证明去菲汀玉米浸泡水代替玉米浆作为谷氨酸发酵原料不会对原有发酵水平产生影响。

国外一些国家对玉米的综合利用率很高，如美国对玉米的整体利用率已达到了 99%，玉米加工副产品的经济效益高于主产品（如淀粉）。与发达国家相比，我国玉米深加工研究较为落后，某些大型玉米淀粉生产企业原料利用率也只有 80%，而广大中小企业只有 50%～55%。因此，综合利用玉米浸泡水，提高玉米的综合利用率，不但可以节约能源、减少环境危害，还能进一步提高其附加值，增加玉米加工企业的经济效益，对我国粮食加工业的发展具有重要意义。玉米浸泡水中营养物质种类与玉米浆相同，可以从玉米浸泡水中回收菲汀，再经深加工制备附加值更高的植酸和肌醇，用去菲汀玉米浸泡水代替玉米浆发酵生产谷氨酸，在满足工艺要求的同时，提高了玉米浸泡水的附加值，同时，可以节约能源和用水，减少环境污染，去除对生产不利的因素。该工艺操作方便，适合在生产中推广，拓展了玉米浸泡水的资源化利用途径，提高了玉米的综合利用率，能使淀粉生产和发酵产品联产的玉米深加工企业获得良好的经济效益和社会效益。

（2）中和提取精制法

此法以 15%左右的葡萄糖为碳源，并加适量的无机盐和生物素配成发酵培养基，经连续消毒并冷却至 40℃后送入已灭菌的发酵空罐，以流加的液氨为氮源，接种经二级扩大培养的谷氨酸产生菌进行发酵。提取一般采用冷冻等电-离子交换法。发酵液在等电罐中一边用冷冻盐水缓慢搅拌冷却降温至 5℃，一边用硫酸调 pH 值至 3.22（等电点）；沉淀 8 h 后，沉淀经离心分离后得到粗谷氨酸；母液和上层清液调配后通过离子交换树脂进行交换，用氨水洗脱；在装有 60～65℃水的中和罐中加入谷氨酸，搅拌，并缓慢加入纯碱溶液，中和 pH 值至 6.2～6.4，中和液相对密度控制在 1.17～1.18；待中和液降温至 50℃以下，加入适量的硫化钠溶液以除铁；然后用粗谷氨酸回调 pH 值至 6.2～6.4，并升温至 60℃，再加入粉末活性炭，搅拌半小时后送入压滤机压滤；再将滤液用颗粒活性炭柱二次脱色得清液；清液送入真空煮晶锅内，在 60～70℃下蒸发浓缩至相对密度为

1.28，加入 0.36～0.542 mm 的晶种后继续蒸发结晶，其间需用热水杀晶和补加一定量的清液；放料后，经育晶槽后，再离心分离得到结晶味精，母液或经脱色后再蒸发结晶，精制收率可达理论量的 92%。制备方程式：

$$(C_6H_{10}O_5)_n \cdot xH_2O \longrightarrow C_6H_{12}O_6[NH_3, O_2] \longrightarrow C_5H_9NO_4[Na_2CO_3] \longrightarrow C_5H_8NaO_4$$

（3）α-酮戊二酸合成法

第一步：在 NH_4^+ 和供氢体还原性辅酶Ⅱ（NADPH）存在的条件下，α-酮戊二酸在谷氨酸脱氢酶（GHD）的催化下，发生还原氨基化反应，或在转氨酶（AT）催化下转氨反应，或在谷氨酸合成酶（GS）催化下形成谷氨酸。

GHD 催化：$HOOC—CO—CH_2—CH_2—COOH + NADPH + NH_4^+ \longrightarrow HOOC—CH_2—CH_2—CH(NH_2)—COOH + H_2O + NADP^+$

AT 催化：$HOOC—CO—CH_2—CH_2—COOH + COOH—CHNH_2—R \longrightarrow HOOC—CH_2—CH_2—CH(NH_2)—COOH + COOH—CO—R$

GS 催化：$HOOC—CO—CH_2—CH_2—COOH + COOH—CHNH_2—CH_2—CH_2—COOH + NADPH + H^+ \longrightarrow HOOC—CH_2—CH_2—CH(NH_2)—COOH + NADP$

第二步：谷氨酸发酵液与盐酸离心搅拌并育晶，搅拌，沉淀，生成谷氨酸钠。

3.4.1.4 生物合成市场潜力与发展方向

目前倡导的绿色科技和快速发展的生物技术将会为谷氨酸钠发展提供广阔的前景。人们对谷氨酸钠数量和质量的需求，促使谷氨酸钠企业在不断壮大的过程中，更加重视产酸率、提取率等不同指标，从而增加企业收益，巩固企业在行业中的地位，提高企业的生产绩效。在生物技术快速发展的今天，使用基因定位突变和 DNA 重组技术来对菌种进行优化，有针对性地选择那些优良的菌种已经是当下谷氨酸钠行业发展的趋势。生物技术的快速发展让糖酸的转化率得到了提高，生物技术已经是企业控制发展成本和改善生产水平的主要动力。在今后的发展当中，应该继续深入落实生物技术育种工作、加强先进生产设备的引进以及各环节中技术的创新，同时提高和强化中间检测、生产过程的自动化控制，以提高产品在国际市场上的竞争力。

3.4.2 柠檬酸

3.4.2.1 市场价值

柠檬酸又称枸橼酸，分子式为 $C_6H_8O_7$，是一种重要的有机酸，为无色晶体，无臭，有很强的酸味，易溶于水，是酸度调节剂（GB 2760—2024）和食品添加剂。近年来，我国柠檬酸的产量、出口量呈上升趋势，2003 年柠檬酸产量 45 万吨，出口 30 万吨。到 2006 年，柠檬酸产量约 70 万吨，出口 50 万吨，产量和贸易量增长近一倍，均居世界第一[170]。柠檬酸的用途十分广泛，被应用于食品、医药、化妆品、金属清洗、环保等行业。

(1) 食品工业

在食品添加剂方面，柠檬酸主要用于碳酸饮料、果汁饮料、乳酸饮料等清凉饮料和腌制品，其需求量受季节气候的变化而有所变化。柠檬酸消耗量约占酸味剂总消耗量的 2/3。在水果罐头中添加柠檬酸可保持或改进水果的风味，提高某些酸度较低的水果罐藏时的酸度（降低 pH 值），防止酸度较低的水果罐头常发生的细菌性胀罐。在糖果中加入柠檬酸作为酸味剂使其易于和果味协调。在凝胶食品如果酱、果冻中使用柠檬酸能有效降低果胶负电荷，从而使果胶分子间氢键结合而凝胶。在加工蔬菜罐头时，一些蔬菜呈碱性反应，用柠檬酸作 pH 调整剂，不但可以起到调味作用，还可保持其品质。柠檬酸所具有螯合作用和调节 pH 值的特性使其在速冻食品的加工中能增加抗氧剂的性能，抑制酶活性，延长食品保存期。

(2) 金属清洗

柠檬酸是通过微生物发酵生产的有机酸，在洗涤剂生产中进行应用比较广泛。柠檬酸的使用对环境不会造成影响，在微生物以及热等作用下比较容易降解。其自身的螯合能力比较强，柠檬酸盐对锰离子以及铁离子等有着比较强的螯合能力，使用效果比较突出。酸洗是化学清洗中的一个比较重要的环节，由于柠檬酸的酸性比无机酸弱，其对设备所产生的腐蚀性也比较小，柠檬酸清洗的安全可靠性强，废液也比较容易处理，对人体不会造成危害。

(3) 精细化工领域

柠檬酸属于果酸的一种，主要作用是加快角质更新，常用于乳液、乳霜、洗发露、美白用品、抗老化用品等。柠檬酸可用作实验试剂、色谱分析试剂及生化试剂；络合剂或掩蔽剂；用于配制缓冲溶液。采用柠檬酸或柠檬酸盐类作助洗剂，可改善洗涤产品的性能，迅速沉淀金属离子，防止污染物重新附着在织物上，保持洗涤过程中必要的碱性；使污垢和灰分分散和悬浮。此外，柠檬酸可提高表面活性剂的性能，是一种优良的螯合剂；可用作测试建筑陶瓷瓷砖的耐酸性的试剂。柠檬酸-柠檬酸钠缓冲液可用于烟气脱硫。我国煤炭资源丰富，是构成能源的主要部分，然而一直缺乏有效的烟气脱硫工艺，导致大气 SO_2 污染严重。柠檬酸-柠檬酸钠缓冲溶液由于其蒸气压低、无毒、化学性质稳定、对 SO_2 吸收率高等，是极具开发价值的脱硫吸收剂。

柠檬酸酯已经获美国 FDA 批准，可作为食品包装用的聚氯乙烯及纤维素塑料薄膜的无毒增塑剂。乙酰化、丁酰化柠檬酸酯可用于甲基丙烯酸甲酯聚合物的发泡剂、丙烯酰胺的稳定剂、聚酰胺黏合剂的引发剂、聚氯乙烯的增塑剂等。特别是柠檬酸丁酯和乙酰化柠檬酸三丁酯，是举世公认的无毒增塑剂。除本身除无毒外，在相容性、耐抽出性、低挥发性等方面的性能更为优越。如乙酰化柠檬酸三己酯、丁酰化柠檬酸三丁酯可用于生产卫生要求高的输血管与导管等。

(4) 杀菌过程

柠檬酸与 80℃高温杀菌联合作用具有良好杀灭细菌芽孢的作用，并可有效杀灭污染血液透析机管路的细菌芽孢。

(5) 动物养殖

柠檬酸在机体三羧酸循环中由乙酰辅酶 A 和草酰乙酸羧合而成，参与体内糖、脂肪和蛋白质代谢。天然的柠檬酸存在于植物（如柠檬、柑橘、菠萝等）果实和动物的骨骼、肌肉、血液中，人工合成则通过砂糖、糖蜜、淀粉、葡萄等含糖物质发酵。在配合饲料中添加柠檬酸可消毒、预防霉变、防止沙门氏菌等感染动物饲料。动物采食柠檬酸可减少病原体的增殖和抑制有毒代谢产物产生，提高动物应激力。

3.4.2.2 化学合成路径

柠檬酸的化学合成方法主要有两个，分别是环己酮法和台盼法。

(1) 环己酮法

a. 巴比尔反应　将异丙醇和醛反应，生成巴比尔醇。

b. 以上产物与硫酸和水反应，形成硫酸酯。

c. 在低温下，硫酸酯与环己酮反应，重排成为巴比尔酮。

d. 巴比尔酮与亚硝酸钠反应，形成小分子醛酸，接着，经过环合反应，生成柠檬酸。

环己酮法的优点是简单、易于控制反应条件和收率高。缺点是需要用到环己酮这种昂贵的原料，并且反应涉及亚硝酸盐，有一定的安全隐患。

(2) 台盼法

台盼法是柠檬酸化学合成的另一种方法，适用于大规模工业生产。它的基本反应是烷基苯丙酮的巴比尔反应和环合反应。具体步骤如下：

a. 烷基苯丙酮和硝酸银反应，生成银盐。

b. 在碱性介质中，银盐与甲醛反应生成异戊二酮中间体。

c. 异戊二酮中间体与一元酰基烯丙酸反应，生成柠檬酸。

台盼法的优点是反应条件容易控制，且不需要亚硝酸盐这种危险的试剂。它能够在大规模工业生产中得到广泛应用。

3.4.2.3 生物合成路径

柠檬酸是世界上用生物化学方法生产的产量最大的有机酸，柠檬酸及其盐是发酵行业的支柱产品之一。目前，柠檬酸的生产主要采用微生物发酵法。

(1) 菌种的培养

柠檬酸微生物发酵多利用曲霉菌和酵母菌，其中黑曲霉菌、解脂假丝酵母和季也蒙赤酵母等是有竞争力的菌种。黑曲霉是在琼脂上培养的，在琼脂上通常形成扩展性绒毛状或丝绒状菌落，在室温下培养 10～14 d，形成丰富密集的孢子梗，菌落为黑色，有时也为深褐黑色。考虑到柠檬酸生产菌应具有产酸能力强和耐柠檬酸浓度高的特点，可采用酸性滤纸法、变色圈法和单孢子移植法将黑曲霉分离出来，以避免其他杂菌干扰，使其成为生产柠檬酸用黑曲霉。

常用于柠檬酸生产的酵母有解脂假丝酵母和季也蒙假丝酵母 2 种。前者有很强的分解脂肪的能力，较好的碳源是正烷烃。后者可利用烷烃发酵生成柠檬酸，也可利用糖类发酵生成柠檬酸，酵母发酵 pH 值为 3.5～4.0。

(2) 发酵

1940 年，H. A. 克雷伯斯提出三羧循环学说以来，柠檬酸的发酵机理逐渐被人们所认识。已经证明，在糖质原料生成柠檬酸的生化过程中，由糖变成丙酮酸的过程与酒精发酵相同，亦即通过 E-M 途径（二磷酸己糖途径）进行酵解。然后丙酮酸进一步氧化脱羧生成乙酰辅酶 A，乙酰辅酶 A 和丙酮酸羧化所生成的草酰乙酸缩合成为柠檬酸并进入三羧循环途径。柠檬酸是代谢过程中的中间产物。在发酵过程中，当微生物体内的乌头酸水合酶和异柠檬酸脱氢酶活性很低而柠檬酸合成酶活性很高时，才有利于柠檬酸的大量积累（图 3-9）。

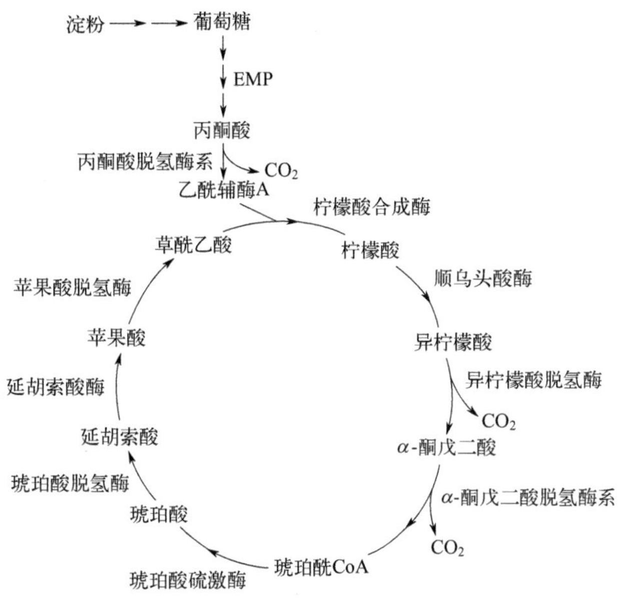

图 3-9 柠檬酸发酵原理

发酵工艺分表面发酵和固体发酵，按不同工艺制备不同原料的培养基，然后进行蒸料。蒸料的目的是将淀粉糊化，并进行灭菌。蒸料时要使物料受热均匀，蒸汽通畅，边蒸边加料，把料加在冒气的地方，逐层加入。蒸好的物料要扬散摊凉，当温度降至 37℃ 以下，即可补水接种，装盘发酵，发酵终点以酸度来决定，定期测定酸度，保证在酸度最高时出料，以免柠檬酸被细菌分解。

(3) 分离纯化

发酵液除含有柠檬酸和水，还包括菌体、残糖、蛋白质、色素、有机杂酸、无机盐等多种杂质，需要通过各种物理化学方法脱除杂质，得到符合国家标准的柠檬酸产品。国内普遍采用的柠檬酸提取工艺为钙盐提取法[171]，虽然具有操作成熟、产品质量稳定等优点，但也存在着诸多问题，包括提取单元操作多、损失大、总收率低；提取过程消耗大量辅料；产生废水、废渣，环境污染严重。这制约着柠檬酸行业的发展。因此，一系列高效、环保地提取柠檬酸的新型提取方法被开发出来，包括萃取法、离子交换吸附法、工业色谱法、膜分离法等。

① 萃取法

萃取法利用发酵液中柠檬酸和其他杂质组分在萃取剂中溶解度的不同，将水中柠檬酸萃取到有机相中富集，其他杂质留存于水溶液中，通过提高温度，用水将柠檬酸从有机相中反萃取到水相中富集，得到较纯的产物，再经过离子交换、蒸发、结晶，最后得到产品。图 3-10 为萃取法生产柠檬酸流程。

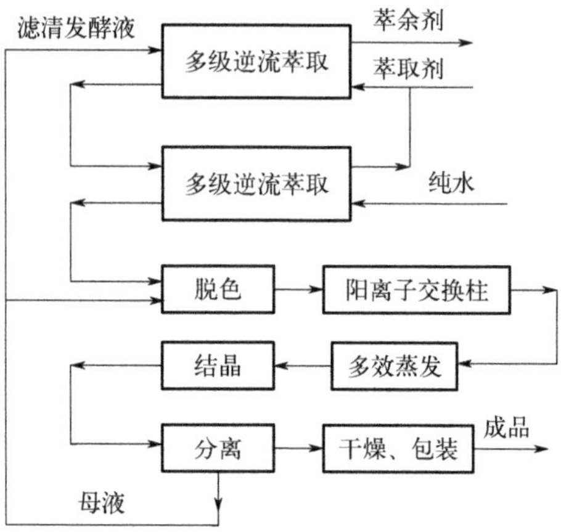

图 3-10　萃取工艺生产柠檬酸流程

目前使用的萃取剂主要是长链烷基胺类、含磷氧基键类化合物（磷酸三丁酯、三烷基氧磷等）。周彩荣等[172] 采用有机胺、200＃溶剂油、醋酸丁酯、油酸组成的体系，萃取柠檬酸浓度为 29 g/L 的发酵清液，通过改变温度减弱萃取时所形成的络合物的结合力，实现反萃取操作。管国峰等[173] 利用筛选出的三烷基胺（7301）、正辛醇体系对柠檬酸稀溶液进行萃取。从相平衡分配系数 D 的变化规律中，得到了最佳的柠檬酸稀溶液的初始浓度为 0.14 $kmol/m^3$，D 值随正辛醇含量的增加而增大，并对三烷基胺萃取的机理进行了探讨，证实了其对柠檬酸的萃取同时存在离子缔合成盐和氢键缔合溶剂化两种历程。

和传统钙盐法相比，萃取法降低了辅助材料消耗、提取过程中的能耗以及劳动强度。但是，目前萃取法使用的萃取剂因其毒性，只能用于生产工业品，不能用于医药和食品行业。另外，该方法生产稳定性较差，工业实验收率与小试结果差距较大。

② 离子交换吸附法

离子交换法利用特有的有机高分子树脂的高选择吸附性，从发酵液中提取柠檬酸，再用适当的溶液使其解吸。目前，所用的吸附剂主要包括弱碱性阴离子交换树脂、强碱性阴离子交换树脂、PVP 树脂等。其原理：

吸附过程： $3ROH + C_6H_8O_7 \longrightarrow R_3C_6H_5O_7 + 3H_2O$

洗脱过程： $R_3C_6H_5O_7 + 3NaOH \longrightarrow Na_3C_6H_5O_7 + 3ROH$

转型过程： $Na_3C_6H_5O_7 + 3RSO_3H \longrightarrow 3RSO_3Na + C_6H_8O_7$

国内有代表的流程是张鸿勋等研究的流程，如图 3-11。

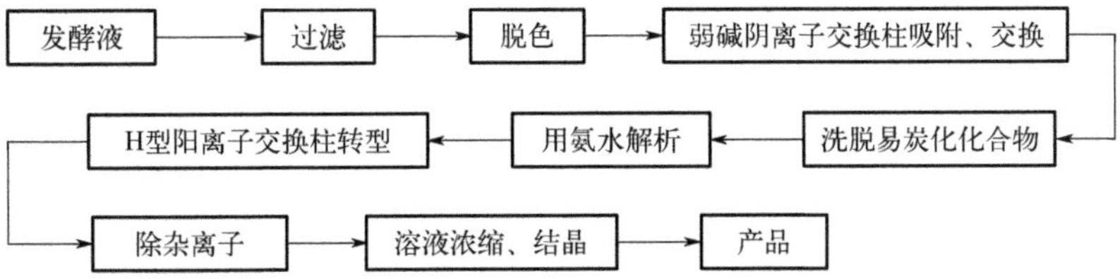

图 3-11 离子交换法提取柠檬酸示意图

目前，对于离子交换吸附法的研究集中在提高树脂对柠檬酸的吸附容量方面。高年发等[174] 提出了采用吸附容量大和抗污染性能强的弱碱性阴离子吸附树脂，进行碱性解吸。通过改变吸附柱中压力，使树脂抖动，从而省去多次"再生"过程。赵肖为等[175] 选用大孔弱碱性阴离子交换树脂 D354 进行柠檬酸的吸附实验，通过静态和动态吸附实验，测定 D354 对柠檬酸的吸附量达 0.8 g/g（干树脂）。当柠檬酸的浓度小于 10 g/L，吸附量达到饱和吸附量的 83%以上，但溶液中存在的葡萄糖以及无机盐（KH_2PO_4、$MgSO_4$）会降低柠檬酸吸附量。

离子交换吸附法简化了提纯柠檬酸的工艺，节约了原材料。但存在着产品质量不稳定、离子交换树脂寿命短等问题。另外，间歇操作也是制约离子交换吸附法工业应用的重要因素。间歇操作需用大量吸附剂，消耗大量洗脱液，吸附剂不能被有效利用，分离产物浓度很低。

③ 工业色谱法

针对离子交换吸附所存在的问题，人们探索具有高分离效能、易于放大的连续色谱新技术。其中模拟移动床色谱法，弥补了不能连续操作、分离柱材料的利用率低等缺陷，广泛应用于发酵工业。近些年来，该技术也应用于柠檬酸行业。

秦涛等[176] 采用单一树脂离子交换法，采用多根交换柱构成的模拟移动分离系统实现从柠檬酸发酵液中一步分离浓缩，得到的柠檬酸产品。在分离系统中通过各离子交换区相互连接，连续地从发酵液中分离、纯化柠檬酸。该方法中柠檬酸的总收率大于 85%，而副产品为纯净的铵盐溶液，无固体废渣硫酸钙。

段海宝等[177] 研究合成弱酸强碱两性树脂，这种树脂能在常温吸附柠檬酸，只用热水就能将柠檬酸从树脂上解吸下来，测定树脂的吸附容量达 1.1～1.2 g/g，同时省去了传统的离子交换过程。在此基础上研究开发使用模拟移动床变温色谱分离技术进行柠檬酸连续生产，进行了吸附分离动力学的研究和 SMB 变温色谱分离工艺的建模工作。利用测定柠檬酸吸附过程中柱床孔隙率及不同温度下的吸附等温线变化状况来研究固定相分离柠檬酸的特性，为固定相合成研究提供了理论依据。

工业色谱大大简化了提取柠檬酸的工艺，节约了原材料，且无污染物产生。但是，吸附树脂容量提升以及吸附树脂的选择性仍然有待解决，从而提高柠檬酸的产率和纯度。

④ 膜分离法

膜分离技术是以天然或合成薄膜为分离膜，根据混合物中不同组分通过膜的渗透率的差异实现组分的分离过程。膜分离技术应用范围十分广泛，近些年已应用于有机酸分离。

⑤ 电渗析

电渗析是在离子交换树脂上发展起来的新技术，其原理是在电场的作用下，溶液的离子通过离子交换膜，使得柠檬酸与非电解质、糖类及大分子物质得到分离，可有效提取发酵液中的柠檬酸。研究人员[178] 应用电渗析方法提取柠檬酸，柠檬酸的收率能达到85%，一次结晶的产品各项指标符合英国药典（80 版）的要求，但是易炭化合物的含量比现行同类工艺产品高。

电渗析法提取过程相对简单，消耗的化工原料相对少，污染也少，但是也存在着亟待解决的问题，如电耗较大；SO_4^{2-}、Cl^-、其他有机杂酸、少量的糖类未能和柠檬酸分开，从而影响了产品的质量；不能自行产生 H^+，因加入大量的酸而产生大量相应的盐。

⑥ 液膜分离法

液膜分离技术利用与水不相溶的有机溶剂形成的液膜，以浓度差为推动力，来选择分离水溶液中待分离的溶质。在分离过程中，液膜的一侧是待分离的料液，另一侧是反萃取液。料液中的溶质首先被萃入液膜，然后液膜中的溶质被反萃取到反萃取液中，所以，在分离过程中，萃取与反萃取同时进行。

朱亦仁等[179] 提出用乳状液膜分离法提取柠檬酸，从表面活性剂、载体和内相试剂浓度等方面确定了适宜的膜配方：100 mL（煤油）、5 g Span-80、6 g TOA、Na_2CO_3（浓度为 20%），对柠檬酸的提取率达 85%，残糖基本不进入内相。

膜分离法方法简单，分离效率高[180]。但该技术目前存在膜易被污染、采用的载体和表面活性剂的毒性使得产品达不到生产食用和医药产品的要求等问题。另外，膜的易流失和稳定性差等问题使得该技术只停留在实验室阶段。

3.4.2.4 生物合成市场潜力与发展方向

针对柠檬酸传统生产工艺存在问题，建立上游发酵技术、下游提取技术和后期污水处理各环节有效的沟通机制，提高生产效率，实现清洁生产，可从以下几个方面开展。集成传统诱变技术与现代代谢工程技术筛选黑曲霉高产菌株，利用细胞活力快速评价方法，指导建立黑曲霉种子连续培养方式；精细化调控淀粉质原料液化过程，改善液化组分多糖分子量分布，同步糖化发酵，提高发酵效率；引入菌丝球分割技术，通过组合发酵过程控制策略改善黑曲霉连续发酵过程中的菌丝体形态，实现黑曲霉连续发酵；基于菌种适应性进化技术，提高菌种废水耐受性，实现柠檬酸废水资源化利用。

3.4.3 β-胡萝卜素

3.4.3.1 市场价值

β-胡萝卜素（图 3-12）是类胡萝卜素的一种，分子式为 $C_{40}H_{56}$，分子量为 536.88，熔点为 181℃，纯品为深红色至暗红色有光泽的斜六面体或结晶体粉末，有轻微的异味，易溶于二硫化碳、二氯甲烷、氯仿、苯，能溶于石油醚、乙醚、丙酮、己烷，微溶于甲醇、乙醇，是最早引起人们关注的类胡萝卜素。

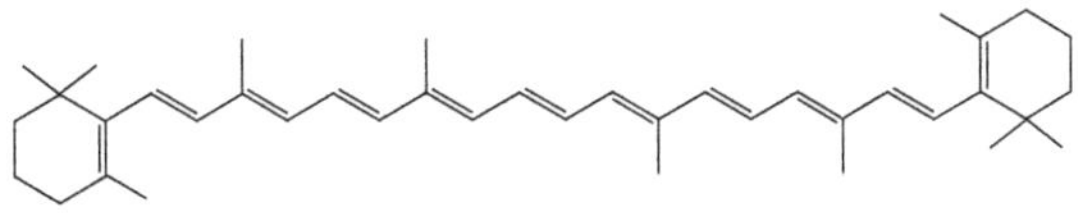

图 3-12 β-胡萝卜素的结构示意图

β-胡萝卜素是对抗自由基最有效的抗氧化剂之一，能够提高人体免疫力，降低癌症、心脏病、心血管疾病等疾病的发生概率。有研究表明经常补充 β-胡萝卜素，能有效清除体内的过氧化物，减少外周血淋巴细胞 DNA 的损伤，从而达到预防癌症及慢性疾病的目的。但当氧浓度高及氧化还原状态不平衡时，高剂量的 β-胡萝卜素反而对抗氧化作用没有效果，甚至会增加某些疾病的发生概率，如进食过量 β-胡萝卜素保健品，易患上胡萝卜素血症，尤其是在吸烟时服用高剂量的 β-胡萝卜素，会增加患肺癌等的风险，这是由于吸烟时肺部的氧气压会升高。因此，在服用 β-胡萝卜素时应慎重考虑剂量等问题。

β-胡萝卜素是重要的维生素 A 来源，在人体内一分子的 β-胡萝卜素可以分解为两分子的维生素 A。维生素 A 不仅仅在视觉问题上有着重要作用，而且在细胞分化和发育方面也有着多重作用，具有重要的临床意义。当人体缺乏维生素 A 时，会产生夜盲症、干眼病、上皮组织细胞变性等疾病，但过量补充维生素 A 会中毒，而适量补充的 β-胡萝卜素则是在人体需要维生素 A 时才会自动分解成维生素 A，所以 β-胡萝卜素是安全的维生素 A 源。绿色蔬菜和有色水果中均富含 β-胡萝卜素，如胡萝卜、西兰花、菠菜、番薯、荠菜等。应当适量补充 β-胡萝卜素的人群有免疫力低下者、长期面对电脑者、呼吸系统受感染者、视力功能下降者、皮肤干燥粗糙者等。β-胡萝卜素还能够有效提高动物的繁殖能力，有研究表明，在种畜的饲料中添加 β-胡萝卜素，配合维生素 E 和蛋氨酸锌复合添加，能明显提高种畜的免疫能力和繁殖能力以及初生幼畜的质量。

β-胡萝卜素是国际公认的安全又营养的食品添加剂，目前世界上有 52 个国家和地区已经批准使用，国内也已将 β-胡萝卜素作为着色剂，并列入中华人民共和国国家标准。作为一种脂溶性色素，随着 β-胡萝卜素在溶剂中的浓度从小到大，呈现颜色可涵盖由淡黄至深红的所有色，非常适合用于油溶性食品的着色，如人造奶油、素食产品、速食面的调色等，而经过微胶囊处理的 β-胡萝卜素，可转化为水溶性色素，几乎所有的食品都可应用。另外，β-胡萝卜素在饲料、化妆品等方面也有着重要用途。

3.4.3.2 化学合成路径

市场上的β-胡萝卜素大都是化学合成的β-胡萝卜素，国外可以产业化生产β-胡萝卜素的公司主要是荷兰DMS公司和德国BASF公司。β-胡萝卜素的工业化始于1954年，Roche公司最先以$C_{19}+C_2+C_{19}$路线合成，该路线包含12个步骤，反应过程极其复杂，产率很低，已被淘汰。还在应用的合成路线主要以BASF公司的$C_{15}+C_{10}+C_{15}$路线为主，该路线起步于1956年，BASF公司一直沿用至今，如图3-13所示。该路线以β-紫罗兰酮和乙炔钠为原料，经炔化、酸化、部分加氢、溴化重排、膦盐生成、wittig反应，最终合成β-胡萝卜素，反应条件苛刻、能耗大、三苯基膦对环境的污染也较大。

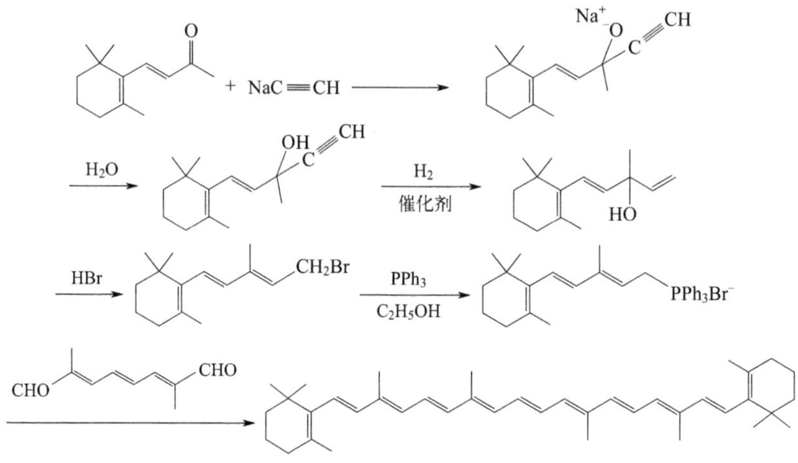

图3-13 BASF公司合成β-胡萝卜素的反应路线

我国在20世纪80年代曾用维生素A酯作为原料先制得维生素A醛和维生素A三苯基鏻盐，再用维生素A醛与维生素A三苯基鏻盐发生Wittig反应制得β-胡萝卜素，反应路线如图3-14所示。由于Wittig反应产生的副产物三苯基氧膦的污染问题不能很好地解

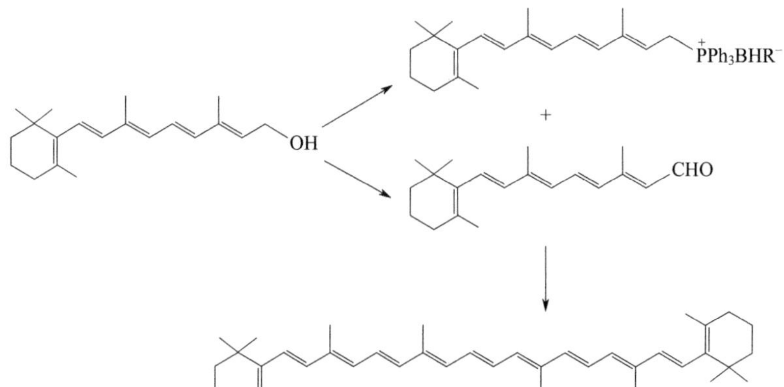

图3-14 我国80年代合成β-胡萝卜素的反应路线

决，加之该反应路线原料成本高，产率低，不能够实现大规模的生产。

2005 年浙江大学实验室以 β-紫罗兰酮为原料，采用传统的 $C_{15}+C_{10}+C_{15}$ 路线，合成了 β-胡萝卜素，路线如图 3-15 所示。该反应路线中 C_{14} 醛的制备和亚甲基二膦酸四乙酯的制备较为烦琐复杂，工业生产成本高，较难实现。

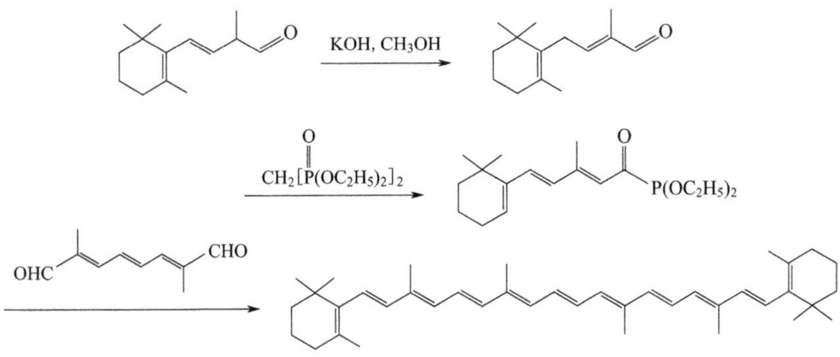

图 3-15　浙江大学合成 β-胡萝卜素的反应路线

3.4.3.3　生物合成路径

(1) 微生物发酵生产

自然界中，除植物、藻类外，微生物也能大量合成 β-胡萝卜素，如部分真菌和细菌。在真菌中，目前主要利用丝状真菌如三孢布拉氏霉菌（*Blakeslea trispora*）和酵母如红法夫酵母（*Phaffia rhodozyma*）、白球拟酵母（*Torulopsis candida*）等生产 β-胡萝卜素。Roukas 团队[181] 证明，通过氧胁迫、改良提取方法和优化培养条件可以提高三孢布拉氏霉菌合成 β-胡萝卜素的产量。在细菌中，主要利用欧文氏菌（*Erwinia uredovora*）、成团泛菌（*Pantoea agglomerans*）等生产 β-胡萝卜素，其本身含有存在于染色体上的 β-胡萝卜素合成基因——牻牛儿基焦磷酸合成酶基因（*crtE*）、八氢番茄红素合成酶基因（*crtB*）、八氢番茄红素脱氢酶基因（*crtI*）、番茄红素环化酶基因（*crtY*）。利用这些野生菌株生产 β-胡萝卜素周期短、相对安全，比植物、藻类效率更高，但野生菌株生产性能差，终产量低，难以实现工业化。

(2) 利用系统代谢工程策略生产 β-胡萝卜素

近年来，以模式生物如大肠杆菌（*Escherichia coli*）、酿酒酵母（*Saccharomyces cerevisiae*）等为初始菌株，综合运用系统代谢工程策略来生产 β-胡萝卜素已成为大量合成多种类胡萝卜素产品的新模式。利用工程菌提高 β-胡萝卜素的产量有了很大进展。如 Yang 等[182] 通过在 *E. coli* 中共表达外源基因同时引入 MVA 途径，提高 β-胡萝卜素产量至 3.2 g/L，是目前报道的最高产量；Zhao 等[183] 调整代谢过程中各模块相关基因的表达以增强前体物和能量供应，β-胡萝卜素产量为 2.1 g/L；Nam 等[184] 在合成培养基中补充氨基酸从而取代复合培养基，β-胡萝卜素产量达 2.47 g/L；Li 等[185] 利用 CRISPR/Cas9 对 *E. coli* 中的各基因进行改造和组合调控，β-胡萝卜素的产量达到 2.0 g/L。由此可见，利用工程菌生产β-胡萝卜素具有其独特的优势。

① β-胡萝卜素生物合成路径的设计与优化

目前，用于生产β-胡萝卜素的微生物主要是*E. coli*、*S. cerevisiae*等，在这些微生物中构建β-胡萝卜素合成途径通常包括3个功能相对独立的模块：糖酵解模块、前体物质合成模块和β-胡萝卜素合成模块。类胡萝卜素是由一系列异戊二烯单元聚合而化的化合物，其前体物是异戊二烯焦磷酸（IPP），共有2条合成途径，即甲羟戊酸（MVA）途径和2-甲基-D-赤藻糖醇-4-磷酸（MEP）途径。*E. coli*及其他原核生物通过MEP途径缩合丙酮酸和甘油醛-3-磷酸（G3P）为IPP；真核细胞的细胞质和过氧化物酶体利用MVA途径将乙酰辅酶A转化为IPP。IPP（C_5）及其同分异构体二甲基丙烯焦磷酸（DMAPP）（C_5），在FPP合成酶IspA的催化下经两步连续反应合成FPP（C_{15}），再通过*crtE*编码的GGPP合成酶产生GGPP（C_{20}），接下来由八氢番茄红素合成酶（CrtB）催化两分子GGPP形成无色的八氢番茄红素（C_{40}），在八氢番茄红素脱氢酶（CrtI）作用下，生成红色的番茄红素（C_{40}），再由番茄红素环化酶（CrtY）催化生成黄色的β-胡萝卜素（C_{40}）。

② 宿主菌的基因工程改造策略

在生物反应过程中，要想达到最有效地提高β-胡萝卜素产量的目的，宿主的生物系统也需要被优化，如将细胞内碳流导向β-胡萝卜素生物合成途径。RNAi（RNA interference）的出现，使生物合成途径上某些基因如β-胡萝卜素酮化酶、羟化酶的基因沉默，阻断β-胡萝卜素的进一步代谢，使之在细胞内积累。由于β-胡萝卜素具有抗氧化性，适应性进化已经成功地应用到*S. cerevisiae*中，通过周期性地加入过氧化氢使β-胡萝卜素的产量有了3倍的提高，达到18 mg/g[186]。多元自动化基因组工程（multiplex automated genome engineering，MAGE）可以靶向单细胞染色体的许多位点，或者在DNA复制过程中通过将ssDNA导向复制叉的后随链来穿过细胞群，这种修饰涵盖了基因沉默、表达调控等。随后，可循迹的多元重组（trackable multiplex recombineering，TRMR）结合DNA合成、重组工程和分子条码技术可快速修饰大肠杆菌的所有基因。为改善菌株的生产能力，能够提前鉴定出需要删除或扩增的基因是十分必要的。一种基于AI的强化目标流量的通量扫描（flux scanning based on enforced objective flux，FSEOF）技术，在代谢模块中浏览所有的代谢流，以目标化合物流量的增加作为约束条件，当流量增加时筛选出该基因。这种方法已成功地运用到提高β-胡萝卜素产量，作为一个全局策略在全基因组复制过程中筛选目标基因。随着科技的发展，用于鉴定需操作基因的计算方法逐渐增多：多目标进化算法（multiobjective memetic algorithm，MOMA），通过代谢调节量的极小化来确定需敲除的基因；OptForce通过比较代谢流的改变来确定目的基因；双层次的优化法——OptKnock，利用细胞生长速率和产物的产生速率相结合来确定敲除基因；最近又出现了OptFlux。未来，这些应用到挖掘目标基因的计算法，将会在精确快速提高β-胡萝卜素产量的研究中发挥重要作用。

③ 利用系统代谢工程提高β-胡萝卜素产量的全局性调控

β-胡萝卜素的合成涉及多种酶，多基因回路上所有化合物的表达应该被组合起来，以优化整个代谢流。BioBrick™范式能够快速地组合出一个杂合的类胡萝卜素合成途径，且途径上的每个酶拥有正确的转化率。然而，BioBrick^{TM} 组装不是用高通量的方式构建大量的组合表达，这对于筛选类胡萝卜素基因的最优组合没有优势。最近，几种使用同源重组的组装法，例如序列和连接独立的克隆（sequence and ligation-independent cloning，SLIC）、Gibson 组装和反复重组（reiterative recombination）等方法已经应用到构建多基因回路上，这些方法随机组合途径上的化合物，包括基因、启动子、RBS 区等，构建出大量的基因组合用于高通量筛选。多元模块化代谢工程（multivariate modular metabolic engineering，MMME）是将一个长而复杂的途径模块化为不同子集，每个子集包含转化率相同的酶，调控各个子集比调控整个代谢路径上的所有化合物更加方便高效。中间代谢产物过多积累会对细胞产生毒性。因此，中间代谢产物的扩散能够缓解细胞压力。有生物学家通过引入蛋白骨架在空间上调控 MVA 途径上的酶来缩小对扩散作用的限制，使甲羟戊酸产量增加 77 倍。

发酵条件的优化对于全局性调控发挥着不可比拟的作用。Zhang 等[187] 使用响应曲面法（responsesurface methodology，RSM）筛选关键化合物的最优浓度，使类胡萝卜素产量相对于野生菌株有了几倍的提高。研究发现，对于 β-胡萝卜素产量的提高，甘油作为碳源优于葡萄糖、半乳糖、木糖等，并且 1%的甘油和 1%的葡萄糖对于增加类胡萝卜素的产量优于 2%的甘油。

3.4.3.4 生物合成市场潜力与发展方向

随着经济的发展、人们的健康意识增强和对功能性食品的需求不断增加，β-胡萝卜素以其抗氧化、抗癌变等特性受到消费者的青睐，建立高效的生产方法对于促进 β-胡萝卜素的应用具有十分重要的意义。

利用系统代谢工程手段可构建 β-胡萝卜素高产菌株，但在其合成路径各模块进行组合优化时，遇到一些瓶颈问题，如碳通量变得不平衡，这是影响整个代谢体系反应效率的根本。对于代谢工程或者一个细胞生长体系，整体平衡调控显得尤为重要。因此，利用基因工程菌生产 β-胡萝卜素的研究重点应该围绕如何有效平衡细胞工厂的碳流以及能量供应问题来开展。此外，由于 β-胡萝卜素合成基因均定位在细胞膜上，其理化性质及晶体结构研究较少，阻碍了对相关基因的全局调控。成本高是制约工厂能否大规模生产的关键因素，应当充分考虑缩减原料成本，用工农业废渣废气等代替葡萄糖或甘油，以耗费少、时间短、产量高的标准来生产 β-胡萝卜素。随着生活水平不断提高，环境保护已成为工业生产所追求的目标之一，要尽可能地减少对环境如水体、土壤等的污染，所以研究者应当以环境友好型菌株（如枯草芽孢杆菌）作为宿主菌进行基因操作，以达到对环境无害。同时，发酵废液应该做合适的处理以求能够循环利用。未来系统代谢工程不仅依赖于新路径的构建，更重要的是选择合适的调控手段来改善这些路径，如 RBS 区的改造、密码子优化、Red 两步重组、CRISPR/Cas9 等，结合基因组学、转录组学、蛋白质组学、代谢组学等一系列数据及计算技术必能达到平衡调控，使 β-胡萝卜素的生产更加经济、快速、实用，在食品、医药、保健等各方面发挥更大的潜力。

3.4.4 芳樟醇

3.4.4.1 市场价值

芳樟醇，分子式为$C_{10}H_{18}O$，属于链状萜烯醇类，有α和β两种异构体。芳樟醇，又称里那醇、沉香醇，化学名称为3,7-二甲基-1,6-辛二烯-3-醇，具有强烈的铃兰花香香气，是天然精油中分布最为广泛和最重要的萜烯香料之一。左旋芳樟醇存在于芳樟叶油、薰衣草油等精油中，右旋芳樟醇存在于胡荽子油等精油中。芳樟醇广泛应用于各种日用香精的配方之中，是香水香精、家化香精产品等中使用频率最高的香料产品，也用于调配食用香精。它的各种羧酸酯，如甲酸酯、乙酸酯、丙酸酯等脂肪酸酯以及苯甲酸酯等芳香羧酸酯，也是重要的香料。同时它还是合成维生素A、E和K等产品的重要原料。芳樟醇传统的制取方法是从富含芳樟醇的天然精油中分离。随着芳樟醇及其衍生物使用范围的拓宽和使用量的扩大，传统工艺已远不能满足日益增长的需求。

① 香料 常用于合成香精、香料行业，也是合成异植物醇、维生素E、维生素K的原料。

② 除臭剂 芳樟醇对于令人作呕的硫化烃、大蒜制剂等以及多硫化物有很强的掩味能力。除此之外，芳樟醇是排泄物除臭剂配方的主要组成部分。

③ 抗龋齿剂 实验表明，0.1%芳樟醇加入2%蔗糖培养基中，能100%抑制链球突变菌将蔗糖转变为葡萄聚糖，防止齿斑的生成。

④ 杀虫剂 a. 对蚊子、苍蝇等作用。将由2%醋酸芳樟酯臭氧化物和98%矿物油组成的药液涂抹在皮肤上，可以起到驱除蚊子、苍蝇的作用。和其他中药香料成分配合，还能作为蟑螂、蚂蚁、虱子等的驱避剂。也能在纺织材料中使用，以驱除害虫。通过实验还发现，含有芳樟醇的食物能显著降低家蝇的觅食和产卵，原因在于蝇蛆必须寄生在富有微生物的物质上才能发育，怀孕的雌蝇会觉察到并避开含有强抗菌功能的芳樟醇物质上产卵。b. 杀螨剂。芳樟醇具有杀螨的能力，对其幼虫、成虫都有效，有研究人员对*Tyrophagus longior*（一种贮存食物中的螨虫）进行了抗螨虫活性试验。另有资料报道，由芳樟醇等20多种挥发油成分组成的配方对皮肤螨属和腐食酪螨属的螨类都有令人满意的效果。

⑤ 抗菌作用 芳樟醇等萜烯类化合物对大肠杆菌、变形杆菌、肠炎膜杆菌、葡萄球菌、酿酒酵母菌、白色念珠菌、黑曲霉菌有很好的抗菌活性。有报告指出，芳樟醇的抗菌效果是苯酚的五倍，与香茅醇有相似的抗菌功效。用于治疗痤疮是基于它对丙酸菌有抗菌活性。动物实验表明，每天喂服1 mg芳樟醇的感染ES4病毒的小鸡，可延长生存时间50%～80%。另有报告称，萜烯臭氧化物可用于治疗炎症、肿瘤、微生物感染和烧伤等。芳樟醇臭氧化物在试管中显示出对大肠杆菌的抑制活性。

⑥ 镇静作用 国外多将含有芳樟醇的挥发油或植物作为催眠和镇静剂。事实上，萜烯醇类中只有叔甲基醇类的芳樟醇和α-萜烯醇才有明显的镇静作用。

3.4.4.2 化学合成路径

(1) 乙炔-丙酮路线

早在 1919 年，Ruzicka 等利用 6-甲基-5-庚烯-2-酮（以下简称为“甲基庚烯酮”）的乙炔化得到脱氢芳樟醇，再经还原合成芳樟醇[188]，其合成路径如图 3-16 所示。

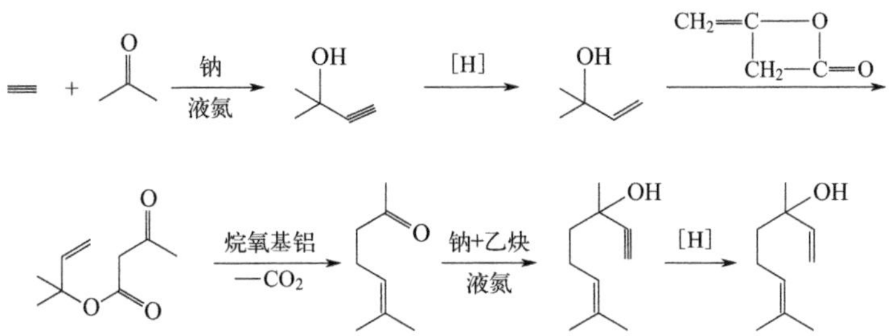

图 3-16 乙炔-丙酮路线合成芳樟醇路径

(2) 异丁烯路线

Pommer 等[189] 利用异丁烯等为起始原料开发出了合成甲基庚烯酮的工艺，即由过量的异丁烯和丙酮与甲醛水溶液（或三聚甲醛）在 30 MPa、200～300℃下连续反应合成 6-甲基-6-庚烯-2-酮，再经钯等催化剂催化异构化得到甲基庚烯酮，过量的异丁烯和丙酮回收后重新使用。随后以相同的乙炔化、部分氢化过程得到芳樟醇。合成路径如图 3-17 所示。

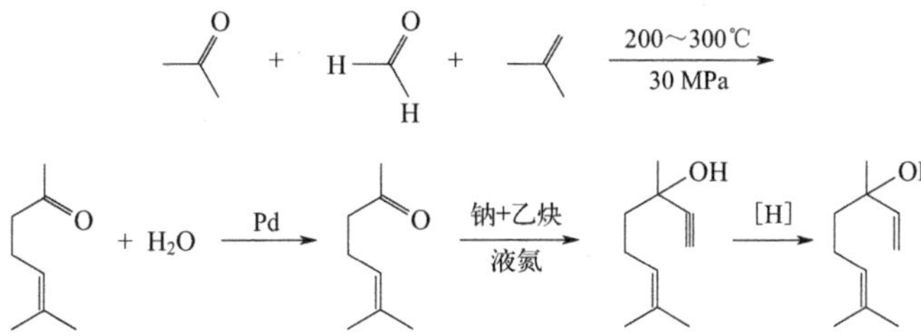

6-甲基-6-庚烯-2-酮　　甲基庚烯酮

图 3-17 异丁烯路线合成芳樟醇路径

Rhone Poulenc SA 公司以异戊二烯为起始原料，经与氯化氢的 1,4-加成反应产生 3-甲基-2-丁烯基氯，在氢氧化钾等碱的作用下与丙酮反应生成甲基庚烯酮，随后的过程与乙炔-丙酮路线相同。合成路径如图 3-18。

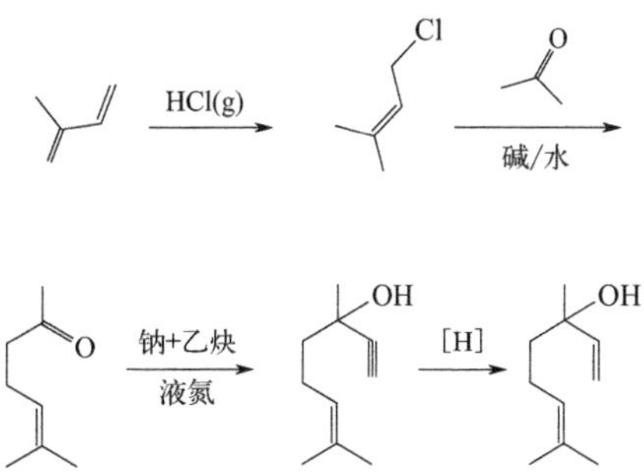

图 3-18 异戊二烯路线合成芳樟醇路径

3.4.4.3 生物合成路径

此前研究指出，芳樟醇在茶树叶片中主要以

樱草糖苷的形式存在。刘国峰[190] 通过静态顶空测定得到了同样结果。芳樟醇的生物合成主要在芳樟醇合成酶的催化下进行。植物中各生物进程均受到精密调控，如茶树芳樟醇合成酶基因 *CsLIS/NES* 在转录水平及亚细胞水平受到调控，对其活体功能产生了至关重要的影响。*CsLIS/NES* 在转录起始就受到可变剪接的影响，产生了一个 N 端缺少 305 bp 的亚型。有趣的是，推测该亚型可在 CsLIS/NES 原有的第三个蛋氨酸处重新起始翻译。通过定量 PCR 分析、Western Blot 以及反向遗传学分析，证实了其亚型 *CsLIS/NES-2* 确实稳定存在，但与自然情况的 *CsLIS/NES-1* 有着不同的亚细胞定位，参与橙花叔醇的生物合成。此外，*CsLIS/NES-1* 和 *CsLIS/NES-2* 有着不同的时空表达特性及日表达周期。

王进等[191] 发明了一种芳樟醇生物合成及纯化制备方法。首先，通过代谢工程改造，将来自土肉桂（*Cinnamomum osmophloeum*）的芳樟醇合成酶在酿酒酵母（*Saccharomyces cerevisiae*）BY4742-MC-01 中异源表达，为增加芳樟醇生物合成效率，在酿酒酵母的线粒体中完整构建了甲羟戊酸等途径（MVA），由线粒体和细胞质共同参与合成芳樟醇。通过碳源优化，在摇瓶发酵中提升芳樟醇产量至 8.5 mg/L，进一步对发酵液进行精馏处理，可获得高纯度的芳樟醇（纯度≥90%）。

3.4.4.4 生物合成市场潜力与发展方向

为增加对茶树生长、发育和生产（制茶）均十分重要的芳樟醇生物合成的认识，需研究因可变剪接而具活体双功能的茶树芳樟醇合成酶基因 *CsLIS/NES*、探明茶树芳樟醇的生物合成机制，为研究其他萜类合成酶基因以及其他各种基因的功能提供参考。此外，分析其手性产物的可能形成机理，可为后续研究和生物合成产业化奠定理论基础，为推进芳樟醇的生物合成及改善成品茶的风味提供技术指导。

3.4.5 叶黄素

3.4.5.1 市场价值

叶黄素（lutein），别名植物黄体素，是一种类胡萝卜素，化学式为 $C_{40}H_{56}O_2$，在蔬菜、水果、花卉等植物中广泛存在，其含有两个酮环，是存在于人眼视网膜黄斑区的主要色素。叶黄素具有 3 个手性中心，有 8 种立体异构体。叶黄素安全性高，无毒无害，加上它特殊的生理功效，符合食品添加剂“天然”“营养”“多功能”的发展方向，可与维生素、赖氨酸等常用食品添加剂一样直接添加到食品中。叶黄素是重要的天然色素和天然保健品，是绿色的健康食品原料。

① 视力保护作用　叶黄素是脂溶性维生素的一种，其吸收光谱含有近蓝紫光，能够帮助眼睛的视网膜抵御紫外线。补充叶黄素，有助于维护视力持久度，提高视觉反应时间，减少视觉伤害。对于近视者来说，补充叶黄素可以延缓其近视度数的增加。

② 着色作用　叶黄素被广泛用于调味品、烟草、糕点、糖果和多种饲料加工品中。

在中国，叶黄素已被作为着色剂广泛应用。

③ 抗氧化作用　人体内氧自由基是导致许多与年龄相关病变的重要原因，叶黄素具有较强的抗氧化能力，能够抑制氧自由基的活性，阻止氧自由基对正常细胞的破坏。

④ 抗癌作用　叶黄素在抑制肿瘤生长方面具有独特的生物学功效，其机理主要包括抗氧化活性、抑制肿瘤血管增生和细胞增殖等。

⑤ 延缓早期动脉硬化的作用　最新研究成果发现，叶黄素可以减缓早期动脉硬化的发展。经过动物试验发现，把叶黄素和小鼠的饲料搅拌在一起给其喂养，其动脉血栓的发病率降低。

⑥ 预防糖尿病的作用　叶黄素可以作为有效的辅佐剂加强胰岛素降血糖的功能。因此，进食含叶黄素丰富的蔬菜水果等食物可以降低患糖尿病的风险。

3.4.5.2 化学合成路径

化学合成路径包括有机溶剂抽提法、微波提取法等。

(1) 有机溶剂抽提法

有机溶剂抽提法是应用最多的提取叶黄素方法。常利用存在于万寿菊中的叶黄素在乙醇中溶解度很高、在中性条件下则难溶于水、在碱性条件下溶解度比在酸性及中性条件下的溶解度高等特性进行抽提。

(2) 微波提取法

微波是一种瞬时穿透式加热方式，在微波场的作用下可破碎植物细胞壁，从而加快萃取速率和有效提高产品得率。微波提取技术在天然色素提取方面取得了良好的效果。其优点是既降低了设备投资和运行成本，又符合环保要求。

(3) 超临界二氧化碳萃取法

超临界 CO_2 萃取技术主要基于超临界流体性质的运用，在高压力条件下，通过调节系统的温度和压力，使超临界流体与固体样品充分接触，溶解目标活性物质，再通过相分离实现流体相与固体残渣的分离。多种天然产物的超临界 CO_2 萃取工艺已经从实验室规模放大到工业化生产规模。超临界 CO_2 萃取方法具有许多优点，如纯度高、溶剂用量少、溶解能力强、无毒、无害等。此方法弥补了有机溶剂萃取法的缺陷，效率高，耗时短，操作简单。

(4) 酶辅助提取法

酶辅助提取法是指应用纤维素酶对动植物的细胞壁进行处理、破壁，使提取时细胞内的物质易暴露，有利于之后的提取，叶黄素异构化不会由酶法降解而引起。

3.4.5.3 生物合成路径

(1) 基因工程改造

随着生物技术的发展，高等植物中叶黄素的合成途径及关键限速酶已比较清晰，如图 3-19 所示[192]：

目前利用分子生物学手段或诱变方式促进微藻叶黄素积累的主要途径有以下几种。

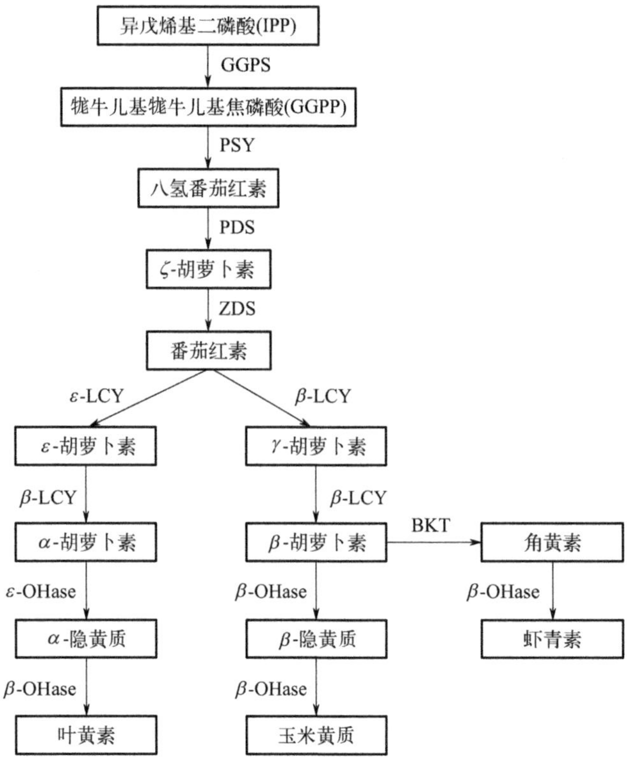

图 3-19　高等植物中叶黄素的合成途径和关键酶的作用

GGPS—牻牛儿基焦磷酸合成酶（geranylgeranyl pyrophosphate synthase）；PSY—八氢番茄红素合成酶（phytoene synthase）；PDS—八氢番茄红素脱氢酶（phytoene desaturase）；ZDS—ζ-胡萝卜素脱氢酶（ζ-carotene desaturase）；ε-LCY—番茄红素 ε-环化酶（lycopene ε-cyclase）；β-LCY—番茄红素 β-环化酶（lycopene β-cyclase）；ε-OHase—胡萝卜素 ε-环羟化酶（carotene ε-cyclohydroxylase）；β-OHase—胡萝卜素 β-环羟化酶（carotene β-cyclohydroxylase）；BKT—胡萝卜素 β-酮化酶（carotene β-ketolase）

①过量表达微藻叶黄素合成途径中的关键酶基因。如在 *Chlamydomonas reinhardtii* 中过量表达八氢番茄红素合成酶基因，使叶黄素含量从 1.95 mg/g 提高到 4.29 mg/g[193]。②诱变筛选叶黄素高产藻种。如通过化学诱变剂甲基硝基亚硝基胍（MNNG）处理小球藻获得突变体藻株 CZ-bkt1，叶黄素含量可达（13.81±1.23）mg/g[194]。③在叶黄素含量较低的微藻中，转入更高效率的功能基因。如建立根癌农杆菌介导普通小球藻的遗传转化体系，将 IPP 异构酶基因（*idi*）转入普通小球藻中，叶黄素含量最高达 0.84 mg/g，与野生型相比提高了 30.95%，叶黄素产量最高可达 1.98 mg/L，提高了 36.77%；将透明颤菌血红蛋白基因（*vgb*）转入普通小球藻中，叶黄素含量最高达 0.88 mg/g，与野生型相比提高了 5.93%，叶黄素产量最高达 2.91 mg/L，提高了 47.19%[195]。

（2）培养方式优化

除光能自养外，一些微藻还能通过异养或混养等多种营养方式培养，针对不同藻种探索最佳培养方式能有效提高叶黄素产量。通过比较不同培养方式对 *Scenedesmus obliquus* 产叶黄素的影响，发现同时添加葡萄糖与光照混合培养时叶黄素产量最高，达 6.45 mg/L，是自养的 2.6 倍，异养的 26.9 倍[196]。谢友坪等[197] 通过脉冲式添加氮源（即根据氮源的消耗定时添加氮源）培养藻株 F51，当初始氮源耗尽时，开始脉冲流加浓度为 880 mmol/L 硝酸钠溶液，使培养液中氮源浓度达到 2.2 mmol/L，待氮源耗尽时，再次开始脉冲流加氮源，叶黄素的产率达 3.56 mg/(L·d)。刘龙军[198] 在 1 L 发酵罐中进行 *Chlorella protothecoides* 的间歇流加培养，叶黄素产量达 40 mg/L，比分批培养提高了 23.8%，实现了叶黄素的高效积累。Ho 等[199] 用补偿率为 10%的新鲜培养基通过半连续操作来培养微藻 FSP-3，生物量达 1304.8 mg/(L·d)，叶黄素生产率达 6.01 mg/(L·d)。

3.4.5.4 生物合成市场潜力与发展方向

利用微藻生产叶黄素具有广阔的发展前景。目前，在叶黄素高产藻种筛选、生物合成代谢调控、高效节能提取工艺、功效活性发现及稳定性提升等方面都取得了较大进展，但离真正实现工业化生产还有一定距离。今后，仍要坚持"提高产率，降低成本"的原则，优选或改良获取更有竞争力的生产藻株，基于代谢网络通量分析微藻叶黄素合成途径并优化发酵工艺，建立叶黄素低能耗提取与藻体综合利用成套技术，开发高稳定性和高利用率的叶黄素新剂型等是未来的发展方向。

参考文献

[1] Bilal M, Xu S, Iqbal H M N, et al. *Yarrowia lipolytica* as an emerging biotechnological chassis for functional sugars biosynthesis [J]. Critical Reviews in Food Science and Nutrition, 2021, 61: 535-552.

[2] Murzin D Y, Daigue E, Slotte R, et al. Techno-economic analysis for production of L-arabitol from L-arabinose [J]. Chemical Engineering & Technology, 2020, 43: 1260-1267.

[3] 袁淏，展现明，陆启明，等．化学氧化法合成 D-阿拉伯糖的工艺研究 [J]. 化学研究与应用，2012，24：a151-153.

[4] 朱路甲，张雪梅，赵守明，等．L-阿拉伯糖从木糖母液中色谱分离树脂的合成研究 [J]. 中国食品添加剂，2012，144-147.

[5] 曹艳子，刘艳，单春乔，等．初探微生物法处理农作物生产 L-阿拉伯糖 [J]. 中国酿造，2012，31：151-154.

[6] 李荣杰．微生物发酵法在木糖醇联产 L-阿拉伯糖生产工艺中的应用 [J]. 生物产业技术，2012，1：78-80.

[7] Maki K C, Gibson G R, Dickmann R S, et al. Digestive and physiologic effects of a wheat bran extract, arabino-xylan-oligosaccharide, in breakfast cereal [J]. Nutrition, 2012, 28: 1115-1121.

[8] Fang Z, Zhang W, Zhang T, et al. Isomerases and epimerases for biotransformation of pentoses [J]. Applied Microbiology and Biotechnology, 2018, 102: 7283-7292.

[9] Spagnuolo M, Crecchio C, Pizzigallo M D R, et al. Fractionation of sugar beet pulp into

pectin, cellulose, and arabinose by arabinases combined with ultrafiltration [J]. Biotechnology and Bioengineering, 1999, 64: 685-691.

[10] Helanto M, Kiviharju K, Leisola M, et al. Metabolic engineering of *Lactobacillus plantarum* for production of l-ribulose [J]. Applied and Environmental Microbiology, 2007, 73: 7083-7091.

[11] Liu X, Li Z, Chen Z, et al. Production of l-ribulose using an encapsulated l-arabinose isomerase in yeast spores [J]. Journal of Agricultural and Food Chemistry, 2019, 67: 4868-4875.

[12] Yeo I S, Shim W Y, Kim J H. Construction of genetically engineered *Candida tropicalis* for conversion of l-arabinose to l-ribulose [J]. Journal of Biotechnology, 2018, 274: 9-14.

[13] Wang J, Chen Q, Wang X, et al. The biosynthesis of D-1,2,4-butanetriol from D-arabinose with an engineered *Escherichia coli* [J]. Frontiers in Bioengineering and Biotechnology, 2022, 10.

[14] Chapla D, Pandit P, Shah A. Production of xylooligosaccharides from corncob xylan by fungal xylanase and their utilization by probiotics [J]. Bioresource Technology, 2012, 115: 215-221.

[15] Sun Y, Yi X, Li Y, et al. Isolation and composition analysis of functional oligosaccharides from black-grained wheat [J]. Journal of the Chinese Cereals and Oils Association, 2017, 32: 7-12.

[16] 刘事达，王芳，程颖，等．低聚木糖的制备、生理功能及其在动物生产中的应用 [J]. 饲料研究，2024，47 (04)：132-137.

[17] Driss D, Zouari-Ellouzi S, Chaari F, et al. Production and *in vitro* evaluation of xylooligosaccharides generated from corncobs using immobilized *Penicillium occitanis* xylanase [J]. Journal of Molecular Catalysis B Enzymatic, 2014, 102: 146-153.

[18] Peng P, Peng F, Bian J, et al. Studies on the starch and hemicelluloses fractionated by graded ethanol precipitation from bamboo *phyllostachys bambusoides* f. shouzhu Yi [J]. Journal of Agricultural and Food Chemistry, 2011, 59: 2680.

[19] 沈芮．木聚糖酶法和酸法水解生成低聚木糖的研究 [D]. 北京：北京化工大学，2016.

[20] Sheu W H H, Lee I T, Chen W, et al. Effects of xylooligosaccharides in type 2 diabetes mellitus [J]. Journal of Nutritional Science and Vitaminology, 2008, 54: 396-401.

[21] Wang J, Cao Y, Wang C, et al. Wheat bran xylooligosaccharides improve blood lipid metabolism and antioxidant status in rats fed a high-fat diet [J]. Carbohydrate Polymers, 2011, 86: 1192-1197.

[22] Broekaert W F, Courtin C M, Verbeke K, et al. Prebiotic and other health-related effects of cereal-derived arabinoxylans, arabinoxylan-oligosaccharides, and xylooligosaccharides [J]. Critical Reviews in Food Science and Nutrition, 2011, 51: 178-194.

[23] Sarma S M, Singh D P, Singh P, et al. Finger millet arabinoxylan protects mice from high-fat diet induced lipid derangements, inflammation, endotoxemia and gut bacterial dysbiosis [J]. International Journal of Biological Macromolecules: Structure, Function and Interactions, 2018, 106: 994-1003.

[24] Chung Y C, Hsu C K, Ko C Y, et al. Dietary intake of xylooligosaccharides improves the

intestinal microbiota, fecal moisture, and pH value in the elderly [J]. Nutrition Research, 2007, 27: 756-761.

[25] Guerreiro I, Oliva-Teles A, Enes P. Improved glucose and lipid metabolism in European sea bass (Dicentrarchus labrax) fed short-chain fructooligosaccharides and xylooligosaccharides [J]. Aquaculture, 2015, 441: 57-63.

[26] Hoseinifar S H, Mirvaghefi A, Merrifield D L, et al. The study of some haematological and serum biochemical parameters of juvenile beluga (Huso huso) fed oligofructose [J]. Fish Physiology and Biochemistry, 2011, 37: 91-96.

[27] Zhou L, Song W, Liu T, et al. Multi-omics insights into anti-colitis benefits of the synbiotic and postbiotic derived from wheat bran arabinoxylan and Limosilactobacillus reuteri [J]. International Journal of Biological Macromolecules, 2024, 278: 134860.

[28] Wolever T M, Tosh S M, Gibbs A L, et al. Physicochemical properties of oat beta-glucan influence its ability to reduce serum LDL cholesterol in humans: a randomized clinical trial [J]. The American Journal of Clinical Nutrition: Official Journal of the American Society for Clinical Nutrition, 2010, 92 (4): 723-732.

[29] Garcia A L, Otto B, Reich S C, et al. Arabinoxylan consumption decreases postprandial serum glucose, serum insulin and plasma total ghrelin response in subjects with impaired glucose tolerance [J]. Nature Publishing Group, 2007, 61 (3): 334-341.

[30] Gunness P, Williams B A, Gerrits W J J, et al. Circulating triglycerides and bile acids are reduced by a soluble wheat arabinoxylan via modulation of bile concentration and lipid digestion rates in a pig model [J]. Molecular Nutrition & Food Research, 2016, 60: 642-651.

[31] 张军华. 低聚木糖单一组分的制备分离及其用于双歧杆菌的体外培养 [D]. 南京: 南京林业大学, 2005.

[32] Macfarlane G T, Gibson G R, Cummings J H et al. Comparison of fermentation reactions in different regions of the human colon [J]. Journal of Applied Microbiology, 1992, 72: 57-64.

[33] Bird A R, Conlon M A, Christophersen C T, et al. Resistant starch, large bowel fermentation and a broader perspective of prebiotics and probiotics [J]. Beneficial Microbes, 2010, 1: 423-431.

[34] Iida T, Yamada T, Hayashi N, et al. Reduction of abdominal fat accumulation in rats by 8-week ingestion of a newly developed sweetener made from high fructose corn syrup [J]. Food Chemistry, 2013, 138: 781-785.

[35] Salas-Veizaga D M, Villagomez R, Linares-Pastén J, et al. Extraction of glucuronoarabinoxylan from quinoa stalks (Chenopodium quinoa Willd.) and evaluation of Xylooligosaccharides produced by GH10 and GH11 xylanases [J]. Journal of Agricultural and Food Chemistry, 2017, acs. jafc. 7b01737.

[36] Chen M H, Swanson K S, Fahey G C, et al. *In Vitro* fermentation of xylooligosaccharides produced from miscanthus × giganteus by human fecal microbiota [J]. Journal of Agricultural and Food Chemistry, 2016.

[37] Hald S, Schioldan A G, Moore M E, et al. Effects of arabinoxylan and resistant starch on intestinal microbiota and short-chain fatty acids in subjects with metabolic syndrome: a randomised crossover study [J]. PloS One, 2016, 11: e0159223.

[38] Buruiana C T, Gómez B, Vizireanu C, et al. Manufacture and evaluation of xylooligosaccharides from corn stover as emerging prebiotic candidates for human health [J]. LWT-Food Science and Technology, 2017, 77: 449-459.

[39] Thakur B K, Malaise Y, Choudhury S R, et al. Dietary fibre counters the oncogenic potential of colibactin-producing Escherichia coli in colorectal cancer [J]. Nature Microbiology, 2025, 10: 855-870.

[40] Cao L, Liu X, Qian T, et al. Antitumor and immunomodulatory activity of arabinoxylans: a major constituent of wheat bran [J]. International Journal of Biological Macromolecules, 2011, 48: 160-164.

[41] Mendis M, Simsek S. Arabinoxylans and human health [J]. Food Hydrocolloids, 2014, 42: 239-243.

[42] 韩鹏飞，郭建忠，李兵，等．固体酸催化水解木聚糖制备低聚木糖的工艺条件优化 [J]. 食品工业科技，2017，38：200-203，207.

[43] Zhang H Y, Xu Y, Yu S Y. Co-production of functional xylooligosaccharides and fermentable sugars from corncob with effective acetic acid prehydrolysis [J]. Bioresource Technology Biomass Bioenergy Biowastes Conversion Technologies Biotransformations Production Technologies, 2017, 234: 343-349.

[44] 连之娜，王艳娥，罗京，等．木聚糖高温自水解和醇沉分离制备低聚木糖 [J]. 林产化学与工业，2020，40：33-41.

[45] Sahota S, Shah G, Ghosh P, et al. Review of trends in biogas upgradation technologies and future perspectives [J]. Bioresource Technology Reports, 2018, 1: 79-88.

[46] 张立钊，卢昌丽，陈力力，等．酶法处理油茶籽壳制备低聚木糖工艺的优化 [J]. 食品工业，2020，41：126-129.

[47] 陈嘉川，董吉冉，杨桂花，等．聚木糖酶处理桉木预水解液制备低聚木糖的研究 [J]. 中国造纸，2019，38：1-7.

[48] 潘炳菊，张宛怡，申会涛，等．甘露寡糖分离纯化研究进展 [J]. 中国生物工程杂志，2020，40：90-95.

[49] Jian H L, Zhu L W, Zhang W M, et al. Enzymatic production and characterization of manno-oligosaccharides from *Gleditsia sinensis* galactomannan gum [J]. International Journal of Biological Macromolecules, 2013, 55: 282-288.

[50] Al-Ghazzewi F, Tester R F. Efficacy of cellulase and mannanase hydrolysates of konjac glucomannan to promote the growth of lactic acid bacteria [J]. Journal of the Science of Food and Agriculture, 2012, 92 (11): 2394-2396.

[51] Pradeep G C, Cho S S, Choi Y H, et al. An extremely alkaline mannanase from *Streptomyces* sp. CS428 hydrolyzes galactomannan producing series of mannooligosaccharides [J]. World Journal of Microbiology & Biotechnology, 2016, 32: 84.

[52] Jian H L, Lin X J, Zhang W A, et al. Characterization of fractional precipitation behavior of galactomannan gums with ethanol and isopropanol [J]. Food Hydrocolloids, 2014, 40: 115-121.

[53] Ahirwar S, Soni H, Prajapati B P, et al. Isolation and screening of thermophilic and thermotolerant fungi for production of hemicellulases from heated environments [J]. Mycology, 2017: 1337657.

[54] Chiyanzu I, Brienzo M, García-Aparicio M P, et al. Application of endo-β-1,4,D-mannanase and cellulase for the release of mannooligosaccharides from steam-pretreated spent coffee ground [J]. Applied Biochemistry and Biotechnology, 2014, 172: 3538-3557.

[55] Li Y X, Yi P, Liu J, et al. High-level expression of an engineered β-mannanase (mRm-Man5A) in *Pichia pastoris* for manno-oligosaccharide production using steam explosion pretreated palm kernel cake [J]. Bioresource Technology, 2018, 256: 30.

[56] Numpilai T, Pham L K H, Witoon T. Advances in Ionic Liquid Technologies for CO_2 Capture and Conversion: A Comprehensive Review [J]. Industrial & Engineering Chemistry Research, 2024, 63: 19865-19915.

[57] 刘梦璐，袁卫涛，李宁，等. 功能性甜味剂 D-阿洛酮糖研究进展 [J]. 中国食品添加剂，2022，33：21-25.

[58] Fukada K, Ishii T, Tanaka K, et al. Crystal structure, solubility, and mutarotation of the rare monosaccharide D-psicose [J]. Bulletin of the Chemical Society of Japan, 2010, 83: 1193-1197.

[59] Hu M, Li M, Jiang B, et al. Bioproduction of D-allulose: properties, applications, purification, and future perspectives [J]. Comprehensive Reviews in Food Science and Food Safety, 2021, 20: 6012-6026.

[60] Franchi F, Yaranov D M, Rollini F, et al. Effects of D-allulose on glucose tolerance and insulin response to a standard oral sucrose load: results of a prospective, randomized, crossover study [J]. BMJ Open Diabetes Research & Care, 2021, 9: e001939.

[61] Takata M K, Yamaguchi F, Nakanose K, et al. Neuroprotective effect of D-psicose on 6-hydroxydopamine-induced apoptosis in rat pheochromocytoma (PC12) cells [J]. Journal of Bioscience and Bioengineering, 2005: 108-112.

[62] Sato M, Kurose H, Yamasaki T, et al. Potential anthelmintic: D-psicose inhibits motility, growth and reproductive maturity of L1 larvae of *Caenorhabditis elegans* [J]. Journal of Natural Medicines, 2008, 62: 244-246.

[63] Sun Y, Hayakawa S, Ogawa M, et al. Antioxidant properties of custard pudding dessert containing rare hexose, D-psicose [J]. Food Control, 2007, 18: 220-227.

[64] Sun Y, Hayakawa S, Ogawa M, et al. Influence of a rare sugar, D-psicose, on the physicochemical and functional properties of an aerated food system containing egg albumen [J]. Journal of Agricultural and Food Chemistry, 2008, 56: 4789.

[65] Granstrm T B, Takata G, Tokuda M, et al. Izumoring: A novel and complete strategy for bioproduction of rare sugars [J]. Journal of Bioscience and Bioengineering, 2004, 97: 89-94.

[66] Zhang Z, Wu R, Cao S, et al. Merging total synthesis and NMR technology for deciphering the realistic structure of natural 2,6-dideoxyglycosides [J]. Science Advances, 2024, 10: eadn1305.

[67] Northrup A B, MacMillan D W C. Two-step synthesis of carbohydrates by selective aldol reactions [J]. Science, 2004, 305: 1752-1755.

[68] 方志杰，李松，程杰，等. 一种由糖酸内酯出发合成稀有己酮糖和庚酮糖的方法 [P]. 中国，ZL200910031931，2010. 9. 1.

[69] 王成福，方春雷，杜瑞锋，等. 一种阿洛酮糖的制备方法及其应用 [P]. 中国，

ZL10444788813，2017. 8. 1.
[70] 朱季 . 阿洛酮糖及衍生物的合成研究 [D]. 大连：大连理工大学，2015.
[71] Park C S，Park C S，Shin K C，et al. Production of D-psicose from D-fructose by whole recombinant cells with high-level expression of D-psicose 3-epimerase from *Agrobacterium tumefaciens* [J]. Journal of Bioscience and Bioengineering，2016，121：186-190.
[72] Jeong S H，Kwon M，Kim S W. Advanced whole-cell conversion for D-allulose production using an engineered *Corynebacterium glutamicum* [J]. Biotechnology and Bioprocess Engineering，2022，27：276-285.
[73] Li C，Lin J Q，Guo Q Q，et al. D-psicose 3-epimerase secretory overexpression，immobilization，and D-psicose biotransformation，separation and crystallization [J]. Journal of Chemical Technology and Biotechnology，2017，93 (2)：350-357.
[74] Yang P，Zhu X，Zheng Z，et al. Cell regeneration and cyclic catalysis of engineered *Kluyveromyces marxianus* of a D-psicose-3-epimerase gene from *Agrobacterium tumefaciens* for D-allulose production [J]. World Journal of Microbiology & Biotechnology，2018，34：65.
[75] Zhu Z，Li L，Zhang W，et al. Improving the enzyme property of D-allulose 3-epimerase from a thermophilic organism of *Halanaerobium congolense* through rational design [J]. Enzyme and Microbial Technology，149：109850.
[76] Chen X，Wang W，Xu J，et al. Production of D-psicose from D-glucose by co-expression of d-psicose 3-epimerase and xylose isomerase [J]. Enzyme and Microbial Technology，2017，105：18-23.
[77] Zhang W，Li H，Jiang B，et al. Production of d-allulose from d-glucose by *Escherichia coli* transformant cells co-expressing D-glucose isomerase and D-psicose 3-epimerase genes [J]. Journal of the Science of Food and Agriculture，2017.
[78] Zhao J，Wei H，Chen J，et al. Efficient biosynthesis of D-allulose in Bacillus subtilis through D-psicose 3-epimerase translation modification [J]. International Journal of Biological Macromolecules，2021，187：1-8.
[79] Gullapalli P，Takata G，Poonperm W，et al. Bioproduction of D-psicose from allitol with *Enterobacter aerogenes* IK7：a new frontier in rare ketose production [J]. Bioence Biotechnology and Biochemistry，2007，71：3048-3054.
[80] Poonperm，Wayoon，Takata，et al. Efficient conversion of allitol to D-psicose by *Bacillus pallidus* Y25 [J]. Journal of Bioscience and Bioengineering，2007，103：282-285.
[81] Chen Y，Li D，Shan X，et al. Characterization of a sorbose oxidase involved in the biosynthesis of 2-keto-L-gulonic acid from *Gluconobacter oxydans* WSH-004 [J]. Process Biochemistry，2022，116.
[82] 李菁华，丛穆，王梓霖，等 . 生物基增塑剂对 PVC 人造革性能的影响 [J]. 汽车工艺与材料，2025，(08)：46-50.
[83] Unar I N，Soomro S A，Aziz S. Effect of various additives on the physical properties of polyvinylchloride resin [J]. Pakistan Journal of Analytical & Environmental Chemistry，2010，11：44-50.
[84] 李文博 . 生物基增塑剂的设计、制备及性能研究 [D]. 长春：长春工业大学，2021.
[85] 王笑妍，薛燕波，者东梅，等 . 邻苯二甲酸酯类增塑剂概况及法规标准现状 [J]. 中国塑

料，2019，33：95-105.

[86] Ma Y，Song F，Hu Y，et al. Highly branched and nontoxic plasticizers based on natural cashew shell oil by a facile and sustainable way [J]. Journal of Cleaner Production，2019，252：119597.

[87] 林明华，王华，郭建兵，等．环氧大豆油/桐油酸酐协同增韧聚乳酸-木质素复合材料 [J]. 中国塑料，2025，39（09）：38-43.

[88] 冯国东，马艳，贾普友，等．植物油基PVC增塑剂化学合成与应用 [J]. 林业工程学报，2020，5：18-28.

[89] 蒋平平，郑佳伟，王富才，等．一种利用高浓度双氧水反应热制备环氧大豆油的方法 [P]. 中国，ZL104086513A，2014.10.8.

[90] 甄曰菊，章俭，司同，等．一种脂肪酶催化制备环氧大豆油的方法 [P]. 中国，ZL104561149A，2015.4.29.

[91] 赵真真，武金朋，刘芳卫，等．环保型增塑剂的研究进展 [J]. 绿色包装，2020，12：21-24.

[92] 石万聪．增塑剂的毒性及相关限制法规 [J]. 塑料助剂，2010，3：43-47.

[93] 岑兰，孙鸣剑，王雪晶．环境友好无毒柠檬酸酯增塑剂的应用研究进展 [J]. 弹性体，2007，6：69-73.

[94] 林明华，王华，郭建兵，等．环氧大豆油/桐油酸酐协同增韧聚乳酸-木质素复合材料 [J]. 中国塑料，2025，39（09）：38-43.

[95] 张丽．柠檬酸酯类增塑剂的市场现状及前景 [J]. 塑料助剂，2008，1：10-11.

[96] 陈昊，杜山山，王焱明，等．合成柠檬酸酯类增塑剂催化剂及柠檬酸酯类增塑剂的应用 [J]. 工业催化，2017，25：14-17.

[97] 黄冬婷，孟飞，梁磊，等．聚酯增塑剂的研究进展 [J]. 广州化工，2018，46：5-7.

[98] 徐保明，张杰，韩洋洋，等．聚酯增塑剂的合成及改性研究进展 [J]. 化学世界，2014，55：697-699.

[99] 毛倩．生物基增塑剂绿色合成工艺研究 [D]. 北京：北京化工大学，2021.

[100] Nguyen T T L，Edelen A，Neighbors B，et al. Biocompatible lecithin-based microemulsions with rhamnolipid and sophorolipid biosurfactants：Formulation and potential applications [J]. Journal of Colloid and Interface Science，2010，348：498-504.

[101] 田静，王靖，冀光，等．鼠李糖脂生物表面活性剂及其纯化方法研究进展 [J]. 化学与生物工程，2010，27：4.

[102] 李敬龙，刘晔，潘爱珍．生物表面活性剂及其应用 [J]. 山东轻工业学院学报（自然科学版），2004，41-46.

[103] 任连海．我国餐厨废油的产生现状、危害及资源化技术 [J]. 北京工商大学学报（自然科学版），2011，29：11-14.

[104] Long X，Qin M，Sha R，et al. Two-step ultrafiltration of rhamnolipids using PSU-g-PEG membrane [J]. Journal of Membrane Science，2012，409：105-112.

[105] 冯艳，修建龙，伊丽娜，等．鼠李糖脂产量的提高及采油应用研究 [J]. 应用化工，2023，52（03）：795-800.

[106] 田丹妮，汪如婷，王鸿雁，等．鼠李糖脂对萘、菲、芘三种物质增溶作用研究 [J]. 西北民族大学学报：自然科学版，2015，36：5.

[107] Avery G，Naresh S，Roy E，et al. The role of salicylate and biosurfactant in inducing

phenanthrene degradation in batch soil slurries [J]. Applied Microbiology and Biotechnology, 2010, 86 (5): 1563-1571.

[108] 李俊峰，门晋名．鼠李糖脂在土壤污染修复中的应用研究进展 [J]. 应用化工，2012，41：697-700.

[109] Mungray A A, Kulkarni S V, Mungray A K. Removal of heavy metals from wastewater using micellar enhanced ultrafiltration technique: a review [J]. Central European Journal of Chemistry, 2011, 10 (1): 27-46.

[110] 金黎，宋志荣，孟琴．鼠李糖脂作为织物洗涤剂的应用研究 [J]. 日用化学工业，2013，5：346-349.

[111] 刘雪红，刘慧，高洁，等．鼠李糖脂在石油工业中的应用研究进展 [J]. 化学工业与工程技术，2012，2：5-8.

[112] Parmar N, Singh A. Biotechnology in enhanced petroleum oil recovery [M]. Canada: Springer Berlin Heidelberg, 2014: 239-245.

[113] Stover C K, Pham X Q, Erwin A L, et al. Complete genome sequence of *Pseudomonas aeruginosa* PAO1, an opportunistic pathogen [J]. Nature, 2000, 406: 959-964.

[114] Hörmann B, Müller M M, Syldatk c, et al. Rhamnolipid production by *Burkholderia plantarii* DSM 9509T [J]. European Journal of Lipid Science & Technology, 2010, 112 (6): 674-680.

[115] Burger M M, Glaser L, Burton R M. The Enzymatic Synthesis of a rhamnose-containing glycolipid by extracts of *Pseudomonas aeruginosa* [J]. Journal of Biological Chemistry, 1963, 1: 2595-2602.

[116] 李南臻，王刚，万玉军，等．产鼠李糖脂铜绿假单胞菌的选育及其发酵条件的优化研究 [J]. 食品与发酵科技，2018，1：1-8.

[117] 孙瑾．鼠李糖脂高产菌株的诱变筛选及遗传改造 [D]. 济南：山东大学，2015.

[118] Feng Z, Cui Q, Han S, et al. Enhanced rhamnolipid production of *Pseudomonas aeruginosa* SG by increasing copy number of rhlAB genes with modified promoter [J]. Rsc Advances, 2015, 5: 70546-70552.

[119] 冯蕾，谭之京，胡鸢雷，等．含血红蛋白基因（VHb）的铜绿假单胞菌重组菌的构建及鼠李糖脂表达条件的研究 [J]. 工业微生物，2012，3：78-82.

[120] Ochsner U A, Reiser J, Fiechter A, et al. Production of *Pseudomonas aeruginosa* rhamnolipid biosurfactants in *Heterologous Hosts* [J]. Applied and Environmental Microbiology, 1995, 61: 3503-3506.

[121] Biselli A, Willenbrink A L, Leipnitz M, et al. Development, evaluation, and optimisation of downstream process concepts for rhamnolipids and 3-(3-hydroxyalkanoyloxy) alkanoic acids [J]. Separation and Purification Technology, 2020, 250: 117031.

[122] Wang Q, Fang X, Bai B, et al. Engineering bacteria for production of rhamnolipid as an agent for enhanced oil recovery [J]. Biotechnology and Bioengineering, 2007, 98: 842-853.

[123] 郝东辉．采油微生物筛选、鼠李糖脂产脂性能及关键酶基因克隆与表达研究 [D]. 济南：山东大学，2008.

[124] Cha M, Lee N, Kim M, et al. Heterologous production of *Pseudomonas aeruginosa* EMS1 biosurfactant in *Pseudomonas putida* [J]. Bioresource Technology, 2008, 99:

2192-2199.

[125] Wittgens A, Tiso T, Arndt T T, et al. Growth independent rhamnolipid production from glucose using the non-pathogenic *Pseudomonas putida* KT2440 [J]. Microbial Cell Factories, 2011, 10: 80-80.

[126] Tavares L, Silva P M, Junqueira M, et al. Characterization of rhamnolipids produced by wild-type and engineered *Burkholderia kururiensis* [J]. Applied Microbiology and Biotechnology, 2013, 97: 1909-1921.

[127] Wittgens A, Kovacic F, Mueller M M, et al. Novel insights into biosynthesis and uptake of rhamnolipids and their precursors [J]. Applied Microbiology and Biotechnology, 2017, 101.

[128] Lei L, Zhao F, Han S, et al. Enhanced rhamnolipids production in *Pseudomonas aeruginosa* SG by selectively blocking metabolic bypasses of glycosyl and fatty acid precursors [J]. Biotechnology Letters, 2020, 42: 997-1002.

[129] Choi M H, Xu J, Gutierrez M, et al. Metabolic relationship between polyhydroxyalkanoic acid and rhamnolipid synthesis in *Pseudomonas aeruginosa*: comparative C-13 NMR analysis of the products in wild-type and mutants [J]. Journal of Biotechnology, 2011, 151: 30-42.

[130] Zhijin, Gong, Qiuhong, et al. Optimization and scale-up of the production of rhamnolipid by *Pseudomonas aeruginosa* in solid-state fermentation using high-density polyurethane foam as an inert support [J]. Bioprocess and Biosystems Engineering, 2020, 43: 385-392.

[131] 张澄. 铜绿假单胞菌产鼠李糖脂发酵条件优化与产物性质研究 [D]. 杭州：浙江大学，2018.

[132] dos Santos A S, Jr Pereira N, Freire D M G. Strategies for improved rhamnolipid production by Pseudomonas aeruginosa PA1 [J]. PeerJ, 2016, 4: e2078.

[133] Camilios-Neto D, Bugay C, de Santana-Filho A P, et al. Production of rhamnolipids in solid-state cultivation using a mixture of sugarcane bagasse and corn bran supplemented with glycerol and soybean oil [J]. Applied Microbiology and Biotechnology, 2011, 89: 1395-1403.

[134] 张卉，陈小旭，李东华，等. 餐厨废弃油脂生物转化鼠李糖脂的研究进展 [J]. 食品研究与开发，2017，38：4.

[135] 王鹏照，刘熠斌，杨朝合. 我国餐厨废油资源化利用现状及展望 [J]. 化工进展，2014，33：1022-1029.

[136] Spencer J, Tulloch A P, Gorin P. Fermentation of long chain compounds by *Torulopsis magnoliae*. Ⅱ. factors influencing production of hydroxy fatty acid glycosides [J]. Biotechnology and Bioengineering, 2010, 4: 271-279.

[137] Price N, Ray K J, Vermillion K E, et al. Structural characterization of novel sophorolipid biosurfactants from a newly identified species of *Candida yeast* [J]. Carbohydrate Research, 2012, 348: 33-41.

[138] Spencer J F T, Gorin P A J, Tulloch A P. *Torulopsis bombicola* sp. n. [J]. Antonie van Leeuwenhoek, 1970, 36: 129-133.

[139] 唐玉景，龙旭伟. 槐糖脂的生物合成、发酵及分离纯化 [J]. 微生物学报，2021，61：

1123-1142.

[140] Jiang J, Zu Y, Li X, et al. Recent progress towards industrial rhamnolipids fermentation: process optimization and foam control [J]. Bioresource Technology, 2019, 298: 122394.

[141] Hayes D G, Smith G A. Biobased Surfactants: overview and industrial state of the art-scienceDirect [M]. 2nd ed. United States: Biobased Surfactants, 2019: 3-38.

[142] Ma X J, Zhang H M, Lu X F, et al. Mutant breeding of *Starmerella bombicola* by atmospheric and room-temperature plasma (ARTP) for improved production of specific or total sophorolipids [J]. Bioprocess and Biosystems Engineering, 2020, 43: 1869-1883.

[143] Chen Y, Tian X, Li Q, et al. Target-site directed rational high-throughput screening system for high sophorolipids production by *Candida bombicola* [J]. Bioresource Technology, 2020, 315: 123856.

[144] Ma X J, Hui L, Wang D X, et al. Sophorolipid production from delignined corncob residue by *Wickerhamiella domercqiae var*. sophorolipid CGMCC 1576 and *Cryptococcus curvatus* ATCC 96219 [J]. Applied Microbiology and Biotechnology, 2014, 98: 475-483.

[145] Ramer R, Walther U, Borchert P, et al. Induction but not inhibition of COX-2 confers human lung cancer cell apoptosis by celecoxib [J]. Journal of Lipid Research, 2013, 54: 3116-3129.

[146] Soetaert W, Saerens K M, Saey L. One-step production of unacetylated sophorolipids by an acetyltransferase negative *Candida bombicola* [J]. Biotechnology and Bioengineering, 2011, 108: 2923-2931.

[147] Roelants S L, Ciesielska K, De Maeseneire S L, et al. Towards the industrialization of new biosurfactants: Biotechnological opportunities for the lactone esterase gene from Starmerella bombicola [J]. Biotechnology and Bioengineering, 2016, 113: 550-559.

[148] Van Renterghem L, Roelants S, Baccile N, et al. From lab to market: An integrated bioprocess design approach for new-to-nature biosurfactants produced by Starmerella bombicola [J]. Biotechnology and Bioengineering, 2018, 115: 1195-1206.

[149] Takahashi F, Igarashi K, Takimura Y, et al. Elucidation of secondary alcohol metabolism in *Starmerella bombicola* and contribution of primary alcohol oxidase FAO1 [J]. Nature Reviews Cancer, 2019, 19: 30753455.

[150] Anne-Marie D, Rémy M, Jean-Paul V. Sophorose lipid production from lipidic precursors: predictive evaluation of industrial substrates [J]. Journal of Industrial Microbiology and Biotechnology, 13 (4): 249-257.

[151] Daniel H J, Reuss M, Syldatk C. Production of sophorolipids in high concentration from deproteinized whey and rapeseed oil in a two stage fed batch process using *Candida bombicola* ATCC 22214 and *Cryptococcus curvatus* ATCC 20509 [J]. Biotechnology Letters, 1998, 20: 1153-1156.

[152] Mccaffrey W C, Cooper D G. Sophorolipids production by *Candida bombicola* using self-cycling fermentation [J]. Journal of Fermentation and Bioengineering, 1995, 79: 146-151.

[153] Remy M, Michel W, Bernard C. Process for the production of sophorolipids by cyclic fermentation with fatty acid esters or oil supply, EP.

[154] Dória M, Cotrim C Z, Simoes C, et al. Lipidomic analysis of phospholipids from human mammary epithelial and breast cancer cell lines [J]. Journal of Cellular Physiology, 2013, 228: 457-468.

[155] Dolman B M, Kaisermann C, Martin P J, et al. Integrated sophorolipid production and gravity separation [J]. Process Biochemistry, 2017, 54: 162-171.

[156] Liu Z, Tian X, Chen Y, et al. Efficient sophorolipids production via a novel in situ separation technology by Starmerella bombicola [J]. Process Biochemistry, 2019, 81: 1-10.

[157] Wang H, Kaur G, To M H, et al. Efficient in-situ separation design for long-term sophorolipids fermentation with high productivity-ScienceDirect [J]. Journal of Cleaner Production, 2020, 246: 118995.

[158] Rodríguez A, Gea T, Font X. Sophorolipids Production from Oil Cake by Solid-State Fermentation. Inventory for Economic and Environmental Assessment [J]. Frontiers in Chemical Engineering, 2021, 3: 632752.

[159] Jiménez-Pealver P, Castillejos M, Koh A, et al. Production and characterization of sophorolipids from stearic acid by solid-state fermentation, a cleaner alternative to chemical surfactants [J]. Journal of Clearer production, 2018, 172: 2735-2747.

[160] Hw A, Cwt B, Ming H, et al. Techno-economic evaluation of a biorefinery applying food waste for sophorolipid production-A case study for Hong Kong [J]. Bioresource Technology, 2020, 303: 122852.

[161] Matsumura S, 于珍祥. 正烷基葡糖苷、甘露糖苷和半乳糖苷的表面活性、生物降解性和抗菌性 [J]. 日用化学品科学, 1992, 3: 1-6.

[162] Kobayashi T, Matsuno A R. Synthesis of alkyl fucosides through β-glucosidase-catalyzed condensation of fucose and 1-alcohols [J]. Biotechnology Letters, 1999, 21 (2): 105-109.

[163] Oswald G, Corcoran S, Yudkin J. Prevalence and risks of hyperglycaemia and undiagnosed diabetes in patients with acute myocardial infarction [J]. Lancet, 1984, 323: 1264-1267.

[164] Mladenoska I. Synthesis of Octyl-β-Glucoside Catalyzed by Almond β-Glucosidase in Unconventional Reaction Media [J]. Food Technology and Biotechnology, 2016, 54: 211-216.

[165] 朱运平, 江正强, 李思特, 等. 烷基木糖苷的酶法合成及其纯化 [J]. 过程工程学报, 2004, 6: 572-576.

[166] Lancefield C S, Rashid G, Bouxin F, et al. Investigation of the chemocatalytic and biocatalytic valorization of a range of different lignin preparations: the importance of β-O-4 content [J]. ACS Sustainable Chemistry & Engineering, 2016, 4 (12): 6921-6930.

[167] 曹克任. 我国食品安全现状及食品检测技术概述 [J]. 中国食品, 2021, 14: 144-145.

[168] 尚心悦. 食品添加剂的研究现状分析 [J]. 数码世界, 2018, 1: 317-318.

[169] 白长胜. 利用提取菲汀后的玉米浸泡水发酵生产谷氨酸 [J]. 中国调味品, 2020, 45: 112-114.

[170] 尤新. 2006 年我国食品添加剂发展趋势 [J]. 食品工业科技, 2007, 2: 11-16.

[171] 王博彦, 金其荣. 发酵有机酸生产与应用手册 [M]. 北京: 中国轻工业出版社, 2000.

[172] 周彩荣, 周钟贤. 溶剂萃取法从发酵清液中提取纯柠檬酸 [J]. 高校化学工程学报,

1994，4：379-382.

[173] 管国锋，马晓龙，蔡锐，等．柠檬酸稀溶液的络合萃取研究［J］. 高校化学工程学报，2001，4：378-382.

[174] 高年发，杨枫，李颖宪．分离提纯柠檬酸工艺［P］. 中国，ZL1060522C，2001. 1. 10.

[175] 赵肖为，郑重鸣，杨琛，等．柠檬酸在D354树脂上的动态交换过程［J］. 离子交换与吸附，1996，6：493-499.

[176] 秦涛，赵立新．从柠檬酸发酵液中提取柠檬酸的方法［P］. 中国，ZL1035000C，1997. 5. 28.

[177] 段海宝，李秋萍，彭奇均．柠檬酸提纯新工艺研究［J］. 化工中间体，2003，17：30-31.

[178] Martí-Calatayud M C，Ruiz-García M，Pérez-Herranz V. On the selective transport of mixtures of organic and inorganic anions through anion-exchange membranes：A case study about the separation of nitrates and citric acid by electrodialysis［J］. Separation and Purification Technology，2025，354：128951.

[179] 朱亦仁，张仲华，普敏莉．液膜法提取发酵液中的柠檬酸——分离原理及膜配方［J］. 水处理技术，2000，5：277-280.

[180] 李皓淑，任钟旗，张卫东，等．利用中空纤维更新液膜技术从稀溶液中提取柠檬酸［J］. 食品科技，2007，32：141-144.

[181] Roukas T. The role of oxidative stress on carotene production by Blakeslea trispora in submerged fermentation［J］. Critical Reviews in Biotechnology，2016，36（3）：424-433.

[182] Yang J，Guo L. Biosynthesis of β-carotene in engineered E. coli using the MEP and MVA pathways［J］. Microbial Cell Factories，2014，13：160.

[183] Zhao J，Li Q，Sun T，et al. Engineering central metabolic modules of Escherichia coli for improving β-carotene production［J］. Metabolic Engineering，2013，17：42-50.

[184] Nam H K，Choi J G，Lee J H，et al. Increase in the production of β-carotene in recombinant Escherichia coli cultured in a chemically defined medium supplemented with amino acids［J］. Biotechnology Letters，2013，35（2）：262-271.

[185] Li Y，Lin Z，Huang C，et al. Metabolic engineering of Escherichia coli using CRISPR-Cas9 meditated genome editing［J］. Metabolic Engineering，2015，31：13-21.

[186] Wang C，Kim J H，Kim S W. Synthetic Biology and Metabolic Engineering for Marine Carotenoids：New Opportunities and Future Prospects［J］. Marine Drugs，2014，12：4810-4832.

[187] Zhang C，Chen X，Zou R，et al. Combining genotype improvement and statistical media optimization for isoprenoid production in *E. coli*［J］. PloS One，2013，8（10）：e75164.

[188] 黄战鏖，侯峰．芳樟醇合成的研究进展及绿色评估［J］. 应用技术学报，2017，17：136-145＋150.

[189] Pommer H，Nürrenbach A. Industrial synthesis of terpene compounds［J］. Pure and Applied Chemistry，1975，43：527-551.

[190] 刘国峰．茶树黄化与正常叶中儿茶素的代谢调控及芳樟醇生物合成［D］. 合肥：安徽农业大学，2017.

[191] 王进，张瑶瑶，刘伟，等．一种芳樟醇生物合成及纯化制备方法［P］. 中国，ZL109554403A，2019. 4. 2.

[192] 汪雨茜，李大婧，何伟伟，等．高等植物叶黄素合成代谢与调控机制［J］. 食品工业科

技，2018，39（15）：322-328.

［193］ Cordero B F，Couso I，León R，et al. Enhancement of carotenoids biosynthesis in Chlamydomonas reinhardtii by nuclear transformation using a phytoene synthase gene isolated from Chlorella zofingiensis［J］. Applied Microbiology and Biotechnology，2011，91：341-351.

［194］ Huang W P，Lin Y，He M，et al. Induced High-Yield Production of Zeaxanthin，Lutein，and beta-Carotene by a Mutant of Chlorella zofingiensis［J］. Journal of Agricultural and Food Chemistry，2018，66（4）：891-897.

［195］ 马瑞娟. 根癌农杆菌介导产叶黄素小球藻遗传转化的研究［D］. 福建：国家海洋局第三海洋研究所，2013.

［196］ 郑伟. 栅藻两步法培养提高叶黄素产量及提取工艺的优化［D］. 北京：北京化工大学，2017.

［197］ 谢友坪，赵旭蕊，阳需求，等. 脉冲式添加氮源对耐温微藻 *Desmodesmus* sp. F51 细胞生长和细胞组成的影响［J］. 食品科学，2017，38：64-70.

［198］ 刘龙军. 异养小球藻的高密度培养及积累叶黄素的研究［D］. 广州：华南理工大学，2007.

［199］ Ho S H，Xie Y，Chan M C，et al. Effects of nitrogen source availability and bioreactor operating strategies on lutein production with *Scenedesmus obliquus* FSP-3［J］. Bioresource Technology，2015，184：131-138.

第4章 生物合成生物基医药化学品

4.1 小分子原料药

4.1.1 青蒿素

青蒿素（artemisinin，结构式见图 4-1）是一种有机化合物，是含有环内过氧桥结构的倍半萜内酯，分子式为 $C_{15}H_{22}O_5$，分子量 282.34。青蒿素为无色针状结晶，熔点为 156～157℃，易溶于氯仿、丙酮、乙酸乙酯和苯，可溶于乙醇、乙醚，微溶于冷石油醚，几乎不溶于水。因其具有特殊的过氧基团，对热不稳定，易受湿、热和还原性物质的影响而分解[1]（表 4-1）。

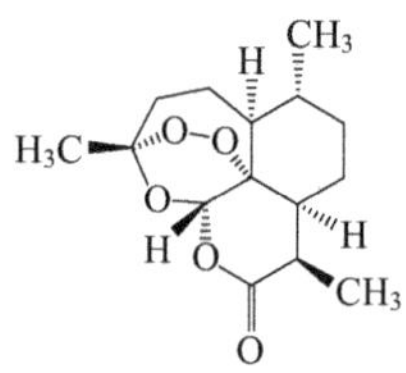

图 4-1 青蒿素结构

表 4-1 青蒿素的理化性质

中文名	青蒿素	熔点	156～157℃
英文名	artemisinin	水溶性	几乎不溶
化学式	$C_{15}H_{22}O_5$	密度	1.3 g/cm^3
分子量	282.34	外观	无色针状结晶
CAS 号	63968-64-9	应用	治疗疟疾、抗肿瘤、治疗肺动脉高压、抗糖尿病等

近年来随着研究的深入，青蒿素的作用也越来越多地被发现和应用，如抗疟疾、抗肿瘤、治疗肺动脉高压、抗糖尿病、抗真菌、免疫调节、抗病毒、抗炎、抗肺纤维化等多种药理作用[2]。2015 年 10 月，屠呦呦因创制新型抗

疟药——青蒿素和双氢青蒿素的贡献，与另外两位科学家获 2015 年度诺贝尔生理学或医学奖[3]。

4.1.1.1 应用价值

体外实验表明，一定剂量的青蒿素可以使肝癌细胞、乳腺癌细胞、宫颈癌细胞等多种癌细胞凋亡，明显抑制癌细胞的生长。研究发现[4]，青蒿素可以调控肿瘤细胞的周期蛋白表达，增强 CKIs 作用，导致肿瘤细胞周期阻滞，导致细胞凋亡，抑制肿瘤血管生成等来抵抗肿瘤的发生和发展。青蒿素对白血病的治疗，是通过作用于白血病细胞的细胞膜，增加膜的通透性，改变渗透压，导致细胞内的钙离子浓度升高，从而激活钙蛋白酶，使其细胞膜胀裂，同时加速促使细胞凋亡物质的释放，增加细胞凋亡速度[5]。

4.1.1.2 化学合成路径

早在 1983 年国外的化学家 Schmid G 等[6] 发现了青蒿素的化学合成方法，以（一）-2-异薄勒醇为原料，利用光氧化反应引进氧基得到中间体，再经过环合反应合成了最终产物。合成倍半萜内酯，主要有两个限速步骤：倍半萜母核的折叠和环化；含过氧桥的倍半萜内酯的形成。1986 年，我国科学家周维善以 *R*-(+)-香茅醛为原料合成了青蒿素。但由于合成步骤烦琐，总收率较低，甚至不到 1%，尚未实现工业化的可行性测评。虽然本次全合成成功合成了青蒿素，但是其中一些反应，合成的方向并不十分明确，生成多种混合物，而且最终青蒿素的产率较低，但是，这也为青蒿素的全合成迈出了关键的一步。

近些年青蒿素的全合成已经日趋成熟，方法很多。2010 年，Yadav 等[7] 也报道了以香茅醛为起始原料的全合成路线，经过光氧化反应等 12 步反应合成了青蒿素。该路线关键前体的总收率可达 13%，但由于最后一步光氧化的收率较低，只有 25%，总收率为 5%。2014 年，付彦辉课题组[8] 报道了一条非常简洁的青蒿素全合成路线，他们以廉价易得的环己烯酮为起始原料，通过使用串联反应等策略，避免使用保护基团，通过 5 步合成得到青蒿素，总收率可达 10%以上。1989 年，Mitchell 等[9] 研发出一种常规的化学半合成方法高效合成青蒿素。该方法[10] 以青蒿酸为起始原料，通过还原得到二氢青蒿素，然后在一种特定催化剂作用下，可在无需光照氧化条件下，将其高效氧化为过氧化二氢青蒿酸，最后经氧化重排以接近 60%总收率得到青蒿素。该方法合成路线短、收率高，而且无需光照等特殊化学条件，有望实现大规模工业化生产。

经过科学家几十年的努力，全合成研究已取得一些突破性的进展。同时，也实现了青蒿素的高效人工半合成，使青蒿素有望可以实现大规模工业化生产。

4.1.1.3 生物合成路径

青蒿虽然在世界各地广泛分布，但青蒿素含量随产地不同差异极大，具有显著的生态显著性。根据研究得知[11]，除了中国部分地区外，世界绝大多数地区生产的青蒿中的青蒿素含量都很低，并无利用价值。为了提高植物中青蒿素含量，研究人员尝试阐明青蒿素合成及其调控的生化途径。青蒿素合成代谢途径是植物固醇代谢的分支途径，与植物固醇具有共同前体甲羟戊酸。它是黄花蒿开花后期在叶中形成的次级代谢产物。大多数青蒿素的生物合成，是在黄花蒿中合成，也有利用其他植物合成，还有利用微生物合成的[12]。

在工业化的模式生物中生产青蒿素是近年来的研究热点。具有工业化前景的青蒿素生物合成路线大致分为三个阶段：①大肠杆菌中生产紫穗槐二烯；②酵母中生物合成青蒿酸；③青蒿酸到青蒿素的化学转化。2012 年，Amara 等[13] 在贝克酵母中创建了完整的生物合成途径，其中含有植物脱氢酶和第二种细胞色素，为青蒿酸提供了有效的生物合成途径，通过发酵过程获得了 25 g/L 青蒿酸。

烟草具有价格低廉、生长迅速、生物量高等优势，首先被用作青蒿素的植物源生物合成平台。在烟草（*Nicotianatabacum*）中转入青蒿紫穗槐二烯合酶（ADS）基因[14] 后，得到了紫穗槐二烯，进一步引入 *CYP71AV1*、*DBR2* 和 *ALDH1* 基因后，仅能得到极低含量的青蒿酸。将上游 MVA 途径和下游青蒿素合成途径的酶基因构建到同一质粒上进行烟草转化，青蒿素产量仅为 0.48～6.8 μg/g。可见，利用烟草平台合成青蒿素的产量极低，这是因为在烟草中青蒿素合成前体被严重糖基化。为了解决烟草中青蒿素前体糖基化的问题，研究者尝试将青蒿素合成途径定向转入到烟草叶绿体中，青蒿酸的产量达到 120 μg/g[15]；此外，有研究人员首先将 MVA 途径导入到烟草的叶绿体中，再在 *DBR2*、*CPR* 和 *CYP71AV1* 等基因前端接上叶绿体定位信号肽后导入到核基因组中，转基因烟草中青蒿素的产量达到 0.8 mg/g[16]。2011 年 Farhi 等[17] 联合报道了使用酿酒酵母发酵生产青蒿酸的方法，作者通过三个步骤实现发酵法合成青蒿素，经优化后产量可达到 25 g/L。

4.1.1.4 生物合成市场潜力与发展方向

当前杂交育种、诱导多倍体植株、施加外源刺激因素、过量表达合成途径酶基因、抑制竞争途径酶基因、过量表达相关正调控转录因子等方法，都在提高青蒿素产量方面取得了一定的进展。由于青蒿的自交不亲和性以及生长周期较慢，青蒿素在其他物种中的生物合成研究仍然具有非常重要的意义。目前利用酵母生产青蒿素已取得突破性进展，但该方法预计供应量仅为 50～60 t，远不能满足全球每年约 200 t 的需求量。现有植物提取技术依然是青蒿素的主要来源。同时，疟原虫对单方青蒿素已呈现耐受性，但复方联合用药依然有效，这意味着青蒿素衍生物及复方药物的研发值得研究。基于青蒿素生物合成途径的解析采用工程菌株发酵生产成了未来研究方向。因此，合成生物学的手段将为青蒿素的应用和发展提供强大助力。

4.1.2 酪醇

4.1.2.1 市场价值

对羟基苯乙醇，又称酪醇，是红景天苷水解后的苷元，化学式为 $C_8H_{10}O_2$，分子量 138.1638（图 4-2）。无色透明液体。具有强折射性。易溶于乙醇、乙醚、硫化氢水溶液，微溶于水。与氧化剂接触会猛烈反应。作为红景天苷的苷元，酪醇本身也具有十分出色的药理作用，得到了广泛应用[18]。酪醇结构中存在酚羟基，可作为抗氧化剂[19]。除此之外，酪醇是一种重要的新化合物合成的起始材料，基于三氟乙酸介导的肉桂酸酯与酪醇的氢芳基化反应可生成 4-芳基-3,4-二氢香豆素，然后在碱性水解作用下，生成开环产物。终产物的 1,1-二苯基-2-三硝基苯肼自由基清除活性显著[20]。

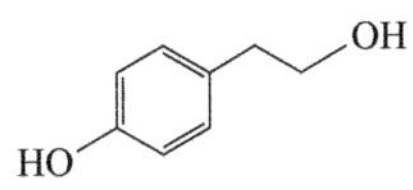

图 4-2　酪醇结构式

有研究者发现[21] 酪醇可以通过调节分化簇 14（CD14）的上调和抑制炎症反应，对高血压、动脉粥样硬化、冠心病、慢性心力衰竭、胰岛素抵抗和肥胖治疗发挥有益作用。不仅如此，酪醇还可用于螯合铁离子促进零价铁催化氧化橄榄磨废水中的有机酸[22]。研究表明[23]，酪醇可通过调节细胞外信号调节激酶（ERK）、c-Jun 氨基末端激酶（JNK）和 p38MAPK 来抑制 H_2O_2 诱导的细胞死亡，从而有效抑制 L6 肌细胞的氧化损伤。酪醇可以减少对高密度脂蛋白的氧化修饰，并通过维持高密度脂蛋白的物理化学性质，提高高密度脂蛋白的功能，特别是促进胆固醇外排的能力[24]。酪醇已被评价为影响微循环的有前途的物质。例如，体外实验表明，酪醇抑制了血液黏度的增加，并且酪醇的作用与戊氧卟啉相当。同时，酪醇对自发性高血压大鼠血液流变学参数和脑微血管化的影响表明，酪醇限制了高黏度综合征的发展，提高了氧转运能力，消除了大脑皮层微血管稀疏[25]。酪醇被证明可通过增加骨形成来防止骨质减少，可能是由于其抗氧化特性[26]。酪醇具有抗基因毒性活性，可防止角质形成细胞[27] 的凋亡。有研究人员研究了酪醇对后生动物秀丽隐杆线虫（*Caenorhabditiselegans*）寿命的影响。酪醇处理延长了秀丽隐杆线虫的平均寿命和最长寿命，提高了抗热性和氧化应激性，减缓了衰老速度[28]。酪醇作为生物膜和浮游细胞的群体感应分子，可刺激菌丝产生，其作用在生物膜形成的早期和中期最为显著。Arias 等的研究显示，酪醇会对口腔重要病原体的细胞造成损伤[29]。Kim 等[30] 用酪醇处理 KB 细胞后发现，酪醇可诱导细胞生长抑制，且呈浓度和时间依赖性。此外，酪醇可诱导 KB 细胞的核浓缩和分裂。酪醇还可促进原半胱氨酸蛋白酶-3、-7、-8 和-9 的水解裂解，增加裂解的半胱氨酸蛋白酶的数量。这些结果表明，酪醇是一种潜在的抗癌药物候选。

4.1.2.2　化学合成路径

酪醇可用对羟基苯乙酮用脂肪腈氧化，然后水解得到（对羟苯基）乙二醛，将后者还原即得对羟基苯乙醇。1992 年，王亚楼[31] 提出对硝基苯乙酸为起始原料，经过三步反应得到对羟基苯乙醇，总收率为 41.4%。合成路线如图 4-3。

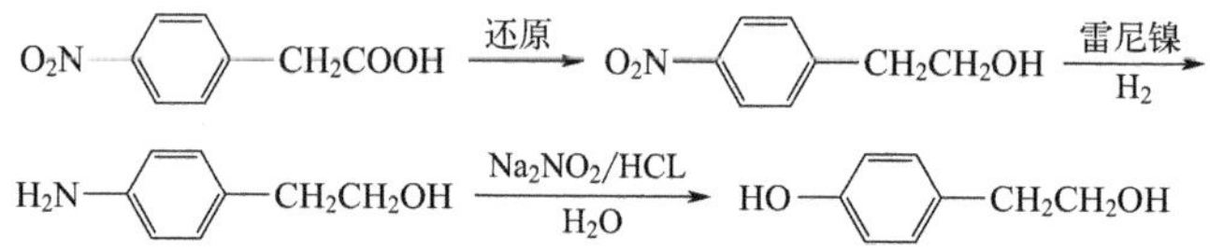

图 4-3 酪醇合成路线

采用苯酚[32] 为起始原料，经过氯乙酰化、醚化、克莱门森还原、水解得到最终的对羟基苯乙醇，其基本路线如图 4-4。该路线采用了廉价、易得的苯酚为原料，而且反应条件相对简单。但产率低，且在反应过程用到了汞，对环境带来了不利的影响，会造成环境污染。

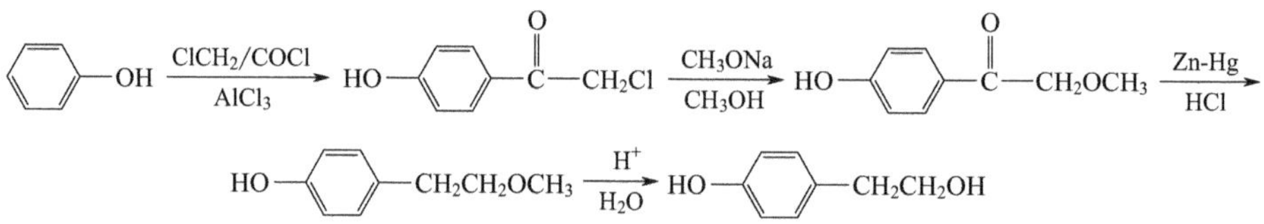

图 4-4 苯酚合成酪醇路线

以苯乙醇为原料的合成方法，大多是采用先保护羟基，然后硝化、还原，水解得到对羟基苯乙醇，收率为 70%。其基本合成路线如图 4-5 所示。在硝基还原成氨基的过程中，Espin 等[33] 还提出了用不同催化剂可以得到不同产率的胺，主要的催化剂有铂黑和二氯化锡，所得到的产率分别为 90%和 88%。产率较高，但原料苯乙醇的价格贵。

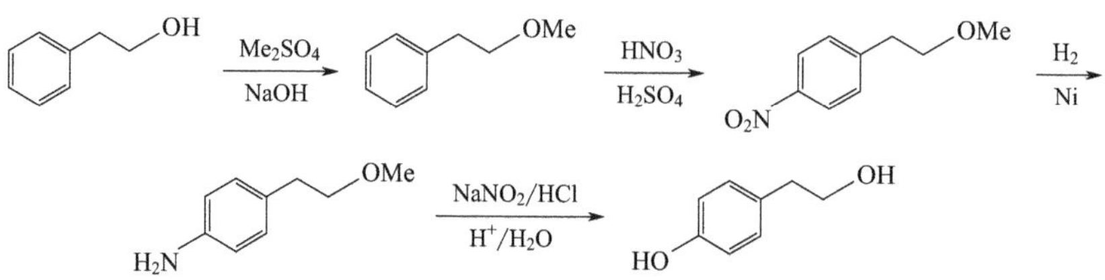

图 4-5 苯乙醇合成酪醇路线

Allouche 等[34] 以 4-羟基苯乙酸乙酯为起始化合物，保护酚羟基，经氢化铝锂还原为苄基保护的酪醇，以溴代四乙酰基葡萄糖作为糖基供体、脱乙酰基等，最终合成红景天苷。但整个反应过程步骤烦琐，产率低。研究人员[35] 以五乙酰葡萄糖、苄基酪醇为原料，三氟化硼乙醚为催化剂，经糖苷化、醇解反应合成红景天苷，该方法工艺简单，生产成本低，产率较高，污染少，适合工业化生产。对羟基苯乙醇的合成方法很多，但目前国内真正实现工业化生产的仅有以苯酚及其衍生物和苯乙醇为原料进行的合成，这两种方法在工艺研究上比较成熟。

4.1.2.3 生物合成路径

随着生物技术的兴起，在大肠杆菌、酿酒酵母等微生物模式菌株中代谢生产酪醇及其衍生物逐渐成为研究热点。生物合成法作为一种环保的酪醇合成方法，具有产率高、底物成本低、安全等特点。酿酒酵母作为公认的生物安全菌株（GARS），被广泛应用于食品、医药行业的发酵工艺中。酿酒酵母本身具有合成酪醇的生物合成途径——Ehrlich pathway，可利用多种糖为底物生物合成酪醇[36]。

酿酒酵母内源合成酪醇的产量并不高，可通过人工构建途径实现生物转化强化[37]。内源性酪氨酸是由酪胺的氧化代谢形成的，酪胺是一种单胺化合物，由酪氨酸在酪氨酸脱羧酶（TDC）催化下发生脱羧而得。与其他生物胺类似，酪胺通过 MAO 脱氨基，形成醛中间体 4-羟基苯乙醛（4-HPAL），4-HPAL 在 ALDH 作用下氧化为 4-HPAA，在 ALR 作用下还原为酪醇[38]，而酪醇可通过 ADH 酶反向返回 4-HPAL。例如，Yang 等[39] 发现酿酒酵母基因 *ARO10* 可以表达对羟基苯丙酮酸脱羧酶，并利用该酶的基因构建重组质粒，以大肠杆菌为宿主，成功实现了酪醇的生物合成。Liu 等[40] 使用代谢工程策略构建了酿酒酵母菌株，实现了从葡萄糖高水平生产酪醇和山梨苷。为实现高效合成，该研究采用过表达转酮醇酶和核糖-5-磷酸酮醇异构酶，平衡前体的供应，再通过表达络合酶和络合酶诱变酶，以最大限度地提高芳香族氨基酸通量。最后，进一步引导碳通量，敲除了竞争途径，实现酪醇高效合成。通过这些干预措施的组合，摇瓶中酪醇产量达到 702.30 mg/L，约为野生型菌株的 26 倍。以糖（葡萄糖或木糖和葡萄糖混合物）作为碳源所获得的酪醇效价从 69.08 mg/L 增加到 1.47 g/L，产量显著提高。

Satoh 等[41] 在大肠杆菌中异源表达植物罂粟（*Papaver somniferum*）来源的酪氨酸脱羧酶（tyrosine decarboxylase，TDC）及藤黄微球菌（*Micrococcus luteus*）来源的酪胺氧化酶（tyramine oxidase，TYO），结合大肠杆菌本身内源的乙醇脱氢酶 ADHs，成功实现了酪醇在大肠杆菌中的从头合成，产量达到 69 mg/L。韩国研究者 Gold 等[42] 在大肠杆菌中异源表达 PcAAS、AtUGT85A1，成功实现了红景天苷的生物合成，产量提高至 288 mg/L。该研究筛选了三种不同来源的芳香醛合成酶（aromatic aldehyde synthase，AAS），发现来自岩芹的 AAS 活性最佳；并筛选拟南芥（*Arabidopsis thaliana*）来源的 12 种糖基转移酶（uridine diphosphate-dependent glycosyltransferase，UGT），其中 AtUGT73C5、AtUGT73B6、AtUGT73C6 对底物酪醇均有催化活性，而 AtUGT85A1 催化活性最高，且催化酪醇糖基化产物仅为红景天苷，无淫羊藿次苷 D2 产生。Jiang 等[43] 在酿酒酵母中通过整合的方式表达了荷兰芹（*Petroselinum crispum*）的芳香醛合成酶 PcAAS，又整合了四种糖基转移酶，其中，AtUGT73C5 [(58.4±5.8) mg/L，120 h] 和 AtUGT85A1 [(224.5±3.2) mg/L，120 h] 表达菌株得到红景天苷，最终红景天苷产量达到 239.5 mg/L，酪醇产量为 965.40 mg/L。经补料分批发酵，酪醇产量最终达 1394.6 mg/L，红景天苷最终达 732.5 mg/L。Xue 等[44] 通过共培养的方法，在 5 L 发酵罐上经补料分批发酵获得 1.4 g/L 酪醇及 6.03 g/L 红景天苷。2017 年，江南大学陈献忠团队以*E. coli* BL21（DE3）为出发菌株，通过 λ-red 同源重组敲除 *fea B* 基因及 *phe A* 基因阻断分支代谢，通过全细胞催化反应，单独表达苯丙酮酸脱羧酶 ARO10（phenylpyruvate decarboxylase，ARO10）或同时表达 *ARO10* 及 *ARO8* 基因均获得了酪醇[45]。该团队研究者将从葡萄糖至酪醇途径中涉及的所有基因模块化，分为 4 组，通过调整质粒拷贝数的方法改变不同模块基因的表达量，酪醇的产量得到进一步提升。然后，在基因组 5 个不同的位点整合经密码子优化的来自酿酒酵母的 *ARO10* 基因，使酪醇产量突破 2 g/L[46]。

4.1.2.4 生物合成市场潜力与发展方向

由于酪醇及其衍生物具有的生物活性和广泛的应用前景，合成酪醇及其衍生物已引起众多国外研究者的兴趣，并开发出许多新方法和新技术。但这些方法往往工艺难度大，产生“三废”较多，无法满足绿色高效的新兴产业需求。随着人们环保意识和可持续发展意识的提高，生物合成方法代替传统化学合成手段成了新的研究热点。一旦实现了酪醇及其衍生物的生物合成的大规模合成，就可以代替目前使用的植物提取法和化学合成法，达到降低成本、减少环境污染的目的。

4.1.3 人参皂苷

4.1.3.1 市场价值

人参皂苷（ginsenoside）是一类固醇类化合物，又称三萜皂苷。主要存在于人参属药材中。它被视为是人参中主要活性成分，因而成为研究的热点。目前，已有超 150 种天然人参皂苷从人参药材各部位中被分离和鉴定出来。人参皂苷在天然人参中含量较低，5～7 年生的人参中的人参皂苷总含量仅为 2%，且一些容易被吸收并能发挥较高生物活性的稀有人参皂苷（如人参皂苷 Rg3、Rg2、Rh2 和 CK 等）的含量更加微少，含量仅有十万分之一左右，直接提取非常困难[47]。

人参皂苷都具有相似的基本结构，都含有由 30 个碳原子排列成四个环的甾烷类固醇核。根据人参皂苷苷元的骨架不同，人参皂苷可分为齐墩果烷型和达玛烷型两大类[48]。其中，达玛烷型人参皂苷主要以原人参二醇（PPD）和原人参三醇（PPT）为苷元，而齐墩果烷型人参皂苷则以齐墩果酸为苷元（图 4-6）。达玛烷型包括两类：人参二醇型（A 型），苷元为 20(S)-原人参二醇，包含了最多的人参皂苷，如人参皂苷 Rb1、Rb2、Rb3、Rc、Rd、Rg3、Rh2 及糖苷基 PD；人参三醇型（B 型），苷元为 20(S)-原人参三醇，包含了人参皂苷 Re、Rg1、Rg2、Rh1 及糖苷基 PT。齐墩果酸型（C 型），苷元为齐墩果酸。A 型抗溶血，而 B 型、C 型溶血。

不同构型的人参皂苷具有多样的药理活性[49]，例如人参皂苷 Rh2 单体对癌细胞的生长有抑制作用，能诱导肿瘤细胞凋亡，逆转肿瘤细胞异常分化，抗肿瘤转移，与化疗药物联用能起到增效减毒的作用。除了抗肿瘤作用外，人参皂苷具有提高机体免疫力、抗菌、改善心脑血管供血不足、调节中枢神经系统、抗疲劳、延缓衰老等作用。人参皂苷 Rh1 和 Rg3 可预防和抗肿瘤，能抑制肿瘤细胞的黏附、浸润，阻止癌细胞新生血管的形成，从而抑制肿瘤生长，扩散和转移，具有显著的抗癌功能。此外，它还可明显改善放化疗及

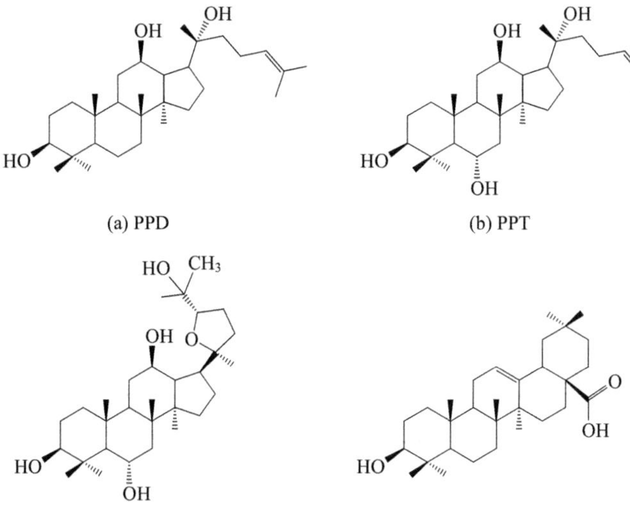

(a) PPD　(b) PPT　(c) 拟人参皂苷　(d) 齐墩果酸

图 4-6　不同类型的人参皂苷

手术后引起的白细胞下降，使血液流变学趋于正常，提高人体机能和免疫功能，配合手术和放化疗效果显著。人参皂苷单体 Rg5 能诱导多种肿瘤细胞凋亡，从细黑参中提取的 Rg5 已被验证可引起人乳腺细胞、多种宫颈癌细胞凋亡和 DNA 损伤，并且一系列体外实验证实人参皂苷 Rg5 具有抑制食管癌细胞增殖作用。人参皂苷 Rh3 能抑制人结肠癌细胞 SW480 增殖，诱导其凋亡，此作用呈剂量依赖性和时间依赖性[50]。

20(S)-原人参二醇（aPPD）是人参皂苷经过胃肠道菌群的去糖代谢活化后产生的具有药物疗效的活性成分，具有广谱的抗肿瘤作用。近年来，英属哥伦比亚大学的 Jia 课题组对 aPPD 体内外抗肿瘤活性进行了系列研究，发现其具有双重药理作用，一方面可直接杀伤肿瘤细胞，促其凋亡；另一方面可保护神经元免受细胞有毒物质的侵害[51]。

人参皂苷具有抗癌、抗应激和抗氧化等作用，也可用于糖尿病、心血管、免疫和神经疾病的辅助治疗。人参皂苷化合物中糖基连接的位置和数量对其生物活性的影响显著。目前，由人参皂苷 Rg3 制成的“参一胶囊”已成功作为药品上市，用于培元固本、补益气血，与化疗配合用药可提高治疗原发性肺癌、肝癌的功效，并且还能改善肿瘤患者的气虚症状，提高机体免疫功能。人参皂苷 CK 具有保肝、抗炎和抗癌等功效，已被我国药品监督管理局批准为防治关节炎的临床用药。此外，作为参一胶囊基础的 20(*R*)-人参皂苷 Rg3 已被国家药品监督管理局批准为中国一类抗癌新药。稀有人参皂苷 CK、Rh2 和 Rg3 等往往具有较强的药理活性，但在天然植物中含量甚微，极为稀缺。因此，它们的合成与获取、制备方面的研究一直备受关注[52]。

人参生长缓慢，从幼苗到成熟通常需要 5～7 年，栽培种植时间较长。另外，中药材栽培技术相对复杂，易受季节、土壤、气候和病虫害等各种因素影响，难以实现大规模、高效、稳定的人工栽培。此外，人工栽培植株中人参皂苷的含量往往偏低（最高约为天然人参含量的 1/3），难以满足国内外日益增长的对人参皂苷的市场需求。近年，研究人员希望通过化学合成、植物细胞培养、植物基因改造和合成生物学等多种方法来解决人参皂苷的生产和需求问题[53]。

4.1.3.2 化学合成路径

2014 年，吉林大学研究人员[54] 采用化学方法，以 20(*S*)-人参皂苷 Rg3、Rh2、PPD 及其 20(*R*)-差向异构体为原料，系统地半合成了一系列氧化产物，并进一步评估了细胞毒活性，研究了结构-活性关系。由于人参皂苷化学结构复杂，虽然一些人参皂苷的化学半合成已经成功，但距全合成及工业化应用还十分遥远。

4.1.3.3 生物合成路径

目前，利用悬浮细胞、不定根以及毛状根的生产人参次生代谢产物是主要的研究方向[55]。通常，人参的根细胞在生长速度、产生的次生代谢产物含量等方面要优于人参的其他组织细胞。因此，人参的根部培养是目前人参组织培养研究的主要热点。在培养规模方面，已开发出固体静止培养、液体悬浮培养等多种人参植物细胞培养方式。针对不同的人参植物细胞培养方式需要构建适合的生物反应器，以达到大量培养的目的，这也是决定植物人参细胞实现大规模工业化生产的关键。一个成功的例子是[56] 韩国忠北大学利用了商业级鼓泡式生物反应器建立的人参不定根扩大培养系统，使人参细胞的培养规模高达 10000 L，年产人参不定根约 45 t，获得的人参皂苷产物可部分满足韩国国内保健品、药品和化妆品等行业的市场需求。尽管人参的细胞培养和不定根培养均取得了一定的进展，但仍然存在一些问题，如：继代培养易退化或生长减缓、人参皂苷含量较天然植株低，难以获得高纯度的高活性人参皂苷单体等。因此，需要探索出易于培养且适合工业化生产的新方法。

随着人们对人参等植物遗传信息的逐步认识，开始利用转录组学、蛋白组学等方法研究人参中一些可能具备功能的基因，进而通过遗传学、基因工程技术方法获得了转基因人参，通过上调或下调人参皂苷生物合成过程中的相关基因，可获得比人参植物组织细胞培养更高产量水平的人参皂苷类产物。例如[57]：Lee 等研究了角鲨烯合酶在植物甾醇和三萜类化合物生物合成中的作用，并通过农杆菌介导角鲨烯合酶基因（*PgSS1*）在人参中过表达，结果表明，过表达 PgSS1 的转基因人参中伴随着下游基因如角鲨烯环氧酶基因、β-香树素合酶基因和环阿屯醇酶基因的上调，使得人参皂苷的含量明显增加。由此可见，在转基因人参中过表达角鲨烯合酶基因（*PgSS1*）、角鲨烯环氧酶基因（*PgSQE1* 和 *PgSQE2*）和细胞色素 P450 家族基因（*CYP716A52v2* 和 *CYP716A53v2*）等可能会提高人参皂苷的含量。但由于人参中次生代谢途径众多，转基因人参细胞表达一些酶的特异性尚不够高，难以实现较为定向的人参皂苷生物合成调节。此外，转基因植物的稳定性与表达效率有待进一步优化，才能满足人参皂苷单体与稀有人参皂苷的定向生物合成。

近年来，人参皂苷生物合成途径的研究取得了一些进展，为研究者们利用合成生物学技术、构建酵母细胞工厂来生产多种不同人参皂苷萜类成分奠定了基础[58]。虽然人参皂苷结构复杂多样，但其生物合成途径基本相同，包括 20 余步连续的酶促反应，并大致分为三个阶段：上游人参皂苷母核苷元前体物的合成阶段、中游人参皂苷母核苷元碳骨架延长阶段以及下游人参皂苷母核苷元形成及后修饰阶段[59]。

微生物细胞本身并不具备合成植物天然产物人参皂苷的能力。随着人参皂苷合成途径的解析和关键合成基因的挖掘和发现，研究人员利用合成生物学技术手段引入部分或全部的人参皂苷合成途径，在不同微生物细胞中构建人参皂苷异源合成途径，获得了人参皂苷人工细胞合成体系[60]。挖掘解析和改造人参皂苷生物合成途径的关键基因和蛋白以及开发设计和构建具有优良特性的微生物底盘细胞可以为人参皂苷人工细胞合成体系提供强大的支撑。目前，酿酒酵母、巴斯德毕赤酵母和解脂耶氏酵母是三种用于人参皂苷人工细胞合成体系构建的真核底盘宿主细胞[61]。

为了实现人参皂苷产物在微生物底盘细胞中从头合成，需要将人参皂苷生物合成途径的关键酶基因进行异源组装。关键酶基因的挖掘和克隆将为异源组装提供基因元件，为人参皂苷人工细胞高效合成提供基础。人参皂苷生物合成途径中主要涉及的关键酶基因有：人参皂苷前体阶段的关键酶基因 *HMGR*；母核苷元 C 骨架延长阶段的关键酶基因 *FPS* 和 *SS*；形成母核苷元骨架结构及其后修饰阶段的关键酶基因 *SQE*、*DS* 和 *β-AS*、*CYP*450 和 *GT* 等[62]。

利用本身具备 MEP 途径能够合成人参皂苷前体物 IPP 和 DMAPP 的特性，Xu 等[63]向大肠杆菌宿主细胞中引入了鲨烯合酶（SQS），并过表达 MEP 途径的关键酶 1-脱氧-D-木酮糖-5-磷酸合酶（DXS）和异戊烯基二磷酸异构酶（IDI），成功在大肠杆菌底盘细胞中合成了角鲨烯，在最佳发酵条件下角鲨烯产量可达 73.88 mg/L。如前所述，人参皂苷前体物 IPP 和 DMAPP 的合成路径具有多样性，还可以通过 MVA 途径合成，但大肠杆菌细胞内并无 MVA 途径。Xue 等[64] 以人参皂苷合成途径 C 骨架延长阶段中间产物衍生物法尼烯为目标产物，在大肠杆菌底盘细胞内重建了外源的 MVA 途径以及法尼烯合成途径，通过对合成过程中酶的优化组合，实现了法尼烯的高效合成，产量达到 1.1 g/L。但这些原核底盘细胞不能表达出能够行使催化氧化功能的细胞色素 P450 等氧化酶，制约了原核底盘细胞进一步合成人参皂苷。如果能够通过基因挖掘或蛋白质工程改造等手段，获得能够在原核底盘细胞中催化鲨烯等前体物、并进一步进行氧化合成人参皂苷的新基因或工程蛋白，就能有效克服原核底盘细胞合成人参皂苷及其衍生物的难题。

目前，酿酒酵母、巴斯德毕赤酵母和解脂耶氏酵母是三种用于人参皂苷人工细胞合成体系构建的真核底盘宿主细胞。相对于原核底盘细胞，真核底盘细胞在人参皂苷等复杂天然产物异源合成的研究中具有独特的优势：存在的内源 MVA 途径能够稳定提供人参皂苷合成前体物 IPP、DMAPP 和角鲨烯，并且细胞内大量膜结构和翻译后修饰系统有利于环化酶、细胞色素 P450 等氧化酶行使催化活性。其中，毕赤酵母是其中一种被广泛研发应用的外源蛋白表达系统。毕赤酵母不仅具有酵母底盘细胞的一般特点，而且外源基因易于整合到基因组中，不易从宿主菌中丢失，因此重组菌具有较高的遗传稳定性，是理想的底盘细胞。Kim 等[65] 在毕赤酵母细胞内通过将达玛烯二醇-Ⅱ合酶和角鲨烯环氧酶两种关键酶的自组装，构建了三萜达玛烯二醇-Ⅱ的生物合成途径，96 h 后产量达到 0.10 mg/g

(干重)。解脂耶氏酵母因其安全性、能够在疏水环境中生长以及具有高产油脂的能力，已经成为一种重要的生产各种萜类、黄酮类、聚酮类天然产物的底盘细胞。Jung 等[66] 将裂殖酵母中的木糖还原酶（XR）和木糖醇脱氢酶（XDH）导入解脂耶氏酵母底盘细胞，并过表达内源性木酮糖激酶（ylXKS）和异源 PPD 构建合成原人参二醇，通过优化得到的最高产量为 300.67 mg/L。Han 等[67] 将 MVA 途径中关键基因过表达，并将细胞色素 P450 单加氧酶（PPDS）和 NADPH-P450 还原酶融合蛋白构建到解脂耶氏酵母底盘细胞中以合成人参皂苷 CK，优化后产量可达到 161.8 mg/L。由于其遗传操作便捷、培养成本低、具有真核表达修饰系统等特点，酿酒酵母是许多生物过程的首选底盘细胞，也是天然产物人参皂苷生物合成使用最广泛的底盘细胞。通过酿酒酵母底盘细胞合成的人参皂苷产物包括：达玛烯二醇、原人参二醇、原人参三醇、人参皂苷 CK、人参皂苷 Rh2、人参皂苷 Rg3 和人参皂苷糖基化衍生物等。

近期，通过基因模块组合优化的方法，研究人员已将细胞工厂合成人参三萜类产物的产量提高至 10 g/L，并创建出人参皂苷前体产量可达 15 g/L 的高效酵母细胞工厂。在此研究基础上，进一步通过引入不同植物来源的 β-香树脂酶、齐墩果酸合酶和原人参三醇合酶，构建了多种类型人参皂苷苷元的代谢合成模块，实现了人工设计的酵母细胞可同时生物合成齐墩果酸（0.0210 g/L）、原人参二醇（0.0172 g/L）和原人参三醇（0.0159 g/L）这 3 种人参皂苷苷元类物质[68]。这些合成生物学研究的探索都说明了人工设计的人参酵母等细胞工厂生物合成人参皂苷苷元均可达到相当可观的水平，可用于人参皂苷苷元等产物的大量生产，为最终的多种人参皂苷生物合成奠定了重要基础。

进一步强化人参皂苷生物合成途径策略的主要思路是通过多种调控方法增加异源途径的代谢流，使底盘细胞内更多的物质和能量用于目标产物的合成。首先可以通过增加前体物的供应来增加人参皂苷目标产物的合成。在底盘细胞中的内源性途径与引入异源人参皂苷合成途径会共享底盘细胞提供的前体物，所以增加前体物的供应可以保证内源代谢途径稳定，增加人参皂苷异源合成途径的代谢流，从而增加目标产物的产量[69]。

4.1.3.4 生物合成市场潜力与发展方向

与传统方法相比，利用合成生物学方法生产人参皂苷具有周期短、产量高、安全无污染、提取工艺简单等优势，在满足社会对人参皂苷的需求方面具有重要意义和广阔前景。但是，人参皂苷生物合成途径长，对导入合成途径的工程菌的设计、构建和优化等方面还有诸多挑战。

综上，人参皂苷在底盘细胞中的高效合成具有广阔的市场价值。为提高人参皂苷化合物的生物合成效率，实际操作过程中应考虑以下几个关键因素：首先，对人参皂苷生物合成途径的要有深刻的理解，这是运用合成生物学方法构建细胞工厂生产人参皂苷化合物的前提；其次，挖掘、解析和改造人参皂苷生物合成途径的关键基因和蛋白质，为异源组装提供基因元器件，为人参皂苷人工细胞高效合成研究提供基础；再次，开发设计和构建具有优良特性的微生物底盘细胞，可为人参皂苷人工细胞合成体系构建和产率提高提供强大的支撑；最后，人参皂苷人工细胞合成调控策略是人参皂苷化合物在底盘细胞高效合成的重要保证。期待早日实现人参皂苷化合物人工生物合成工业化。

4.1.4 红景天苷

4.1.4.1 市场价值

红景天（*Rhodiolarosea* L.）是一种高价值草药，主要生长在海拔 1600～4000 m 的高海拔寒冷地区的含有石灰岩和花岗岩的土壤中，但也有一些物种在海拔约 2000 m 的高山草原或灌木丛中发现。其使用在世界各地具有悠久的历史[70]。全球约有红景天属植物近 100 种，我国有 70 余种[71]，被认为是红景天的主要生长区。在中国，约 90%的红景天分布在如西藏、四川等地。现代药物研究鉴定了从红景天中分离出的 140 多种化合物，包括黄酮、香豆素、蒽醌和有机酸。

红景天苷的分子式为 $C_{14}H_{20}O_7$（结构式见图 4-7），分子量为 300，为浅棕色或棕色粉末，味甜，极易溶于水，易溶于甲醇，可以溶于乙醇，但是难溶于乙醚，其结构式如下：

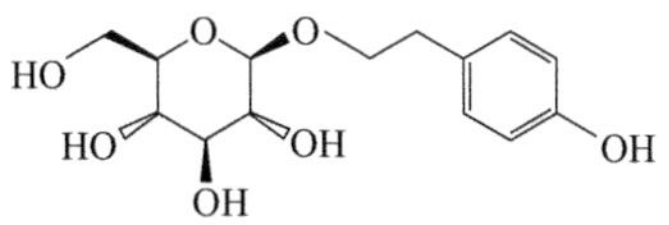

图 4-7 红景天苷的结构式

红景天苷（8-*O*-*β*-D-酪醇葡萄糖苷）是红景天的主要生物活性成分，可水解为葡萄糖和苷元酪醇，具有多种药理活性[72]，如预防心血管疾病[73]、抗癌、抗抑郁[74]、抗疲劳、清除自由基、抗衰老、免疫调节等[75]。有研究发现红景天苷通过使人白血病 K562 细胞中 ERK1/2 信号通路失活而抑制细胞活力并诱导细胞周期阻滞和凋亡，是一种有希望的白血病治疗候选药物[76]。红景天苷对心血管有着特殊作用，可通过抗脂质过氧化、抑制细胞内钙超载等作用抑制心肌细胞凋亡。研究表明[77]，红景天苷可以有效地改善血管内皮细胞的血管收缩功能，促进缺血心肌的血管生成。红景天苷有抗疲劳[78] 的功效。经研究发现，红景天主要通过参与调节人体神经调节模块、抗氧化模块以及能量代谢调节模块，发挥抗疲劳效果。红景天苷有清除自由基[79] 的功效。红景天苷及其衍生物可以在体外清除羟基自由基和超氧阴离子自由基，并且在体内对多种自由基也具有清除作用，因此具有良好的综合抗氧化性应用前景[80]。红景天苷通过提高体内谷胱甘肽过氧化物酶和超氧化物歧化酶的活性，减少组织中羟基自由基含量[81]。红景天苷有抗衰老[82] 的功效。已有研究表明衰老过程与机体内谷氨酰半胱氨酸连接酶水平的下降有关，而服用红景天苷类药物，可以增强谷氨酰半胱氨酸连接酶相关基因的表达，从而起到抗衰老的作用。在自然衰老小鼠体内，红景天苷能够有效提高不同器官组织中的抗氧化酶活性，降低小鼠体内的过氧化脂质和脂褐素水平，从而发挥其延缓衰老的作用[83]。红景天苷对各种免疫均有提高作用，也能对抗免疫抑制剂对骨髓造血功能的抑制。红景天苷的适应性活性表现为对免疫系统的调节和平衡作用，研究表明，红景天苷对自身免疫性疾病[84]有改善作用。红景天苷有神经修护[85]的功效。在神经作用方面，研究人员[86]对红景天苷的药理作用进行了深入研究，发现红景天苷对多种病因引起的神经细胞和脑细胞损伤均有着一定的保护作用[87]，能有效改善脑细胞缺血[88]等症状。研究表明，红景天苷可通过激活神经元的抗氧化信号通路，上调血红素氧合酶 1（HO-1）、硫氧还蛋白（TRX）、过氧化物酶氧还蛋白 1（PRX1）等抗氧化酶的表达和活性。目前的研究表明，利用红景天促进神经元存活可能是增强神经元对年龄相关疾病抵抗力的潜在有效方法[89]。红景天苷有抗肿瘤[90]的功效。研究发现[91]红景天苷能够发挥抗肿瘤作用的机理：通过激活细胞外信号调节蛋白激酶（ERK）通路来诱导树突状细胞从而达到抗肿瘤作用。基于红景天苷的多重药理活性，临床多用于改善心肌细胞缺血[92]，减缓高原反应和辅助癌症治疗[93]等。有研究表明[94]，红景天苷可以通过调节 CDK4 细胞的周期蛋白 D1 通路使 CDK4 细胞的 G1 期阻滞和调节 Cdc2 细胞的周期蛋白 B1 通路使 Cdc2 细胞的 G2 期阻滞而抑制癌细胞的生长，能有效抑制乳腺癌的发展和转移。Dai 等证实红景天苷对人胃癌细胞 SGC-790 和 MKN-45 的增殖具有剂量依赖性抑制作用[95]。红景天苷有抗炎作用。既往研究表明，红景天通过调节免疫细胞分化、激活炎症内信号通路和炎症因子的分泌，发挥良好的免疫调节作用，可减轻炎症损伤[96]。

目前，市面上更多的红景天苷来源于红景天粗提取物。野生红景天植株中红景天苷的含量约为 0.1%～1%，含量极少[97]。同时，由于红景天仅生活在高海拔严寒地区，对生产条件要求苛刻，且生长缓慢，因此仅靠野生红景天的来源根本无法满足日渐增长的需求。同时，由于高原环境对人工培育的限制，人工培育的红景天植株中红景天苷的产量较低，达不到市场要求的标准。因此，人们不得不探索人工合成化合物的方法来应对日渐增长的需求。

4.1.4.2 化学合成路径

红景天苷由苷元酪醇和葡萄糖组成。因此，常用的化学合成方法从酪醇出发[98]，以葡萄糖为原始物料，通过二者进行糖苷化和碱性条件下脱保护从而获得红景天苷，合成的总收率约 55%，纯度达到 99.5%以上[99]。此合成方法步骤少，纯度高。研究人员于 1969 年最先报道了红景天苷的合成方法，即用酪醇经缩合得中间体四乙酰基红景天苷，再脱乙酰基制备红景天苷。明海泉等[100]于 1983 年在国内首次合成了红景天苷，即以酪醇和溴代四乙酰基葡萄糖为原料，以碳酸银为催化剂在无水乙醚中反应，生成苷后，再脱乙酰基，收率为 20%。由于酪醇分子中同时存在醇羟基和酚羟基，以酪醇直接糖化制得红景天苷的方法会使酪醇中的酚羟基糖化。为了避免上述反应发生，李国青、张三奇等[101,102]分别以苄基或烯丙基先将酚羟基保护起来，再与溴代四乙酰基葡萄糖缩合制备红景天苷。邓梅等[103]报道了以对羟基苯乙酸为原料，经乙酰化、还原、糖苷化、醇解反应合成了红景天苷及其类似物。也有研究从葡萄糖出发，葡萄糖经一系列反应后脱保护得红景天苷，收率为 55.6%，纯度可达 99.6%。另有郭建锋等[104]以葡萄糖和 4-乙酰氧基苯乙醇作为原料，在过渡金属配位催化剂 MXaLb 的催化作用下发生 1-*O*-糖苷化反应，生成红景天苷。可以看出，以对羟基苯乙醇为主要原料的合成路线较短，红景天苷纯度高。而葡萄糖途径的原料易得，但反应步骤多、得率较低。

4.1.4.3 生物合成路径

红景天苷的生物合成的方法主要有生物酶催化法和工程菌发酵法。

(1) 生物酶催化法

红景天苷的苷元酪醇可由酪氨酸获得，而酪氨酸与苯丙氨酸均可由莽草酸途径获得。因此，研究人员可通过生物酶法催化合成红景天苷[105]。常用酪醇与葡萄糖在尿苷二磷酸葡萄糖基转移酶的催化下进行糖苷化脱水形成红景天苷，因此关键步骤便在于糖苷键的形成[106]。2011年，Xue等[107]证明从高山红景天中分离到的酪氨酸脱羧酶（TyrDC）可以调节酪醇和红景天苷的生物合成，并且RsTyrDC很可能在红景天苷生物合成途径的初始反应中发挥重要作用。研究发现，以聚乙二醇（PEG）修饰的β-葡萄糖苷酶可催化酪醇和D-葡萄糖在离子液体中合成红景天苷[108]。Zhang等[109]以脂肪酶为生物催化剂酶法合成了红景天苷，Wang等[110]报道了3个来自红景天属的UGTs在大肠杆菌中实现了重组表达，重组酶与体外酶的酶促反应均实现了红景天苷的合成。研究人员[111]利用红景天根部周围的土壤中分离到5株红景天苷菌株，将全细胞用作D-葡萄糖和酪醇合成红景天苷的催化剂，实现了红景天苷和酪醇的合成。

(2) 工程菌发酵法

基因工程菌发酵生产目标化合物是目前最为常用的人工生物合成获取目标产物的方法。要采用发酵的方式获得目标产物例，首先需要明确红景天苷的合成路径。Cui等[112]研究了内生真菌结合信号串扰诱导红景天中红景天苷和酪醇生物合成途径及其酶基因表达机制。近年来，新的技术不断涌现，如高效的基因组编辑，实现了多种天然产物的途径发掘与人工构建。研究人员明确了红景天苷的代谢途径，实现了红景天苷的高效生物合成[113]。

研究人员发现，红景天苷的生物合成途径主要有三种：酪氨酸转氨代谢、苯丙烷类代谢、酪氨酸脱羟代谢。基于此，研究人员通过基因工程技术人工构建基因工程菌，将代谢路径中所需的酶通过工程菌生产，再通过向发酵液中添加底物并持续培养发酵的方式，使构建的基因工程菌能够持续地进行生产。发酵法的优点在于菌株能够持续生产，方法简单，原料来源丰富，经济效益高。

Fan等[114]利用含有*UGTBL1*基因的工程大肠杆菌获得了高效的酪醇糖基化，并产生1.04 g/L红景天苷和0.99 g/L淫羊藿苷D2。Bai等[115]已针对红景天苷的生物合成进行了长期的研究，包括采用过表达通路基因的方式消除竞争通路和反馈抑制，提高了酪醇的产量，实现了红景天苷高效合成。为进一步提高菌种的生产能力，该实验室还将通路基因整合到酵母染色体中，使红景天苷产量达到732.5 mg/L。Jiang等[116]通过碳通量调节，在5 L生物反应器中实现了酪醇和红景天苷的效价分别达到9.90 g/L和26.55 g/L。王丹等构建了一种体内UDP-葡萄糖再生系统，该系统与UDP-葡萄糖转移酶一起工作，以提高UDP-葡萄糖的可用性。以蔗糖为底物，通过共培养，红景天苷的产量达到3.8 g/L[117]。

现有的研究主要集中在通过增加酪醇产量和挖掘高效糖基转移酶来增加红景天苷的产量。然而，一味追求高酪醇效价会对菌株产生毒性作用，对其生长代谢产生负面影响，最终不利于最终产物红景天苷的产生。此外，如果没有足够的糖供体 UDP-葡萄糖，仅挖掘高效的 UGT 酶，很难从根本上提高红景天苷的效价。

4.1.4.4 生物合成市场潜力与发展方向

纵观历史，红景天在中国、欧洲和北美一直被认为是有价值的药用植物。近来，红景天在化妆品行业多用于美白与抗氧化，如相宜本草等品牌均有以红景天为主要成分的护肤品系列。红景天苷（salidroside）是从红景天的干燥全草或者干燥根茎中提取出来的一种化合物，和其苷元酪醇一起被认为是红景天发挥药效的主要有效成分，有清除自由基、防治肿瘤、增强人体免疫功能、延缓细胞衰老、抗疲劳、抗缺氧、防辐射、双向调节中枢神经等多重生理作用。随着红景苷生物合成研究的不断深入以及功能基因组学、代谢组学和生物信息学研究手段的不断丰富，准确阐明红景天苷整个生物合成途径的分子机制并实现其代谢工程的生物合成已不再遥远。目前需要解决的是工艺参数的优化，越来越多的分子生物学证据显示，在红景天苷生物合成中起到限制性的因素是酪氨酸的积累，它可能存在反馈抑制。借鉴前人的研究思路，如获得酪氨酸反馈不敏感的红景天突变株，可能会大大提高红景天苷的产量。因此，利用基因工程，细胞工程结合代谢工程是将来生产红景天苷的理想途径。鉴于红景天苷的药理价值与市场需求，大力发展生物合成工艺并实现工业化，将为红景天苷的应用带来前所未有的变革。

4.1.5 哌啶甲酸

4.1.5.1 市场价值

L-哌啶甲酸（L-pipecolic acid，L-PA）是一种重要的刚性环状非蛋白质氨基酸。L-哌啶甲酸又称高脯氨酸、L-哌啶酸，是一种与赖氨酸代谢相关的亚胺酸，其理化性质见表 4-2。

表 4-2 L-哌啶甲酸的理化性质

理化性质及结构	L-哌啶甲酸
分子式	$C_6H_{11}NO_2$
分子结构式	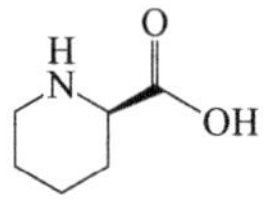
分子量	129.16
外观与性状	白色或白色结晶粉末
密度	1.14 g/cm^3
溶解性	不溶于醚
CAS 编号	3105-95-1

L-哌啶甲酸及其衍生物是合成许多次级代谢产物所必需的前体，其在细胞的生长发育、逆境胁迫等过程中发挥着至关重要的作用。如，在低温、干旱及高盐条件下它作为可以渗透保护剂，也可诱导神经细胞的程序性凋亡。另外，在植物中的L-哌啶甲酸可以调节防御启动，诱导免疫反应的进行。在人体血液中，它是正常的代谢物，但在患脑肝肾综合征、肝癌、肝硬化、甲状腺功能亢进等人的生理体液中其含量高于常人。L-哌啶甲酸参与多种手性药物和生物活性物质的合成，如抗精神药物、免疫抑制剂、抗HIV药物和局部麻药等，在多种化合物的合成过程中起骨架作用。其合成引起了国内外研究人员的关注[118]。

哌啶甲酸由于羧基取代位点的不同，分为2-哌啶甲酸、3-哌啶甲酸和4-哌啶甲酸。3-哌啶甲酸作为一种含有刚性哌啶环的非蛋白β-氨基酸，显示了较好的神经递质γ-氨基丁酸（GABA）转运蛋白抑制活性，与2-哌啶甲酸、4-哌啶甲酸同为合成多种手性药物和生物活性物质的重要中间体。由于羧基在哌啶环上取代的位置不同，各种哌啶甲酸及其衍生物的合成方法有所不同。

L-哌啶甲酸及其衍生物在代谢、医药等方面都有着重要的应用价值。新一代局部麻药罗哌卡因就是由L-哌啶甲酸合成的，它是酰胺类局部麻药，具有镇痛和麻醉双作用。初期由瑞典Astra制药公司生产，国内无厂家生产，以0.34美元/mg的价格从国外进口。由于价格昂贵，国内的研究者对其合成方法做了大量研究。

4.1.5.2 化学合成路径

化学合成法包括化学不对称合成和光催化合成。前人在化学不对称合成方面做了较多研究[119]。以烯丙醇为原料，先后进行氧化反应、金属开环反应和关环反应，获得不饱和哌啶甲酸衍生物。该衍生物再经过催化加氢、氧化生成*N*-Boc-哌啶甲酸，最后生成L-哌啶甲酸[120]。以酰基二烯甲酯为原料，借助氢化-羰基化反应，使用“一锅法”合成L-哌啶甲酸。虽然该方法收率高，但存在反应步骤复杂、环境污染等问题[121]。Takei等[122]利用光催化反应来合成L-哌啶甲酸，此法的关键是TiO_2微通道反应芯片的制备。结果证明，在转化率、选择性、光学纯度和反应时间等方面都有出色的表现，证明了微通道反应器在L-哌啶甲酸光催化合成中的可行性。但光催化反应对催化过程的条件和反应器要求严格，并且反应过程难以控制。综上，这些化学合成方法由于收率低、操作步骤烦琐等缺点，难以大规模生产L-PA。目前化学合成法生产的L-PA的市场价格高达15000～30000美元/t。

4.1.5.3 生物合成路径

L-哌啶甲酸作为一种植物的天然产物，在水稻、马铃薯、烟草、大豆和拟南芥等植物中广泛存在。在研究人员[123]获得的拟南芥自噬突变体中，L-哌啶甲酸可以过度生产。Shozo等[124]使用同位素标记法测定了植物中L-赖氨酸转化为L-哌啶甲酸的途径。首先，L-赖氨酸与*ald1*编码的赖氨酸转氨酶（ALD1）发生反应生成D-1-哌啶-2-羧酸（P2C），之后P2C与*FMO1*基因编码的单氧酶（FMO1）发生还原反应生成L-哌啶甲酸[125]。大多研究在真菌、假单胞菌[126]、谷氨酸棒杆菌（*Corynebacterium glutamicum*）和大肠杆菌中进行。

D-1-哌啶-2-羧酸途径[127]：在假单胞菌中，D-赖氨酸和 L-赖氨酸被转化为氮源和碳源，为自身的生命活动提供量。L-赖氨酸通过二氨基戊酸途径进行代谢。D-赖氨酸通过转氨基反应生成 P2C，之后被还原为哌啶甲酸。

D-1-哌啶-6-羧酸途径[128]：L-赖氨酸先发生糖基化反应，生成中间产物；之后，经过氧化反应生成 D-1-哌啶-6-羧酸（P6C）；最后，生成 L-哌啶甲酸。值得一提的是，某些微生物，如菌株 *Flavobacterium lutescens*，可以编码转氨酶，使赖氨酸发生转氨反应，直接形成 P6C。但关于 P6C 还原酶的研究较少。Fujii 等[129] 偶然发现 L-赖氨酸可被来自 *E. coli* 的吡咯啉-5-羧酸还原酶（P5CR）与菌株 *F. lutescens* 的 L-赖氨酸-6-氨基转移酶（LAT）有效转化为 L-哌啶甲酸。而且，几乎所有的生物体中都存在 P5CR，其可催化脯氨酸合成的最后一步。据报道，来自菌株 *Silicibacter pomeroyi* 的 L-赖氨酸-6-脱氢酶（LysDH）可以催化 L-赖氨酸转化为 L-哌啶甲酸。Muramatsu 等[130] 通过构建重组菌株进行了证实。在 *C. glutamicum* 中，异源表达的 LysDH 使 L-赖氨酸环化脱氨生成 P6C，之后由 *C. lutamicum* 的 *proC* 基因编码的 P5CR 催化还原得到 L-哌啶甲酸。

12-赖氨酸可经赖氨酸环化脱氨酶途径（LCD）催化生成 L-哌啶甲酸。P6C 途径和 P2C 途径均是两步反应，而 LCD 途径只需一种酶即可完成反应。Tsotsou 等[131] 对此进行了报道，并发现 LCD 的活性与 Fe^{2+} 和甘油相关，通过增加 Fe^{2+} 和甘油提高了 L-哌啶甲酸的产量。

目前，L-哌啶甲酸产生菌大多以 L-赖氨酸、赖氨酸盐酸盐和葡萄糖为原料。碳源优化和混合碳源培养策略可以改善菌体的生长，提高生产率，同时降低成本[132]。Tani 等[133] 选择 D,L-赖氨酸为底物，过表达 *lysR* 基因，将 D,L-赖氨酸混合物转化成 L-赖氨酸，用于 L-哌啶甲酸的生产。Pérez-García 等[134] 过表达甘油激酶基因 *glpK*、甘油转运蛋白基因 *glpF* 等异源基因，用于探究多种碳源，包括甘油、木糖、淀粉、葡萄糖胺和葡萄糖对 L-哌啶甲酸生产的影响。最终，在混合碳源为葡萄糖/蔗糖的条件下，重组菌株发酵生产 L-哌啶甲酸 14.4 g/L。

重庆大学王丹等过表达 L-赖氨酸 α-氧化酶（Raip）、Δ1-哌啶酮-2-羧酸还原酶（DpkA）和葡萄糖脱氢酶（GDH），以 L-赖氨酸为底物，通过摇瓶发酵生产 1.5 g/L L-哌啶甲酸。为了提高 L-赖氨酸利用率，敲除大肠杆菌 BL21（DE3）中的赖氨酸脱羧酶（CadA），将 L-哌啶甲酸摇瓶发酵产量提升至 2.12 g/L。为了提高 L-赖氨酸的渗透速率，表达了来自大肠杆菌 MG1655 的 L-赖氨酸渗透酶（lysp），将 L-哌啶甲酸摇瓶发酵产量提升至 5.74 g/L。最后，在 5 L 发酵罐分批补料发酵 40 h，得到 74.54 g/L L-哌啶甲酸，产率为 0.89 g/g[135]。

4.1.5.4 生物合成市场潜力与发展方向

L-哌啶甲酸是许多药物和生物化学品的重要中间体，如抗癌剂苦马豆素、VX710 和山卓霉素，免疫抑制剂 FK506 和雷帕霉素，麻醉药类似物罗哌卡因和布比卡因，抗生素美立霉素、去甲氧基雷帕霉素、Cyl-2、维吉尼亚霉素、组蛋白去乙酰化酶抑制剂和特拉霉素。由于它们具有良好的生物活性和反应活性，一直都是研究的热点。

L-哌啶甲酸是一种重要的有机合成中间体，生物合成哌啶甲酸可以通过利用微生物或酶催化等生物技术手段，实现对可再生资源的利用，降低对化石资源的依赖，符合可持续发展的趋势。研究者可以通过不断优化生产工艺，提高产率和纯度，推动哌啶甲酸生物合成技术的发展和应用。

目前，哌啶甲酸及其衍生物的合成方法多为传统的化学方法，操作繁杂、售价高，限制了其市场应用。而生物合成在手性对映体制备方面具有优势。

4.1.6 大麻素

4.1.6.1 市场价值

大麻（*Cannabis sativa* L.）是大麻科大麻属一年生草本植物，在中国已有几千年的应用历史，素有汉麻、火麻之称；其果实入药，称“火麻仁”。现代药理研究表明，大麻具有镇痛、降眼压、抗肿瘤、抗呕吐、削弱恐惧性记忆、抗血压、抗血栓、抗菌、抗炎等作用。目前国际上普遍将大麻列为麻醉药品。在大麻数百种次生代谢产物中，大麻素就占100多种[135]。大麻素能与内源性大麻素系统中的大麻素受体（cannabinoid receptor）CB1R和CB2R结合，帮助协调或恢复各项身体机能。根据大麻素化学结构，可将大麻素分为大麻萜酚类、大麻环萜酚类、四氢大麻酚类、大麻环酚类、大麻艾尔松类、大麻酚类等。

大麻二酚（cannabidiol，CBD）是研究较多的非精神类大麻素之一，不产生致幻作用，可透过血脑屏障，并能抑制神经冲动，促进谷氨酸、γ-氨基丁酸、多巴胺等神经递质的传递[136]。CBD对CB1R亲和力较低，是CB1R的别构调节剂和CB2R的反向激动剂，可用于治疗癫痫、精神分裂症、多发性硬化、胃肠炎症、肿瘤等疾病。CBD能激活G蛋白偶联受体，控制γ-氨基丁酸消耗量，抑制大脑兴奋性，降低癫痫发作的可能性。当热诱导期间兴奋性传递增加导致癫痫发作不可避免时，CBD可降低癫痫发作的严重性并缩短其持续时间。高剂量CBD（100 mg/kg）可用来防止癫痫发作；低剂量CBD（约10～20 mg/kg）可改善Dravet综合征（一种严重的婴儿肌阵挛性癫痫）。已在美国和欧盟批准上市的大麻二酚口服溶液Epidiolex®，已用于治疗Dravet综合征和Lennox Gastaut综合征。CBD通过不同作用机制发挥抗增殖作用，已用于治疗乳腺癌、前列腺癌、脑癌、肺癌、结直肠癌和皮肤癌等。

四氢大麻酚（tetrahidrocannabinol，THC）是大麻素中唯一的精神类药物分子，使用后可产生欣快感。长期使用会产生依赖性，导致记忆力降低等副作用[137]。THC是G蛋白偶联受体CB1R、CB2R的部分激动剂，通过与CB1R、CB2R相互作用可产生一系列精神活动。能靶向肿瘤细胞，治疗恶性肿瘤或由化疗诱导的呕吐。THC也可抗炎、镇痛、舒张血管、用于治疗多发性硬化等。高浓度THC会产生严重的恐慌、工作记忆障碍等，而CBD与之相反，具有抗焦虑作用且不会导致认知障碍。一项有关THC和CBD在大脑内侧前额内皮层产生不同精神作用的研究表明，THC促进细胞外调节蛋白激酶EPK1和EPK2的磷酸化，增加相关的恐慌样行为，但能被CBD抵消；CBD通过激活血清素1A受体亚型5-HT1AR和降低P70核糖体蛋白S6激酶p70S6K磷酸化来阻止形成联想恐慌记忆、减轻辨别能力损伤。在精神病发展过程中，THC还会加重患者精神病症状，这可能与大脑海马区活动增加有关。THC能导致认知障碍，产前使用THC会提高成年大鼠前额叶皮层中的犬尿氨酸水平，降低谷氨酸水平，其后代容易出现认知障碍。青少年时期使用THC，可能导致γ-氨基丁酸功能减退，导致精神分裂症样症状。使用乙醇、THC或乙醇/THC能显著增加青少年患学习和记忆障碍的风险[138]。

目前，大麻素主要是从大麻中直接提取，但从提取物中获得的每一类化合物的量不仅取决于提取方法，还取决于植物的种植位置、年龄、所提取的组织和生长条件。同时，大麻素含量高的大麻品种在种植上受到政策限制，通过育种方法培育产生特定种类化合物的大麻植株需要巨大的财政支持。其次，提取物中成分复杂，需要进一步对粗提物富集和分离纯化，过程烦琐，大规模生产收益低，产物不具备优良的市场竞争力。虽然植物组织培养技术的发展为大麻素的潜在高产提供了机会，但是次生代谢产物的合成受到植物器官和组织的发育阶段以及控制该阶段的基因影响，而且需要一个有效的策略进行植物组织再生诱导。

4.1.6.2 化学合成路径

合成大麻二酚最经典的方法是Kirby J报道的方法[139]。该法的原理是在三氟化硼的催化下，用1,3-二羟基-5-戊基苯和对薄荷-2,8二烯-1-醇缩合得到CBD。陈剑戈等利用氢氧化钾催化2,4-二羟基-6-戊烷基苯甲酸甲酯与*N*,*N*-二烷基醇胺进行酯交换，之后将产物与（1*S*,4*R*）-1-甲基-4-(1-甲基乙烯基)-2-环己烯-1-醇在Lewis酸催化下发生偶联反应，经酸碱萃取和重结晶后得到高纯度关键中间体产品，最后经过水解脱羧获得粗品大麻二酚。该方法得到的粗品经过一次重结晶即可得到符合原料药质量要求的大麻二酚，并且制得CBD纯度可达99%。同时此方法原料及试剂价格低廉，商业获得方式简单，总产率最高可达35%～40%。研究发现[140]，大麻二酚酸在空气照射或二氧化锰照射后，被氧化环化为大麻二酚酸A。在氧气存在下，后者氧化更快，产率通常更高。这两种方法都会产生复杂的混合物。而在10% 2-丙醇的溶剂（环己烷）中存在时，反应速率增加了7倍。

然而，化学合成过程往往十分烦琐，并且合成途径中产生的杂质难以分离。由于大麻素类化合物的结构相似性和反应选择性的限制，传统化学合成难以高效生产单一特定结构的目标产物[141]。

4.1.6.3 生物合成路径

在新鲜的大麻植物中，大麻素被合成并累积为大麻酸，例如Δ^9-四氢大麻酚酸（Δ^9-THCA）和大麻二酸（CBDA），随后在长期储存和加热过程中通过非酶促脱羧形成中性形式大麻素。

植物大麻素生物合成途径分为3个催化步骤[142]：

①聚酮合成（polyketide formation）；②异戊烯化（prenylation）；③氧化环化（oxidative cyclization）。

橄榄醇合成酶（olivetol synthase，OLS）催化己酰-CoA与三分子丙二酰-CoA顺序缩合生成线性四酮-CoA中间体；之后，橄榄酸环化酶（olivetolic acid cyclase，OAC）催化线性四酮-CoA中间体环化生成芳香基化合物橄榄酸；接着，大麻萜酚酸合成酶（cannabigerolic acid synthase，GBGAS）催化焦磷酸香叶酯和OLA发生异戊烯化反应缩合生成大麻萜酚酸（cannabigerolic acid，CBGA）；随后，新型FAD依赖氧化酶——Δ^9-四氢大麻酚合成酶（Δ^9-tetrahydrocannabinolic acid synthase，THCAS）和大麻二酚合成酶（cannabidiolic acid synthase，CBDAS）催化CBGA单萜部分氧化环化，分别转化为Δ^9-THCA和CBDA；最后，Δ^9-THCA和CBDA分别通过非酶脱羧过程（在干燥和贮存过程中，温度、光照等外界因素都可能引起Δ^9-THCA和CBDA脱羧）转化为中性形式的Δ^9-THC和CBD。

有研究证实[143]，一些杜鹃花属植物（*Rhododendron*）可产生CBC型大麻素；一些开花植物［蜡菊（*Helichrysum umbraculigerum*）、紫穗槐（*Amorphafruticose* L.）］可产生具有大麻素主链的生物活性化合物；苔藓可产生含双苄基主链的大麻素类化合物；少数真菌［地花菌属（*Albatrellus*）、冬青卫矛内生真菌（*Cylindrocarpon olidum*）］可生产灰叶酸和大麻二十二烷酸。这为识别大麻素生物合成途径潜在基因及其在合适的异源宿主中的表达提供了新的依据。在研究大麻素的生物合成的过程中，结合不同种类植物大麻素合成的模块，基于跨物种模块及GBGAS的组合，可在异源宿主中生产新的天然植物大麻素，同时合成途径中酶的混配、糖基化、卤化等也可使植物大麻素的功能进一步多样化。

有团队[144,145]在*S. cerevisiae*中引入及改造了近20个来自不同物种的基因，实现了天然大麻素以及非天然大麻素的完全生物合成。然而，这一途径的实现要考虑表达异源蛋白质的现代分子生物学工具（比如载体、启动子和信号肽）和宿主的遗传背景，需要使中心代谢的碳通量有效转移到产品合成途径上，同时需要解决次级代谢酶的低表达水平以及产物毒性对细胞的损伤等多方面的问题。虽然最后CBDA的产量仅有4.2 μg/L，但这一里程碑式的研究为未来更广泛的大麻素合成研究提供了借鉴，也为植物大麻素类新药的研发提供了新的策略。

有研究者提出体外合成生物学是大麻素规模化生产的有力方法[146]，然而在细胞外大规模地构建包含数十种酶、相关辅因子和无数代谢物的高度复杂的系统是一个巨大的挑战。并且THCAS和CBDAS水溶性极低，催化过程中又涉及过氧化氢的氧化还原，同时，GBGAS是一种膜结合蛋白，采用无细胞合成系统规模化生产Δ^9-THC和CBD面临成本和效益问题。

4.1.6.4 生物合成市场潜力与发展方向

大麻是世界上被最多滥用、最饱受争议的精神类药物，过去一直被各国明令禁止使用，直到近年才逐渐合法化。美国FDA于2018年6月25日批准GW Research公司的

CBD 口服液 Epidiolex®用于治疗年龄在 2 岁及以上的 2 种罕见癫痫病——Lennox-Gastaut 综合征和 Dravet 综合征患者的癫痫发作。Epidiolex®是 FDA 批准的首个含有大麻提取物成分的药物，也是 FDA 批准的首个用于治疗 Dravet 综合征的药物。这说明以 CBD 为代表的大麻素类化合物药理作用已得到认可。近日，中国食品药品检定研究院将大麻二酚首次纳入管理。大麻素类化合物作为大麻植物中主要成分，仍需重点监管且充分评估其可能被滥用的情况。必须关注其安全性、作用机制、与非大麻素类药物的相互作用等。未来研究可基于现有大麻素类化合物结构，阐明构效关系，在保留其药理活性的基础上降低其精神依赖作用。充分利用新剂型、新给药途径、高效促吸收技术充分发挥其药理活性。

近年来，大麻素类化合物 Δ^9-THC 和 CBD 的生物合成所涉及的所有关键酶基因和功能的阐明，为利用分子生物学和合成生物学相结合的方法构建微生物细胞工厂生产这些化合物奠定了基础。未来通过优化微生物宿主耐受性、完善异源生物合成途径、增加前体供给、降低副产物积累、培养条件优化等构建稳定高效的微生物细胞工厂可以彻底改变药用大麻素的生产现状。此外，微生物发酵生产可以支持新大麻素的设计。光谱技术和分析技术的发展使得我们可以更好地鉴定和分离新的微量大麻素，有助于研发新的更好的药物。

4.2 植物天然产物

4.2.1 番茄红素

4.2.1.1 市场价值

番茄红素是 β-胡萝卜素的非环异构体，是植物所含的一种天然色素，主要存在于茄科植物番茄的成熟果实中，使番茄及其制品呈红色，因其最早发现于番茄中且呈现为红色而得名，属于类胡萝卜素的一种，有植物界中的“软黄金”之称，具有很高的医药价值。番茄红素目前是自然界中发现的最强抗氧化剂[147]，可有效减少单线态氧和氧自由基对人体自身免疫系统的侵害。番茄红素在淬灭单线态氧、清除自由基、阻断亚硝胺形成、抑制和诱导细胞分化及延缓人体衰老等方面有着重要作用，因此越来越受到人们的关注。作为一种功能性食品添加剂，它有着无与伦比的优势。无污染、无公害、绿色的特点使其备受人们的青睐，可将其应用于食品加工工业中。

番茄红素是一种抗氧化剂，可以通过抑制过氧化氢、二氧化氮和羟基自由基等的生成，发挥抗氧化作用，进而保护 DNA、蛋白质和脂质免受氧化损伤。虽然存在于人体内的番茄红素主要来自番茄和番茄加工食品，但这种红色化合物也存在于其他水果和蔬菜中。由于番茄红素的低生物利用度，其循环水平比其膳食摄入值更适合作为健康结果的预后数据。番茄红素以不同的方式影响人类健康。例如[148]，它可以保护脂质、蛋白质和 DNA 免受氧化损伤；刺激细胞生长调节机制、连接蛋白 43 的表达、IGF-1 和 IGF 结合蛋白的血液水平以及免疫和炎症过程的中间体的表达。有观点认为[149] 番茄红素的衍生物的作用方式与类胡萝卜素所产生的维甲酸类似，这些衍生物的作用是可以成为细胞核受体的基团。有研究表明，其原因可能是低浓度的番茄红素衍生物具有类激素活性。针对人类乳腺癌细胞的研究结果表明[150]，番茄红素对 AP-1（activating protein-1）有刺激作用，而类胰岛素因子 1 对 AP-1 具有抑制作用。目前国内外对番茄红素的需求量在逐年增加，番茄红素独特的优点和利用价值，因此拥有广阔的发展空间。

4.2.1.2 化学合成路径

食品原料中的番茄红素主要以全反式构型存在，然而顺式结构的番茄红素具有更高的生物活性和生物利用率，更易被人体吸收利用。目前常见的番茄红素异构化反应类型[151]主要有热致、热促和光致异构化反应。热致异构化法主要以乙酸乙酯等有机溶剂为溶剂。热促法通常采用氯化铁、乙二醇等强氧化剂作为催化剂。以上研究方法虽有助于番茄红素构型转化，但反应中添加的反应物具有强氧化性，很难从反应后的产品中去除，且光致异构化法成本极高，严重限制了番茄红素异构化产品的生产和实际应用。因此，寻找一种绿色、高效的工业化制备高顺式番茄红素异构体的方法尤为重要。

番茄红素（$C_{40}H_{56}$）分子的高度不饱和结构，使番茄红素存在 72 种顺式构型异构体，其中 5-、9-、13-番茄红素等顺式番茄红素最为常见[152]。最近，研究发现[153] 以香叶醇为原料，经氧化得到柠檬醛，与磷酸酯（C4）反应得到烯醇醚（C14），水解得到醛 C14，与偕二磷酸酯反应得到关键中间体磷酸酯 C15，最后与十碳双醛缩合得到番茄红素。五步总收率为 23.5%。此合成路线具有环境友好、步骤少、工艺简单、反应收率高等特点，具有较大的工业化潜力。

4.2.1.3 生物合成和代谢路径

番茄红素属于四萜类化合物，其生物合成[154] 通过异戊烯基焦磷酸（isopentenyl diphosphate，IPP）和二甲基烯丙基焦磷酸（dimethylallyl diphosphate，DMAPP）作为前体，由香叶基二磷酸合成酶（CrtE）催化生成香叶基二磷酸酯，在八氢番茄红素合成酶（PSY）作用下合成八氢番茄红素，然后经八氢番茄红素去饱和酶（PDS）作用产生番茄红素。IPP 和 DMAPP 分别来源于甲羟戊酸途径（MVA）和 2-C-甲基-D-赤藓糖醇-4-磷酸途径（MEP），微生物中酵母和其他真菌通常存在 MVA 途径，而大多数细菌如大肠杆菌只存在 MEP 途径[155]。微生物合成具有无污染、生产周期短等优势，是较为理想的生产方式。

八氢番茄红素合成酶（PSY）是一种重要的上游酶，它能促进番茄红素的合成。通常认为[156]，八氢番茄红素是形成类胡萝卜素的直接前体物质，而且该关键酶基因可以很好地调节控制植物中的类胡萝卜素的总含量。番茄植株出现侏儒症的其中一个主要原因就是该植株具有转 PSY 的基因，具有该基因的植株在发育的早期所积累的番茄红素水平要高于正常植株的水平。

研究表明[157]，许多种类酶的调控作用都会影响番茄红素的代谢，这是一段持续而复杂的转化过程。首先，IPP 作为合成番茄红素的前体物质，它会在异构结构上受到自身异构酶的影响发生转变，于是就形成了 DMAPP；在这之后，就到了磷酸合成酶（GPS）体现作用的时候，它可以使 DMAPP 与 3 分子前体物 IPP 发生作用，作用完成后就会发生三次连续进行的缩和反应，三次反应的产物分别为牻牛儿基焦磷酸（GPP）、法尼基焦磷酸（FPP）和牻牛儿基牻牛儿基焦磷酸（GGPP）；接着，在 GGPP 已经被产生的前提下，PSY 的催化作用开始显现，它可以催化 2 分子 GGPP 发生头对头的二聚化反应，生成八氢番茄红素；最后，八氢番茄红素在 ζ-胡萝卜素脱氢酶（ZDS）和八氢番茄红素脱氢酶（PDS）的共同作用下连续脱氢，此时的产物就是顺式结构的原番茄红素。然而顺式结构原番茄红素存在不稳定性，它可以被类胡萝卜素异构酶（CRTISO）所分解而发生异构，在 CRTISO 的作用下，顺式结构的原番茄红素的构型被转变，最终产物就是稳定的全反式结构的番茄红素。

目前为止，实验中合成番茄红素的微生物有三孢布拉式霉菌草生欧文菌、夏孢欧文菌和基因工程改造菌。Xie 等[158] 利用酿酒酵母菌在摇瓶中生产番茄红素的产量为 265.68 mg/L，单位菌体产量为 72.79 mg/g，但是生长周期很长，发酵缓慢，增加生产成本，且遗传背景比较复杂。此外，番茄红素的合成多是在 *E. coli* 中引入牻牛儿基牻牛儿基二磷酸合成酶基因、八氢番茄红素去饱和酶基因和去八氢番茄红素合成基因，同时提高代谢途径关键基因的表达，增强番茄红素合成前体异戊烯基焦磷酸和 DMAPP 的积累，从而提升番茄红素的生产[159]。Jin 等[160] 构建异源合成番茄红素重组菌株，以 LB 培养基作对照，另外选取 2×YT+G 培养基和 SM 培养基进行优化，优化后 2×YT+G 培养基的产量最高，相比优化前提高 1.12 倍。Li 等[161] 对番茄红素合成酶（CrtYB）进行修饰，与来源于红发夫酵母 crtI 和 crtE 及酿酒酵母 MVA 途径中限速酶 HMG1 催化区 tHMG1 共表达，使番茄红素单位细胞产量达到 24.41 mg/g，显著提高番茄红素异源合成效率，为大肠杆菌生产番茄红素奠定基础。

4.2.1.4 生物合成市场潜力与发展方向

番茄红素的生物合成是一个非常复杂的多酶级联反应过程。当引入宿主菌株时，不同来源的基因往往表现出不同的表达水平。因此，关键基因的来源对于实现有效的代谢调控至关重要。近年来，已经从广泛的物种中分离和鉴定了大量编码番茄红素生物合成途径关键酶的基因。虽然已经鉴定出越来越多不同来源的关键酶，但大多是通过基于 BLAST 的鉴定获得的。许多基因是在没有研究文献和实验验证支持的情况下直接提交给 GenBank 数据库的。另外，虽然对微生物的这些关键酶的性质进行了一些实验验证，但常忽视了它们的特性、功能和在番茄红素合成途径的多酶级联反应中的调节作用。对此需要更多关注。

传统化学合成手段步骤较多，收率并不理想，而通过微生物发酵合成番茄红素的方式产量高、成本低、环境危害小、工业化潜力较高。随着代谢工程和合成生物学的发展，各种新策略已被应用于提高大肠杆菌和其他非致癌生物中番茄红素的合成产率和生产力，包括增加前体的供应、途径基因的过表达或修饰、旁路的下调、启动子优化和辅因子工程。目前，多酶调控策略主要有两类：一类是融合蛋白、酶筛选和组合工程等传统技术，另一类是基于 CRISPR/Cas9 的基因编辑、DNA 组装和支架技术等新兴调控技术。这些技术的发展与应用将极大改进番茄红素生物合成过程，进一步推动产业化应用。

4.2.2 甘草次酸

4.2.2.1 市场价值

甘草是豆科草本植物。甘草作为传统中药草已在中国使用了 2000 多年，其以根、茎入药。甘草显示出多种药理活性，包括抗溃疡、抗炎、抗痉挛、抗氧化、抗过敏、抗病毒、抗糖尿病、抗癌、抗抑郁、保肝、增强记忆。这些药理活性归因于甘草的化学成分[162]。到目前为止，已从甘草种中分离出几百多种化合物。分析表明三萜皂苷是甘草具有生物活性的主要原因。其中甘草酸（GL）和甘草次酸（GA）是甘草中主要活性物质。在化学结构上，甘草酸由甘草次酸（作为糖苷配基）和两个 D-葡萄糖醛酸组成。甘草次酸（glycyrrhetinic acid，GA）是甘草中天然活性物质甘草酸（glycyrrhizic acid，GL）水解脱去两分子葡萄糖醛酸的三萜类皂苷产物，具有抗氧化、抗炎、抗肿瘤、降血脂等多种作用，广泛应用于医药、食品、化妆品行业。在甘草次酸的两种光学异构体中，18α-甘草次酸的生物活性强于 18β-甘草次酸。

甘草次酸属于齐墩果烷型的五环三萜类化合物，结构式如图 4-8 所示。不溶于水，可溶于甲醇、乙醇、吡啶、乙酸、乙酸乙酯等溶剂。甘草次酸的结构决定了其理化性质：其 C30 位的羧基可与碱性化合物发生反应；其 C3 位的羟基可以发生醋酐-浓硫酸反应，发生颜色变化，颜色由黄色逐渐褪至无色。

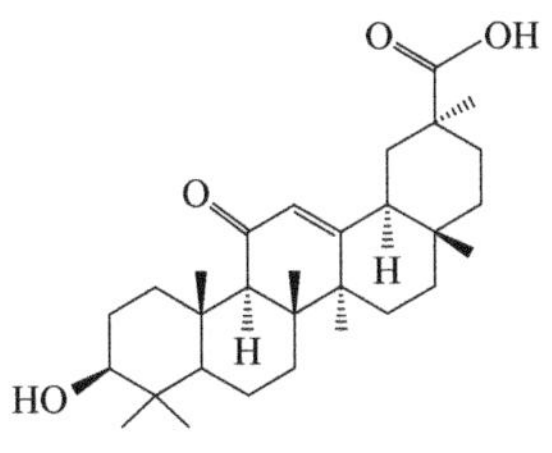

图 4-8 甘草次酸的结构

在抗炎症方面[163]，现代药理学证明甘草次酸可在小鼠中通过抑制巨噬细胞炎症蛋白的表达减轻痤疮丙酸杆菌引起的急性肝损伤。在人肾脏与肺器官中，其可通过抑制 11β-羟基类固醇脱氢酶起到抗炎症的作用。在体外研究中，发现在相似的皂苷中，甘草次酸的抗炎症效果最明显。在抗病毒方面，甘草次酸在体外可有效抑制轮状病毒的复制，此活性明显高于甘草酸；同时其对乙肝病毒具有良好的抑制作用，从而起到很好的保肝、护肝的作用。在免疫调节方面，甘草次酸在体外对树突细胞具有良好的免疫调节作用、在体内可抑制树突细胞的成熟与 T 细胞介导的响应；在小鼠肠道内诱导独立的淋巴滤泡，加强免疫调节作用。在抗肿瘤方面，甘草次酸在大鼠与小鼠体内发挥明显的抗肿瘤作用，并且对人的非小细胞肺癌有明显的抑制作用、对乳腺癌细胞扩增具有明显的抑制作用。除此之外，研究还发现，甘草次酸还具有抗细菌和真菌，抗辐射等多种功效，同时是天然防腐剂、天然增稠剂、防晒产品等的主要成分之一。

4.2.2.2 化学合成路径

目前，甘草次酸主要是以从甘草中获得的甘草酸为原料制备而来[164]，甘草酸含量占甘草干重的2%～10%，甘草次酸含量约占干重的0.05%以下。针对甘草次酸的制备工艺有许多种，大体可以分为溶剂萃取法、酸裂解法、碱裂解法、生物转化法。然而，产物中97%以上是18β-甘草次酸，α-异构体的含量很少，约占3%。

酸裂解法主要是采用稀硫酸水解甘草酸粗品，水解过程需在密闭空间内，同时需要加压或微波辐射加热才能顺利进行。水解后产物须经有机溶剂萃取、浓缩才可得到甘草次酸的粗品。木合布力等[165] 将18β-甘草次酸与盐酸的无水甲醇溶液一起加热，经碱性水解、酸化制备得到18α-甘草次酸，转化率达到45%。研究证明[166]，甘草酸和5%稀硫酸混匀后置于密闭容器内，在高温下（1200℃）过夜反应16 h，之后用氯仿抽提得到甘草次酸粗品，再利用冰醋酸重结晶，得到甘草次酸成品，得率大约为4%。上述工艺烦琐、耗时长、效率低、能耗大且污染环境。

4.2.2.3 生物合成路径

甘草次酸的生物合成[167] 属于三萜化合物合成途径，主要经甲羟戊酸途径（MVA）合成，异戊二烯焦磷酸（isopentenyl diphosphate，IPP）是此途径的重要中间产物，它既可以通过MVA途径也可通过2-甲基赤癣糖醇-4-磷酸（MEP）途径合成。MEP途径主要存在于植物质体中，所以又称质体途径，用于合成单萜、二萜和四萜化合物。植物中的MVA途径存在于细胞质中，又称细胞质途径，主要用于合成倍半萜、三萜和甾醇类化合物。两种途径虽然分布于细胞中不同的位置，但是并不是孤立存在的，两种途径之间存在着少量代谢物的交换。IPP和DMAPP可结合生成GPP（香叶基焦磷酸，单萜合成的前体），GPP和IPP又结合形成FPP（法尼基焦磷酸，倍半萜合成的前体），FPP也可在牻牛儿基牻牛儿基焦磷酸合酶的催化下与IPP合成GGPP。两分子FPP在鲨烯合酶的催化下，首尾连接成角鲨烯，环化成为2,3-氧化鲨烯（三萜合成的前体）。在β-香树脂醇合酶的催化作用下，生成β-香树脂醇（齐墩果烷型）。在该生物合成途径中，2,3-氧化鲨烯在不同酶的作用下进一步氧化是三萜骨架多样性的来源。植物甘草中甘草次酸的生物合成途径直到2011年才被解析完成[168]：甘草次酸的生物合成是在MVA途径的基础上，以2,3-氧化鲨烯为底物，在β-香树脂醇合酶催化下，生成β-香树脂醇；之后，由CYP88D6催化β-香树脂醇C11位首先羟基化；然后，进一步氧化为11-*O*-β-香树脂醇；在此基础上，由CYP72A154继续催化3步反应，首先11-*O*-β-香树脂醇C30位羟基化，之后进一步氧化生成醛，最后氧化生成羧基，形成甘草次酸。

大量研究利用酿酒酵母作为宿主合成萜烯化合物，在不同化合物的合成与调控策略上具有一定的相似性。研究发现[168]，以具有优良特性的酿酒酵母为宿主，在酿酒酵母本身的 MVA 途径的基础上，利用代谢工程与合成生物的方法引入植物甘草中甘草次酸的合成途径，可实现酿酒酵母中甘草次酸的合成。结合转录组学与基因组学技术分析筛选与甘草次酸合成相关的关键催化酶并验证其功能。通过对甘草次酸合成途径的调控与优化，提高甘草次酸及其前体物的合成水平，甘草次酸的产量可达到 18.9 mg/L。周艳艳[169] 从甘草饮片粉和甘草酸粗品的培养液中筛选可将甘草酸转化成甘草次酸的菌株 YGL-B-12，以甘草酸为底物，通过正交试验优化发酵工艺，将 18β-甘草次酸的转化率从 21.29%提高到 40.83%。李春团队通过代谢工程改造的酿酒酵母实现了甘草次酸的从头合成，在 5 L 发酵罐中产量达到约 20 mg/L[170]。

4.2.2.4 生物合成市场潜力与发展方向

目前，甘草次酸的生物合成途径和生物合成的调节因素虽然基本明确，但仍有几个关键问题有待进一步研究和解决。调控甘草次酸生物合成的关键调控基因有待进一步鉴定。从基因水平上阐明甘草次酸形成的分子机制，通过工业微生物发酵大规模生产甘草次酸可为解决甘草酸供需矛盾提供新的策略。随着合成生物学技术的飞速发展以及甘草次酸生物合成路径的成功解析，生物合成甘草次酸的工业化应用将具有十分广阔的前景。鉴于 CRISPR-Cas9 系统在生物合成中的成功应用，以 CRISPR-Cas9 为基础的基因敲除和碱基编辑技术将有助于甘草基因功能的研究以及实现对甘草次酸生物合成途径中关键酶的关键位点的定性编辑，进而有效提高甘草次酸的含量。

4.2.3 西红花苷

4.2.3.1 市场价值

西红花又称番红花或藏红花，属鸢尾科植物。西红花的药用部分主要是西红花花柱上部及柱头。西红花水溶液具有亮丽的黄色和香味，是一种非常昂贵的香料，常被用作高档食品添加剂，也可以作为丝绸、棉和羊毛制品的高级染料。在国际市场上，西红花价格大约在 1000～2000 美元/kg，素有“植物黄金”之称。在我国药典中介绍，西红花可活血化瘀、凉血解毒、解郁安神，用于闭经、产后瘀阻、湿毒发斑、忧郁、惊悸等的治疗。现代医学研究发现，西红花具有治疗心血管疾病、预防动脉粥样化、提高机体免疫功能等诸多疗效。目前研究表明，西红花柱头中的主要有效成分为类胡萝卜素类及其糖苷，即西红花酸二甲酯、西红花醛、西红花酸和西红花糖苷。西红花酸和西红花糖苷在抑制肿瘤方面有很强的活性。西红花糖苷还有治疗神经变形损坏的作用。随着西红花药物被开发与利用，西红花苷作为其有效成分之一，逐渐成为研究热点，同时市场需求也不断增加。

西红花苷是由西红花酸和龙胆二糖或葡萄糖形成的一系列酯类化合物，主要由西红花苷Ⅰ、西红花苷Ⅱ、西红花苷Ⅲ、西红花苷Ⅳ、西红花苷Ⅴ等组成，其结构较为相似，差别仅在于分子中糖基种类和数量的多少。根据现有文献报道，西红花苷在植物界的分布较为有限，主要分布在鸢尾科的西红花、茜草科的栀子、马钱科的密蒙花、木樨科的夜花、菊科的牛蒡、百部科的蔓生百部、豆科的含羞草等植物中。西红花苷分布在植物的花、果实、叶和根中，但不同植物及相同植物的不同部位含量差异较大，如西红花中西红花苷主要分布在柱头，栀子中西红花苷主要分布在果肉中。现代药理学研究表明，西红花苷对多种中枢神经系统疾病如神经退行性疾病、精神失常、癫痫、惊厥和失眠等以及多种心血管系统疾病如高血压、高血脂和动脉粥样硬化等具有较好疗效，同时还具有抗癌、抗炎、抗氧化、保肝利胆及抗糖尿病等作用，因而西红花苷的药用价值备受关注。目前，西红花苷在临床上已经用于心血管系统疾病和肝脏疾病的治疗，如西红花总苷片等。此外，如四季三黄片、红花益气养血胶囊、珍龙醒脑胶囊和虫草保元胶囊等药品中也含有西红花苷类成分。西红花苷虽然药理活性广泛、药用潜力巨大，但主要源头植物价格昂贵，面临提取工艺复杂、提纯成本高、污染严重等问题，这在一定程度上限制了西红花苷的大规模应用。

4.2.3.2 化学合成路径

西红花苷主要在西红花柱头积累，分离提取所采用的技术均为常用的天然产物分离纯化方法，如柱色谱法（FCC）、制备液相色谱法（PLC）、制备薄层色谱法（PTLC）、高速逆流色谱法（HSCCC）、高速离心色谱法（FCPC）等。但尚无研究报道从植物中提取分离得到西红花苷Ⅲ，这可能与西红花苷Ⅲ在植物中的含量低有关。西红花苷分子结构中存在多个共轭双键，常呈现出橙红色，在 440～450 nm 处有最大吸光值。西红花苷Ⅲ的化学合成已被报道[171]，主要包括 2,7-二甲基-2,4,6-辛三烯-1,8-二醛的合成、C5-磷酸酯的合成、西红花酸二甲酯的合成、西红花酸二醛的合成、西红花酸的合成、西红花苷Ⅲ的合成等。其合成路线长、操作烦琐、产率极低，无法满足需求。

4.2.3.3 生物合成路径

西红花苷的生物合成途径包括三部分[172]：上游部分经由 2-甲基-D-赤藻糖醇-4-磷酸途径（MEP 途径）产生牻牛儿基牻牛儿基焦磷酸（GGPP）；中游部分是类胡萝卜素代谢途径，即 GGPP 经过一系列的聚合、脱氢及环化作用生成类胡萝卜素类化合物，如玉米黄质等；下游部分是类胡萝卜素的降解、氧化及糖基化反应途径，其关键酶涉及类胡萝卜素裂解双加氧酶（carotenoid cleavage dioxygenases，CCDs）、乙醛脱氢酶（aldehyde dehydrogenases，ALDHs）和糖基转移酶（UDP-glucosyl transferases，UGTs）。类胡萝卜素类化合物在 CCDs 对称裂解催化作用下脱辅基生成西红花酸二醛；西红花酸二醛经 ALDHs 催化生成西红花酸；西红花酸在一系列 UGTs 的作用下生成不同类型西红花苷产物（Ⅰ～Ⅴ）。虽然这些关键酶的种类明确，但是由于其属于多基因家族，在西红花苷生物合成途径中行使功能的基因研究仍充满挑战。随着测序技术的进步，结合多组学及分子生物学研究手段，西红花苷生物合成途径解析研究已取得显著进展，将极大促进西红花苷合成生物学研究。

近期，基于本草基因组学及分子生物学，药用植物西红花苷生物合成途径被清晰阐释，筛选得到的关键糖基转移酶（CsUGT74AD1、GjUGT74F8 和 GjUGT94E13）能够实现 5 种西红花苷体外生产[173]。这一突破为西红花苷合成生物学研究提供重要基因元器件，为解决西红花苷资源匮乏、价格昂贵等问题奠定基础。原核表达及功能验证发现，来源于芽孢杆菌属（*Bacillus subtilis* 168 和 *Bacillus cereus* WQ9-2）的 Bs-GT（GenBank：WP_003220110.1）、Bc-GTA（GenBank：EEL00975.1）皆具有催化西红花酸生成西红花苷Ⅲ和西红花苷Ⅴ的功能，将其导入大肠杆菌，并外源饲喂西红花酸（50 mg/L），可以实现西红花苷Ⅲ和西红花苷Ⅴ的生产。Bs-GT 和 Bc-GTA 催化西红花酸生成西红花苷的转化率分别为 15.3%和 6.7%[174]。Dufresne 等[175] 基于其实验室数据库，挖掘参与西红花苷生物合成的微生物糖基转移酶，发现来源于枯草芽孢杆菌的 3 个糖基转移酶（BsYjiC、BsYdhE 和 BsYojK）可能具有催化西红花酸生产 5 种西红花苷的功能，将它们整合至西红花酸产量为 4.42 mg/L 的工程化大肠杆菌菌株，培养后仅检测到微量西红花苷Ⅴ的产生。

4.2.3.4 生物合成市场潜力与发展方向

西红花苷具有广泛的药理活性及良好的成药潜力，但由于其资源分布的特殊性，导致其资源匮乏、价格昂贵，亟须寻找替代资源或开展合成生物学研究。西红花苷生物合成途径解析的研究主要集中在西红花、栀子及大叶醉鱼草中。其中，栀子中西红花苷生物合成途径被相对完整地解析，西红花中的西红花苷生物合成途径尚缺少关键 UGTs 的确证，大叶醉鱼草中的西红花苷生物合成途径缺少关键 ALDHs 和 UGTs 的确证，有待进一步研究突破。另外，不同科属物种中西红花苷生物合成途径的解析，将为自然界不同物种间的趋同进化研究提供参考。

利用合成生物学手段所创制的西红花苷生产菌株最大产量仍处于毫克级别，不足以供工业化生产应用。因此，西红花苷合成生物学研究仍需进一步优化。特提出以下建议方向供相关研究人员参考：

a. 综合利用现有西红花苷合成相关基因元器件及新发现的基因元器件（如栀子 GjCCD4a、GjALDH2C3、GjUGT74F8 和 GjUGT94E13 及西红花 CsALDH3I1、CsUGT74AD1 等），继续开展西红花苷合成生物学研究。

b. 结合组学研究，对不同科属物种中西红花苷生物合成途径进行深入分析。

c. 结合酶学分析及突变研究，筛选更多可用于西红花苷合成生物学研究的高效基因元器件。

d. 通过调整底盘细胞代谢流等方式，提高西红花苷产量。

e. 通过对西红花苷中上游类胡萝卜素代谢途径的研究，进一步提高底盘细胞类胡萝卜素产量。

f. 通过转录水平调控活性成分合成途径酶基因及相关基因表达，实现西红花苷高效生产。

4.2.4 鬼臼毒素

4.2.4.1 市场价值

鬼臼毒素（podophyllotoxin，PPT）又称鬼臼素、鬼臼毒、鬼臼脂素，是芳基四氢化萘类木脂素内酯，可从小檗科的八角莲属（*Dysosma Woodson*）、桃儿七属（*Sinopodo-*

phyllum Ying）和山荷叶属（*Diphylleia Michx*）植物等中分离得到。Podwyssotzki 于 1880 年首次分离出了鬼臼毒素。其被《本草纲目》等 20 余部药典记载，可用于气管炎等的治疗[176]。

2011 年，发现了鬼臼毒素的抗肿瘤活性，此外，鬼臼毒素还具有抗病毒、抗炎等多种生物活性[177]。目前，鬼臼毒素的环 A、B、C、D、E 及木脂体的骨架结构均被成功修饰过。20 世纪 60 年代，瑞士 Sandoz 公司在鬼臼毒素 C4 位进行糖基化修饰，得到的依托泊苷和替尼泊苷具有强抗肿瘤活性，通过美国 FDA 认证，分别于 1967 年和 1971 年成功上市，是最早应用于临床的两种鬼臼毒素衍生物，广泛用于睾丸癌、淋巴癌、乳腺癌和小细胞肺癌等多种癌症的治疗[178]。鬼臼毒素通过抑制微管蛋白聚合对结直肠癌、乳腺癌、前列腺癌细胞显示出不同程度的抗增殖作用，然而，恶心、腹泻、呕吐等严重的副作用阻碍了它的使用[179]。因此，国内外的研究者们对鬼臼毒素进行了各类结构的修饰。最受关注的是依托泊苷和替尼泊苷，它们是临床使用最广泛的两种鬼臼毒素衍生物，但其仍伴随着严重的副作用[180]。国际上对鬼臼类新药的研发十分活跃，对合成前体鬼臼毒素的需求日益增强。目前鬼臼毒素主要依赖天然提取，导致野生鬼臼类植物成为国家珍稀濒危保护植物，且存在资源受限、不可持续等问题[181]。因此，急需探索鬼臼毒素的高效合成方式。

4.2.4.2 化学合成路径

目前关于鬼臼毒素的化学合成方法尚未见详细报道。

4.2.4.3 生物合成路径

近年来，随着鬼臼毒素生物合成途径逐渐被阐明，鬼臼毒素合成生物学研究取得了长足发展。近期，在烟草中实现了（－）-脱氧鬼臼毒素毫克级的合成。了解 Dirigent（DIR）蛋白如何精确地控制木质素单体自由基偶联的区域特异性和立体选择性，是木质素单体合成鬼臼毒素的关键。Kuo 等[182] 首次阐明了连翘中 DIR 蛋白的功能。DIR 蛋白本身缺乏氧化中心，两分子松柏醇需被非特异性氧化酶（如漆酶）或非酶氧化剂氧化后，才能被 DIR 蛋白二聚体立体选择性地催化分子间的自由基偶联得到（＋）-松脂酚。在 DIR 蛋白不存在的情况下，二聚木脂素的生成速率没有明显的改变，但发生外消旋偶联，得到比例为 2∶4∶1 的（±）-松脂酚、（±）-去氢双松柏醇和（±）-愈创木酚基甘油 8-*O*-4 松柏醇醚，所以，DIR 蛋白的立体选择性对于鬼臼毒素的生物合成是至关重要的。

鬼臼毒素部分生物合成途径也在大肠杆菌和酿酒酵母中实现了高效表达，获得了不同的鬼臼毒素中间体[183]。Federolf 等[184] 在解析鬼臼毒素生物合成途径的基础上，在烟草植物中实现了（－）-脱氧鬼臼毒素毫克级合成，4′-去甲基表鬼臼毒素与 4′-去甲基-5′-去甲氧基表鬼臼毒素的全合成。通过共表达松柏醇合成途径的 PAL、C4H、4CL、HCT、C3H、CCoA-OMT、CCR 和 CAD，强化了松柏醇的供应；进一步增加表达脱氧鬼臼毒素合成途径的 DIR、PLR、SDH、CYP719A23、OMT3、CYP71CU1、OMT1 和 2-ODD，得到 4.3 mg/g(－)-脱氧鬼臼毒素（叶片干重），而且还可得到 4′-去甲基表鬼臼毒素。最后增加表达4′-去甲基表鬼臼毒素合成途径的CYP71BE54和CYP82D61，没有生成4′-去甲基表鬼臼毒素，而生成4′-去甲基-5′-去甲氧基表鬼臼毒素。

4.2.4.4 生物合成市场潜力与发展方向

鬼臼毒素的合成生物学研究为鬼臼毒素乃至鬼臼类药物的开发及生产提供了一种新策略。基于现阶段已阐明的鬼臼毒素生物合成途径，目前以模式植物烟草为底盘的（—)-脱氧鬼臼毒素异源表达有了极大的进展，以酵母、大肠杆菌等模式微生物的合成研究也已开始起步。目前已发现多种可以产生鬼臼毒素的内生真菌，这为鬼臼毒素异源表达宿主或底盘细胞提供了更多的选择[185]。内生真菌中的鬼臼毒素合成基因簇还未见报道；植物内的鬼臼毒素的生物合成途径也尚未完全阐明；微生物与植物中鬼臼毒素的生物合成机制是否相同，还需要进一步探索。不过随着基因测序工具不断进步，测序成本以“超摩尔速度”直线下降，这为生物元件开发和途径解析奠定了基础。但要想实现鬼臼毒素的高效制备，无论是烟草或酵母，都需要突破巨大的技术挑战。

近年来，随着人工智能技术的发展，生物元件的设计和优化有了崭新的手段。基于合成生物学原理，通过计算机深度学习智能设计鬼臼毒素的生物合成途径，筛选合适的底盘细胞，能够克服或规避某些技术难题，使鬼臼毒素智能化生产成为可能。鬼臼毒素是天然产物来源新药创制的典型代表，目前有多个鬼臼类抗肿瘤药物进入临床。“逆向生物合成”的设计方法近年来被广泛应用于天然先导化合物的研究：采用逆向逻辑思维，从抗肿瘤鬼臼类药物分子结构出发，将鬼臼类药物结构反向分解为生物系统中可得且可被拼接或转化的结构模块，综合考虑其生物合成的催化反应类型，选择合适的反应元件和底盘细胞进行高效制造。该策略可绕过天然产物生物合成途径解析，靶向地寻找或改造生物合成元件，加快药物开发，是未来开发药物的新趋势。基于合成生物学策略，利用逆向思维理性设计和优化鬼臼类药物生物合成途径，构建鬼臼类药物高效合成的细胞工厂，有望成为植物来源鬼臼毒素乃至木脂素类化合物药物开发以及生产的有效手段。

4.2.5 紫杉醇

4.2.5.1 市场价值

紫杉醇，一种天然抗癌药物，分子式为$C_{47}H_{51}NO_{14}$，是一种从裸子植物红豆杉的树皮分离提纯的天然次生代谢产物，经临床验证，具有良好的抗肿瘤作用，特别是对癌症发病率较高的卵巢癌、子宫癌和乳腺癌等有特异性。紫杉醇作为一个具有抗癌活性的二萜生物碱类化合物，因其新颖复杂的化学结构、广泛而显著的生物活性、全新独特的作用机制、奇缺的自然资源使其受到了植物学家、化学家、药理学家、分子生物学家的极大青睐，使其成为20世纪下半叶举世瞩目的抗癌明星和研究重点[186]。

1963年，美国化学家瓦尼（M. C. Wani）和沃尔（Monre E. Wall）首次从一种生长在美国西部大森林中的太平洋杉的树皮和木材中分离到了紫杉醇的粗提物[187]。在筛选实验中，瓦尼和沃尔发现紫杉醇粗提物对离体培养的鼠肿瘤细胞有很高抑制活性，并开始分离这种活性成分。由于该活性成分在植物中含量极低，直到 1971 年，他们才同杜克大学的化学教授姆克法尔合作，通过 X 射线分析确定了该活性成分的化学结构，一种三环二萜化合物，并把它命名为紫杉醇（图 4-9）。该药于 1990 年进入Ⅲ期临床试验，1992 年底获美国 FDA 批准用于临床治疗常规化疗无效的卵巢癌和乳腺癌患者。1995 年，我国北京协和药厂与海口制药厂分获二类新药批准文号，我国成为世界上第 2 个生产紫杉醇及其注射液的国家。

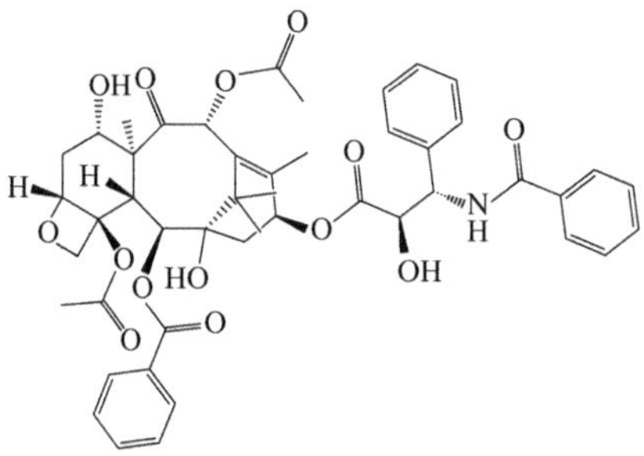

图 4-9　紫杉醇的结构

方起程等[188] 阐明了紫杉醇独特的抗肿瘤作用机制：紫杉醇可使微管蛋白和组成微管的微管蛋白二聚体失去动态平衡，诱导与促进微管蛋白聚合、微管装配、防止解聚，从而使微管稳定并抑制癌细胞的有丝分裂和触发细胞凋亡，进而有效阻止癌细胞的增殖，起到抗癌作用。事实上，与细胞有丝分裂密切相关的微管蛋白几乎普遍存在于所有真核细胞中，它们能可逆性聚合成微管，染色体的分离需要借助这些微管。有丝分裂后，这些微管又重新解聚成微管蛋白。纺锤状微管短暂的瓦解能优先杀灭异常分裂的细胞，一些重要的抗癌药物如秋水仙碱（colchicin）、长春碱（vinblastine）、长春新碱（vincristine）等就是通过阻止微管蛋白重聚合而起到抗肿瘤作用的。与抗有丝分裂的抗肿瘤药物相反，紫杉醇是发现的第一个能与微管蛋白聚合体相互作用的药物，即通过与微管紧密地结合，使它们稳定而起作用。同时发现紫杉醇对多种实体瘤细胞显示出良好的作用。这吸引了更多生物学家将紫杉醇作为生物医学的一个研究工具，探索细胞活性的未知领域和发现新的抗癌药物的新方法。

紫杉醇是近年来国际市场上最热门的抗癌药物，被认为是人类未来 20 年间最有效的抗癌药物之一。紫杉醇类药物具有独特的抗肿瘤作用机制，即与 β-微管蛋白结合后加速蛋白的聚合作用而使微管稳定，阻止微管解聚，使细胞分裂周期停止而导致肿瘤细胞凋亡。临床和科研所需的紫杉醇主要是从红豆杉中直接提取，由于紫杉醇在植物体中的含量相当低（公认紫杉醇含量最高的短叶红豆杉树皮中也仅有 0.069%），治疗一个卵巢癌患者需要 3～12 棵百年以上的红豆杉树。因此造成了对红豆杉的大量砍伐，致使这种珍贵树种已濒临灭绝。加之紫杉本身资源很贫乏，而且红豆杉属植物生长缓慢，这对紫杉醇的开发利用造成了很大的困难。

4.2.5.2 化学合成路径

紫杉醇因其复杂和新颖的化学结构、独特的生物作用机制、可靠的抗癌活性引起了科学家们的极大兴趣。据统计全球有30多个顶尖实验室投入紫杉醇的全合成研究中，竞争非常激烈，成为20世纪后期有机合成化学领域的焦点。经过多年的努力，赵锐等报道完成了紫杉醇的全合成[189]，他们采用的分别是线性合成法（先A环，后AB环，再ABC环系）和汇聚式合成法（先分别合成A和C环，再组装在一起形成ABC环系）路线，代表了有机合成的不同策略。Holton研究小组是最早从事紫杉醇合成的研究小组之一，其开发的合成方法称为Holton法，该法以价廉易得的樟脑（camphor）为起始原料。因紫杉醇侧链的合成方法由Ojima等发展而来，故又称为Holton-Ojima法。其特点是步骤少、收率高，总收率可达到2.7%。Holton法成功的主要原因是约10年时间对紫杉醇分子构象与反应性的深入研究以及对多种化学合成方法的改进和发展。Nicolaou的合成路线虽较前者简单，但其总收率却远远低于前者，仅为0.07%左右。之后，美国哥伦比亚大学的Danishefsky小组（1996年）、斯坦福大学的Wender小组（1997年），日本的Kuwajima小组（1998年）、Mukaiyama小组（1999年）、Takahashi小组（2006年）也相继报道完成了紫杉醇的全合成。7条全合成路线各异，将天然有机合成化学发展提高到一个崭新的水平[190]。

2014年，刘志明等[191] 利用钯催化的分子内甲基酮α-烯基化反应完成了紫杉烷骨架中八元环的构建。Kakiuchi研究组采用路易斯酸催化下的重排反应和分子内Aldol反应成功构建了紫杉烷骨架。2009年，Takahashi等报道了具有立体选择性的三组分一锅煮合成紫杉烷AC环系的方法。羟基氰酯与含取代的环己烯酮发生1,4-加成，产生的烯醇盐立即被体系中的第三组分甲醛捕获，即生成了具有AC环系的三组分偶联产物，收率最高可达90%。1999年，陈辉研究组[192] 以Wieland-Miescher酮为起始原料，完成了紫杉醇C环类似物的对映选择性合成。首先，在$NaBH_4$和（−）-TADDOL的作用下，Wieland-Miescher酮（70% ee）被还原生成光学纯的醇90（99% ee）。经多步常规反应可得到紫杉醇C环类似物，但将其转化为腙的尝试没有成功。接着将羟基用苯甲酰基保护后，再经臭氧化和酯化得到甲酯，此时可顺利将甲酯转化为腙进而制得可用于Shapiro偶联的C环前体缩醛。

综上，天然药物紫杉醇的化学全合成方法路径太长、合成步骤太多，不仅需要使用昂贵的化学试剂，而且反应条件极难控制，收率也偏低，不适合工业化生产。但是，在研究紫杉醇全合成过程中发现了许多新的、独特的反应，对有机合成化学以及有机反应理论起到重要的促进和补充。紫杉醇全合成的研究成果仍为有机化学合成历史上的一座丰碑。与此同时，有机合成化学家仍在积极进行化学全合成紫杉醇的研究工作，为使紫杉醇全合成走上工业化道路而不懈努力。

4.2.5.3 生物合成路径

利用离体培养的红豆杉细胞或发根生产紫杉醇及其合成前体是紫杉醇来源的又一重要

途径，它具有无污染、不破坏自然资源及不受自然条件的限制等优点。1989 年，研究人员[193] 通过对太平洋红豆杉细胞培养生产出紫杉醇。随后，日本、德国和韩国等也先后报道可以用细胞培养的方法产生高含量的紫杉醇。华东理工大学生物工程系[194] 对红豆杉细胞悬浮培养过程中的细胞生长、蛋白质代谢、底物消耗及紫杉醇合成动力学进行了全面研究，在 100 L 生物反应器中培养出红豆杉细胞，生长周期为 20 d 左右，紫杉醇含量达细胞干重的 0.1%，比树皮中含量高 10 倍。研究人员[195] 还研究了两相培养系统中红豆杉细胞的生长与代谢规律，经过 40 d 的培养，细胞生物量为 17.85 g/L(干重)，紫杉醇的产量为 30.19 mg/L。这些研究为红豆杉悬浮细胞大规模培养生产紫杉醇实现产业化奠定了基础。

离体培养的另一途径是用发根土壤杆菌（*Agrobacterium rhizogens*）转化红豆杉细胞，诱导出发根，然后大量培养发根，再从发根中提取紫杉醇。由于发根生长速率快、遗传稳定以及具有正常根的分化结构稳定的特点，发根大量培养很可能成为生产紫杉醇的有效途径。研究人员[196] 利用土壤农杆菌（*Agrobacterium tumefaciens*）对东北红豆杉不同外植体和不同生长期的愈伤组织进行了感染，结果表明生长 20 d 的愈伤组织对该菌比较敏感，感染时间为 5 min 时，冠瘿诱导率较高（15.0%），对在无激素 B5 培养基中得到的白色松软的冠瘿组织分析检测发现，有特异的胭脂碱（nopaline）的存在，并且它具有产生紫杉醇的能力。

1993 年，*Science* 报道了通过紫杉树上分离出来的内生植物真菌（*Taxomyces andreanae*）来生产紫杉醇和相关的紫杉烷的研究结果，其紫杉醇的产量可达 24～25 μg/L。研究人员通过大量的实验证明了所产生的化合物为紫杉醇，并且是由真菌生成的，并不是由植物或实验环境带入的。其中一个最有力的证据是用放射性乙酸盐进行的饲喂实验，利用二维色谱检测产物的放射性斑点，与紫杉醇完全一致。随后，他们又从西藏红豆杉细枝中分离到一株内生真菌——小孢拟盘多毛孢菌（*Pestalotiopsis microspora*），其发酵水平比 *Taxomyces andreanae* 略高。因此推测，这可能是真菌偶然得到了一个紫杉树生物合成紫杉醇的基因造成的[197]。此发现具有重大的科学意义和潜在的商业价值，但因表达量仍偏低，短期很难实现商业化生产。

目前紫杉醇的生物合成途径已基本明了，其生物合成途径中多种酶的基因已经被成功克隆。因此，随着生物技术的不断发展，通过微生物及酶法实现大规模生产紫杉醇及其类似物终将实现。紫杉醇的生物合成途径大致分为 3 个主要阶段：①紫杉醇骨架的生物合成；②基异丝氨酸侧链的生物合成；③杉烷骨架和侧链的酯化反应，最终形成完整的紫杉醇分子。紫杉醇是萜类物质，根据生物次生代谢中酸类化合物的生源途径，紫杉醇的三环二萜骨架应由乙酰 CoA 开始，经某种代谢路径合成 GGPP，再由 GGPP 环化形成碳环骨架，然后经一系列官能团化反应，最终形成紫杉醇[198]。

通过代谢工程，在微生物中组合表达紫杉醇生物合成相关基因，利用“微生物工厂”来生产紫杉醇前体巴卡亭Ⅲ，再半合成紫杉醇也是一种具有广阔前景的、较为可行的途径[199]。迄今为止，已经在大肠杆菌和酵母中进行了紫杉醇组合表达的研究，取得了一系列令人鼓舞的成绩[200-207]。2000 年，Choi 等[208] 将 IPP 异构酶、GGPP 合酶以及紫杉烯合酶 3 个基因导入大肠杆菌，获得了 1.3 mg/L 紫杉烯，这是世界上第一例通过非紫杉烷类产生菌获得紫杉烷类化合物的报道，说明在微生物中可通过组合不同的紫杉醇生物合成相关基因来获得不同的目的产物。Partow 等[209] 将 GGPP 合酶基因和紫杉烯合酶基因在酵母中组合表达，获得了 1.0 mg/L 紫杉烯。目前，参与紫杉醇合成相关酶大部分基因已被克隆和鉴定；已经在大肠杆菌和酿酒酵母中异源合成了紫杉醇的前体物质紫杉烯和 5α-羟基紫杉烯。Biggs 等[210] 通过优化色素 P450 酶在大肠杆菌中的表达使总的氧化紫杉烷类产量达到 570 mg/L。虽然这种方法能以较低的成本高效地合成紫杉醇中间体，但如何将中间体真正地转化为紫杉醇这一问题仍未解决。所以，生物合成紫杉醇这种方法仍有很长的路要走。2023 年，欣贝莱生物团队通过优化代谢途径中多个模块的基因编辑系统，成功提升了紫杉醇关键中间体的合成效率，并在 5 L 发酵体系下实现小规模量产。该关键中间体的高效生物合成，对于加速生物法合成紫杉醇产业化进程具有重要意义。紫杉醇组合表达系统虽然还处在起步阶段，但上述成绩使人们看到了利用生物技术生产紫杉醇前体的广阔前景。

4.2.5.4 生物合成市场潜力与发展方向

化学全合成的方法由于路线复杂、合成步骤多，至今尚未应用于工业生产。通过细胞培养来生产紫杉醇，面临着诸如细胞株不稳定、放大培养困难、目的产物含量低和在线检测容易导致污染等技术问题，目前还未见工业化的报道。而通过内生真菌来生产紫杉醇，由于紫杉醇含量和产量很低，并且目前对于内生真菌的相关遗传学和分子生物学的研究尚处于起步阶段，短期内可能不会有太大的突破。紫杉烷合成途径中有多个羟基化反应，在红豆杉中还有 15 个酰基或芳酰基转移酶存在，这些酶与不同顺序的羟基化反应底物相关联，形成了结构丰富和多样性的紫杉烷化合物。由于在基因功能鉴定过程中所用的是人们选择的替代底物，而生物合成途径中真正的底物是什么却不十分清楚，反应步骤的顺序性也不很明确，这给紫杉醇生物合成研究带来了困难，也是后续研究需要突破的问题。通过合成生物学的手段，采取异源宿主生产紫杉醇的方法或为紫杉醇的大规模应用带来助力。以后的研究工作可以从以下几个方面入手：①优化 T5αH 等羟化酶的表达；②提高酿酒酵母上游代谢产物量，解除其对紫杉二烯产量的限制；③解除副产物吲哚对紫杉二烯生产的抑制作用。随着紫杉醇生物合成过程的逐步明确、其代谢调控机制的阐明以及合成生物学方法的不断发展，相信在不远的将来，生物合成紫杉醇将进入产业化的阶段。

4.3 胰岛素

4.3.1 市场价值

糖尿病是一种由遗传或后天胰腺分泌胰岛素不足或胰岛素抵抗所致的慢性病，其并发症包括心脑血管病变、肾衰竭、视网膜病变、足溃疡、感染以及神经系统障碍。这些年来，糖尿病的患病率在世界各国迅速增长，已成为一种全球性疾病，估计全球糖尿病患者已突破3亿人。胰岛素是由胰脏内的胰岛β细胞受内源性或外源性物质如葡萄糖、乳糖、核糖、精氨酸、胰高血糖素等的刺激而分泌的一种蛋白质激素（图4-10）。胰岛素是机体内唯一降低血糖的激素，同时促进糖原、脂肪、蛋白质合成。外源性胰岛素主要用来治疗糖尿病。胰岛素是目前最有效的糖尿病治疗药物之一，胰岛素治疗以对肝脏的副作用小、及时促进蛋白质合成、改善机体营养状态等优势，已成为全球糖尿病治疗中的首选[211]。

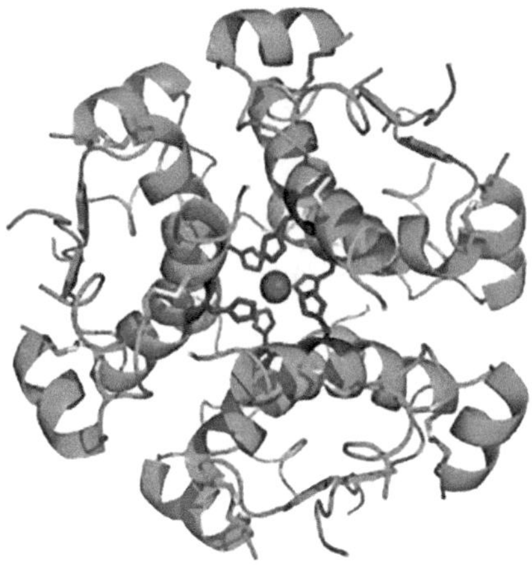

图4-10 胰岛素的结构

胰岛素于1921年由加拿大人F. G. 班廷和C. H. 贝斯特首先发现。1922年开始用于临床，使糖尿病患者得到医治[212]。最初，用于临床的胰岛素几乎都是从猪、牛胰脏中提取的。不同动物的胰岛素组成均有所差异，猪的与人的胰岛素结构最为相似，只有B链羧基端的一个氨基酸不同。20世纪80年代初遗传工程技术被成功应用于人的胰岛素的生产，并已用于临床。1955年英国F. 桑格小组[213] 测定了牛胰岛素的全部氨基酸序列，开辟了人类认识蛋白质分子化学结构的道路。1965年9月17日，中国科学家人工合成了具有全部生物活性的结晶牛胰岛素，它是第一个在实验室中由人工方法合成的蛋白质，稍后美国和德国的科学家也完成了类似的工作[214]。20世纪70年代初期，英国和中国的科学家又成功地用X射线衍射方法测定了猪胰岛素的立体结构，这些工作为深入研究胰岛素分子结构与功能关系奠定了基础。人们用化学全合成和半合成方法制备类似物，研究其结构改变对生物功能的影响；进行不同种属胰岛素的比较研究；研究异常胰岛素分子病，即由于胰岛素基因的突变使胰岛素分子中个别氨基酸改变而产生的一种病。这些研究对于阐明某些糖尿病的病因也具有重要的实际意义[215]。

人胰岛素具有与人体分泌的胰岛素完全一致的结构，克服了动物胰岛素免疫原性高、过敏反应严重、动物传媒传染风险等缺点。市场普遍应用的有短效人胰岛素、中效人胰岛素以及预混人胰岛素等三种[216]。短效胰岛素为可溶性制剂，其以六聚体形式溶解于中性无色澄清溶液中。六聚体在皮下解聚形成二聚体或单体，通过毛细血管壁进入血液循环而发挥作用。短效胰岛素注射后30 min开始作用，峰值作用时间为1～3 h，整个作用持续时间为 5～8 h，可用于皮下、肌肉注射及静脉滴注。胰岛素的主要生理作用是降低血糖浓度，但它并不是与血糖直接作用，而是通过与分布在肝脏、肌肉、脂肪等组织细胞的胰岛素受体结合，达到降低血糖浓度的目的。胰岛素受体是一种对胰岛素非常敏感的蛋白，识别性极强。胰岛素与细胞表面的受体结合后，会引起细胞内的一系列反应。胰岛素产生降血糖作用是多方面协同的结果[217]。

4.3.2 化学合成路径

经过几十年的发展，多肽及小分子蛋白质的有机合成已发展为一项成熟技术，大规模地应用于多肽药物合成，如注射用胸腺五肽、奥曲肽等小分子多肽药物的原料药已全部由人工合成。有机合成的纯度比从动物组织提取的要高得多，成本已降低到每克万元人民币以下。因为胰岛素是含有三对二硫键的双链多肽，分别合成两条链后进行的二硫键正确配对效率较低，所以这种全合成方法从技术上可行，但合成和纯化的成本很高，一直未能进行工业化生产。由于长期使用猪胰岛素会带来一系列的免疫反应，20 世纪初，人们尝试通过转肽的方法生产人胰岛素。生产过程中利用胰蛋白酶先将猪胰岛素的丙氨酸切除，然后再将苏氨酸 T 酯从赖氨酸的羧基端通过转肽反应接上去，生成人胰岛素酯，之后再去保护得到人胰岛素。因为当时从猪胰脏中提取胰岛素的方法已生产规模相当大，且原料成本相对低廉，所以在利用微生物发酵生产人胰岛素产业化之前，这种半合成生产人胰岛素的方法被一些大企业所采用，成为当时的主流生产工艺之一[218]。

4.3.3 生物合成路径

胰岛素的生物合成在胰岛 β 细胞内进行。人胰岛素原（proinsulin）是胰岛素（insulin，INS）和 C 肽（C-peptide）的前体，由 86 个氨基酸组成。胰岛素由 51 个氨基酸组成，分为 A、B 两条肽链，A 链含 21 个氨基酸残基，B 链含 30 个氨基酸残基，两链之间在 A7 和 B7、A20 和 B19 的半胱氨酸（Cys）由两个二硫键相连接；A 链在 A6 和 A11 也有一个二硫键相连接，使胰岛素成为立体结构。C 肽是由 31 个氨基酸组成的连接肽。胰岛素 A 链 B 链和 C 肽之间各有两个碱性氨基酸，即与 B 链羧基端相连的有两个精氨酸和与 A 链端相连的各有一个赖氨酸和一个精氨酸。在人胰岛素原前的 N 端延伸出一段由 23 个疏水性氨基酸组成的信号肽序列。胰岛素基因在有 RNA 聚合酶的作用下转录，产生 mRNA，并在核糖体合成由 109 个氨基酸构成的前胰岛素原（preproinsulin）。在胰岛 β 细胞内的前胰岛素原中的 23 个富含疏水性的氨基酸，可穿透 β 细胞内的粗面内质网膜的磷脂层，将其他肽段拉入内质网池，在特异蛋白内肽酶的作用下，很快将这段含 23 个氨基酸的肽链切除，余下的即为胰岛素原。当胰岛 β 细胞受应激（如葡萄糖）刺激后，在供能的条件下，将胰岛素原转运至高尔基复合体，形成具有二层膜结构的未成熟的 β 颗粒。从高尔基复合体产生的芽孢样突起脱落入胞质内，储存于光面微泡囊内（分泌小泡）。经特异蛋白水解酶的作用，将胰岛素和 C 肽相连的两对碱性氨基酸切开，分解成胰岛素和 C 肽，之后形成二硫桥而成熟。β 分泌颗粒在成熟过程中需要结合锌并将其储存起来。成熟的β颗粒在释放前转移至微管-微丝附近，在葡萄糖代谢供能条件下，促进钙离子进入细胞后，使β颗粒依附于微管-微丝上，之后后者收缩，使β颗粒转运至细胞膜下，由囊腔膜及细胞膜融合后释放胰岛素[219]。

胰岛素基因存在于所有的细胞，并在这些细胞具有相同的拷贝和同样的结构，但经特殊的分子水平调控选择性地在胰岛β细胞表达。当某一个信号，尤其是葡萄糖的刺激，到达β细胞时，胰岛素的合成和分泌协同进行，其作用幅度取决于细胞内的代谢速率、葡萄糖浓度和刺激时间。通过微管收缩将这些颗粒移到细胞质周边。β颗粒与细胞膜融合，经胞饮作用，冲破膜外表面。β颗粒解体，同时释放出胰岛素、C肽、部分未被分解的胰岛素原（从β颗粒形成到分泌胰岛素约需1～2 h）依次经胰静脉、门静脉、肝脏、肝动脉，进入体循环。在正常情况下，分泌的成分中胰岛素和C肽占94%，胰岛素原及其中间产物占6%[220]。

第一代胰岛素——动物胰岛素[221]：1921年，弗雷德里克·班丁与约翰·麦克劳德合作首次成功提取到了胰岛素，不同种族哺乳动物（人、牛、羊、猪等）的胰岛素分子的氨基酸序列和结构稍有差异，其中猪胰岛素与人的最为接近。动物胰岛素最早被应用于糖尿病治疗的胰岛素注射制剂，一般是猪胰岛素，猪胰岛素与人胰岛素存在1～4个氨基酸的不同，因此容易发生免疫反应。

第二代胰岛素——人胰岛素[222]：20世纪80年代，人们通过转基因酵母（啤酒酵母、毕赤酵母或汉逊酵母）或重组中国仓鼠卵巢细胞（CHO）表达出高纯度的合成人胰岛素，其结构和人体自身分泌的胰岛素一样。与动物胰岛素相比，人胰岛素较少发生过敏反应或者胰岛素抵抗，所以皮下脂肪萎缩的现象也随之减少；而人胰岛素抗体少，所以注射量比动物胰岛素平均减少30%；且人胰岛素的稳定性高于动物胰岛素，25℃左右（常温）可保存人胰岛素4周。而在起效时间、峰值时间、作用持续时间上不能模拟生理性人胰岛素分泌模式。需在餐前30 min注射、有较高的夜间低血糖风险。

第三代胰岛素——胰岛素类似物[223]：20世纪90年代末，在对人胰岛素结构和成分的深入研究中发现，对肽链进行修饰，有可能改变其理化和生物学特征，从而可研制出更适合人体生理需要的胰岛素类似物（insulinsimilitude）：如利用基因工程技术，改变胰岛素肽链上某些部位的氨基酸组合；改变等电点，增加聚体强度；以钴子替代锌离子，在分子中增加脂肪酸链，增加与白蛋白的结合。胰岛素类似物可紧临餐使用，也称为餐时胰岛素或速效胰岛素。

胰岛素分子量为5808Da，由A、B两条氨基酸链组成，A链有21个氨基酸，B链有30个氨基酸。其中，A7与B7、A20与B19四个半胱氨酸中的巯基形成2个二硫键，此外，A6与A11之间也存在1个二硫键。细胞首先合成前体物质前胰岛素原，之后，前胰岛素原在蛋白酶作用下切去信号肽，形成胰岛素原。然后，胰岛素原进入高尔基体，在蛋白酶作用下切去C肽，形成有活性的胰岛素。人们主要通过DNA重组技术在大肠杆菌或酵母中合成胰岛素原，然后将其加工成有活性的胰岛素。大肠杆菌系统是一个高效的表达系统，然而在表达胰岛素原过程中，转录翻译速率明显快于蛋白质折叠速率，且缺乏折叠酶及翻译后修饰，易相互聚集，形成不溶性的包涵体，需要经过复杂的加工过程才能形成有活性的胰岛素。合成的胰岛素原容易积累在胞内，不能有效分泌至胞外，在工业生产中一般采取在大肠杆菌分别表达胰岛素的 A、B 链的策略或者在酵母等真核表达系统中表达胰岛素[224]。

大肠杆菌作为研究最早和最为透彻的模式微生物，由于其分子遗传学背景清楚，自基因重组技术被发明后，很快就被用于分子结构清楚的重组人胰岛素的生产。随着基因工程技术的一步步完善，人们已构建出多种大肠杆菌基因克隆、表达载体系统，表达策略亦多种多样。利用大肠杆菌生产重组人胰岛素主要有以下两种方法。

第一种方法较早采用，利用大肠杆菌分别表达胰岛素 A 链和 B 链，然后体外生成人胰岛素[225]。即首先合成编码人胰岛素 A 链和 B 链的基因片段，分别在其 5′端引入甲硫氨酸密码子。将目的基因插入到含有色氨酸合成酶的表达载体中，构建成重组质粒，并转化至感受态大肠杆菌。经过重组菌株筛选和发酵，分别从发酵液中提取分离出含有胰岛素 A 链和 B 链的融合蛋白，然后用溴化氰将融合蛋白在甲硫氨酸处裂解，得到胰岛素的 A 链和 B 链，再转化生成稳定的 *S*-磺酸盐。在过量的 A 链存在下，提纯后的以 *S*-磺酸盐形式存在的胰岛素 A 链和 B 链经过化学氧化反应，在 A 链和 B 链之间形成两对分子间的二硫键，同时链内也形成一对分子内二硫键，最终生成人胰岛素。由于胰岛素肽链上共有 3 对巯基，二硫键的正确配对率非常低，通常只有 10%～20%，所以该生产方法已不常用。

第二种方法是利用大肠杆菌直接表达完整的人胰岛素原[226]。由于人胰岛素原分子量较小，容易被大肠杆菌的胞内酶降解，且小分子蛋白在大肠杆菌中的直接表达产量不高，所以人胰岛素原在大肠杆菌中表达时一般采用融合蛋白的形式，生成没有活性的包涵体存在菌体中。虽然在体外由 A 链和 B 链重组生成胰岛素的研究表明，通过还原重氧化形成二硫键，该方法的二硫键正确配对的效率远高于理论计算，但远不能与链内胰岛素原折叠中的二硫键正确配对的效率相比。直接表达胰岛素原生产胰岛素的方法比分别表达 A 链和 B 链然后正确配对的效率高得多，具体的工艺过程如下。在人胰岛素原完整基因的 5′端设计添加甲硫氨酸密码子，插入到色氨酸合成酶基因的表达载体中，构建重组质粒，转化至感受态大肠杆菌。发酵表达得到的色氨酸合成酶人胰岛素原融合蛋白以无活性的包涵体形式沉淀于细胞质中。破碎菌体，从中分离得到融合蛋白包涵体，经溴化氰裂解后得到人胰岛素原，通过反应将其转变成磺酸盐，之后分离纯化相对稳定的人胰岛素原。该人胰岛素原经变性和复性，折叠成天然构象的人胰岛素原，产率可达 45%。二硫键错配产物和多聚体副产物回收后可重复利用。复性后具有天然构象的人胰岛素原分别经过胰蛋白酶和梭肽酶处理后，得到去除 C 肽的人胰岛素。1986 年，美国礼来公司采用这种工艺路线进行了重组人胰岛素的商业化生产，至今仍在继续使用。C 肽是胰岛素 A 链和 B 链之间的连接肽，在研究胰岛素的结构和生物功能的关系中，开始一直认为 C 肽含有促使胰岛素原二硫键正确配对的结构信息，可以促进胰岛素分子形成正确的二硫键。后来发现不同物种胰岛素原肽的差异很大，发生突变的概率约为 A 链和 B 链的 8 倍。20 世纪 90 年代初，科学家进行了不同长度的 C 肽复性率的实验，发现胰岛素的 A 链和 B 链已经包含了足够的使二硫键正确配对的结构信息，肽可能仅起到柔性连接肽的作用，将胰岛素链和链之间的反应变为一条链内的反应，使复性率得到提高。

大肠杆菌是原核生物，多数情况下表达的外源蛋白是没有生物活性的，且不会对表达的外源蛋白进行糖基化、甲基化等后期的修饰加工，所以大肠杆菌蛋白表达系统的应用受到一定的限制，特别是对有糖基化修饰有要求的蛋白质来说更是如此。对于人胰岛素蛋白来说，虽然没有糖基化等后期修饰加工问题，但是其含有的三对二硫键还是给蛋白质的复性带来了不少问题。另外，该工艺中的包涵体变性和复性操作，也给下游的分离纯化带来了很多困难和挑战。为解决这些问题，以酵母分泌系统为代表的真核表达系统应运而生，成为另一种生产重组人胰岛素的重要系统。丹麦诺和诺德公司是系统的奠基者。依靠此系统，诺和诺德公司已成为全球最大的重组人胰岛素及其类似物的提供商，也是业界公认的新型糖尿病药物研发的引领者。

4.3.4 生物合成市场潜力与发展方向

胰岛素的合成已有多年的历史，但基因工程生产重组人胰岛素的工业化要求相当高。目前，市场广泛应用的为人胰岛素和胰岛素类似物。在全球市场份额中，人胰岛素权重在下降，胰岛素类似物权重在上升，胰岛素类似物凭借其诸多的优点正在吞食人胰岛素的市场份额，但是在发展中国家人胰岛素的需求依旧强劲，仍然占市场主导地位。近十几年来，美国一些生物工程制药公司已经开始利用转基因高产作物研究抗病毒疫苗，但迄今为止，上述产品尚未被 FDA 正式批准上市。加拿大 SemBioSys 生物工程公司宣称，已成功转基因改造北美洲常见的一种油料植物红花（可榨取食用红花油），使其可生产出人胰岛素产品。从理论上讲，利用转基因植物生产蛋白质类药品要比利用大肠杆菌等真核细菌转基因生产药品更容易，且很容易获得高产。与此同时，从中药中寻找高效、安全、无依赖性的植物胰岛素也受到制药行业的广泛关注。苦瓜、人参、仙人掌、芦荟、大蒜和洋葱等具有降血糖活性的植物已经成为人们研究的热点，如何从这些植物中提取胰岛素，丰富胰岛素合成方式和减低胰岛素成本，俨然已经成为人们的关注点。

胰岛素产品经历了动物源性胰岛素、人胰岛素以及人胰岛素类似物的变革，在胰岛素的制剂、品种、给药方法等方面产生了巨大进步。但所有的给药方法均为药物进入体循环，而不是像胰岛素生理分泌那样首先进入门静脉。因此，目前所有的治疗方法仍是非生理性的。开发能与胰岛素受体结合并激活其生物效应的药物可能取得与胰岛素同样的效果。基因疗法等多方面的研究正在为糖尿病防治及胰岛素应用开辟崭新的方向。

参考文献

[1] 陈琦，张大庆．存医验药：传统医学的现代价值——兼论屠呦呦因青蒿素获诺贝尔奖[J]．自然辩证法通讯，2016，38（1）：25-31.

[2] Zhou J，Xu L，Wu D，et al. Novel Cyano-Artemisinin Dimer ZQJ29 Targets PARP1 to Induce Ferroptosis in Pancreatic Cancer Treatment [J]. Advanced Science，2025，12 (4)，2101234.

[3] 谢德玉，叶和春，李国凤．青蒿素的研究进展——生物技术的应用及前景 [J]．植物学通，

1995, 12 (4): 28-31.

[4] Wen L, Chan BC, Qiu MH, et al. Artemisinin and Its Derivatives as Potential Anticancer Agents [J]. Molecules, 2024, 29 (16), 3886.

[5] Mancuso R I, Olalla Saad S T, Azambuja J H, et al. Artesunate switches monocytes to an inflammatory phenotype with the ability to kill leukemic cells [J]. International Journal of Molecular Sciences, 2021, 22 (2): 608-621.

[6] Schmid G, Hofheinz W. Total synthesis of Qinghaosu [J]. J Am Chem SOC, 1983, 105: 624-625.

[7] Yadav J S, Thirupathaiah B, Srihari P. A concise stereoselective total synthesis of (+)-artemisinin [J]. Tetrahedron, 2010, 66: 2005-2009.

[8] 付彦辉，钟俊，罗素琴，等. 青蒿素的化学合成研究进展 [J]. 中国药学杂志，2014，49 (10): 795-805.

[9] Mitchell A A. Simplified analogues of the antimalarial artemisinin: synthesis of 6,g-desmet hylartemisinin [J]. J Org Chem, 1989, 54: 1792-1795.

[10] Deanne M N, Peter T L. Synthesis of (+)-artemisinin and (+)-deoxoartemisinin from arteannuin B and arteannuic [J]. Tetrahedron, 1998, 54: 319-336.

[11] 曾庆平，鲍飞. 青蒿素合成生物学及代谢工程研究进展 [J]. 科学通报，2011，56 (27): 2289-2297.

[12] Liao B, Shen X, Xiang L, et al. Allele-aware chromosome-level genome assembly of *Artemisia annua* reveals the correlation between *ADS* expansion and artemisinin yield [J]. Molecular Plant, 2022, 15 (8): 1310-1328.

[13] Amara Z, Bellamy J F B, Horvath R, et al. Applying green chemistry to the photochemical route to artemisinin [J]. Nat Chem, 2015, 7: 489-495.

[14] Chen D, Ye H, Li G. Expression of a chimeric farnesyl diphosphate synthase gene in *Artemisia annua* L. transgenic plants *via* agrobacterium tumefaciens-mediated transformation [J]. Plant Sci, 2000, 155: 179-185.

[15] Chen J L, Fang H M, Ji Y P, et al. Artemisinin biosynthesis enhancement in transgenic Artemisia annua plants by downregulation of the beta-caryophyllene synthase gene [J]. Planta Med, 2011, 77: 1759-1765.

[16] Cockram J, Arroo R R, Woolley J G, et al. Screening a diverse collection of *Artemisia annua* germplasm accessions for the antimalarial compound, artemisinin [J]. Plant Genet Resour, 2012, 10: 152-154.

[17] Farhi M, Marhevka E, Ben-Ari J, et al. Generation of the potent anti-malarial drug artemisinin in tobacco [J]. Nat Biotechnol, 2011, 29: 1072-1074.

[18] Krysin A P, Sorokina I V, Shults E E. Cardioprotective effect of *p*-tyrosol in the acute period of Cardiovascular and Cerebral Ischemia [J]. Chemistry for Sustainable Development, 2019, 27: 328-335.

[19] Vašková J, Stupák M, Vidová Ugurbaş M, et al. Therapeutic Uses of Retinol and Retinoid-Related Antioxidants [J]. Molecules, 2025, 30 (10): 2191.

[20] Barontini M, Bernini R, Carastro I, et al. Synthesis and DPPH radical scavenging activity of novel compounds obtained from tyrosol and cinnamic acid derivatives [J]. New Journal of Chemistry, 2014, 38: 809-816.

[21] Chang C Y, Huang I T, Shih H J, et al. Cluster of differentiation 14 and toll-like receptor 4 are involved in the anti-inflammatory effects of tyrosol [J]. Journal of Functional Foods, 2019, 53: 93-104.

[22] Lee K M, Hur J, Lee Y, et al. Protective effects of tyrosol against oxidative damage in L6 muscle cells [J]. Food Science and Technology Research, 2018, 24: 943-947.

[23] Berrougui H, Ikhlef S, Khalil A. Extra virgin olive oil polyphenols promote cholesterol efflux and improve HDL functionality [J]. Evidence-Based Complementary and Alternative Medicine, 2015, 2015 (1): 1-9.

[24] Plotnikov M B, Aliev O I, Sidekhmenova A V, et al. Effect of p-tyrosol on hemorheological parameters and cerebral capillary network in young spontaneously hypertensive rats [J]. Microvascular Research, 2018, 119: 91-97.

[25] Puel C, Mardon J, Agalias A, et al. Major Phenolic compounds in olive oil modulate bone loss in an ovariectomy/inflammation experimental model [J]. Journal of Agricultural and Food Chemistry, 2008, 56: 9417-9422.

[26] Salucci S, Burattini S, Battistelli M, et al. Tyrosol prevents apoptosis in irradiated keratinocytes [J]. Journal of Dermatological Science, 2015, 80: 61-68.

[27] Canuelo A, Gilbert-Lopez B, Pacheco-Linan P, et al. Tyrosol, a main phenol present in extra virgin olive oil, increases lifespan and stress resistance in *Caenorhabditis elegans* [J]. Mechanisms of Ageing and Development, 2012, 133: 563-574.

[28] Alem M A S, Oteef M D Y, Flowers T H, et al. Production of tyrosol by *Candida albicans* biofilms and its role in quorum sensing and biofilm development [J]. Eukaryotic Cell, 2006, 5: 1770-1779.

[29] Arias L S, Delbem A C B, Fernandes R A, et al. Activity of tyrosol against single and mixed-species oral biofilms [J]. Journal of Applied Microbiology, 2016, 120: 1240-1249.

[30] Kim S, Yu S K, Kim D K, et al. Influence of tyrosol on cell growth inhibition of KB human oral cancer cells [J]. International Journal of Oral Biology, 2016, 41: 175-181.

[31] 王亚楼. 合成β-对羟基苯乙醇的新路线 [J]. 江苏化工, 1992, 3: 16-55.

[32] Allouche N, Ssysdi S. Synthesis of hydroxytyrosol, 2-hydroxyphenylacetic acid, and 3-hydroxy-phenylacetic acid by differential conversion of tyrosol isomers using *Serratia marcescens* strain [J]. J Agric Food Chem, 2005, 53: 6525-6530.

[33] Espin J C, Soler-Rivas C, Cantos E, et al. Synthesis of the antioxidant hydroxytyrosol using tyrosinase as biocatalyst [J]. J Agric Food Chem, 2001, 49: 1187-1193.

[34] Allouche N, Damak M, Ellouz R, et al. Use of whole cells of *Pseudomonas aeruginosa* for synthesis of the antioxidant hydroxytyrosol *via* conversion of tyrosol [J]. Appl Environ Microbiol, 2004, 2004: 2105-2109.

[35] 李辰, 陈东生, 陈娟, 等. 红景天中红景天苷和酪醇提取工艺研究 [J]. 中药材, 2006, 29 (11): 1239-1241.

[36] Sentheshanmugangathan S, Elsden S R. The mechanism of the formation of tyrosol by *Saccharomyces cerevisiae* [J]. Biochem J, 1958, 69: 210-218.

[37] 刘英杰, 符长春, 张学鹏, 等. 酪醇及其衍生物的微生物代谢工程调控研究进展 [J]. 生物工程学报, 2024, 40 (8): 2604-2625.

[38] Sun J, Zhu L, Duan L, et al. Metabolic engineering of *Saccharomyces cerevisiae* for *de*

novo biosynthesis of hydroxytyrosol and salidroside [J]. Applied and Environmental Microbiology, 2025, 91 (7): e00712-25.

[39] Yang C, Chen X, Chang J, et al. Reconstruction of tyrosol synthetic pathways in *Escherichia coli* [J]. Chinese Journal of Chomical Engineering. 2018, 26 (12): 2615-2621.

[40] Liu X, Li X B, Jiang J L, et al. Convergent engineering of syntrophic *Escherichia coli* coculture for efficient production of glycosides [J]. Metabolic Engineering, 2018, 47: 243-253.

[41] Satoh Y, Tajima K, Munekata M, et al. Engineering of a tyrosol-producing pathway, utilizing simple sugar and the central metabolic tyrosine, in *Escherichia coli* [J]. Journal of Agricultural and Food Chemistry, 2012, 60 (4): 979-984.

[42] Gold N D, Gowen C M, Lussier F X, et al. Metabolic engineering of a tyrosine-overproducing yeast platform using targeted metabolomics [J]. Microb Cell Fact, 2015, 14: 73.

[43] Jiang J, Yin H, Wang S, et al. Metabolic engineering of *Saccharomyces cerevisiae* forhigh-level production of salidroside from glucose [J]. Journal of Agricultural and Food Chemistry, 2018, 66 (17): 4431-4438.

[44] Xue Y, Chen X, Yang C, et al. Engineering *Escherichia coli* for enhanced tyrosol production [J]. Journal of Agricultural and Food Chemistry, 2017, 65 (23): 4708-4714.

[45] Yang H Q, Xue Y X, Yang C, et al. Modular engineering of tyrosolproduction in *Escherichia coli* [J]. J Agric Food Chem, 2019, 67 (14): 3900-3908.

[46] Xu W, Yang C, Xia Y Y, et al. High-level production of tyrosol with noninduced recombinant *Escherichia coli* by *Metabolic Engineering* [J]. J Agric Food Chem., 2020, 68 (16): 4616-4623.

[47] Chen Y, Zhao Z, Chen H, et al. Chemical differentiation and quality evaluation of commercial Asian and American ginsengs based on a UHPLC-QTOF/MS/MS metabolomics approach [J]. Phytochemical Analysis, 2015, 26 (3): 145-160.

[48] Shi Z.-Y, Zeng J.-Z, Wong A. S. T. Chemical Structures and Pharmacological Profiles of Ginseng Saponins [J]. Molecules, 2019, 24, 2443.

[49] Lee D-G, Kim K-T, Lee A-Y, et al. Novel dammarane-type triterpene saponins from Panax ginseng root and their nitric-oxide inhibitory activities [J]. Chemical & Pharmaceutical Bulletin, 2015, 63 (9): 927-934.

[50] Cong Z, Zhao Q, Yang B, et al. Ginsenoside Rh3 inhibits proliferation and induces apoptosis of colorectal cancer cells [J]. Pharmacology, 2020; 105 (5-6): 329-338.

[51] Christensen L P. Ginsenosides: chemistry, biosynthesis, analysis, and potential health effects [J]. Advances in Food and Nutrition Research, 2009, 55: 1-99.

[52] 吴琼，周应群，孙超，等. 人参皂苷生物合成和次生代谢工程 [J]. 中国生物工程杂志，2009，29 (10)：102-108.

[53] Wu Q, Zhou Y Q, Sun C, et al. Progress in ginsenosides biosynthesis and prospect of the secondary metabolic engineering for the production of ginsenosides [J]. China Biotechnology, 2009, 29 (10): 102-108.

[54] Murthy H N, Georgiev M I, Kim Y S, et al. Ginsenosides: prospective for sustainable biotechnological production [J]. Applied Microbiology and Biotechnology, 2014, 98 (14): 6243-6254.

[55] Shi Q, Li J, Feng Z, et al. Effect of ginsenoside Rh2 on the migratory ability of HepG2 liver carcinoma cells: recruiting histone deacetylase and inhibiting activator protein 1 transcription factors [J]. Mol Med Rep, 2014, 10 (4): 1779-1785.

[56] Paek K Y, Murthy H N, Hahn E J, et al. Large scale culture of ginseng adventitious roots for production of ginsenosides [J]. Adv Biochem Eng Biotechnol, 2009, 113: 151-176.

[57] Kim Y S, Hahn E J, Murthy H N, et al. Adventitious root growth and ginsenoside accumulation in Panax ginseng cultures as affected by methyl jasmonate [J]. Biotechnol Lett, 2004, 26 (21): 1619-1622.

[58] Yu L L, Zhang M P, Wang K Y, et al. Research progress in ginsenoside biosynthesis regulation [J]. Agriculture of Jinlin, 2014, 5: 25-27.

[59] Wong A S T, Che C M, Leung K. Recent advances in ginseng as cancer therapeutics: a functional and mechanistic overview [J]. Natural Product Reports, 2015, 32 (2): 256-272.

[60] Wei W, Wang P-P, Wei Y-J, et al. Synthesizing ginsenoside Rh2 in a *Saccharomyces cerevisiae* cell factory at high-efficiency [J]. Cell Discovery, 2019, 5: 5.

[61] Wang S, Meng D, Feng M, et al. Efficient plant triterpenoids synthesis in *Saccharomyces cerevisiae*: from mechanisms to engineering strategies [J]. ACS Synthetic Biology, 2024, 13 (4): 1059-1076.

[62] Zhao Y-J, Li C. Biosynthesis of plant triterpenoid saponins in microbial cell factories [J]. Journal of Agricultural and Food Chemistry, 2018, 66 (48): 12155-12165.

[63] Xu J, Chu Y, Liao B, et al. *Panax ginseng* genome examination for ginsenoside biosynthesis [J]. Gigascience, 2017, 6 (11): 1-15.

[64] Xue L, He Z L, Bi X C, et al. Transcriptomic profiling reveals MEP pathway contributing to ginsenoside biosynthesis in *Panax ginseng* [J]. BMC Genom, 2019, 20 (1): 383.

[65] Kim Y J, Zhang D B, Yang D C. Biosynthesis and biotechnological production of ginsenosides [J]. Biotechnol Adv, 2015, 33 (6): 717-735.

[66] Jung J D, Park H W, Hahn Y, et al. Discovery of genes for ginsenoside biosynthesisby analysis of ginseng expressed sequence tags [J]. Plant Cell Rep, 2003, 22 (3): 224-230.

[67] Han J Y, Wang H Y, Choi Y E. Production of clammarenedid-Ⅱ triterpene in a cell suspension culture of transgenic tobacco [J]. Plant Cell Rep, 2014, 33 (2): 225-233.

[68] Liang Y, Zhao S. Progress in understanding of ginsenoside biosynthesis [J]. Plant Biol, 2008, 10 (4): 415-421.

[69] Zhuang Q, Li J, Liu H. Regulation strategies for strengthening the biosynthetic flux of ginsenosides in engineered yeast [J]. Chinese Journal of Biotechnology, 2023, 39 (8): 3210-3225.

[70] Chiang H M, Chen H C, Wu C S, et al. Rhodiola plants: Chemistry and biological activity [J]. Journal of Food and Drug Analysis, 2015, 2: 359-369.

[71] 尚辛亥，王洋，阎秀峰．土壤水分对高山红景天生长和红景苷含量的影响 [J]. 植物生理学通讯，2003，335-336.

[72] Pu W, Zhang M, Bai R, et al. Anti-inflammatory effects of *Rhodiol*a rosea L.: A review [J]. Biomedicine & Pharmacotherapy, 2020, 121: 109552.

[73] 李凤林．红景天苷药理作用的研究现状 [J]. 现代食品科技，2013，29：916-920.

[74] 祁永章，陈亚莉，王滋兴，等．红景天苷在高海拔地区创伤性慢性创面愈合中的作用及其研究 [J]. 中国美容医学，2022，31：96-99.

[75] Cifani C，Micioni D，Vitale G，et al. Effect of salidroside，active principle of *Rhodiol*a rosea extract，on binge eating [J]. Physiol Behav，2010，101：555-562.

[76] Liu X，Nie Z，Yang L，et al. miR-140-5p induces cell apoptosis and decreases Warburg effect in chronic myeloid leukemia by targeting SIX1 [J]. Bioscience Reports 2019，39 (7)：BSR20190150.

[77] 张明发，沈雅琴．红景天苷的血管药理作用研究进展 [J]. 药物评价研究，2017，40 (6)：866-873.

[78] Qin N N，Xie H，Zhao A P，et al. Effects of salidroside on exercise tolerance of mice under high altitude hypoxia environment [J]. Journal of Zhejiang University (Medical Sciences)，2022，51 (4)：397-404.

[79] Panossian A，Wikman G，Sarris J. *Rosenroo*t (*Rhodiola rose*a)：traditional use，chemical composition，pharmacology and clinical efficacy [J]. Phytomedicine，2010，17：481-493.

[80] Durazzo A，Lucarini M，Nazhand A，et al. *Rhodiola rose*a：main features and its beneficial properties [J]. Rendiconti Lincei-Scienze Fisiche E Naturali，2022，33：71-82.

[81] Chen C，Tang Y，Deng W，et al. Salidroside blocks the proliferation of pulmonary artery smooth muscle cells induced by platelet-derived growth factor-BB [J]. Molecular Medicine Reports，2014，10：917-9 22.

[82] Whig R，Leo R J. Mania associated with *Rhodiola Rose*a：an adaptogen with antidepressant effects [J]. The primary care companion for CNS disorders，2022，24 (2)：21cr02980.

[83] Zhang L，Yu H，Zhao X，et al. Neuroprotective effects of salidroside against beta-amyloid-induced oxidative stress in SH-SY5Y human neuroblastoma cells [J]. Neurochem Int，2010，57：547-555.

[84] Jin Y L，Zhang X M，Chen X，et al. Salidroside induces apoptosis *via* ERK1/2 in human leukemia K562 cells [J]. International Journal of Clinical and Experimental Medicine，2016，9：17588-17595.

[85] Song Y，Zhou J，Wang X，et al. A new ferulic acid ester from *Rhodiol*a *wallichiana* var. *cholaensis* (*Crassulaceae*) [J]. Natural Product Research，2018，32：77-84.

[86] 郑巍，曹旭芳，张开霞，等．红景天苷衍生物的合成及其抗疲活性研究 [J]. 药学实践杂志，2018，36：61-63.

[87] Zhang X，Zhao J，Zhao F，et al. The protective effect of salidroside on hypoxia-induced corpus cavernosum smooth muscle cell phenotypic transformation [J]. Evidence-Based Complementary and Alternative Medicine，2017，2017：3530281.

[88] 赵江林，钟灵允，张采琼，等．红景天属植物抗氧化活性研究进展 [J]. 成都大学学报 (自然科学版)，2013，32：211-214.

[89] 许建峰，苏志国，冯朴荪．利用高山红景天培养细胞生物转化外源酪醇生产红景天甙的研究 [J]. 植物学报，1998，12：46-52.

[90] Zhang X，Liu A，Hou R，et al. Salidroside induces apoptosis and protective autophagy in human gastric cancer AGS cells through the PI3K/Akt/mTOR pathway [J]. Biomedicine &

Pharmacotherapy, 2020, 122: 109726.

[91] Zhuang W, Yue L, Dang X, et al. Rosenroot (*Rhodiol*a): potential applications in aging-related diseases [J]. Aging and Disease, 2019, 10: 134-146.

[92] Zhang Y, Li J, Wang C. Salidroside ameliorates vascular endothelium-dependent contraction and promotes angiogenesis after myocardial infarction via activation of the VEGF-Akt-eNOS axis [J]. Journal of Ethnopharmacology, 2024, 318: 116998.

[93] Li Y, Pham V, Bui M, et al. *Rhodiola rose*a L.: an herb with anti-stress, anti-aging, and immunostimulating properties for cancer chemoprevention [J]. Current Pharmacology Reports, 2017, 3: 384-395.

[94] 蔡岩，苗志伟．玫瑰红景天药用历史及功能简介 [J]. 化学通报，2021，84：1108-1113.

[95] Yang Z, Huang X, Lai W, et al. Synthesis and identification of a novel derivative of salidroside as a selective, competitive inhibitor of monoamine oxidase B with enhanced neuroprotective properties [J]. European Journal of Medicinal Chemistry, 2021, 209: 112935.

[96] Zhao Y, Ling Y, Zhao J, et al. Synthesis and protective effects of novel salidroside analogues on glucose and serum depletion induced apoptosis in PC12 cells [J]. Archiv Der Pharmazie, 2013, 346: 300-307.

[97] Wang Q, Kuang H, Su Y, et al. Naturally derived anti-inflammatory compounds from Chinese medicinal plants [J]. Journal of Ethnopharmacology, 2013, 146: 9-39.

[98] Delepee R, Berteina-Raboin S, Lafosse M, et al. Synthesis, purification, and activity of salidroside [J]. Journal of Liquid Chromatography & Related Technologies, 2007, 30: 2069-2080.

[99] Ampong-Nyarko K, Lutz S, Sloley B D, et al. Assessments of soil productivity for roseroot (*Rhodiola rose*a L.) cultivation in Alberta [J]. Zeitschrift Fur Arznei-und Gewurzpflanzen, 2011, 16: 156-162.

[100] 明海泉，夏光成，张瑞钧．红景天研究进展 [J]. 中草药，1988，9 (5)：37-42.

[101] 李国青，李展．红景天苷合成方法改进 [J]. 中国药物化学杂志，1996，6 (2)：136-137.

[102] 张三奇，尚刚伟．合成红景天苷的新途径 [J]. 中国药物化学杂志，1997，7 (4)：256-257.

[103] 邓梅，吴振刚，刘雪英．红景天苷及其类似物的合成 [J]. 第四军医大学学报，2007，28 (16)：1501-1502.

[104] 郭建锋，符义刚，吕金良，等．红景天苷的合成工艺 [J]. 中国新药杂志，2015，24：218-20.

[105] 贾艳萍，郭宏艳，张春枝，等．微生物酶合成红景天苷的条件优化 [J]. 大连轻工业学院学报，2004，97-9.

[106] Xu J F, Liu C B, Han A M, et al. Strategies for the improvement of salidroside production in cell suspension cultures of *Rhodiol*a sachalinensis [J]. Plant Cell Reports, 1998, 17: 288-293.

[107] Xue F, Yang M, Ma L. Microbial synthesis of salidroside [J]. Chinese journal of biotechnology, 2019, 35: 1184-11 92.

[108] Zhang C Z, Yu H S, Lu M C, et al. Enzymic synthesis of salidroside: purification and characterization of salidrosidase from *Aspergillas niger* [J]. Process Biochemistry, 2005,

40: 3143-317.

[109] Zhang J X, Ma L Q, Yu H S, et al. A tyrosine decarboxylase catalyzes the initial reaction of the salidroside biosynthesis pathway in *Rhodiola sachalinensis* [J]. Plant Cell Reports, 2011, 30: 1443-1453.

[110] Wang M, Guo C. Biocatalytic synthesis of salidroside by beta-glucosidase in ionic liquids [J]. Chinese Journal of Catalysis, 2011, 32: 1051-1055.

[111] Yu H L, Xu J H, Su J H, et al. Synthesis of novel salidroside esters by lipase-mediated acylation with various functional acyl groups [J]. Journal of Bioscience and Bioengineering, 2008, 106: 65-8.

[112] Cui J L, Wang Y N, Jiao J, et al. Fungal endophyte-induced salidroside and tyrosol biosynthesis combined with signal cross-talk and the mechanism of enzyme gene expression in *Rhodiol*a crenulata [J]. Scientific Reports, 2017, 7: 12540.

[113] Zeng W, Wang H, Chen J, et al. Engineering *Escherichia coli* for efficient *de novo* synthesis of salidroside [J]. Journal of Agricultural and Food Chemistry, 2024, 72 (51): 28369-28377.

[114] Fan B, Chen T, Zhang S, et al. Mining of efficient microbial UDP-glycosyltransferases by motif evolution cross plant kingdom for application in biosynthesis of salidroside [J]. Scientific Reports, 2017, 7: 463.

[115] Bai Y, Yin H, Bi H, et al. *De novo* biosynthesis of gastrodin in *Escherichia coli* [J]. Metab Eng, 2016, 35: 138-147.

[116] Jiang J, Yin H, Wang S, et al. Metabolic Engineering of *Saccharomyces cerevisia*e for high-level production of salidroside from glucose [J]. J Agric Food Chem, 2018, 66: 4431-4438.

[117] Zhou X, Zhang X, Wang D, et al. , Efficient biosynthesis of salidroside via artificial *in vivo* enhanced UDP-glucose system using cheap sucrose as substrate [J]. ACS Omega. 2024030533.

[118] Giacobini E. Pipecolic acid: origin, biosynthesis and metabolism in the brain [J]. Cellular Molecular Biology, 1980, 26 (2): 135-146.

[119] Zeier J, Bernsdorff F, Doring A C, et al. Pipecolic acid orchestrates plant systemic acquired resistance and defense priming via salicylic acid-dependent and-independent pathways [J]. Plant Cell, 2016, 28 (1): 102-129.

[120] Vranova V, Lojkova L, Rejsek K, et al. Significance of the natural occurrence of L-versus D-pipecolic acid: a review [J]. Chirality, 2013, 25 (12): 823-831.

[121] Zeier J. New insights into the regulation of plant immunity by amino acid metabolic pathways [J]. Plant, Cell & Environment, 2013, 36 (12): 2085-2103.

[122] Takei G, Kitamori T, Kim H B. Photocatalytic redox-combined synthesis of L-pipecolinic acid with a titania-modified microchannel chip [J]. Catalysis Communications, 2005, 6 (5): 357-360.

[123] Kadouri-Puchot C, Comesse S. Recent advances in asymmetric synthesis of pipecolic acid and derivatives [J]. Amino Acids, 2005, 29 (2): 101-130.

[124] Shozo F, Akira S. Conversion of lysine to L-pipecolic acid induces flowering in *Lemna paucicostata* 151 [J]. Plant & Cell Physiology, 1997, 38 (11): 1278-1280.

[125] Bartsch M, Gobbato E, Bednarek P, et al. Salicylic acid-independent enhanced disease susceptibility signaling in arabidopsis immunity and cell death is regulated by the monooxygenase FMO1 and the nudix hydrolase NUDT7 [J]. Plant Cell, 2006, 18 (4): 4.

[126] Chang Y F, Adams E. D-lysine catabolic pathway in *Pseudomonas putida*: interrelations with L-lysine catabolism [J]. Journal of Bacteriology, 1974, 117 (2): 753-764.

[127] Cheng J, Huang Y, Mi L, et al. An economically and environmentally acceptable synthesis of chiral drug intermediate L-pipecolic acid from biomass-derived lysine *via* artificially engineered microbes [J]. Journal of Industrial Microbiology & Biotechnology, 2018, 45 (6): 405-415.

[128] Soda K, Misono H, Yamamoto T. L-lysine-α-ketoglutarate aminotransferase. I. Identification of a product, Δ1-piperideine-6-carboxylic acid [J]. Biochemistry, 1968, 7 (11): 4102-4109.

[129] Fujii T, Mukaihara M, Agematu H . Biotransformation of L-lysine to L-pipecolic acid catalyzed by L-lysine 6-aminotransferase and pyrroline-5-carboxylate reductase [J]. Bioscience, Biotechnology, and Biochemistry, 2002, 66 (3): 622-627.

[130] Muramatsu H, Mihara H, Yasuda M, et al. Enzymatic synthesis of L-pipecolic acid by delta1-piperideine-2-carboxylate reductase from *Pseudomonas putida* [J]. Bioscience, Biotechnology, and Biochemistry, 2006, 70 (9): 2296-2298.

[131] Tsotsou G E, Barbirato F. Biochemical characterisation of recombinant *Streptomyces pristinaespiralis* L-lysine cyclodeaminase [J]. Biochimie, 2007, 89 (5): 591-604.

[132] Ying H, Tao S, Wang J, et al. Expanding metabolic pathway for de novo biosynthesis of the chiral pharmaceutical intermediate L-pipecolic acid in *Escherichia coli* [J]. Microbial Cell Factories, 2017, 16 (1): 1-11.

[133] Tani Y, Miyake R, Yukamin R, et al. Functional expression of L-lysine α-oxidase from *Scomber japonicus* in *Escherichia coli* for one-pot synthesis of L-pipecolic acid from DL-lysine [J]. Applied Microbiology and Biotechnology, 2015, 99 (12): 5045-5054.

[134] Pérez-García F, Peters-Wendisch P, Wendisch V F. Engineering *Corynebacterium glutamicum* for fast production of L-lysine and L-pipecolic acid [J]. Applied Microbiology and Biotechnology, 2016, 100 (18): 8075-8090.

[135] Kang Y, Xiao K, Wang D et al. , Metabolic Engineering of *Saccharomyces cerevisiae* for High-Level Production of L-pipecolic acid from Glucose [J]. ACS Synthetic Biology 2024, 13 (10): 3378-3388.

[136] Hill A, Williams C, Whalley B, et al. Phytocannabinoids as novel therapeutic agents in CNS disorders [J]. Pharmacol & Therap, 2012, 133 (1): 79-97.

[137] Li J, Zhu X, Wan H, et al. Progress on chemical constituents and analytical methods of cannabinoids in *Cannabis sativa* [J]. Chin Trad Herb Drugs, 2020, 51 (24): 6414-6425.

[138] Kaplan J, Stella N, Catterall W, et al. Cannabidiol attenuates seizures and social deficits in a mouse model of Dravet syndrome [J]. Proc National Acad Sci USA, 2017, 114 (42): 11229-11234.

[139] Kirby J, Keasling J D. Biosynthesis of plant isoprenoids: perspectives for microbial engineering [J]. Annu Rev Plant Biol, 2009, 60: 335-355.

[140] Vranová E, Coman D, Gruissem W. Network analysis of the MVA and MEP pathways

for isoprenoid synthesis [J]. Annu Rev Plant Biol, 2013, 64: 665-700.

[141] Wang F, Zang Z, Zhao Q, et al. Advancement of research progress on synthesis mechanism of cannabidiol (CBD) [J]. ACS Synthetic Biology, 2024, 13 (7): 2008-2018.

[142] Wang C L, Zada B, Wei G Y, et al. Metabolic engineering and synthetic biology approaches driving isoprenoid production in *Escherichia coli* [J]. Bioresour Technol, 2017, 241: 430-438.

[143] Vickers C E, Williams T C, Peng B Y, et al. Recent advances in synthetic biology for engineering isoprenoid production inyeast [J]. Curr Opin Chem Biol, 2017, 40: 47-56.

[144] Daletos G, Katsimpouras C, Stephanopoulos G. Novel strategies and platforms for industrial isoprenoid engineering [J]. Trends Biotechnol, 2020, 38 (7): 811-822.

[145] Yao Z, Zhou P P, Su B M, et al. Enhanced isoprene production by reconstruction of metabolic balance between strengthened precursor supply and improved isoprene synthase in *Saccharomyces cerevisiae* [J]. ACS Synth Biol, 2018, 7 (9): 2308-2316.

[146] Valliere M A, Korman T P, Arbing M A, et al. A bio-inspired cell-free system for cannabinoid production from inexpensive inputs [J]. Nat Chem Biol, 2020, 16: 1427-1433.

[147] Honda M, Murkami K, Zhang Y, et al. High-efficiency lycopene isomerization with subcritical ethyl acetate in a continuous-flow reactor [J]. J Supercrit Fluids, 2021, 178: 105383.

[148] Sakemi Y, Sato K, Hara K, et al. Biological activities of Z-lycopenes contained in food [J]. J Oleo Sci, 2020, 69 (11): 1509-1516.

[149] Patrizia R, Francesco V, Simona G, et al. Effect of a tomato-based drink on markers of inflammation, immunomodulation, and wxidative stress [J]. Journal of Agricutral Food and Chemistry, 2006, 54 (7): 2563-2566.

[150] Zhu Q, Gao R P, Lei L, et al. Research progress on thermal isomerization mechanism and influencing factors of lycopene [J]. Food Sci, 2018, 39 (15): 310-315.

[151] Huang J, Hui B. Rat intestinal homogenate and pancreatic juice can induce the Z-isomerization of all-E-lycopene *in vitro* [J]. Sci Reports, 2020, 10: 9949,

[152] De Queiroz J L C, Medeiros I, Piuvezam G, et al. Effect of carotenoid encapsulation on antioxidant activities: A protocol for systematic review [J]. Medicine (Baltimore), 2020, 99 (16): 19772-19775.

[153] Naoto K, Shinzo S. Process for producing lycopene and intermediate thereof: US6331652 [P]. 2001-12-18.

[154] Yao L, Lu J, Wang J, et al. Advances in biosynthesis of triterpenoid saponins in medicinal plants [J]. Chinese Journal of Natural Medicines, 2020, 18 (6): 417-424.

[155] Liu J, Song M, Xu X, et al. Multiple metabolic engineering of *Saccharomyces cerevisiae* for the production of lycopene [J]. Food Bioengineering, 3: 397-406.

[156] 徐加莉，左思仪，谢承佳，等. 番茄红素基因工程菌多酶调控研究进展 [J]. 生物工程学报，2017，33 (4): 552-564.

[157] Xu X, Liu J, Lu Y, et al. Pathway engineering of *Saccharomyces cerevisiae* for efficient lycopene production [J]. Bioprocess and Biosystems Engineering, 2021, 44: 1033-1047.

[158] Xie W P, Lv X M, Ye L D, et al. Construction of lycopene-over-producing *Saccharomyces cerevisiae* by combining directed evolution and metabolic engineering [J]. Metabolic Engi-

neering, 2015, 30: 69-78.

[159] Kim Y S, Lee J H, Kim N H, et al. Increase of lycopene production by supplementing auxiliary carbon sources in metabolically engineered *Escherichia coli* [J]. Applied Microbiology and Biotechnology, 2011, 90 (2): 489-497.

[160] Jin W Y, Xu X, Jiang L, et al. Putative carotenoid genes expressed under the regulation of Shine-Dalgarno regions in *Escherichia coli* for efficient lycopene production [J]. Biotechnology Letters, 2015, 37 (11): 2303-2310.

[161] Li W. Studies on enhancing lycopene production by fructose in crtEBI recombinant *Escherichia coli* [D]. Tianjin: Tianjin University of Science&Technology, 2014.

[162] Chen L, Gong J, Yong X, et al. A review of typical biological activities of glycyrrhetinic acid and its derivatives [J]. RSC Advances, 2024, 14 (10): 6557-6597.

[163] Pan B-W, Zheng L-L, Shi Y, et al. Synthesis and antiviral and antitumor activities of novel 18 β-glycyrrhetinic acid derivatives [J]. International Journal of Molecular Sciences. 2023; 24 (19): 15012.

[164] 王趱. 甘草次酸及其衍生物的研究与应用 [J]. 辽宁化工, 2006, 1 (6): 347-349.

[165] 木合布力・阿布力孜, 闵杰, 热娜・卡西莫夫. 18α-甘草次酸及其甲酯的制备 [J]. 西北药学杂志, 2009, 24 (1): 58-59.

[166] Tang B D, Li X J, Zhou Q T, et al. The synthesis and antiproliferative effects of 2-substituted-3-oxo-olean-12-en-30-oic amide derivatives in human prostate cells [J]. Chin J Med Chem, 2014, 24: 257-264.

[167] Pravat K P, Abhijit S, Tamashree G. Synthesis and evaluation of triazole linked glycosylated 18 β-glycyrrhetinic acid derivatives as anticancer agents [J]. Bioorg Med Chem Lett, 2014, 24: 3865-3868.

[168] Facchini P J, Joerg B, Covello P S, et al. Synthetic biosystems for the production of high-value plant metabolites [J]. Trends in Biotechnology, 2012, 30 (3): 127-131.

[169] 周艳艳. 转化甘草酸为甘草次酸菌株的筛选及优等菌株最佳发酵条件的测定 [D]. 承德: 承德医学院, 2015.

[170] Wang C X, Su X Y, Sun M C, et al. Efficient production of glycyrrhetinic acid in metabolically engineered *Saccharomyces cerevisiae via* an integrated strategy [J]. Microbial Cell Factories [J], 2019, 18 (1): 95.

[171] Frusciante S, Diretto G, Bruno M, et al. Novel carotenoid cleavage dioxygenase catalyzes the first dedicated step in saffron crocin biosynthesis [J]. Proc Natl Acad Sci USA, 2014, 111: 12246-12251.

[172] Melnyk J P, Wang S, Marcone M F. Chemical and biological properties of the world's most expensive spice: Saffron [J]. Food Res Int, 2010, 43: 1981-1989.

[173] 宋经元, 徐志超, 陈士林. 本草基因组学专辑简介 [J]. 中国科学: 生命科学, 2018, 48: 349-351.

[174] Xin T, Zhang Y, Pu X, et al. Trends in herbgenomics [J]. Sci China Life Sci, 2019, 62: 288-308.

[175] Dufresne C, Cormier F, Dorion S, et al. Glycosylation of encapsulated crocetin by a *Crocus sativus* L. cell culture [J]. Enzyme Microb Technol, 1999, 24: 453-462.

[176] Canel C, Moraes R M, Dayan F E, et al. Podophyllotoxin [J]. Phytochemistry, 2000,

54 (2): 115-120.

[177] Wu C C, Li T K, Farh L, et al. Structural basis of type Ⅱ topoisomerase inhibition by the anticancer drug etoposide [J]. Science, 2011, 333 (6041): 459-462.

[178] Tepper C G, Studzinski G P. Teniposide induces nuclear but not mitochondrial DNA degradation [J]. Cancer Res, 1992, 52 (12): 3384-3390.

[179] Pagani O, Zucchetti M, Sessa C, et al. Clinical and pharmacokinetic study of oral NK611, a new podophyllotoxin derivative [J]. Cancer Chemother Pharmacol, 1996, 38 (6): 541-547.

[180] Perrin D, Van Hille B, Barret J M, et al. F 11782, a novel epipodophylloid non-intercalating dual catalytic inhibitor of topoisomerases Ⅰ and Ⅱ with an original mechanism of action [J]. Biochem Pharmacol, 2000, 59 (7): 807-819.

[181] Andrews R C, Teague S J, Meyers A I. Asymmetric total synthesis of (−)-podophyllotoxin [J]. J Am Chem Soc, 1988, 110 (23): 7854-7858.

[182] Kuo M L, Shen S C, Yang C H, et al. Bcl-2 prevents topoisomerase Ⅱ inhibitor GL331-induced apoptosis is mediated by down-regulation of poly (ADP-ribose) polymerase activity [J]. Oncogene, 1998, 17 (17): 2225-2234.

[183] Zhang Q Y, Zhao W, Tang Y J. Discover the leading compound of 4β-*S*-(5-fluorobenzoxazole)-4-deoxy-4′-demethylepipodophyllotoxin with millimolarpotency toxicity by modifying the molecule structure of 4′-demethylepipodophyllotoxin [J]. Eur J Med Chem, 2018, 158: 951-964.

[184] Federolf K, Alfermann A W, Fuss E. Aryltetralin-lignan formation in two different cell suspension cultures of Linum album: deoxypodophyllotoxin 6-hydroxylase, a key enzyme for the formation of 6-methoxypodophyllotoxin [J]. Phytochemistry, 2007, 68 (10): 1397-1406.

[185] Seegers C L C, Setroikromo R, Quax W J. Natural products and cancer drug discovery [M]. London: InTech, 2017.

[186] 王俊松．天然药物紫杉醇的研究进展 [J]. 当代化工研究, 2018 (1): 168-169.

[187] 李力更，吴明，史清文．天然抗癌药物紫杉醇的全合成 [J]. 天然产物研究与开发, 2008, 20 (6): 1104-1107.

[188] 方起程，方唯硕．紫杉醇的研究进展 [J]. 中草药, 1997, 28 (A10): 5.

[189] 赵锐，赵玮玮．抗癌植物药紫杉醇研究进展与动态 [J]. 中草药, 2009, 007 (007): 1172-1174.

[190] 陈毓亨，程克棣．近年来国外紫杉醇资源研究进展 [J]. 国外医学（药学分册）, 1994, 1: 36-39.

[191] 刘志明，王伟，卢娟，等．红豆杉提取紫杉醇工艺技术研究 [J]. 陕西林业科技, 2014, 5: 64-67.

[192] Ma C, Schiltz S, Prunet J. Enantiosel ective syntlyesis of a taxol Cring [J]. Collection of Czechoslovak chemical communcations, 2011, 76 (12): 1579-1594.

[193] 王夏实．抗癌药物紫杉醇的合成方法进展 [J]. 当代化工研究, 2019, 3: 187-189.

[194] Dziedzic P, Schyman P, Kullberg M, et al. Highly enantioselective organocatalytic addition of aldehydes to *N*-(phenylmethylene) benzamides: asymmetric synthesis of the paclitaxel side chain and its analogues [J]. Chem Eur J, 2009, (15): 4044.

[195] Xue B Y, Zhao J H, Fan Y G, et al. Synthesis of taxol and docetaxel by using 10-deacetyl-7-xylosyltaxanes [J]. Chemistry & Biodiversity, 2020, 17 (2): e1900631.

[196] 盛家骏，于雅楠，王信，等. 多组分反应合成紫杉醇侧链及其在合成紫杉醇衍生物中的应用 [J]. 有机化学，2019，39 (2)：377-389.

[197] 吴秀兰，贾艳，朱波，等. 天然抗癌药物紫杉醇的研究进展 [J]. 中国野生植物资源，2014，33 (5)：42-45.

[198] 王红强，钟建江，陈旭峰，等. 中国红豆杉悬浮细胞培养动力学的研究 [J]. 华东理工大学学报：自然科学版，1997，23 (6)：51-55.

[199] 梅兴国，黄伟，王传贵，等. 红豆杉细胞两相培养生产紫杉醇的研究 [J]. 生物技术，2000，10 (1)：10-12.

[200] 盛长忠，王淑芳，张心平，等. 土壤农杆菌 C_{58} 遗传转化东北红豆杉的初步研究 [J]. 南开大学学报：自然科学版，1999，32 (4)：28-31.

[201] 梁法亮. 两株植物内生真菌次级代谢产物及其抗肿瘤活性研究 [D]. 广州：广东药学院，2012.

[202] 赵凯，宇璐，金昱言，等. 内生真菌紫杉醇生物合成的研究现状与展望 [J]. 生物工程学报，2016，32 (8)：1038-1051.

[203] Jiang M, Stephanopoulos G, Pfeifer B A. Downstream reactions and engineering in the microbially reconstituted pathway for taxol [J]. Appl Microbiol Biotechnol, 2012, 94 (4): 841-849.

[204] 高明波，阮成江，李贺，等. 紫杉醇和紫杉烷的生物合成途径研究进展 [J]. 中国药学杂志，2010，45 (24)：1900-1903.

[205] 王玉霞，王春梅. 紫杉醇在酵母中的组合生物合成 [J]. 药物生物技术，2013，20 (3)：271-275.

[206] Ajikumar P K, Xiao W H, Tyo K E, et al. Isoprenoid pathway optimization for Taxol precursor overproduction in *Escherichia coli* [J]. Science, 2010, 330 (6000): 70-74.

[207] Schoendorf A, Rithner C D, Williams R M, et al. Molecular cloning of a cytochrome P450 taxane 10-beta-hydroxylase cDNA from Taxus and functional expression in yeast [J]. Proc Natl Acad Sci U S A, 2001, 98 (4): 1501-1506.

[208] Choi H K, Kim S, Son J, et al. Enhancement of paclitaxel production by temperature shift in suspension culture of Taxuschinensis [J]. Enzyme Microb Technol, 2000, 27 (8): 593-598.

[209] Partow S, Siewers V, Daviet L, et al. Reconstruction and evaluation of the synthetic bacterial MEP pathway in *Saccharomyces cerevisiae* [J]. PloS one, 2012, 7 (12): e52498.

[210] Biggs B W, Lim C G, Sagliani K, et al. Overcoming heterologous protein interdependency to optimize P450-mediated Taxol precursor synthesis in *Escherichia coli* [J]. Proc Natl Acad Sci U S A, 2016, 113 (12): 3209-3214.

[211] Raymn G, Sonham I E. Insulisime provides superior postprandial glucose control with less noctural hypoglycaemia compared with reguar human insulin in subjects with type 2 diabetes [M]. Berlin: Springer, 2005.

[212] Rather R E, Hirsch I B, Neifing J L, et al. Less hypoglycemia with insulin glargine in intensive insulin therapy for typed diabetes [J]. Diabetes Care, 2000, 23 (5): 639-643.

[213] Brown H, Sanger F, Kitai R. Structure of pig and sheep insulins [J]. Biochemical Journal, 1955, 60 (112/34): 556-565.

[214] Yuta M, Surin K M, Chaitra C, et al. Rapid synthesis of glycosylated insulins by flow-based peptide synthesis [J]. Chemical Science, 2025, 16, 7929-7935.

[215] Tibaldi J M. Evolution of insulin development: focus on key parameters [J]. Adv Ther, 2012, 29 (7): 590-619.

[216] Schernthaner G. Immunogenicity and allergenic potential of animal and human insulins [J]. Diabetes Care, 1993, 16: 155-165.

[217] Vecchio I, Tornali C, Bragazzi N L, et al. The discovery of insulin: an important milestone in the history of medicine [J]. Front Endocrinol (Lausanne), 2018, 9: 613.

[218] Zhang Y. The first protein ever synthesized *in vitro*-a personal reminiscence of the total synthesis of crystalline insulin [J]. Sci China Life Sci, 2010, 53 (1): 16-18.

[219] Nicol D S, Smith L F. Amino-acid sequence of human insulin [J]. Nature, 1960, 187: 483-485.

[220] Borgoo C A, Zinman B. Insulins: past, present, and future [J]. Endocrinol Metab Clin North Am, 2012, 41 (1): 1-24.

[221] 饶建华，陈廷胜，禹腾波．糖尿病治疗药物-胰岛素研究进展 [J]. 中国实用医药，2009, 4 (29): 220-222.

[222] Kruszynska Y T, Home P D, Hanning I, et al. Basal and 24-h Cpeptide and insulin secretion rate in normal man [J]. Diabetologia, 1987, 30 (1): 16-21.

[223] Rossetti P, Porcellati F, Fanelli C G, et al. Superiority of insulin analogues versus human insulin in the treatment of diabetes mellitus [J]. Arch Physiol Biochem, 2008, 114 (1): 3-10.

[224] Zhang X, Ma Y, Chen H, et al. A pragmatic study of mid-mixture insulin and basal insulin treatment in patients with type 2 diabetes uncontrolled with oral antihyperglycaemic medications: A lesson from real-world experience [J]. Diabetes Obesity & Metabolism, 2020, 22: 1436-1442.

[225] Hilgenfeld R, Seipke G, Berchtold H, et al. The evolution of insulin glargine and its continuing contribution to diabetes care [J]. Drugs, 2014, 74 (8): 911-927.

[226] Basal Insulin. Updating your clinical practice with ultralong acting insulins and insulin combination therapy [J]. Endocr Pract, 2016, 22 (5): 1-25.

第5章

生物合成生物基能源燃料

5.1 生物柴油

5.1.1 市场价值

生物柴油是指植物油、动物油、废弃油脂或微生物油脂与甲醇或乙醇经转酯化和酯交换而形成的脂肪酸甲酯或乙酯[1]。

早期研究显示，植物油可作为柴油发动机的燃料。但植物油主成分甘油三酯中的甘油部分导致植物油黏度过高，易在喷油器上结焦，导致雾化不良，并最终导致发动机沉积物堆积[2]。而脂肪酸乙酯的存在可显著低于植物油的黏度。此后，“生物柴油”一词的出现次数呈指数级增长。

生物柴油是典型的“绿色能源”，具有原料广泛、环保、毒性低、可生物降解、含硫量低、无芳烃含量、总废气排放量低等特性[3-5]。无论是小型、轻型柴油机还是大型、重型柴油机或是拖拉机，燃烧生物柴油后相比于燃烧化石能源后碳氢化合物减少 55%～60%，颗粒物减少 20%～50%，CO 减少 45%以上，多环芳烃减少 75%～85%[1]。生物柴油的燃料性能与石化柴油相近，且有后者无法比拟的性能。其十六烷值和含氧量都高于石化柴油，点火性能佳，燃烧更充分。生物柴油运动黏度稍高，在不影响燃油雾化的情况下，更易在气缸内壁形成一层油膜，从而提高运动机件的润滑性，降低机件磨损。此外，生物柴油不含石蜡、闪点更高，便于安全储运和使用。生物柴油的使用简单而有效。它可以任意比例与石油基柴油混溶，既降低油耗，又提高动力性能[6]。另外，生物柴油通用性好，与现有燃料分配基础设施具有兼容性，无需改动柴油机即可使用[1,3]。除用作运输替代燃料外，生物柴油还可用作取暖用油、表面活性剂、增塑剂、润滑剂等。

生物柴油的优良性质与全球降碳减排行动增加了其市场需求。2010—2021 年全球生物柴油市场 CAGR 达到 9.1%。即使受疫情影响，2020 年欧盟交通运输部门发布生物柴油的消费总量仍实现了正增长。我国现已为欧盟第二大生物柴油出口国。据欧盟于 2022 年 6 月 27 日通过的《可再生能源指令》

（修订案）的最新文件来看，欧盟生物柴油消费量未来有望持续走高[7]。欧盟需求走高或将进一步扩大生物柴油进口，中国相关产业有望受益。

生物柴油不仅需求量一路高增，其售价也持续走高。2021年以来国内生物柴油价格由7000元/t上涨至10500元/t，年均价8900元/t，同比上涨35.2%；出口均价由1050美元/t上涨至1572美元/t，年均价1340美元/t，同比增长29.0%[8]。

5.1.2 化学合成路径

最初生物柴油的制造方法只有物理法和化学法。物理法包括稀释法和微乳化法。稀释法将乙醇用作植物油的稀释剂，以降低其黏度，提高挥发度，但长期使用后常发生植物油变质、积碳和燃烧不完全现象。将动植物油脂助溶剂、酒精、十六烷改良剂和表面活性剂等混合制成微乳液也是降低其黏度的一种方法。微乳液能改善闪蒸时的雾化，但微乳法生产的生物柴油挥发性低、稳定性高、黏度仍高于标准，长久使用后亦会发生积碳现象。由上可见，物理法不能生产合格的生物柴油。化学法则包括下述的热裂解法和酯交换法。

5.1.2.1 热裂解法

在热裂解法生产生物柴油的过程中，材料在惰性气氛或无空气的高温环境下发生热分解。Tamrat 等[9] 对植物油经催化裂解生产生物柴油进行了研究。以 CeO_2 为催化剂，在 75 mg/L 浓度下测试混合燃料，结果表明 CO、NO_2 排放及制动热效率相近，结果分析表明，所得生物柴油的性能与普通柴油性能相近。Schwab 等[10] 研究了大豆油在蒸馏装置中的直接热裂解情况，并表征了液体产物馏分的燃料性能。与纯植物大豆油相比，热解大豆油具有低黏度和高十六烷值。然而，通过热裂解过程生产的生物柴油有大量的残余碳和灰分含量。此外，安装成本高也是这一过程的主要缺点。

5.1.2.2 酯交换法

由酯交换工艺生产的生物柴油具有与柴油燃料相当的性能。该过程中，甘油三酯与醇反应形成甘油和酯[11]。该过程中通常使用甲醇和乙醇。甲醇反应性比其他醇更高，且价格更便宜。乙醇略微提高了十六烷值和燃料的热值，且乙醇毒性较低[12]。以乙醇为原料进行酯交换面临反应的高能量需求以及酯和甘油的分离问题，导致该方法生产的生物柴油价格上涨。

传统的酯交换工艺流程如图5-1所示。原料油与甲醇在催化剂作用下通过酯交换过程反应形成甘油和甲酯，接着将生物柴油和甘油分离，再进行甲醇的回收。回收的甲醇返回原料槽，而产生的甲酯经过进一步洗涤纯化和干燥，得到精制生物柴油。影响酯交换收率的因素有催化剂类型、醇与植物油的摩尔比、水和游离脂肪酸含量、温度和反应时间[13-15]。

酯交换法又分为催化酯交换和超临界酯交换。在催化酯交换法中，甘油三酯在催化剂（碱、酸或酶）存在下与醇反应形成甘油和酯。

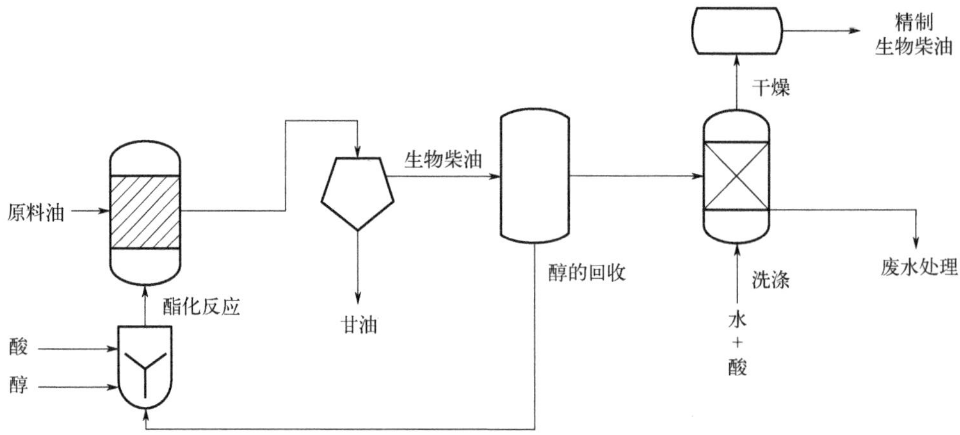

图 5-1 生产生物柴油的常规酯交换工艺流程图[16]

均相碱催化法采用的碱性催化剂主要是 NaOH、KOH、甲醇钠、甲醇钾等。Vicente 等[17] 对比研究了上述四种常用均相碱催化剂催化酯交换反应的效果，发现它们催化酯交换过程所得的生物柴油纯度均接近 100%，甲醇钠催化酯交换过程生物柴油收率最高，NaOH 催化酯交换反应速率最快。Zhou 等[18] 研究了均相碱催化酯交换反应过程的相行为，发现油脂的甲醇解反应和乙醇解反应初始阶段均为两相，随后乳化，最后形成均一单相。在无水情况下，均相碱性催化剂的催化活性通常比均相酸性催化剂高。但均相碱催化酯交换反应存在固定设备投入大、能耗高、反应产物与催化剂难以分离、产生大量废水污染环境等缺点。此外，游离的脂肪酸会与碱催化剂反应生成肥皂，抑制了甘油从甲酯中分离并降低生物柴油收率。

与均相碱催化法相比，非均相碱催化法不受原料中游离脂肪酸和水含量的影响、产物易于分离、催化剂可重复利用、不腐蚀设备、稳定性好。黄振旭等[19] 采用浸渍法制备了固体碱 K_2CO_3/SBA-15 催化剂，当该催化剂用量为大豆油质量的 3%、反应 4 h 后，生物柴油产率可达 88.6%。Saxena 等[20] 以双金属 Fe(Ⅲ) 掺杂 ZnO 纳米粒子作为多相纳米催化剂，在醇油摩尔比为 10∶1、65℃、900 r/min 下回流 3 h 后，大豆油与甲醇发生了有效的酯交换反应。且该催化剂的回收率在 90%±2%，经重复使用后仍表现出良好的酯交换能力。

5.1.3 生物合成路径

酶催化生产生物柴油的过程主要使用的酶是脂肪酶。脂肪酶可从植物、微生物和动物中获得。与碱酸催化剂相比，脂肪酶具有以下优点[21]：①能以更少的工艺步骤生产生物柴油，废水量大幅减少；②能改善产品分离情况，产生更高质量的甘油；③能加工低质量（高游离脂肪酸含量）的原料而不降低产率；④具有高度选择性，可在较低的温度和常压条件下工作。

5.1.3.1 催化机制

通过化学和 X 射线技术研究发现充当亲核试剂的羟基和氨基的氮原子作为脂肪酶活性位点的一部分对催化过程特别重要。一种两步的机制被普遍用于解释酶催化酯交换过程。第一步是酯键的水解和醇的释放，随后与第二底物发生酯化。这种机制符合酶催化反应乒乓机理（图 5-2）。机理包括以下步骤[22]。①亲核加成形成酶-底物络合物，其中亲核加成位点是酶上—OH 中的氧原子。②一个质子从胺的共轭酸转移到底物的烷基氧原子

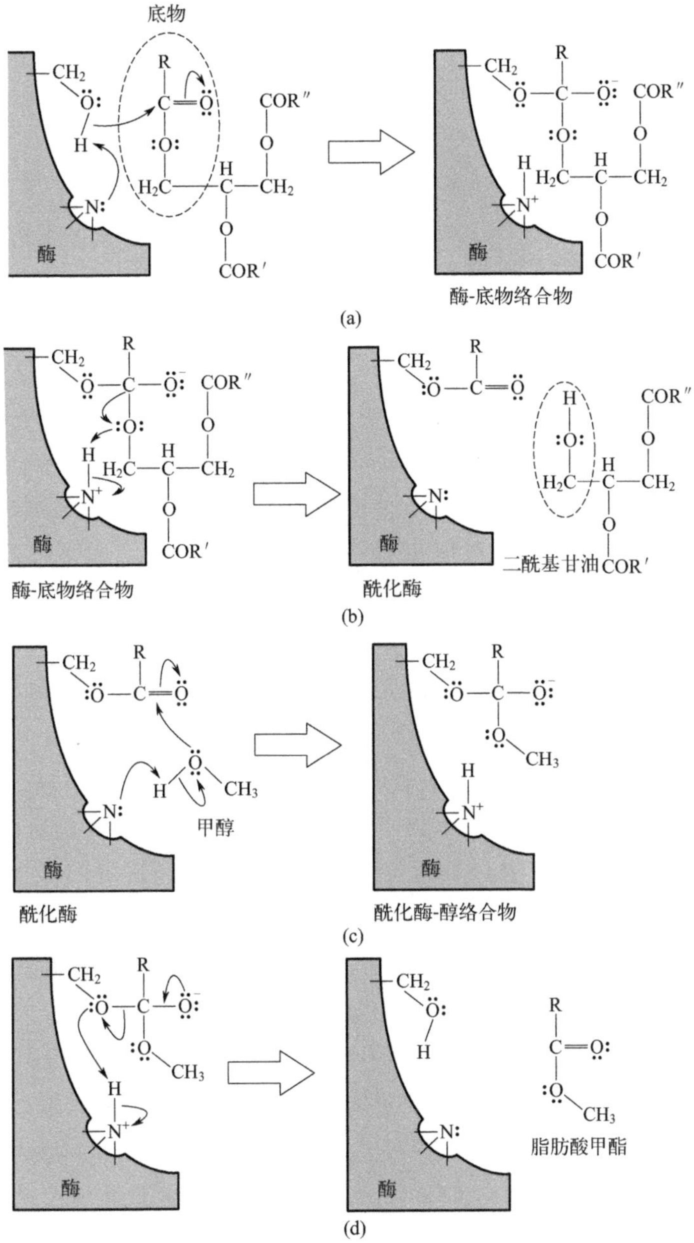

图 5-2 从三酰基甘油酯酶促生产 FAME 的机制[22]

上，形成了甘油部分。③将甲醇分子中的氧原子加入酰基酶中间体 C ═O 的碳原子中，形成酰化酶-醇络合物。④最后，复合物的氧原子被消除，一个质子从胺的共轭酸转移，产生脂肪酸甲酯（生物柴油）。

然而，此机制没有考虑醇和底物的抑制作用。因此，Al-Zuhair 等[22] 对此机制进行修正，建立了一个考虑醇、底物和产物抑制效应的稳健反应动力学模型［式(5-1)］。在脂肪酶催化棕榈油与甲醇在正己烷有机介质中的酯交换反应的研究中，该修正模型成功确定了生产生物柴油的最佳条件。Cheirsilp 等[23] 提出了通过固定化假单胞菌脂肪酶催化棕榈油和乙醇生产生物柴油的三种动力学模型。这些模型考虑了整个反应过程中底物和产物的影响。动力学研究表明，TAG 酯键的水解和游离脂肪酸的酯化是同时发生的，而不是水解后再酯化。

$$v=\frac{V_{max}}{1+(K_{IA}/[A])[1+([S]/K_S)]+(K_{IS}/[S])[1+([A]/K_A)]} \tag{5-1}$$

式中，v 为初始反应速率；V_{max} 为最大反应速率；K_S 和 K_A 分别为底物（S）和醇（A）的解离常数；K_{IS} 和 K_{IA} 分别为底物和醇的抑制常数。

5.1.3.2 固定化酶

游离脂肪酶和固定化脂肪酶都表现出优异的催化活性，可促进生物柴油生产过程中的酯化和酯交换过程。但生物催化剂的高成本是脂肪酶工业应用的障碍之一。出于实际和经济的考虑，引入固定化方法有助于提高酶的稳定性和重复利用性。此外，固定化酶还易于从产品中分离、加大对催化过程的控制力。然而，固定化策略可能影响酶的催化和对映选择性[24]。不同的固定化策略可以使固定化酶具有不同的活性和选择性[25,26]。

物理吸附法被视为可逆固定的最直接的方法之一。其优点包括温和而平稳的制备条件、载体材料和固定程序的成本相对较低、不需要化学添加剂、载体的可再生和脂肪酶的高活性回收。最常见的商业固定化脂肪酶之一 Novozym 435 是将脂肪酶吸附固定在丙烯酸树脂上制备而来的。Li 等[27] 采用叔丁醇作为脂肪酶催化甲醇反应的介质，并使将 Novozym 435 和 Lipozyme TL IM 组合，在优化的条件下进行反应，其生物柴油收率最高可达 95%，即使重复使用 200 次，脂肪酶活性也没有明显的损失。废油亦可在这种新型系统中有效地转化为生物柴油。但此方法处理的酶和载体之间的联结很脆弱，易导致酶浸出。在高浓度试剂和产品工业环境下，浸出效应加速。

共价键结合是实现不可逆酶固定化的最广泛使用的方法之一。与吸附法相比，共价键可以通过在脂肪酶及其载体基质之间提供重要联系来解决酶与载体结合太弱的问题，此固定化酶允许更多次循环使用，且增加了酶的半衰期和热稳定性。Mendes 等[28] 比较了不同策略对脂肪酶的固定化作用，发现有机介质中固定化酶具有最高的水解活性，似乎是固定化脂肪酶最有前途的方法。然而共价固定化的制备涉及一些有毒偶联试剂，可能使酶失活[29]。

交联酶聚集法是一种廉价、无支撑且相当有效的固定化方法，该方法的主要机制是在酶分子内部或之间形成多个共价键。但交联条件过于强烈，交联试剂可能改变酶的构象，导致活性下降。因此，近年来，几种大分子交联剂被用作戊二醛的替代品来制备交联酶聚集体。Jin 等[30] 以氧化海藻酸钠为交联剂制备了负载南极假丝酵母脂肪酶的交联酶聚集体。将其与戊二醛作交联剂制得的样品相比，该交联酶聚集体在高温环境下和有机溶剂中表现出良好的稳定性。将其用于生物柴油生产时，重复循环 5 次后仍表现出较高的产率，且高于戊二醛制得的酶聚集体的产率。

包埋法固定的酶的稳定性高于物理吸附的酶的稳定性，前者还可以大大减少酶的浸出。但包埋法固定化酶会从载体表面扩散和被侵蚀，且受传质限制，导致生产生物柴油的转化率低。Macario 等[31] 比较了通过物理吸附和包埋固定的脂肪酶的催化稳定性，发现吸附的脂肪酶在两个周期后仅保留约 34%的初始活性，但包埋的脂肪酶在 5 个周期后仍保持其初始活性的 60%。Jegannathan 等[32] 将伯克霍尔德菌脂肪酶包封到 κ-卡拉胶中，在最佳条件下进行的反应转化率可达到 100%。当重复使用 5 个周期时，脂肪酶相仍显示出 82%的转化率。

5.1.4 生物合成市场潜力与发展方向

2020 年，天然气、汽油、柴油和生物柴油的价格分别为每加仑 2.18 美元、2.18 美元、2.4 美元和 3.33 美元[33]。生物柴油售价居高不下主要是由于其生产成本高于石油柴油，这阻碍了其商业化大规模应用的可行性。虽然世界能源立法和许多国家税收优惠的变化刺激了生物柴油价格的降低，其生产原料的成本问题仍是生物柴油发展的痛点。生物合成柴油的主要挑战是脂肪酶的成本，因其成本远高于传统的化学催化剂。

较长的反应时间和短链醇对脂肪酶活性的抑制是将该工艺进一步扩大到工业生产水平的障碍[34]。从各种来源筛选脂肪酶以找到用于高效酯交换的酶以及通过基因修饰制造耐甲醇的脂肪酶都是可行的方案。研究更便宜、有效的固定化技术，亦可以降低工艺成本、改善反应时间和提高产量。将不同特异性的脂肪酶组合使用也是实现更高生物柴油产量的有效方法。脂肪酶在离子液体等新型绿色溶剂中显示出更高的稳定性和转化能力。用绿色溶剂取代有毒的有机溶剂，可维持生产过程中酶的活性。此外，反应器对于扩大固定化酶催化生物柴油的生产规模非常重要。STR 叶轮引起的高剪切力会损坏载体，从而影响催化剂的可重用性。填充床反应器（PBR）则会产生甘油积累和高压降的传质问题[24,35]。若成功对叶轮进行修改、降低 STR 中的剪切力或通过加强径向扩散来改善 PBR 中的传质，对酶催化生物柴油生产有很大的助力[24]。

综上所述，生物柴油生产的酶转化方法是一种有前途的替代传统转化方法的方案，但该技术尚不成熟，还需对原料供应、开发具有成本效益的酶和工艺创新等进行重点研究。

5.2 燃料乙醇

5.2.1 市场价值

燃料乙醇是体积浓度为99.5%以上的无水乙醇。目前，我国的燃料乙醇主要指生物燃料乙醇。生物乙醇既是优良的燃料，又是燃油的品质改善剂。

生物乙醇的辛烷值高、可燃性谱宽、火焰速度高和汽化热高。因此，它具有更高的压缩比和更短的燃烧时间，这使其在内燃机中的理论效率高于汽油[36,37]。生物乙醇含有35%的氧，可减少燃烧产生的颗粒和氮氧化物排放。在汽油中添加生物乙醇可显著减少石油使用量，增加燃料的氧含量，改善汽油的燃烧效果，并减少机动车辆因不完全燃烧而排放的废气[38,39]。此外，辛烷值是交通工具所使用的燃料抵抗震爆的指标，辛烷值较高的燃料在火花点火式内燃机中是首选。生物乙醇等含氧燃料可提供合理的辛烷值。

燃料乙醇的发展始于20世纪初期，但由于各种原因并未得到广泛应用。近年来，随着能源危机、空气污染、全球变暖等环境问题日趋严重，燃料乙醇受到极大关注，多国相继出台了相关政策。目前，世界上生产燃料乙醇的国家对其应用主要体现在燃油方面，包括掺烧、纯烧和变性燃料乙醇的使用。其中，掺烧是燃料乙醇与汽油混合；纯烧则是完全以乙醇作为燃料燃烧；变性燃料乙醇是指在无水乙醇中加入变性剂，然后作为燃料利用[40]。它们都具备广阔的应用前景和研究价值。

美国可再生燃料协会的统计数据显示，从2007年到2019年，全球生物乙醇产量从131.2亿加仑增加到290.26亿加仑[41,43]。2020年，受新冠疫情的影响全球燃料乙醇产量下降，但仍有260.59亿加仑[41]。美国、巴西是燃料乙醇产业规模最大的国家，占全球燃料乙醇产量的80%以上，此外，推广应用燃料乙醇的主要国家和地区还包括欧盟、中国、印度、加拿大等（图5-3）[42]。

我国燃料乙醇产业发展相对较晚。“十五”初期，为解决大量陈化粮处理问题、改善大气及生态环境质量、调整能源结构，启动了生物燃料乙醇试点。从“十一五”起，因形势变化暂停了粮食燃料乙醇发展，转而开展多个非粮燃料乙醇示范项目[42]。2020年，我国燃料乙醇产量为8.80亿加仑，占全球产量的3%[41]（图5-4）。

燃料乙醇产业所属的生物能源行业，是我国重要的战略性新兴产业，对替代石油等不可再生能源以及对大气雾霾污染、水土资源污染控制都有十分积极的战略意义。从长远看，发展生物燃料乙醇将会更好地促进粮食供需平衡，带动农村经济发展。国际经验表明，发展生物燃料乙醇可以为大宗农产品建立长期、稳定、可控的加工转化渠道。

5.2.2 化学合成路径

目前，国内外乙醇的生产工艺依据生产原料的不同主要分为两大类：乙烯水合法、合成气法。

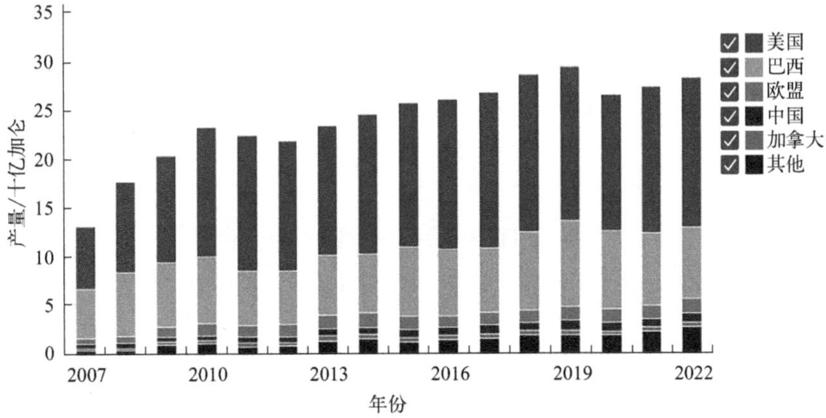

(a) 全球生物乙醇产量(按国家/组织或地区分)

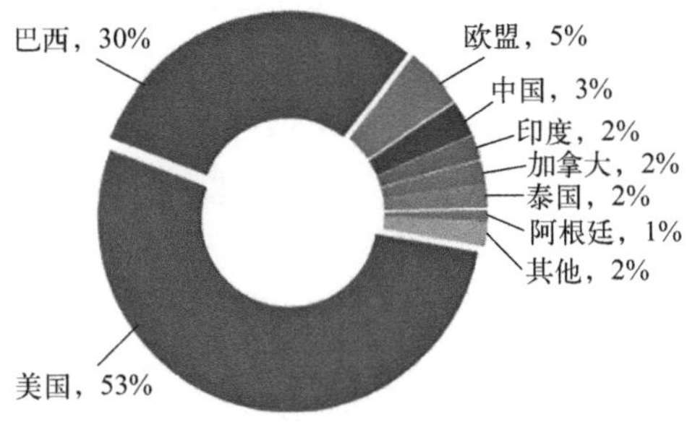

(b) 2020年全球燃料乙醇产量占比

图 5-3　全球燃料乙醇生产情况[41, 42]

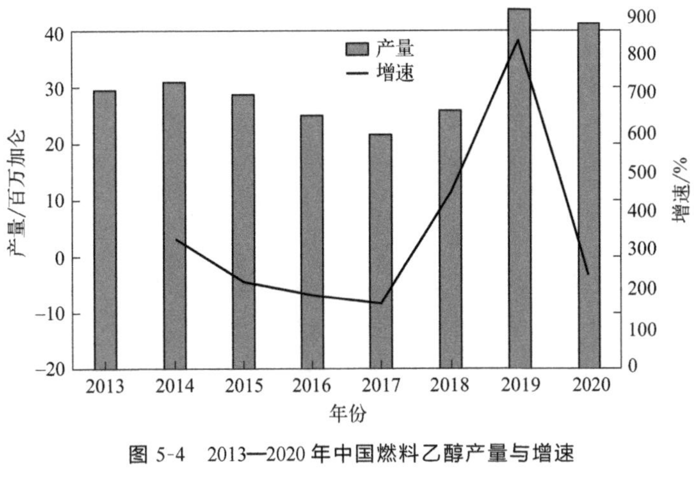

图 5-4　2013—2020 年中国燃料乙醇产量与增速

5.2.2.1　乙烯水合法

乙烯水合法是以石油为原料生产乙醇的主要工艺途径。其中，乙烯间接水合法以硫酸为乙烯吸收剂，并与水反应合成乙醇；乙烯直接水合法由固体酸催化乙烯和水直接一步合成乙醇。目前，乙烯间接水合法已经被乙烯直接水合法取代。

1930年，美国以含量30%的稀乙烯为原料，实现了乙烯间接水合法制备乙醇的工业化生产。该工艺主要包含吸收、水解、提纯和精馏4个工段。其中发生的反应如下所示[44]。

$$C_2H_4+H_2SO_4 \longrightarrow C_2H_5OSO_3H \tag{5-2}$$

$$C_2H_5OSO_3H+H_2O \longrightarrow CH_3CH_2OH+H_2SO_4 \tag{5-3}$$

乙烯间接水合法工艺路线具有条件温和、乙烯转化率高等优点，但该工艺存在工艺流程长、设备投资高、严重腐蚀设备等缺陷。上述缺陷阻碍了该工艺的进一步发展。

1948年，美国壳牌公司将制得的固体磷酸硅藻土催化剂投入生产，建成了第一套以乙烯为原料的直接水合法产乙醇的工业装置，开启了直接水合法制备乙醇产品的工业化进程。目前，工业上主要采用负载于硅藻土上的磷酸作催化剂，反应温度为260～290℃，压力约7 MPa，水与乙烯的摩尔比为0.6，在此工艺条件下，乙醇产品的选择性可达95%[45]。

相比于间接水合法，直接水合法因不需加入硫酸而对设备要求较低，且不用处理废酸，更加环保。但该工艺转化率低，生产过程能耗较高，影响其经济性。在石油资源丰富且价格较低的地区，该法产乙醇有一定的竞争力。美国、日本和俄罗斯等地区有大规模的乙烯直接水合法生产乙醇装置在运转[45]。煤制烯烃产量增加，成本低廉，使煤基乙烯原料路线生产乙醇成为可能，并成为生物燃料乙醇产业发展的重要补充。

5.2.2.2 合成气法

合成气法首先通过煤制合成气，再由合成气直接或间接合成乙醇，在我国具有大规模工业推广应用的可行性。

$$2CO+4H_2 \longrightarrow C_2H_5OH+H_2O \tag{5-4}$$

合成气直接加氢法合成乙醇反应如［式(5-4)］。该过程是一个碳链增长过程，C_2中间体的碳链增长在动力学上非常有利，生成的乙醇易转化为高级醇。故合成气直接加氢得到的反应产物主要为C_1～C_5的低碳混合醇和多种副产物。由于乙醇选择性较低且后续分离提纯困难，现阶段合成气直接加氢制备乙醇工艺还未达到大规模工业化生产的发展阶段。目前，该工艺的研究主要集中在乙醇产物高选择性及高产率催化剂的开发与设计上。所用催化剂大致可分为4类：①贵金属催化剂[46,47]；②改性的ZnO催化剂[48,49]；③改性的费托合成催化剂；④加入碱金属或过渡金属助剂的钼基催化剂。但基于此研究出的工艺仍存在高活性催化剂对贵金属的依赖等问题，合成气直接加氢制备乙醇的工业化进程仍然任重而道远[50,51]。

合成气间接加氢制备乙醇的工艺主要包括醋酸加氢制备乙醇工艺和二甲醚羰基化制备

乙醇工艺，其中醋酸加氢制备乙醇首先由合成气生产甲醇，再通过甲醇羰基化合成醋酸，醋酸酯化加氢或直接加氢制备乙醇。二甲醚羰基化制备乙醇则是以甲醇、合成气为原料，依次经过甲醇脱水制备二甲醚、二甲醚羰基化、加氢过程生成乙醇。相比合成气直接加氢制备乙醇，合成气间接加氢工艺路线具有较高的乙醇选择性和收率，并且在我国已实现工业化。

5.2.3 生物合成路径

按照技术和工艺的发展进程，目前业界一般将燃料乙醇分为以下几类：第 1 代燃料乙醇，以玉米、小麦等粮食作物为原料；第 1.5 代燃料乙醇，以木薯、甘蔗、甜高粱茎秆等经济作物为原料；第 2 代燃料乙醇，以玉米芯、玉米秸秆等纤维素物质为原料；第 3 代燃料乙醇，以微藻中碳水化合物为原料。

第 1 代和第 1.5 代燃料乙醇均属于糖基或淀粉基乙醇。第 2 代燃料乙醇使用纤维素物质为原料，在预处理后通过高转化率的纤维素酶，将原料中的纤维素转化为可发酵的糖类物质，然后经特殊的发酵法制造燃料乙醇。其在技术上同粮食乙醇和非粮乙醇存在较大的差别；在原料上利用农林废弃物，脱离了农作物的范畴，目前是燃料乙醇的新兴研究方向，国内已有企业规模化量产。第 3 代燃料乙醇以微藻中含有的淀粉、纤维素、半纤维素等大量碳水化合物为原料。微藻具有远高于陆生植物的光合效率、生长周期短、在原料生产方面较传统作物有巨大优势，同时微藻生长过程中以大气中的 CO_2 为主要碳源，对减少温室气体排放具备极大的价值。微藻乙醇尚处于研发阶段，未达到工业化生产水平。

在我国，玉米发酵法和木薯发酵法是最主流的生产方法，占比分别为 61%和 26%，此外还有以蜜糖、小麦、水稻、甜高粱和纤维素为原料的生产，占比较少，约 8%。化学合成主要是以醋酸或醋酸酯类为原料的直接加氢合成或间接加氢合成法，占比约 5%[52]。

5.2.3.1 第 1 代和第 1.5 代燃料乙醇

糖基乙醇生产的主要原料是甘蔗汁或甘蔗产的糖蜜。甜菜糖蜜也是一种可发酵产乙醇的糖源。

在甘蔗乙醇制取工艺中，先从甘蔗等糖料作物中提取出可发酵糖，然后通过微生物发酵制得乙醇，最后生成的低浓度乙醇经过浓缩工艺之后得到高浓度燃料乙醇（图 5-5）。

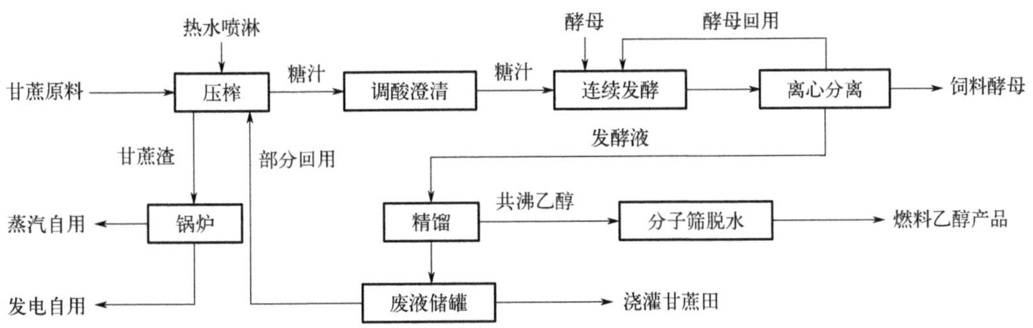

图 5-5 甘蔗生产乙醇工艺路线图[53]

最常用的微生物是酿酒酵母，因为它能够将蔗糖水解成葡萄糖和果糖这两种容易被吸收的已糖。曝气是酿酒酵母生长和生产乙醇的重要因素。虽然这种微生物具有在厌氧条件下生长的能力，但脂肪酸和甾醇等物质的合成需要少量的氧气。氧气可以通过向介质中添加一些化学物质并通过化学反应来供应，这有助于减少细菌污染物[54]。以甘蔗糖蜜为基础的高渗透压介质对乙醇发酵是不利的。为了获得更耐盐和耐高温的酿酒酵母菌株，人们进行了不同的研究。Morimura 等[55] 通过原生质体融合和操纵培养条件，培养出能够在35℃和糖蜜浓度为22%的条件下生长的絮凝菌株。在此条件下，乙醇浓度为 91 g/L，生产率为 2.7 g/L/h。

可通过加入不同的化合物来调节糖蜜浓度，以中和培养基成分的抑制作用。避免盐和其他化合物对发酵产生的负面影响。研究已证明 EDTA、亚铁氰化物对甜菜糖蜜有调节作用[56]。根据 Castellar 等[57] 的说法，沸石也可以作为 pH 调节剂。此外，在糖蜜中添加最低抑制浓度的啤酒花酸将阻止细菌生长，在避免使用抗生素的情况下提高了乙醇产量[58]。

淀粉是乙醇生产的高产原料，由直链淀粉和支链淀粉组成。其中，直链淀粉约占淀粉组成的 20%，是疏水聚合物。淀粉需要水解才能通过发酵生产乙醇。以前通过酸水解淀粉，但酶的特异性、温和反应条件和无二次反应使得淀粉酶成为用于该过程的催化剂。从耐热细菌或大肠杆菌工程菌株中获得的 α-淀粉酶用于淀粉悬浮液水解。为节约能源，过去几年正在研究在低温下水解淀粉的可能性[59]。

玉米原料预处理后要经过液化这一步，产物是含有糊精和少量葡萄糖的淀粉溶液。液化淀粉在较低温度下由葡萄糖-淀粉酶进行糖化，得到可用于发酵的糖[60,61]。

玉米被碾磨用于提取淀粉，淀粉经过酶处理以获得葡萄糖浆。然后，将这种糖浆发酵成乙醇（图 5-6）。该行业有两种类型的玉米碾磨：湿式和干式。运动发酵单胞菌被研究用于从干磨的玉米淀粉中生产乙醇。一个由固定糖淀粉酶的连续填充床柱和固定运动发酵单胞菌的连续流化床反应器组成的系统生产乙醇浓度为 70 g/L，生产率为 23 g/(L·h)[62]。

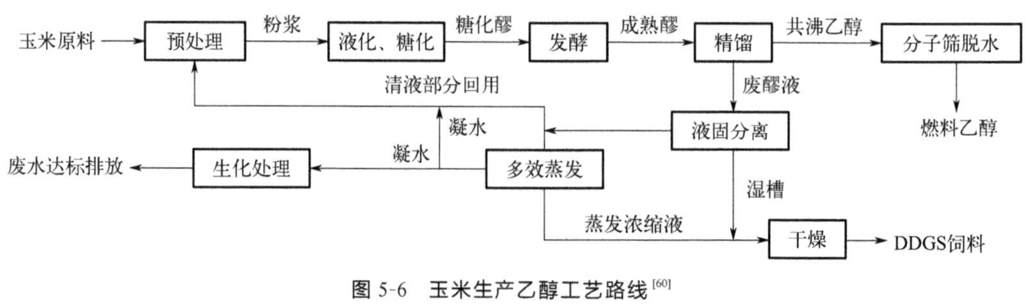

图 5-6 玉米生产乙醇工艺路线[60]

小麦淀粉也可用于生产生物乙醇。Bayrock 等[63] 设计并测试了酿酒酵母多阶段连续培养发酵和高密度发酵相结合的系统，其发酵液含 150～320 g/L 葡萄糖。在该过程中获得的乙醇的最大浓度为 132.1 g/L，显示了该技术推动小麦淀粉连续生产乙醇在工业上实施的可行性。

木薯也是淀粉的重要来源。木薯乙醇生产可以使用整个木薯块茎或从中提取的淀粉来完成。Yuangsaard 等[64] 利用毕赤酵母进行木薯乙醇发酵，发酵 24 h 后酒精度最高达 7.86%（体积分数），乙醇转化率为理论转化率的 85.4%。

此外，乙醇还可以由黑麦、大麦、黑小麦和高粱生产[65,66]。Wang 等[66] 采用小麦、大麦、黑麦和黑小麦籽粒研磨法，将原料的淀粉含量平均提高 12%，在发酵过程中乙醇产量提高 6.5%～22.5%。Abd-Aziz[67] 还建议使用西米棕榈生产乙醇。Hammond 等[68] 则成功使用商业 α-淀粉酶和葡糖淀粉酶从香蕉和香蕉废料中生产出乙醇。

最有前途的燃料乙醇生产作物之一是甜高粱。Grassi[69] 报道，利用一些品种的甜高粱，可以生产 5 t/公顷谷物、8 t/公顷糖和 17 t/公顷干物质/木质纤维素（1 公顷$=10^4$ 平方米）。该原料生产的燃料乙醇的估计成本为 200～300 美元/m^3，而甘蔗乙醇的相应值为 260 美元/m^3，玉米乙醇为 300～420 美元/m^3，木质纤维素乙醇为 450 美元/m^3。

5.2.3.2 第 2 代燃料乙醇

第 2 代乙醇生产来自非粮作物或作物残茬，其主要成分是木质纤维素生物质。木质纤维素生物质主要由纤维素、半纤维素和木质素组成。

通过生化路线使木质纤维素生产生物乙醇，首先要通过预处理分离木质素、纤维素和半纤维素，降低纤维素的结晶度，使纤维素更容易水解。在水解过程中通过酸或酶产生糖单体。水解后的下一步是发酵，它涉及在微生物发酵过程中将糖转化为乙醇，主要由细菌和/或酵母进行（图 5-7）。

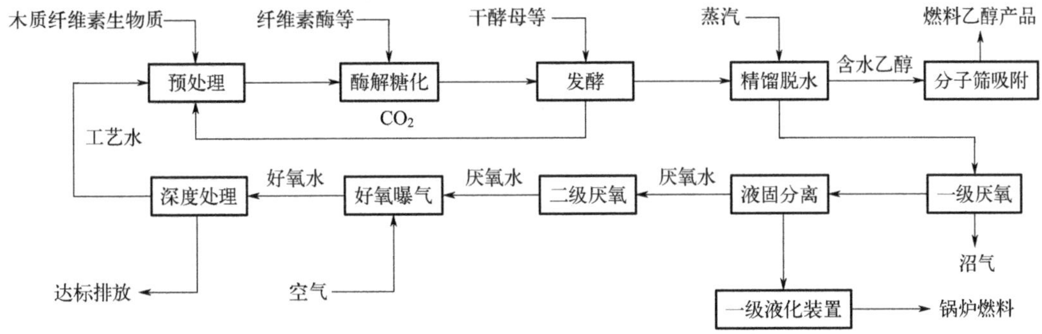

图 5-7 第 2 代生物乙醇工艺路线

预处理是第一步，也是非常关键、复杂和高成本的步骤，以便从木质纤维素生物质中生产生物乙醇。可通过使用物理、化学、物理化学和生物处理法分馏、增溶和分离纤维素、半纤维素和木质素组分[70,71]（图 5-8）。

研磨、超声处理等物理方法用于减小原材料的尺寸和生物质的结晶度，但该过程是一个耗能过程。化学预处理包括离子液体、酸性处理和有机溶剂处理。化学预处理的主要缺点是下游工艺的抑制剂形成以及使用酸处理时水解前的 pH 调节。

生物处理法使用微生物降解原料。该过程不需要化学品、能源需求低、不会产生有毒

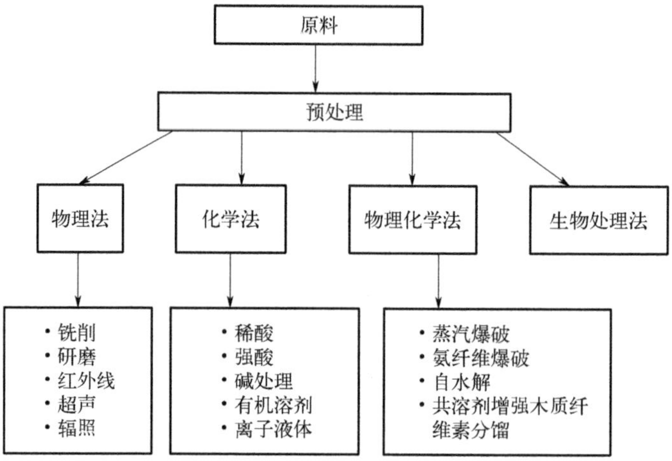

图 5-8 预处理过程的一般方案[71]

产品。然而，低转换率和所需的长停留时间使该过程效率低下且费力[72]。

物理化学处理法包括蒸汽爆破、氨纤维爆破、共溶剂增强木质纤维素分馏等。蒸汽爆破处理是一种水热方法，在蒸汽存在的高温高压下，切碎的生物质在高压高温蒸汽中处理几分钟，然后压力被释放，其组分被分离。在这种预处理方法中，半纤维素和木质素水解提高了生物质对酶的可及性[73]。它也有许多缺点，如产生糠醛、羟甲基糠醛等抑制成分，抑制发酵下游过程，并且需要昂贵的设备，增加了整个过程的成本。

下一步是水解，其中多糖转化为单糖。酸催化和酶催化是进行糖化的两种方法[74]。酸催化水解是预处理和水解过程的结合，大多发生在高温条件下，由于高温和酸性条件，抑制剂形成的可能性很高。与酸催化水解相比，酶水解有更温和的反应条件和高糖回收率[75]。纤维素酶是一组酶，通过切割 β-1,4-糖苷键来降解纤维素。有许多微生物自然分泌纤维素分解酶。梭状芽孢杆菌、木霉菌、曲霉菌是用于生产纤维素酶的常见细菌和真菌菌株[76]。在所有物种中，木霉属是最理想和最潜在的纤维素酶生产候选者[77]。酶促糖化用酶主要包括三种类型的纤维素酶，即外切葡聚糖酶、内切葡聚糖酶和 β-葡萄糖苷酶。

外切葡聚糖酶作用于纤维素的还原和非还原端，并释放纤维素二糖单元；内切葡聚糖酶随机切割 1,4-糖苷键，从而产生新的末端；β-葡萄糖苷酶攻击纤维素二糖单元以形成单糖（葡萄糖）单元[78,79]。酶的稳定性、底物/产物抑制和催化效率是生产中的主要挑战。遗传修饰、重组 DNA 技术以及采用不同的菌株改进策略可使酶更健壮、产量增加[80]。

发酵是微生物将单体糖转化为酸、气体和乙醇的生物过程。除了酿酒酵母菌外，研究人员还发现了一些从不同糖中生产乙醇的酵母菌株，如毕赤酵母、脆壁克鲁维酵母和休哈塔假丝酵母[81-83]。高乙醇浓度、高温、渗透应激、细菌污染以及抑制剂的存在都会抑制酿酒酵母生产乙醇的效率。

目前，已发展了一些新的发酵技术，如生物精炼厂中使用的单水解和发酵、同步糖化

和发酵、同步糖化和共发酵技术[84]。

在单水解和发酵（SHF）中，水解和发酵分别以不同的单元进行。经过预处理后，生物质浆料经水解反应器，被降解成单糖，然后在发酵装置中进行发酵，将糖转化为乙醇[84]。终产物抑制是该过程的主要缺点。其次，考虑到水解工艺中的停留时间长，这也是一个耗时的过程且由于两个独立单元的高酶负载，材料成本高。

在同步糖化和发酵（SSF）中，水解和发酵在同一单元中进行[85]。与SHF相比，它被认为是工业生产的更好选择。它具有高乙醇产量的优点[86]。此外，投资成本低，没有葡萄糖的最终产物抑制，导致水解速率和乙醇收率的提高。乙醇对反应器中酶、微生物的抑制是该过程的唯一缺点。

在同步糖化和共发酵（SSCF）中，水解和发酵在同一单元中进行，戊糖和葡萄糖的共同发酵。由于酿酒酵母菌不能发酵戊糖，因此使用戊糖发酵的转基因酿酒酵母菌进行共发酵过程。这是一种适用于富含戊糖的木质纤维素的工艺，它是硬木和农业残留物等原料的合适工艺[87]。

生物乙醇生物精炼厂的主要挑战是从发酵液中分离乙醇。由于共沸物的存在，从乙醇-水混合物中分离乙醇需要特别注意。存在三种常规方法：共沸蒸馏、液液萃取和萃取蒸馏[88]。还有其他技术正在被改进，如渗透蒸发和盐蒸馏[89,90]，因为它们消耗的能量更少。最常用的技术是萃取蒸馏，用于大规模操作[91]。在萃取蒸馏技术中，将分离剂加入共沸混合物中可改变关键组分的相对挥发性，而不形成额外的共沸物[92]。溶解的盐可用作乙醇-水混合物的分离剂，例如氯化钙盐。

5.2.3.3 第3代燃料乙醇

由于藻类原料富含油脂，近年来，其作为转化燃料及化学品的潜在生物质来源而备受关注。在美国、新西兰和以色列，已经出现了商业化试运营的藻类燃料公司，不过这些公司都没有实现藻类燃料乙醇的工业化生产[93]。

可用于生产燃料乙醇的藻类生物质可分为大型藻类和微藻，从微藻获得燃料乙醇的产量远高于大型藻类。微藻与其他生物质相比具有更高的光合效率、比表面积产量与更快的生长速率。据估计，1 km^2 微藻可生产 46000～14000 L 乙醇，这要比玉米秸秆、甘蔗和柳枝稷所得乙醇高几个数量级[94,95]。但目前利用大型藻类生产乙醇的产量还很低[96]。

通过藻类原料生产燃料乙醇的第一步是菌种的筛选和培养[97]。主要有两种方法：一是选择繁殖能力强的大型藻类；二是选择适合在人工培养条件下生长的微藻。与利用生物质原料生产纤维乙醇一样，藻类生物质必须经过物理、化学预处理和酶法糖化[98]，才可对水解单糖进行乙醇发酵[95]。而利用水热预处理法处理微藻生物质是近年来的研究热点[97]。Okuda 等[99] 利用水热法处理藻类原料，其后续酶解速率提高了10倍，纤维素酶解效率达到87.8%。水热法预处理过程抑制物少，反应条件温和，后续水解时间缩短，糖回收率有很大提升[100]。由于藻类生物质原料不含木质素，其转化为单糖的阻力比植物生物质要小得多[95,96]。

由于利用微藻生物质作为原料生产乙醇的方法比较复杂，所以近来研究热点开始转移到微藻直接生产乙醇上面。微藻直接生产乙醇主要有两种方法：微藻在黑暗厌氧条件下生产乙醇和基因工程微藻生产乙醇。除了暗发酵与基因工程手段，美国藻醇公司现已研发出一种微藻直接生产燃料乙醇的技术。基本流程为：利用蓝藻光合作用将碳固定在细胞内直接生产乙醇，乙醇溶解到培养基中，随后在太阳光下蒸发，冷却后凝集在覆盖膜内表面，收集膜表面的乙醇以达到初步的水醇分离和乙醇浓缩[100]。

截止到目前，部分国家在用藻类生物质产乙醇研究方面已取得一定的进展。苏格兰已经成功开发出海洋微藻的培养和收获工艺[101]。日本三菱研究所已启动使用废弃微藻产乙醇的示范项目。韩国国家能源研究部启动了一项为期10年的微藻项目。菲律宾政府也已投入超过500万美元，建立使用微藻生产乙醇技术的微藻乙醇工程[96]。

5.2.4 生物合成市场潜力与发展方向

限于我国土地、水等资源的现状，未来无论是以粮食为原料的燃料乙醇，还是以木薯、甘薯和甜高粱茎秆等为原料的非粮燃料乙醇发展空间都很有限。而我国农作物秸秆、农产品初加工剩余物、林业剩余物等资源总量丰富，是未来开发利用的重点。但是，农作物秸秆分散、体积大、收获的季节性强。且农忙时劳动力缺乏，储存场地少。林业抚育和采伐剩余物大多分布在山地和沙丘，相对分散，主要以人工收集、运输为主，存在效率低、成本高等问题。这些收集、储运方面的客观条件在一定程度上影响了农林废弃物资源作为纤维素乙醇原料的应用。此外，纤维素乙醇关键技术及工程化尚未实现突破。

根据我国现有原料条件、近年来国内外对燃料乙醇的研究进展和其生产过程中所存在问题，燃料乙醇转化技术未来的发展可以从以下几个方面加强研究：①提高对农林废弃物的收集、储运效率；②大力开发以木质纤维素类生物质为原料的生物乙醇生产，实现资源综合利用和工农业联产；③利用基因工程对纤维素酶和发酵微生物进行基因改性，以提高发酵效率；④设计新型光合微生物反应器结构，实现藻类生物质高速率的物质转移，进而提高藻类乙醇的产率。

5.3 生物甲醇

5.3.1 市场价值

生物甲醇是由生物质或者微生物生产的甲醇，和化工甲醇有着一样的性质。对于运输部门，甲醇比汽油优越，甲醇的辛烷值大于汽油的辛烷值，甲醇的可燃性范围比汽油宽[102,103]。这种燃料对高压缩发动机是有吸引力的选择。

甲醇比氢气更易于储存和运输，且其体积能量密度高于液态氢[104]。由于生物乙醇、汽油混合物与当前内燃发动机的相容性，生产的成熟性、经济性，生物乙醇比生物甲醇更普及[105]。然而，生物甲醇由于其更高的体积能量密度而比生物乙醇更具优势[106]。且使用甲醇的二氧化碳减排量高于乙醇[107,108]。

除了作为燃料外[109,110]，甲醇也可用于生产甲醛、甲基叔丁基醚、乙酸、甲基丙烯酸甲酯和对苯二甲酸二甲酯等。甲醇还可用作防冻剂、抑制剂和溶剂[111]。

5.3.2 化学合成路径

化学合成路径主要包括基于合成气的甲醇合成、甲烷直接氧化和基于 CO_2 加氢的甲醇合成。目前工业化生产的甲醇绝大部分来源于甲烷合成途径。该路线从合成气制备出发，经化学催化方法获得甲醇。除此之外，绿色化学技术路线（如 CO_2 加氢）也得到了广泛关注。

5.3.2.1 基于合成气的甲醇合成

基于合成气的甲醇化学合成路径包括 3 个步骤：①合成气制备；②合成气制备粗甲醇；③甲醇精馏纯化[112,113]。目前，全球范围内使用的甲醇几乎都是从天然气中获得的合成气进行重整生产的。热解、气化和液化等热化学过程使得以生物质作原料生产合成气进而生产甲醇成为可能。在热化学转化过程中，生物质在缺氧/空气条件下热分解以产生合成气。热化学转化技术能利用所有生物质作为原料。

从合成气合成醇的一般反应如下［式(5-5)］：

$$nCO+2nH_2 \longrightarrow C_nH_{2n+1}OH+(n-1)H_2O \tag{5-5}$$

当 $n=1$ 时，产物为甲醇。故在甲醇合成之前必须调整 CO 和 H_2 的比例。将合成气转化为甲醇的催化剂有：高压催化剂和低压催化剂。当这些催化剂被碱掺杂时也会催化形成高级醇，故需要注意催化剂的组成[114]。

合成气制甲醇需要高压和高温环境[115,116]。然而，由于反应的放热性质，该过程的热力学倾向于在低温和高压环境下进行反应。高温虽然会增加催化剂的活性，但会降低反应的特异性，导致副产物的增加，降低主产物的收率[117]。将合成气转化为甲醇所涉及的化学反应如下［式(5-6)］和［式(5-7)］：

$$CO+2H_2 \longrightarrow CH_3OH \tag{5-6}$$

$$CO_2+3H_2 \longrightarrow CH_3OH+H_2O \tag{5-7}$$

反应的最终产率和选择性分别受 $H_2/(CO+CO_2)$ 比值和 CO_2/CO 比值的影响[118]。因此，需要去除 CO_2 来提高甲醇的选择性和产量。在甲醇生产过程中，合成气进行水汽转移反应［式(5-8)］，其效用是保持 H_2 和 CO 的体积比大于 2∶1，这有利于控制副产物的形成[119]。

$$CO+H_2O \rightleftharpoons CO_2+H_2 \tag{5-8}$$

合成气制备甲醇过程中，H_2、CO 和 CO_2 的比例会因原料来源和处理工艺而有所差异，并影响最终甲醇得率。巴斯夫公司、杜邦公司及帝国化学工业公司等化工巨头均开发了合成气制备甲醇流程。其差别在于反应器设计和催化剂种类。其中帝国化学工业公司开发的工艺甲醇得率最高，甲醇产量占全球 60% 以上，该工艺路线催化剂为 $Cu/ZnO/Al_2O_3$，压力为 35～54bar，温度为 200～300℃[120]。

然而，以合成气为中间体将生物质转化为甲醇的工艺需要昂贵的金属催化剂、高温和高压[121]。此外，获得合成气需要额外的清洗步骤，使得该过程更加昂贵。

5.3.2.2 甲烷直接氧化制备甲醇

近年来，利用天然气主要成分甲烷直接氧化合成甲醇的一步法技术路线受到广泛关注。从热力学的角度，甲烷直接氧化形成甲醇在室温条件下能够自发进行。但实际上，由于甲醇化学性质更加活泼且其 C—H 键能量更低，利用化学催化实现甲烷直接氧化面临着低转化率（小于 3%）以及过氧化（生成副产物 CO 和 CO_2）等难题[122]。为此，肖丰收团队[123] 利用“分子围栏”技术，设计了一种疏水的沸石纳米催化剂，将双氧水有效锁在催化剂内部，甲烷转化率达 17.3%，但距达到工业化标准甚远。此外，Hg、Au、Pt 等贵金属催化剂在强酸和盐离子环境下能实现甲烷氧化[124,125]，但是面临存在副产物以及环境不友好等问题。

5.3.2.3 基于 CO_2 加氢的甲醇合成

基于化石燃料的甲醇合成终究不可持续，拓展甲醇合成原料迫在眉睫。大气中 CO_2 浓度日益增高，转化与利用 CO_2 既能降低温室效应，又能缓解由于化石燃料枯竭导致的资源危机。但 CO_2 是高度稳定分子，其活化和转化过程十分耗能，需要具有高吉布斯自由能分子协助[126]。H_2 是 CO_2 的理想还原剂，因此，CO_2 加氢合成甲醇的技术路线是绿色环保、极具应用前景的甲醇合成方式。

CO_2 加氢过程可以通过电催化、光催化和热催化实现[127,128]。相比于电催化和光催化，热催化能为这一过程提供更多能量，成为 CO_2 加氢主要催化方式[129-132]。催化剂选择也影响 CO_2 加氢过程的选择性和转化率。目前，常用催化剂包括铜基催化剂、铟基催化剂、$ZnO\text{-}ZrO_2$ 等[129-133]。最近，Wang 等[133] 利用 $Cu\text{-}ZnO\text{-}ZrO_2$ 催化剂，实现了 18.2%的甲醇转化率和 80.2%的甲醇选择性。目前，CO_2 加氢合成甲醇的应用一方面局限于 CO_2 和 H_2 的原料来源，另一方面受限于高转化率、高得率和高选择性催化剂的制备。最近，“液态阳光路线”目标是利用太阳光实现氢气生产以及 CO_2 加氢。CO_2 加氢合成甲醇有可能逐步替代现有基于天然气的甲醇合成模式。

5.3.3 生物合成路径

生物质在细菌的厌氧消化下可产生沼气，其内包含甲烷（60%～70%）、硫化氢、二氧化碳、氨和其他微量气体[134]。沼气中的甲烷和氨可被各种嗜甲烷菌和氨氧化细菌用于生产甲醇。厌氧消化过程消化后的生物质浆料可用作有机肥料。该过程的主要缺点是需要额外的步骤去除硫化氢等杂质[135]。

甲烷营养生物利用甲烷作为其代谢需求的唯一碳源，依靠甲烷单加氧酶（MMO）酶催化甲烷的初始氧化为甲醇，随后通过甲醇脱氢酶（MDH）氧化为甲醛，通过甲醛脱氢酶（FADH）将甲醛氧化为甲酸盐，最后通过甲酸脱氢酶（FDH）氧化为二氧化碳[136][式(5-9)]。

$$CH_4 \longrightarrow CH_3OH \longrightarrow HCHO \longrightarrow HCOOH \longrightarrow CO_2 \tag{5-9}$$

MMO 酶使用两个还原当量分裂氧的 O—O 键，其中一个氧原子与甲烷结合形成甲醇，另一个还原为水[137]。在嗜甲烷细菌中发现了两种类型的 MMO：可溶性细胞质形式的 MMO 酶（sMMO）和颗粒膜结合形式的 MMO 酶（pMMO）。pMMO 的金属活性位点由铜组成，sMMO 的金属活性位点由二价铁组成[138,139]。两种形式的 MMO 酶的表达可通过改变生长培养基中各种过渡金属的浓度来调整。此外，sMMO 比 pMMO 具有更广泛的底物特异性，因为 pMMO 的活性位点受到空间位阻影响大[140]。

一些研究者探索了嗜甲烷菌株生产生物甲醇的潜力。Lee 等[141] 研究了 Cu^{2+} 浓度对 *Methylosinus trichosporium* OB3b 生物合成甲醇能力的影响。结果表明，在 25℃、甲烷和空气比为 1∶4、细菌浓度为 0.6 mg/mL（干细胞）、12.9 mmol/L 磷酸盐缓冲液、20 mmol/L 甲酸钠和 0.2 mol/L NaCl 的条件下，36 h 内可生产 7.7 mmol/L 甲醇。Yoo 等[142] 使用 *Methylosinus sporium* 在 35℃、pH 值为 7、沼气浓度为 0.4%（体积分数）、磷酸盐为 40 mmol/L、NaCl 为 100 mmol/L 的条件下，甲醇的最高浓度为 6.25 μmol/(mg·h)。利用固定化全细胞作为甲醇生产的生物催化剂，在培养时间 24 h、甲烷浓度 50%、pH=7、30℃、磷酸盐缓冲液浓度 100 mmol/L、甲酸钠浓度 50 mmol/L、接种负荷 18 mg/mL 的条件下，甲醇产量可达到 5.18 mmol/L[143]。

上述研究均使用纯甲烷作为基质。也有人以沼气作为原料进行研究。Su 等[144] 利用了从厌氧消化系统消化浆中分离出的嗜热 MC-AD3 甲烷化菌群进行生产，在 47℃下，MC-AD3 生成 0.33 g/L 甲醇。Patel 等[145] 以厌氧消化小麦秸秆产生的沼气为原料，对比了多种甲烷营养菌共培养体系，发现 *Mithylosinus sporium* 和 *Methylocella tundrae* 共培养生产甲醇的效果最好。沼气纯培养和共培养产生的甲醇分别为 5.08 mmol/L 和 6.39 mmol/L。此外，他还使用磁性纳米粒子（MNP）负载聚合物进行了全细胞固定化，固定化共培养物在重复使用十次后，甲醇累积产量可达 70.74 mmol/L，远高于游离细胞的 22.34 mmol/L。

除嗜甲烷菌外，另一种选择是利用含有氨单加氧酶（AMO）的氨氧化细菌。AMO 催化氧化氨为羟胺，随后被羟胺氧化还原酶催化氧化为硝酸盐[146]。AMO 与 pMMO 同源，两者在结构和功能上相似，AMO 也可将甲烷氧化为甲醇[147,148]。

一些以氨氧化细菌为主体的实验证明了为了用氨氧化细菌生产甲醇的可行性。Taher 等[149] 通过在馈料式反应堆内使用来自连续生物反应器的混合硝化富集培养物，在 7 h

内，甲醇产量高达（59.89±1.12）mg/L。研究了不同电子供体对氨氧化细菌产甲烷的影响。水力停留时间为 2 h 的连续流系统中，以羟胺为电子供体时，甲醇的最大浓度为（21±4.6）mg/L；以氨为电子给体时，甲醇的最大浓度为（7.1±2.8）mg/L。

此外，有研究发现果胶甲酯酶（PME）催化果胶的半乳糖醛酸单元的去甲基酯化，产生游离羧基并释放甲醇[150]。由于果胶中含丰富的甲氧基侧基，可以利用 PME 使果胶脱酯以产生甲醇。

5.3.4 生物合成市场潜力与发展方向

通过生物合成工艺生产甲醇在实验室规模上显示出巨大的潜力，但要实现其工业化规模生产，尚有许多问题需要被解决。

由于氧气和甲烷等气体的微溶性，生化产甲醇的过程将受到代谢气体可用性的限制[151,152]。增加气态基质在嗜甲烷菌培养物中的溶解度，可通过优化反应器设计。目前的研究重点是利用膜反应器催化甲烷氧化。通过两个多孔膜输送气体基质，可以将甲烷和空气分别输送到反应器，减少了使用潜在爆炸性气体混合物的风险［空气中的甲烷在 5%～15%（体积分数）有爆炸性］。气体通过膜接触器被输送到甲烷养菌发酵罐中，膜接触器提供了大的表面积并避免了气泡形成。上述两点都优化了气液传质的效率。Pen 等[153] 设计并测试了一种新型循环大孔膜生物反应器中的嗜甲烷菌生物催化过程。其传质效果是在类似条件下间歇式反应器中观察到的两倍，24 h 后产生 120 mg/L 甲醇。

嗜甲烷菌对甲烷的氧化作用还受到产物负反馈调节。研究发现甲醇浓度即使低至 0.01%也可对大多数嗜甲醇菌起到毒害作用[154]。即使甲醇浓度为 10 mmol/L，*M. trichosporium* OB3b 中的颗粒性甲烷也会被抑制[155]。原位产品去除法（ISPR）可解决这一问题。ISPR 可降低下游加工成本。Xin 等[156] 使用反应体积为 40 mL 的膜反应器，并通过连续缓冲液进料的方式，从细胞悬浮液中去除所产生的甲醇。该反应器运行了 198 h，期间生产力未出现下降，且以 0.13 μmol/h 的速率总共产生了约 23 μmol 的甲醇。相比之下，在相同条件下的间歇反应中，由于受到产物抑制作用，计算得出的甲醇总量约为 3.7 μmol。

此外，通过嗜甲烷菌生产甲醇还面临甲醇被细菌进一步氧化、细菌对原料中杂质的敏感性、细菌繁殖过程与催化过程所需条件不同等问题，需要进一步研究解决。相信未来，科学家将开发出一种技术上可行且经济上可行的嗜甲烷菌产甲醇的方法。

5.4 生物航空燃料

5.4.1 市场价值

2018 年的数据显示，航空业贡献了全球 2.6%的二氧化碳的人为排放。若计入其他温室气体（如氮氧化物）的辐射效应，其对全球变暖的影响比例将升至 3.5%[157,158]。2019

年，全球航空煤油燃烧排放的二氧化碳量约为 18.37 亿吨，达到历史新高[159-161]。国际航空碳抵消和减少计划（CORSIA）在国际航班的三阶段计划中规定了减排措施[162]：2020—2050 年，通过碳中和增长稳定排放量与 2005 年相比，降低 50%。为了进一步有效降低碳排放量，必须降低商业航空对化石燃料的依赖，使用可再生喷气燃料势在必行。

使用生物质原料制备航空煤油，整个周期约可减少 80% CO_2 排放量[163]。此外，生物质原料廉价易得、量大且分布广泛，不受生产地点的限制。因此，该生产路线可以降低航空公司生产成本。且一些生物喷气燃料已经成功投入使用。欧洲的生物燃料飞行路线组织 2020 年生产 200 万吨生物燃料，约占欧洲喷气燃料总量的 3%～4%[164]。国际航空运输协会（IATA）预计到 2030 年，生物喷气燃料的使用量将占喷气燃料的 30%[165]。在国际航空碳抵消和减排计划范围内，为促进巴西始发的国际航班的碳中和增长，到 2030 年将需要约 67.8 万吨可再生喷气燃料[166]。

生物喷气燃料，也称为合成石蜡煤油（SPK），由可再生碳氢化合物组成，其性质与化石燃料相近，在某些情况下优于化石燃料。它能量密度高、雾化能力好、爆炸风险低、物化稳定性良好、凝固点较低、燃烧特性良好，同时与当前的 Jet-A1 燃料在经济上具有竞争力。IATA 已将生物喷气燃料确定为替代航空业化石燃料最可行的替代品。

最常用于定义商业航空中使用的煤油基燃料的国际标准是 ASTM D1655 规范（航空涡轮燃料标准规范）。ASTM D7566 规范（含有合成碳氢化合物的航空涡轮燃料标准规范）是 ASTM D1655 规范的扩展，它针对替代喷气燃料，列出了可再生燃料的生产及质量标准和 SPK 混合原料所需的燃料规格，以促进航空安全。生物航油需要与石油基航空燃油按一定比例混合调整，并达现行标准后，才能在飞机上使用。基于生物航油的特性，ASTM D7566 规范增加了生物航空燃料特性补充要求[167]（表 5-1）。

表 5-1　ASTM D7566 规范生物航空燃料特性补充要求[167]

参数	指标
芳香烃(体积分数)/%	≥8
T50－T10/%	≥15
T90－T10/%	≥40
润滑性/mm	≤0.85

5.4.2　化学合成路径

生物质可被转化为糖、淀粉、醇和甘油三酯等物质，再通过不同的加工路线可生产生物喷气燃料。因本章篇幅有限，此处介绍三种化工合成 SPK 的方法。

5.4.2.1　费托合成法

德国研究人员 Fischer 和 Tropsch 在 1922 年开发了费托合成法（Fischer-Tropsch Synthesis，FT），以合成气为原料在适当条件下催化合成液态的碳氢化合物。农业和林业残留物、藻类生物质和木本能源作物等生物质经由高温气化生成合成气，再在 FT 反应下转化为含有不同链长碳氢化合物的气液混合体，然后发生加氢裂化和异构化反应，最后蒸馏得到 SPK，其特性与商用航空燃料类似。这通常也被称为生物质燃料制备液体技术。ASTM 于 2009 年批准了第一个用于生物航油生产的工艺——费托法合成链烷烃煤油（FT-SPK），其混合比例限制为 50%。据报道，生物质 FT 燃料的最大能源效率高于煤和天然气（分别为 77%、64%和 68%），原因是生物质比煤和天然气反应性更强，且生物质可以在更低的温度下发生气化[168]。

费托合成常用的四种主要金属催化剂包括 Fe、Co、Ru 和 Ni。金属 Ru 因其成本高和储量低而无法大规模应用，Ni 成本较低但易出现结焦问题，故工业费托反应常以 Fe 和 Co 作为催化剂[169]。使用 Fe 或 Co 催化剂的低温 FT 工艺（200～240℃）用于生产大分子线性蜡，使用 Fe 催化剂的高温 FT 工艺（300～350℃）用于生产汽油和线性小分子烯烃[170]。

费托合成石蜡与芳烃（FT-SPK/A）是 FT 工艺的另一种变体，于 2015 年在 ASTM D7566 的附件 A4 中获得批准。FT-SPK/A 使用相同的 FT 合成工艺，但包括了轻质芳烃的烷基化，其最终产品含有芳烃，可有效避免燃料泄漏。虽然该工艺目前也只能用于混合比例限制为 50%的混合燃料，但它最有可能获得 100%常规燃料替代的标准认证。

5.4.2.2 氢化处理法

酯和脂肪酸氢化合成石蜡煤油制取工艺（HEFA-SPK）是第二个 ASTM 批准的转换工艺，在 2011 年获得 ASTM D7566 附录 A2 认证，同样具有 50%的最大混合比例。HEFA 的原料是甘油三酯，通常来源于固体脂肪或油，如动物脂肪、废弃的食用油、藻类或植物的油等。HEFA 通过四个阶段将脂类转化为碳氢化合物。首先，生物质的纯化。接着，油脂进入脱氧阶段，在加氢处理催化过程中，酯和脂肪酸中的含氧化合物通过加氢脱氧、脱羧和脱羰反应被去除。随后，碳氢化合物被裂解和异构化，直到链长达到所需的规格。最后，进行蒸馏，分离最终产物，得到 SPK。HEFA-SPK 工艺是迄今为止商业化生物喷气燃料生产技术最成熟的工艺路线，超过 95%的使用生物航油的飞机都是由它驱动的[171-173]。

2020 年，ASTM D7566 附件 A7 被批准，它认证了一种由酯、脂肪酸和烃加氢合成的石蜡煤油（HC-HEFA-SPK）的生产和使用。这是第一条通过 ASTM D4054 “快速通道”获得认证的途径，HC-HEFA 生产的燃料的最大允许混合比例为 10%。HC-HEFA 的工作流程与 HEFA 工艺类似，包含了加氢脱氧、裂解和异构化反应。二者的不同之处在于，目前只有特定藻类产生的三萜烯被认为是 HC-HEFA 工艺的生物烃源[174]。

5.4.2.3 醇转化法

醇制喷气燃料（ATJ）路线从醇中生产燃料，ATJ 燃料允许的最大混合比例为 50%[175]。预计将来所有由淀粉、糖和木质纤维素生物质等原料生产的 C_2～C_5 的生物醇都能用于 ATJ 燃料的生产[176,177]。

目前正在开发的完全替代化石燃料包括合成石蜡煤油（ATJ-SPK）和含芳烃的合成煤油

(ATJ-SKA)。将生物质转换为生物醇后即可进入 ATJ 工艺，醇经历脱水、烯烃低聚和加氢三个连续反应，再经蒸馏后可得到石脑油、生物喷气燃料和绿色柴油[178]。其中，脱水将氧以水的形式从分子中除去，该过程常以沸石或金属氧化物为催化剂，将 $C_1 \sim C_4$ 的醇转化为 $C_2 \sim C_5$ 的烯烃[179]。在低聚过程中，短链分子结合形成长链分子，$C_2 \sim C_5$ 的烯烃被转化为 $C_8 \sim C_{16}$ 的烯烃[179]。在加氢过程中，烯烃被转化为更稳定的烷烃，由于该过程伴随着显著的熵增，反应通常使用分散在活性炭上的镍基、铂基或钯基金属催化剂[180,181]。

5.4.3 生物合成路径

5.4.3.1 直接糖制烃技术

糖生物转化为碳氢化合物为液体运输燃料提供了生化途径。通过直接糖制烃技术可以将生物质中的糖直接发酵成碳氢化合物燃料或碳氢化合物中间体，经过回收、纯化，升级为即用型碳氢化合物燃料。该工艺可将甘蔗原料转化为可再生喷气燃料，该燃料已用于巴西航空工业公司的 E195 喷气式飞机[182]。

在糖直接制碳氢化合物过程中，生物质细胞壁被分解并释放出半纤维素糖。经过酶水解去除固体物质后，液态糖通常被浓缩，再通过间歇式或连续式有氧发酵工艺发酵。然后将所得产品送入相分离阶段，以回收碳氢化合物燃料[183]。

Gupta 和 Schirmer 开发的工艺成功地将糖转化为碳氢化合物燃料[184,185]。生产液体燃料的前体焦磷酸异戊烯酯（IPP）有两种途径：甲羟戊酸（MVA）途径和脱氧木酮糖-5-磷酸（DXP）途径[186]。葡萄糖糖酵解产生的三碳化合物丙酮酸被转化为乙酰-CoA。甲羟戊酸途径利用乙酰-CoA 生成五碳化合物 IPP[187]。DXP 途径通过缩合丙酮酸和糖酵解产生的 D-甘油醛-3-磷酸产生 IPP[187]。DXP 途径的碳效率（83%）高于 MVA 途径（56%）[187]。通过缩合 IPP 及其异构体焦磷酸二甲基烯丙基酯而形成的萜烯是生物衍生燃料的候选者[187]。大块萜烯可裂解成液体燃料，支链烯烃可加氢生成异链烷烃[185,187]。发酵废料可通过厌氧消化处理，以减少污水量。净化后，通过下游加氢处理，可将喷气机/汽油前体转化为生物喷气机燃料。

已开发出一种工程化的大肠杆菌脂肪酸途径，可利用糖类生产脂肪酯、脂肪醇和蜡[187,188]。将硫酯酶催化的脂肪酰基-ACP 的水解与脂肪酰基-CoA-合成酶催化的脂肪酸羧基的再活化相结合，从脂肪酸代谢中转化得到脂肪酰基-CoA。通过酰基转移酶催化的酰基转移反应可以产生脂肪酯；通过表达脂肪酰基-CoA 还原酶催化作用，脂肪酰基-CoA 可经两步还原生成脂肪醇；而脂肪醇可进一步通过酰基转移途径形成蜡酯[188]。借助由酰基-酰基载体蛋白还原酶和醛脱羰基酶组成的途径，可以从这些脂肪酸代谢的中间产物中产生 $C_{13} \sim C_{17}$ 烷烃和烯烃混合物，以作为喷气燃料成分的一部分[185]。此技术可将生物质转化为喷气燃料，且无需蒸馏或加氢等化学转化技术。

Wang 等[189] 也以大肠杆菌为底盘细菌，利用来自 *Umbellularia californica* 的链长特异性硫酯酶、植物来源的酰基载体蛋白（ACP）和来自 *Jatropha curcas* 的全脂肪酸合成系统以生产中链烷烃，最终产物中壬烷、十一烷和十三烷的浓度分别为 0.00062 mg/g、0.0052 mg/g 和 0.249 mg/g。

伯克利的科学家开发了一种新工艺，将丙酮-丁醇-乙醇（ABE）发酵和化学催化相结合，从木质纤维素和蔗糖中选择性地生产喷气、柴油和汽油产品[190]。三丁酸甘油酯被用于从乙醇中有效分离丙酮和正丁醇，并去除酸预处理木质纤维素生物质后产生的糠醛、对香豆酸和阿魏酸等发酵抑制剂。ABE 发酵产生的丙酮和丁醇通过 K_3PO_4 和钯催化剂催化的缩合反应转化为一种中间含有酮的 C_{11} 化合物，可作为生产可再生喷气燃料的原料输入炼油基础设施[190]。

5.4.3.2 水解发酵法

于 2014 年获得批准的 D7566 附录 A3 中介绍了加氢加工发酵糖合成异构烷烃（HFS-SIP）燃料[175]。HFS-SIP 工艺原料为生物质糖。该途径依赖于生化转化，先通过使用微生物发酵技术将糖转化为不饱和碳氢化合物（尤指法呢烯），再通过加氢处理将其转化为相应的烷烃，并蒸馏得到航空燃料。与 FT 和 HEFA 工艺不同，HFS-SIP 工艺不产生 SPK。法呢烷分子式为 $C_{15}H_{32}$，化学名称为 2,6,10-三甲基十二烷[191]。在巴西以 HFS-SIP 工艺进行商业化生产的工厂的燃料年生产力为 5000 万升，法呢烷转化效率为 99.7%[192]。

5.4.3.3 气体发酵法

通过合成气发酵可以生产液体生物燃料。若以木质纤维素生物质作为原料，首先通过气化将其转化为合成气。冷却后的合成气可被产醋酸菌利用，发酵成乙醇或丁醇[193]。产醋细菌 *Clostridium* 消耗 CO 和 H_2、生成乙醇和 2,3-丁二醇[193]。异丙醇和丁醇等产品可通过不同微生物菌株的其他生物合成途径产生[194]。混合醇、乙醇或 2,3-丁二醇可以通过醇制航煤技术升级为喷气燃料[195]。气体发酵法有许多潜在优势。其产品多于传统生化或热化学途径生产的产品[196]，且整体能源效率为 57%，而 FT 工艺的整体能源效率为 45%[194]。气体发酵法过程所需温度和压力更低，且以酶为催化剂，相对成本更低[196]。气体发酵法不仅可以转化能源作物和典型的农业废弃物，还可以转化城市和工业有机废物[196]。

5.4.4 生物合成市场潜力与发展方向

传统炼油厂易转换为生物炼油厂，改造规模小，可降低投资成本，进而降低生物燃料价格。以动植物油脂为原料的加氢脱氧-异构化技术已经趋于成熟，其技术目前主要被国际壳牌研究公司掌握，而我国采用该技术的头部企业中石化也已具备规模化生产的能力[197]。

从原料的角度考虑，多种生物质可用于生产生物航空燃料。然而，以玉米为原料，则存在与人争粮的问题。若以麻风果为原料，麻风树种植基地的大批量单一树种将影响土壤的肥力和生物多样性。相比之下，藻类相对于其他原料具有更好的市场前景。对藻类的培养技术有广大的研发空间，对藻类进行基因改造以直接生产生物喷气燃料有助于解决食品-燃料竞争的问题，且可降低相关成本。国内企业和研究所可关注该领域，寻求技术突破。此外，发酵法受到菌种易被副产物等物质抑制的制约，导致其经济性不足，不能支撑大规模建厂，寻找低成本的缓解抑制的策略将有效推动发酵法工业化发展。

最近一些研究集中在二氧化碳与水的光催化生产甲醇或其他短链烃的工艺上。然而，利用二氧化碳生产生物喷气燃料还未被探索过。以二氧化碳为原料，利用一系列光生物反应器直接生产生物喷气燃料或其他长链烃的方法值得一试。

5.5 沼气

5.5.1 市场价值

沼气是有机物质在厌氧条件下，经微生物发酵作用而生成的一种混合气体，主要由甲烷和二氧化碳组成，还包含少量水蒸气和其他气体。沼气的甲烷含量一般在 40%～85%，经过处理的沼气可以称为可再生天然气或生物甲烷，其特性与天然气相似。

沼气是一种多用途的可再生能源。《国家能源局关于因地制宜做好可再生能源供暖相关工作的通知》提出要合理发展生物天然气等为燃料的生物质供暖[198]。根据美国各州实施的可再生能源组合标准（Renewable Portfolio Standard，RPS），“沼气发电”已被纳入合格的可再生能源技术清单[199]。根据美国可再生燃料标准计划，它还有资格作为纤维素生物燃料。沼气亦被列入加利福尼亚州的低碳燃料标准中的可作为低碳燃料的原料[199]。目前，沼气已通过直接燃烧被用于炊事、烘干农副产品、供暖、照明和气焊等，还被用作内燃机的燃料以及生产甲醇、福尔马林、四氯化碳等化工原料。经沼气装置发酵后排出的料液和沉渣，含有较丰富的营养物质，可用作肥料和饲料。

美国能源信息署（EIA）估算[199]，到 2021 年，美国 311 个垃圾填埋场收集了约 2320 亿立方英尺（1 立方英尺≈28.3168 L）沼气，并燃烧产生约 94 亿千瓦时的电力，约占 2021 年美国公用事业规模总发电量的 0.2%；美国 19 家大型奶牛场和畜牧业从沼气中产生了总计约 1.83 亿千瓦时的电力。WRAP 估计，27 万吨食物将产生 300 GWh 沼气，足以为 25000 个家庭供暖，并减少 236000 t 二氧化碳排放量[200]。

沼气为补充全球能源短缺作出了重大贡献，也为降低二氧化碳排放量提供了巨大帮助，各国都看到了沼气的巨大应用潜力。目前，中国在沼气使用方面领先世界。中国拥有数量最多的沼气厂，初步估算有 5000 万户家庭使用沼气。英国目前有 109 座沼气厂在运行，而美国有 2200 多个生产沼气的运营点[200]。

5.5.2 化学合成路径

5.5.2.1 生产原理

利用煤、CO_2 和生物质可以生产合成天然气（synthetic natural gas，SNG）。SNG 的生产是一个多步骤过程。生物质和煤的碳与水蒸气或氧气发生气化反应，产生 CO 和 H_2。

气化过程须在高温高压下进行，以分离固体废物和气体产品。气体产品内的 H_2O 和 CH_4[201] 需进一步洗涤除去。即便如此，洗涤后气体仍含有少量杂质。洗涤后，CO 与水蒸气反应生成 H_2 和 CO_2，CO 和 H_2 进一步反应生成 CH_4。

$$2C+O_2 \longrightarrow 2CO \tag{5-10}$$

$$C+H_2O \longrightarrow CO+H_2 \tag{5-11}$$

$$CO+H_2O \rightleftharpoons CO_2+H_2 \tag{5-12}$$

$$CO+4H_2 \longrightarrow CH_4+2H_2O \tag{5-13}$$

CO_2 甲烷化是 CO 甲烷化和反向水气变换反应的线性组合。在实际操作中，CO 甲烷化和 CO_2 甲烷化反应同时存在。催化甲烷化在 250℃以上的温度下进行，主要在固定床反应器中进行。催化甲烷化工艺的研究主要集中在 CO 甲烷化和 CO_2 甲烷化的工艺选择。

5.5.2.2 催化剂

研究认为用于生产 SNG 的催化剂活性如下：Ru>Fe>Ni>Co。然而催化剂选择性变化与活性不同：Ni>Co>Fe>Ru。尽管 Ru 有助于以更高的速度进行反应，其选择性最低。载体和促进剂可以影响催化剂的选择性和活性[202]。通过将活性金属的小颗粒支撑在大表面积载体上，可以获得大表面积的催化剂[203]，常见的载体是 Al_2O_3、SiO_2 或 TiO_2 等金属氧化物[204]。近年来发表了不少新型催化剂载体的研究结果，例如沸石、泡沫或生物炭[205-207]。促进剂通过改变催化剂的电子迁移率以及催化剂在反应过程中的分散形态和热稳定性提高催化剂效率。促进剂 MgO 能够提高 Ni/Al_2O_3 的耐碳性和热稳定性催化剂[208,209]。钴促进剂可以改变钼催化剂的表面结构，从而提高耐硫甲烷化的催化活性[210]。V_2O_3 可提高镍催化剂的活性、热稳定性和耐焦性[211]。

然而损耗、结垢、降解、中毒和气固反应都会导致催化剂失活。在移动床、流化床中的非均相催化反应中，活性催化剂材料会因磨损而失活，这会对下游设备造成破坏[212]。催化剂颗粒的破碎由热应力或机械应力引起[212]。此外，合成气的流速也会导致磨损和破碎。在高温的甲烷化过程中，碳氢化合物吸附在催化剂表面形成焦炭前驱体，最终通过聚合变成焦炭，并抑制反应的发生[213]。高温下，热降解也是失活因子。活性催化剂的烧结会导致表面积损失，从而降低催化剂活性[214]。甲烷化催化剂对多种杂质反应灵敏。硫化物导致催化剂中毒是甲烷化工艺面临的主要问题之一[215,216]。甲烷化催化剂还容易与焦油、NH_3 和氯化物发生反应导致失活[216]。气相固体反应也会抑制反应的发生。固体镍通过与 CO 形成四羰基镍进入气相，导致催化剂失活[217]。

5.5.2.3 合成工艺

合成天然气可以通过 Lurgi 工艺、TREMP 工艺、HICOM 工艺、林德工艺、RMP 工艺、ICI 工艺和 Comflux 工艺等多种技术生产。由于篇幅限制，以下仅介绍 TREMP 工艺和 Comflux 工艺。

TREMP 工艺以 H_2 和 CO_x 为原料气。原料气流进入第一个绝热固定床反应器。在经过过热器和高压锅炉后，气流分为两路。一部分流体通过循环气冷却器后进入压缩机回收能量，再与进入系统的原料气混合。另一部分流体流经第二个绝热固定床反应器后进入高压锅炉提高温度，最后进入第三个绝热固定床反应器。工作流体离开预热器和低温热回收系统后进入分离器，分离出合成天然气和工艺冷凝液。该工艺使用的催化剂 MCR 是一种预还原催化剂，可在 250～700℃保持化学稳定性。通过使用 MCR，反应产生的热量能以过热蒸汽的形式回收，能效更高。此外，催化剂在运行 40000 h 后仍能保持化学稳定性[218,219]。TREMP 工艺最终产品的 CH_4 含量可达 94%～98%。TREMP 工艺具有高 CH_4 产率、高能效和低投资的特点，应用前景最广阔。

Comflux 工艺比其他工艺简单。该工艺常以镍作为催化剂。工艺开始时，合成气先进入压缩机，再进入加热器提温，之后通过二级加热器再次升温。温度的升高有助于促进流化床反应器内发生的反应。由于反应放热，需使用冷却器降低产品温度。随后，产品进入闪蒸罐，以便从冷凝液中分离出高纯度 SNG。

5.5.3 生物合成路径

5.5.3.1 厌氧消化

厌氧消化（anaerobic digestion，AD）是微生物在缺氧条件下分解为可降解固体和可溶性物质的一种生物过程，一般分为水解、产酸和产甲烷三个阶段（图 5-9）。

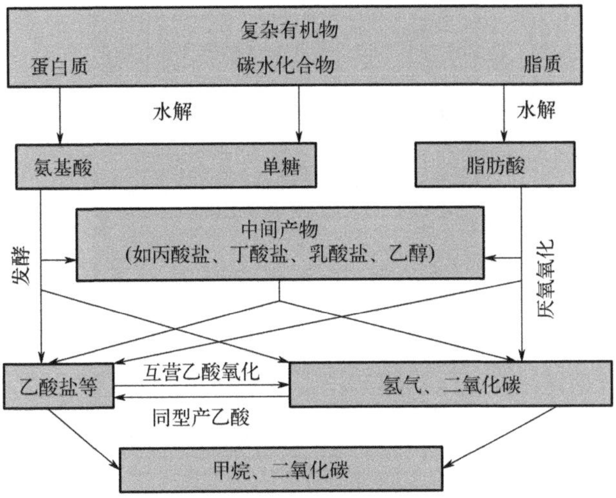

图 5-9 厌氧消化代谢图

水解反应被称为厌氧消化过程中菌群最活跃的阶段。在此段，水解细菌为相对厌氧菌群。它们分泌胞外酶促进生物质中的大分子有机物水解，蛋白质、脂肪和碳水化合物将被分解成氨基酸、脂肪酸和单糖等分子量较小的化合物。水解后的物质可作为水解细菌自我生长的营养物质，也可被系统内的其他微生物利用。水解速率和随后的甲烷产量主要受颗粒大小的影响，因此经常采用各种预处理方法来提高水解率和总体消化率。

产酸作用是厌氧消化的下一阶段。在产酸阶段，先由发酵菌将水解产生的物质转化为短链挥发性脂肪酸、醇类、酮类、CO_2、NH_3、H_2S 和 H_2。此过程通常发生得很快，导致短链挥发性脂肪酸的积累，消化器经常因此发生故障，故精确的过程控制和监控对厌氧消化工艺的稳定运行至关重要。

产氢产酸菌和耗氢产酸菌再将短链挥发性脂肪酸进一步转化为乙酸和二氧化碳等物质。其中，产氢产酸菌将碳水化合物、乙醇和部分芳香族化合物等代谢成乙酸（盐）、甲酸（盐）、H_2 和 CO_2[220,221]，然而这在动力学上是不利的，此步骤为限速反应。到目前为止，只有少数细菌被确认为产氢产酸菌，包括 *Syntrophomonas*、*Syntrophospora*、*Syntrophobacter*、*Fusobacterium* 和 *Pelobacter*。与合成单胞菌属有关的细菌将 C_4～C_7 的脂肪酸氧化成乙酸和 H_2。然而，产氢产酸菌无法在高氢气分压的环境下生存。幸运的是，产甲烷微生物可以迅速地清除氢气并将氢气分压维持在极低水平。同型产乙酸菌，是一类能通过乙酰辅酶 A 途径进行自养或异养代谢的细菌。它既可以通过自养代谢利用 H_2/CO_2 来合成乙酸，也可以通过异养代谢利用糖类、醇类等有机底物生成乙酯；部分菌种可代谢甲氧基芳香化合物或单碳化合物[222]。耗氢产酸菌的存在不仅增加了用于生产甲烷的醋酸的量，而且使厌氧系统中的氢气分压保持较低水平。目前，21 个属的约 100 种耗氢产酸菌已经被确认。

产甲烷是厌氧消化的最后阶段。产甲烷古菌是全球大气中甲烷排放的主要贡献者。它们可以将前几个阶段的产物，即醋酸、H_2/CO_2、甲酸盐、甲醇、甲胺或二甲基硫化物，转化为甲烷和二氧化碳。根据已有的研究，这种古菌一般能通过乙酸发酵、二氧化碳还原、甲基裂解和氧甲基转化这四条途径生产甲烷。产甲烷菌可分为三组：嗜氢型、嗜醋酸型和嗜甲基型产甲烷菌。目前，已经分离和鉴定了 200 多个物种。此外，不同形态的甲烷菌都有以下特点：极低的生长速度、严格的厌氧性、由有限的简单化合物作为其营养来源、生活在温度适宜的中性或弱碱性环境中、沼气是它们的主要终端产品。

5.5.3.2 影响厌氧消化的因素

影响厌氧消化的因素繁多。本节仅讨论影响厌氧消化过程的几个主要因素。

(1) 温度

温度影响厌氧消化过程中微生物代谢活性和整体消化率。厌氧消化可分为低温消化、中温消化以及嗜热消化。大多数消化器都在中温或嗜热条件下运行。中温厌氧消化运行稳定，氨氮毒性风险更低，但沼气生产速率较低[223]。嗜热消化保留时间短，消化效率高，病原体破坏率高，但对温度波动和负载变化更敏感。嗜热消化期间甲烷生成的不适应性使得原料易酸化。有机物生物降解和沼气生产的最佳工艺是两段式的厌氧消化过程，即嗜热水解/产酸和中温产甲烷[224]。

(2) pH 值

沼气池中每组微生物的最佳 pH 值范围不同，产甲烷菌为 6.5～7.2，产酸菌为 4.0～

8.5，水解产酸菌为 5.5～6.5[225]。当 pH 低于 6.0 时，发酵菌比产甲烷菌生长得更快，产生的短链挥发性脂肪酸对产甲烷菌产生抑制作用。当 pH 值大于 8.0 时，游离氨会抑制甲烷菌的生长。由于产甲烷菌对 pH 波动更敏感，且产甲烷是高可溶性废物流的速率限制步骤，因此厌氧消化沼气池的 pH 值一般控制在 6.8～7.4[226]。

（3）碳氮比

原料中的氮促进了氨基酸、蛋白质和核酸的合成，而碳则是微生物的结构单位和能量来源。原料中的部分有机氮转化为氨。消化器中产生的氨有助于中和发酵细菌产生的挥发性酸，并有助于将 pH 值维持在中性范围内。一般来说，厌氧微生物利用碳的速度是氮的 25～30 倍。假设其他条件有利，碳氮比为（20∶1）～（30∶1）是厌氧消化的理想条件[227]。高碳氮比会导致消化器内 pH 值降低，且产甲烷菌受到营养的限制，导致沼气产量降低。而低碳氮比可导致氨在消化池中积累，pH 值升高，抑制生物活性。通过将富含碳的饲料与富含氮的饲料共同消化，可以在消化器中获得适当的碳氮比。

（4）毒性

厌氧微生物对原料中的某些化合物以及微生物的一些代谢副产物很敏感。长链脂肪酸吸附在细胞壁或膜上，导致细胞膜上的必要基团失调，影响代谢运输[228]。产甲烷菌的耐酸性不佳，短链挥发性脂肪酸的浓度不应超过 2000～3000 mg/L[229]。氨在高浓度下会导致细胞内 pH 值的变化、维持能量需求的增加、对甲烷合成酶反应的抑制、蛋白质分解细菌脱氨活性的降低[228]。硫酸盐还原在两个不同的阶段抑制甲烷生成：由竞争可用的碳和/或氢引起的初级抑制以及由可溶性硫化物或未离解形式硫化物对细胞功能的抑制引起的次级抑制[228]。重金属会取代酶活性中心中的天然金属，与半胱氨酸中的巯基基团（结合使产甲烷菌中辅酶 M 的巯基活性位点失活），以及与多肽链中氨基酸侧链中的羧基结合[228]。

（5）停留时间

水力停留时间（HRT）和固体停留时间（SRT）分别表示基质和细菌在厌氧消化过程中停留的平均时间。在传统的低速率消化器或没有循环或上清提取的反应器中，SRT 与 HRT 相等[225]。而在高速消化器中，由于附着生长或悬浮生长，SRT 比 HRT 高得多。短 HRT 虽然利于产酸阶段的进行，但不利于产甲烷菌群的建立，且会冲刷厌氧微生物种群。而使用长 HRT 可以提高沼气的质量，也可以保证微生物的数量。

5.5.4 生物合成市场潜力与发展方向

由于与批量或连续固相厌氧消化相关的科学以及技术问题，各种原料在厌氧消化中的发酵方法的发展受到限制。

例如，用于固相厌氧消化的观察仪器基本上是为气态和液态安排的[229]，在一些情况下，这些工具被误用于固相厌氧消化的监测，但却并没有针对固相进行调整。最近，一种测量固体废物化学需氧量的新方法被开发出来。它比以前的方法有优势，不需要稀释固体基质。这种方法速度快、重复性高，有大约 5%的偏差。它能够在 1～8 mg COD/L 的范围内测量化学需氧量。

此外，液态的接种物也是影响固相厌氧消化的一个重要因素[230,231]。不同来源的接种物所含微生物的数量与种类不同，将导致甲烷产量不同。此外，如果降解的废物规模过大，可能导致挥发性脂肪酸的过量产生，最终导致 pH 值偏低和对产甲烷菌的抑制。尽管如此，并没有关于接种物活性的深入研究[232]。大多研究没有对接种物积累、储存给出建议，亦缺乏微生物动力学研究。这些问题导致了工艺参数漂移以及甲烷产量的减少。

未来需加强流变学、预处理、种群动态、管理抑制、流体力学和液体转移等相关研究。

5.6 生物氢

5.6.1 市场价值

生物氢可作为未来的重要燃料来源[233]。氢的能量密度最高，是汽油的 3 倍有余；其燃料电池的能量转化效率是传统内燃机的 2 倍；其反应产物是水，排放产物绝对干净，没有污染物及温室气体排放；安全性相对可控，引爆条件比汽油更为严苛；其物资储备丰富，未来氢能的制取存在更多的可能性[234]。

氢气应用领域很广。长年以来，中国氢气需求主要来自石油化工行业。在传统石化产业中，氢气是用来生产甲醇、氨气的重要原料；此外，氢气也被用于对石油产品进行裂化、精制，以提升轻油收率、改善油品质量。在煤的气化及液化中同样会用到氢气[235]。此外，氢能在电子、交通、建筑、储能等多领域具有巨大应用潜力。特别是在交通领域，氢气高能量密度的特性使其在航空、船运、重卡等领域颇具应用潜力，交通领域的氢气需求有望从 2018 年的不及 1 万吨增长至 2050 年的 2.96 亿吨[235]。目前，氢燃料电池车是技术最成熟、最具潜力的下游应用方向，其也将带动中游燃料电池及相关零部件市场规模的快速提高。

全球和国内氢能需求市场旺盛带动了氢气产量增长。2020 年，中国氢气产量超过 2500 万吨，同比增长 13.6%[236]。

目前化石能源制氢仍是全球主流制氢方式。然而，过程中排放大量 CO_2，对环境并不友好。未来可再生能源制氢和生物制氢将逐步替代化石能源制氢和工业副产物制氢。预计到 2050 年，约 70%的氢气由可再生能源电解水制取，20%由化石能源制取，10%由生物制氢等其他技术供给[234]。

中国氢能联盟预测[237]，2050 年中国氢能需求量将达到近 6000 万吨，届时，可再生能源制氢在所有制氢方式中的占比将达到 70%，可再生能源制氢的总规模可达 4200 万吨；保守估计，生物制氢技术在所有可再生能源制氢方式中的比例若能达到 8%，则产氢量或可超过 300 万吨。该行业 2050 年的市场规模或超 3000 万美元。

5.6.2 化学合成路径

5.6.2.1 重整技术制氢

(1) 热解重整

生物质热解产物由气、液、固三相组成。热解气态产物中含 CO 与甲烷，前者与水进行水汽转移反应可产生氢气［式(5-13)］，后者进行蒸汽重整也可以产生氢气［式(5-14)］。此外，氢气可通过高温快速热解直接制得［式(5-15)］[238]。将热解的液态油产物中水溶性高的液体产物与不溶部分分离后，通过蒸汽重整也可进一步用于生产氢（图 5-10）。

$$CO+H_2O \rightleftharpoons H_2+CO_2 \quad (5\text{-}14)$$

$$CH_4+H_2O \rightleftharpoons CO+3H_2 \quad (5\text{-}15)$$

$$C_xH_yO_z\text{ 生物质}+H_2O \longrightarrow CO+H_2+CH_4+\text{其他物质} \quad (5\text{-}16)$$

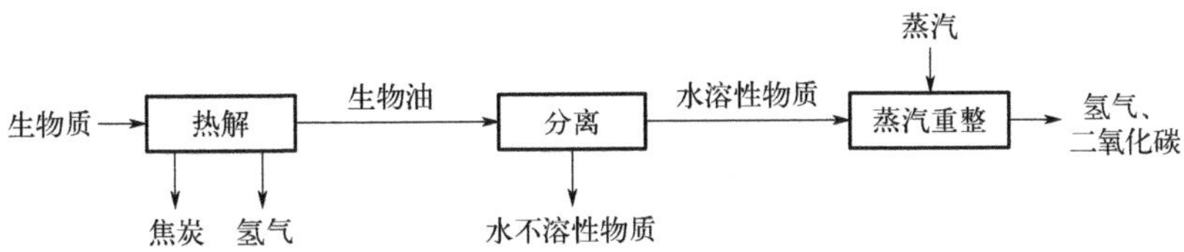

图 5-10　热解重整技术产氢[239]

(2) 光催化重整

光催化水裂解已被研究用于在水悬浮液中利用光活性半导体材料生产氢[240]。光催化剂通过吸收光子产生光生电子和空穴，产生的电子和空穴能够驱动氢还原和生物质氧化。光活性半导体材料的带隙特性在很大程度上决定了制氢的转化率。大多数产氢光催化剂的研究使用掺杂金属和非金属助催化剂的 TiO_2，如 Pt、Pd、Au、NiO_x 等。有报道显示 Pt/TiO_2 光催化燕麦重整产氢最大产率为 5.31 mmol/(h · gcat)[241]。此外，生物质原料的光催化反应受到生物质复杂结构和化学成分的限制，需要将预处理工艺与特定的光催化剂类型结合，以保证最佳的重整过程。

5.6.2.2　气化技术制氢

(1) 干热气化

生物质可通过干热气化过程制氢（图 5-11）。生物质进入气化炉受热干燥，蒸发出水分。随着温度升高，物料开始分解并产生烃类气体。随后，焦炭和热解产物与通入的氧化剂发生氧化反应。随着温度进一步升高，体系中氧气耗尽，产物开始被还原。连续气化将

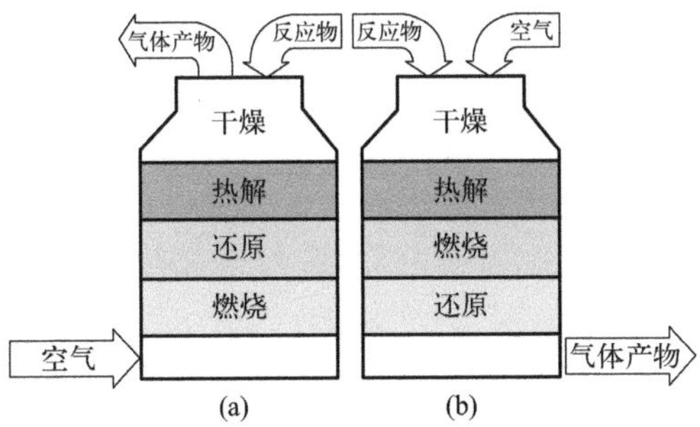

图 5-11　生物质气化制氢

涉及多个反应。

按氧化剂的不同，气化可分为空气气化、氧气气化和蒸汽气化。表 5-2 列出了这些气化方法之间产生的合成气组成和氢气浓度的差异[242,243]。

表 5-2 不同气化方法的差异

气化方法	主要气体产物	H_2 含量	H_2/CO
空气气化	$CO,H_2,CO_2,CH_4,C_2H_4,H_2O,N_2$	15%	0.75
氧气气化	CO,H_2,CO_2,CH_4,C_2H_4	40%	1
蒸汽气化	CO,H_2,CO_2,CH_4,C_2H_4	40%	1.6

气化过程中一个具有挑战性的问题是焦油的形成，它可能形成焦油气溶胶，这不利于进一步的蒸汽重整和氢气利用[244]。

(2) 热液气化

藻类、POME 等含水率较高的生物质和有机固体废物常采用热液气化进行处理。热液气化是在较高压力（包括亚临界压力和超临界压力）下进行的气化过程。此外，热液气化有更高的气化效率，且有更高的产气量和最低的焦油生成量[245,246]。据报道，各种原料的转化效率在 45%～70%[247]。

(3) 水热气化

水热气化可分为水相重整、近临界催化气化和超临界水气化[248]。在亚临界条件下进行水相重整。近临界催化气化通常用于催化合成气[249]。在超临界水气化的情况下，高溶解度和快速水解导致纤维素均质水解，有利于纤维素产物的分解和气化[250]。热液气化过程中的反应非常复杂。此过程中，氢气主要是通过水汽转移反应产生的，少量氢气是在分解和热解过程中产生的。

(4) 微波诱导等离子体气化

微波诱导等离子体气化技术也可用于热化学制氢。Sturm 等[251] 在空气等离子体中对纤维素进行微波气化，证明了开发小规模分散气化技术的可行性。Delikonstantis 等[252] 研究了通过管状微波等离子体反应器气化工业发酵罐副产物流的可行性，其碳转化效率和冷气效率分别为 89%和 41%。Sanlisoy 等[253] 发现各种固体燃料的微波等离子体气化的产气量在 2.31～2.57 g/s。

5.6.3 生物合成路径

采用生物学或光生物方法从水、有机废物或生物质等可再生资源中制取氢气的技术被称作生物制氢，对应的氢气被称作生物氢气。

5.6.3.1 光解水制氢

水的光解是通过藻类的光合作用进行的。藻类有光系统 Ⅰ（PS-Ⅰ）和光系统 Ⅱ（PS-Ⅱ）两个光合系统。PS-Ⅰ的作用主要是生成还原剂用来还原 CO_2，而 PS-Ⅱ负责水的裂解和氧的释放。在太阳光下，PS-Ⅱ的反应中心 P_{680} 将水分解为氧气和质子，并释放电子。氧气进入线粒体，成为呼吸作用的底物，同时固定 CO_2。质子被 ATP 合成酶泵到基质，以确保膜内外的质子梯度。电子按氧化还原电位依次升高的顺序，经过类囊体膜上的质体醌、细胞色素等一系列电子传递链，传递至光系统 PS-Ⅰ的电子原初供体 P_{700}，并在光照条件下进行能级跃迁，传递给铁氧还蛋白，最终传给（Fe-Fe）氢化酶的活性中心，与质子作用生成氢气[254-256]。图 5-12 所示为绿藻中氢化酶催化生物裂解制氢的机理。绿色植物也有 PS-Ⅰ和 PS-Ⅱ，但它们没有氢化酶，因此绿色植物不能产生氢气[257]。

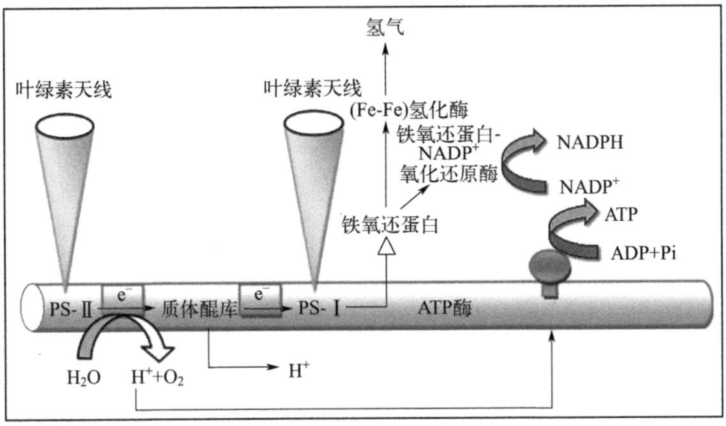

图 5-12　绿藻中的氢化酶催化水解产氢[258]

在生物光解水制氢过程中有两种方法：直接生物分解和间接生物分解。

在直接生物分解过程中，微生物通过光合作用捕获太阳能，将水分子分解为氢离子和氧气［式(5-17)］，然后产生的氢离子通过氢化酶转化为氢气［式(5-18)］。已知可直接生物光解的主要藻类种类包括小球藻、斜生栅藻、铜绿微囊藻等[259]。

$$2H_2O \xrightarrow{\text{太阳能，光催化}} 4H^+ + O_2 + 4e^- \tag{5-17}$$

$$2H^+ + 2e^- \xrightarrow{\text{Fd，氢化酶}} H_2 \tag{5-18}$$

直接光解产氢时间较短。然而氢化酶对氧非常敏感，氧含量需保持在 0.1%以下的低水平[260]。另外，在全阳光强度下，光合装置捕获的光子有 90%发生热或荧光衰变而不能用于光合作用[260]。为了突破上述两条限制，应研究具有良好的耐氧性和光转化率的微藻的突变体。

间接光合产氢过程分两个阶段，第一阶段微藻经光合作用储存化学能源，储存于淀粉、糖原等碳水化合物［式(5-19)］；第二阶段碳水化合物分解，最终在产氢酶作用下生成氢气［式(5-20)］。这两个阶段包含以下四个步骤[261,262]：①通过光合作用合成生物量；

②生物量转化；③厌氧暗发酵产生乙酸等；④产氢酸或产氢酶利用乙酸等底物进一步催化质子生成氢气。

$$6H_2O+6CO_2 \xrightarrow{光} C_6H_{12}O_6+6O_2 \tag{5-19}$$

$$C_6H_{12}O_6+6H_2O \longrightarrow 12H_2+6CO_2 \tag{5-20}$$

总反应方程式为：

$$12H_2O \xrightarrow{光} 12H_2+6O_2 \tag{5-21}$$

间接生物降解过程主要发生在蓝藻菌株中。蓝细菌可在PS-Ⅱ和固氮酶的帮助下固定大气中的二氧化碳与氮气。同时由于固氮酶位于异形胞中，因此其可为氢气生产提供一个不含氧的环境[263,264]。该过程的优势在于避开了氧气对氢化酶的抑制，光合作用积累的淀粉在黑暗条件下降解产生大量电子传递给质体醌，氢酶利用电子传递链产生氢气。然而，这种生物制氢方法需消耗大量能量、光能转化效率低，还不能固定二氧化碳。

5.6.3.2 发酵制氢

在发酵制氢过程中，细菌在厌氧条件下分解有机物，并形成生物氢，被广泛研究用于这一过程的细菌群包括厌氧菌、兼性厌氧菌[265]。细菌产生生物氢有两种方式：暗发酵和光发酵。

在光照下，光合厌氧细菌在缺氧又缺氮的环境里进行光发酵过程。由于固氮酶的存在，一些光合细菌能够将有机酸转化为氢气和二氧化碳[266]。式(5-22) 以乙酸为例。在最适条件下，同时具有氮化酶和氢化酶的厌氧细菌增强了低糖浓度生物质的光发酵产氢的过程[267]。用于这一过程的最适合的细菌是一类被称为紫非硫细菌的异养光合细菌。该类光合细菌缺乏PS-Ⅰ，可避免因生产氧气而导致的氢化酶抑制作用。该方法可利用较宽光谱范围内的能量，并且可利用来源广泛的廉价有机物质转化氢气。

$$CH_3COOH+2H_2O \xrightarrow{光} 4H_2+2CO_2 \tag{5-22}$$

光发酵的缺点在于其太阳能转化效率较低，仅为3%～10%，这可能是由生物反应器中的光线分布不均和固氮酶活性较低导致的。这可通过设计新的高生物反应器而加以解决。但该缺点导致了光发酵过程对大面积精细厌氧光生物反应器的需求。有机酸底物在光发酵体系中的低效代谢特性，已成为制约光驱动生物制氢技术规模化应用的主要瓶颈。此外，几种工业废水可用作光发酵制氢的基质，但由于含有有色化合物，光不易渗透，从而对氢气的生成产生不良影响。故工业废水用于光发酵制氢需经过预处理。

在缺氧和黑暗条件下，厌氧细菌对有机饲料或富含碳水化合物的底物起作用，将其转化为酒精、丙酮和氢气的生化过程称为暗发酵[268]。从［式(5-23)］和［式(5-24)］可知，在暗发酵过程中，葡萄糖分子经发酵，生成乙酸和丁酸，以及 CO_2 和氢气。

$$C_6H_{12}O_6 + 2H_2O \longrightarrow 2CH_3COOH + 4H_2 + 2CO_2 \tag{5-23}$$

$$C_6H_{12}O_6 \longrightarrow CH_3CH_2CH_2COOH + 2H_2 + 2CO_2 \tag{5-24}$$

暗发酵的技术优势为不依赖光，因此，可全天不中断地制取氢气。该方法还可利用纤维素、垃圾等多种碳源作为底物[269]。该方法还具有较高的氢气释放速率。然而此法也有诸多限制。暗发酵最终产品中含有乙酸及丁酸，其产氢量比其他化学或电化学过程更少。而随着压力的增加，H_2 产量趋于减少[270]。为此，在产生氢气的同时必须及时将其除去。此外，暗发酵过程还会产生大量二氧化碳。

由光合作用细菌和非光合作用细菌组成的杂交系统可以获得更高的氢气产量，且光能需求更低，这使该系统通过非光合作用或发酵细菌的暗发酵分解有机底物，产生的有机酸可作为光合细菌的饲料（图 5-13）。这种暗发酵和光发酵的结合也被称为顺序暗-光发酵，它采用两阶段发酵过程，其反应方程式如下［式(5-25)］和［式(5-26)］：

第 1 阶段：$$C_6H_{12}O_6 + 2H_2O \longrightarrow 4H_2 + 2CH_3COOH + 2CO_2 \tag{5-25}$$

第 2 阶段：$$2CH_3COOH + 4H_2O \longrightarrow 8H_2 + 4CO_2 \tag{5-26}$$

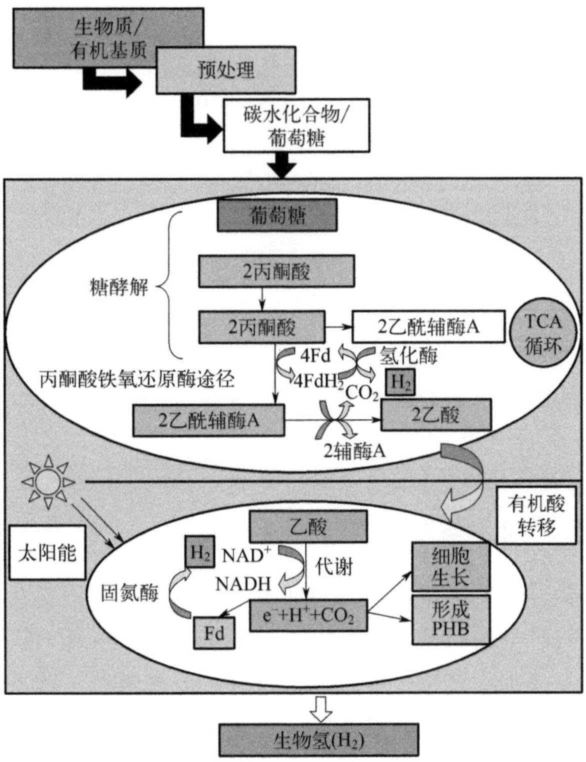

图 5-13　混合系统产氢

理论上，1 mol 葡萄糖利用该方法可产生 12 mol 氢气。目前，被报道的最大氢气产量为 7.1 mol/mol[271]。

5.6.3.3 微生物电解池制氢

微生物电解池（MEC）将电化学电池元素与生物质厌氧生物反应器耦合，是一种相对较新的生物过程。阳极和阴极室在厌氧条件下运行。阳极表面生长的电化学活性细菌将有机物分解为二氧化碳、质子和电子，使阳极溶液酸化。在外加电压的存在下，电子从阳极转移到阴极，质子从阳极电解液迁移到阴极电解液，并和电子在阴极上发生还原反应产生氢气，然后导致阴极的碱化（如图 5-14）[272]。Selembo 等[273] 利用单室无膜 MEC 反应器，实现了 1 mol 甘油产生 3.9 mol 氢气，产氢速率为（2.0±0.4）$m^3/(m^3 \cdot d)$；1 mol 葡萄糖产生 7.2 mol 氢气，产氢速率为（1.9±0.3）$m^3/(m^3 \cdot d)$。Hu 等[274] 设计了单室无膜 MEC，并使用混合细菌，在外加电压 0.6 V、pH 5.8 时，制氢速率为 0.69 $m^3/(m^3 \cdot d)$。该方法也存在许多问题，如阳极生物膜中也会发育出产甲烷古菌等耗氢微生物，降低氢的整体收率[275]。

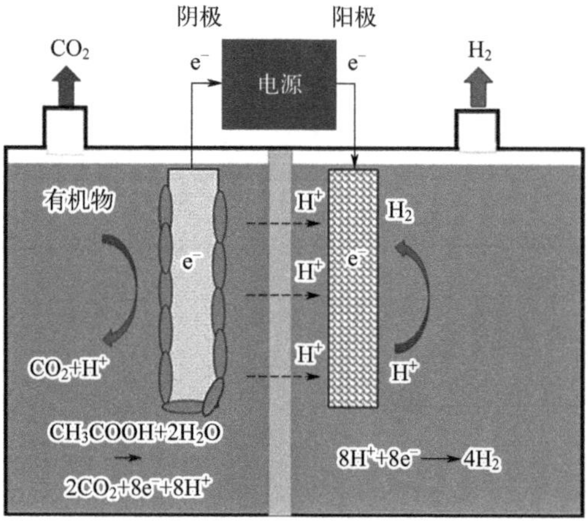

图 5-14 微生物电解池制氢[272]

上述的几类生物制氢法，均有其自身特点，并在过去几十年中已取得显著进展，但都离全面商业化有一定的距离。目前尚无某种单一方法可产生大量的氢气满足世界范围内的氢能源需求。

5.6.4 生物合成市场潜力与发展方向

就当前实际状况而言，如要从化石燃料向氢能源直接过渡仍存在许多技术问题，如现有生物方法制取氢气的产量均较低、目前对通过微生物制取氢气的机理尚未完全明了、氢化酶对氧敏感等。为提高生物产氢工业化的可行性，可参考以下两点建议。

一是将金属单体、金属氧化物和纳米粒子等金属添加剂加入反应系统。微量金属具有明显增强氢化酶催化活性的能力。铁或铁离子是最广泛使用的金属添加剂，用于增强生物制氢过程，因为这些添加剂成本低廉，还在氢化酶和铁氧还蛋白的组成中起着关键作用。Ni^{2+} 也存在于氢化酶中，加入后可刺激氢化酶的活性[276]。而一些金属离子如 Ca^{2+} 或 Mg^{2+} 导致生物制氢量下降[277]。

二是通过微生物途径加强生物氢的生产。可通过基因编辑手段提高微生物产氢量，例如，*hbd* 基因编码的 β-羟基丁酰-CoA 脱氢酶是生产丁酸的酶，而丁酸盐的产生会导致氢气产量的减少，破坏 *hbd* 基因将导致氢气产量的增加[278]。有时，不同微生物菌株的共培养比单菌株培养更有优势，前者可以使每一菌株的代谢途径的效率提高[279]。研究发现，谷氨酸利用菌株与碳水化合物降解菌株在不同的底物浓度下进行共培养时，产氢量可提高 12%以上[280]。

此外，生物制氢的产量不仅取决于菌种自身特性，还需考虑生产成本、配套能源设施的整合程度。目前，以化石燃料为基础的能源体系转向以生物氢气为基础的能源体系仍存在一定的困难，并且在短期内也较难直接实现。为了在不远的将来实现生物制氢的推广，今后需广泛采用廉价原料并改进制取氢气的工艺流程，还需对生物反应器进行持续改良。

参考文献

[1] 郑国香，刘瑞娜，李永峰．能源微生物学 [M]. 哈尔滨：哈尔滨工业大学出版社，2013.

[2] Sanli H. Characterizing three generation biodiesel feedstocks：A statistical approach and empirical modeling of fuel properties [J]. Waste Management，2025，200 (1)：114755.

[3] Knothe G，Razon L F. Biodiesel fuels [J]. Progress in Energy and Combustion Science，2017，58：36-59.

[4] De Oliveira E，Quirino R L，Suarez P A Z，et al. Heats of combustion of biofuels obtained by pyrolysis and by transesterification and of biofuel/diesel blends [J]. Thermochimica Acta，2006，450 (1)：87-90.

[5] Knothe G. "Designer" biodiesel：Optimizing fatty ester (composition to improve fuel properties [J]. Energy & Fuels，2008，22 (2)：1358-1364.

[6] Knothe G，Gerpen J V，Krahl J. The biodiesel handbook [M]. New York：AOCS Press，2005.

[7] 郭丽丽．未来智库官网生物柴油行业深度研究：全球减碳推高需求，中国产业链有望受益 [EB/OL]. (2022-09-09) [2022-09-01]. https：//k. sina. com. cn/article _ 7426890874 _ 1baad5c7a001014bf4. html.

[8] 杨林，薛聪，刘子栋．生物柴油行业分析及政策梳理 [EB/OL]. (2022-01-17) [2022-08-29]. https：//zhuanlan. zhihu. com/p/458508322.

[9] Tamrat S，Ancha V R，Gopal R，et al. Emission and performance analysis of diesel engine running with CeO_2 nanoparticle additive blended into castor oil biodiesel as a substitute fuel [J]. Scientifi Reports，2024，14 (1)：7634.

[10] Schwab A W，Dykstra G J，Selke E，et al. Diesel fuel from thermal-decomposition of soybean oil [J]. Journal of the American Oil Chemists Society，1988，65 (11)：1781-1786.

[11] Farouk S，Tayeb A，Abdel-Hamid S，et al. Recent advances in transesterification for sustainable biodiesel production，challenges，and prospects：a comprehensive review [J]. En-

vironmental Science and Pollution Research, 2024, 31 (9): 12722-12747.

[12] Hajjari M, Tabatabaei M, Aghbashlo M, et al. A review on the prospects of sustainable biodiesel production: a global scenario with an emphasis on waste-oil biodiesel utilization [J]. Renewable & Sustainable Energy Reviews, 2017, 72: 445-464.

[13] Siddiquee M N, Rohani S. Lipid extraction and biodiesel production from municipal sewage sludges: a review [J]. Renewable & Sustainable Energy Reviews, 2011, 15 (2): 1067-1072.

[14] Abbaszaadeh A, Ghobadian B, Omidkhah M R, et al. Current biodiesel production technologies: a comparative review [J]. Energy Conversion and Management, 2012, 63: 138-148.

[15] 荣俊锋，程茜，朱永全，等．酯交换法制备生物柴油的研究 [J]. 应用化工，2021，50 (1)：113-116.

[16] Daud N M, Abdullah S R S, Abu Hasab H, et al. Production of biodiesel and its wastewater treatment technologies: a review [J]. Process Safety and Environmental Protection, 2015, 94: 487-508.

[17] Vicente G, Martinez M, Aracil J. Integrated biodiesel production: a comparison of different homogeneous catalysts systems [J]. Bioresource Technology, 2004, 92 (3): 297-305.

[18] Zhou W, Boocock D G B. Phase behavior of the base-catalyzed transesterification of soybean oil [J]. Journal of the American Oil Chemists' Society, 2006, 83 (12): 1041-1045.

[19] 黄振旭，秦会安，毛海荣，等．介孔 K_2CO_3/SBA-15 固体碱催化大豆油制备生物柴油性能研究 [J]. 粮食与油脂，2021，34 (2)：25-29.

[20] Saxena V, Sharma S, Pandey L M. Fe (III) doped ZnO nano-assembly as a potential heterogeneous nano-catalyst for the production of biodiesel [J]. Materials Letters, 2019, 237: 232-235.

[21] Vargas M, Niehus X, Casas-Godoy L, et al. Lipases as biocatalyst for biodiesel production [J]. Methods in Molecular Biology, 2018, 1835: 377-390.

[22] Al-Zuhair S, Ling F W, Jun L S. Proposed kinetic mechanism of the production of biodiesel from palm oil using lipase [J]. Process Biochemistry, 2007, 42 (6): 951-960.

[23] Cheirsilp B, H-Kittikun A, Limkatanyu S. Impact of transesterification mechanisms on the kinetic modeling of biodiesel production by immobilized lipase [J]. Biochemical Engineering Journal, 2008, 42 (3): 261-269.

[24] Zhao X, Qi F, Yuan C, et al. Lipase-catalyzed process for biodiesel production: enzyme immobilization, process simulation and optimization [J]. Renewable & Sustainable Energy Reviews, 2015, 44: 182-197.

[25] Aarthy M, Saravanan P, Gowthaman M K, et al. Enzymatic transesterification for production of biodiesel using yeast lipases: an overview [J]. Chemical Engineering Research & Design, 2014, 92 (8): 1591-1601.

[26] Tielmann P, Kierkels H, Zonta A, et al. Increasing the activity and enantioselectivity of lipases by sol-gel immobilization: further advancements of practical interest [J]. Nanoscale, 2014, 6 (12): 6220-6228.

[27] Li L, Du W, Liu D, et al. Lipase-catalyzed transesterification of rapeseed oils for biodiesel

production with a novel organic solvent as the reaction medium [J]. Journal of Molecular Catalysis B-Enzymatic, 2006, 43 (1): 58-62.

[28] Mendes A A, Freitas L, De Carvalho A K F, et al. Immobilization of a commercial lipase from *Penicillium camembertii* (lipase G) by different strategies [J]. Enzyme Research, 2011, 2011: 967239.

[29] Zhang B, Weng Y, Xu H, et al. Enzyme immobilization for biodiesel production [J]. Applied Microbiology and Biotechnology, 2012, 93 (1): 61-70.

[30] Jin W, Xu Y, Yu X W. Formation lipase cross-linked enzyme aggregates on octyl-modified mesocellular foams with oxidized sodium alginate [J]. Colloids and Surfaces B-Biointerfaces, 2019, 184: 110501.

[31] Macario A, Moliner M, Corma A, et al. Increasing stability and productivity of lipase enzyme by encapsulation in a porous organic-inorganic system [J]. Microporous and Mesoporous Materials, 2009, 118 (1-3): 334-340.

[32] Jegannathan K R, Jun-Yee L, Chan E S, et al. Production of biodiesel from palm oil using liquid core lipase encapsulated in kappa-carrageenan [J]. Fuel, 2010, 89 (9): 2272-2277.

[33] Mathew G M, Raina D, Narisetty V, et al. Recent advances in biodiesel production: challenges and solutions [J]. Science of the Total Environment, 2021, 794: 148751.

[34] Guldhe A, Singh B, Mutanda T, et al. Advances in synthesis of biodiesel *via* enzyme catalysis: novel and sustainable approaches [J]. Renewable & Sustainable Energy Reviews, 2015, 41: 1447-1464.

[35] Gog A, Roman M, Tosa M, et al. Biodiesel production using enzymatic transesterification-current state and perspectives [J]. Renewable Energy, 2012, 39 (1): 10-16.

[36] Balat M. Global bio-fuel processing and production trends [J]. Energy Exploration & Exploitation, 2007, 25 (3): 195-218.

[37] Abdellatief T, Ershov M, Kapustin V, et al. Low carbon energy technologies envisaged in the context of sustainable energy for producing highoctane gasoline fuel [J]. Sustainable Energy Technologies and Assessments, 2023, 56 (1): 103103.

[38] Deshmukh M, Pathan A. Bambusa tulda: A potential feedstock for bioethanol and its blending effects on the performance of spark ignition engine [J]. Renewable & Sustainable Energy Reviews, 2024, 192, 114270.

[39] Malça J, Freire F. Renewability and life-cycle energy efficiency of bioethanol and bio-ethyl tertiary butyl ether (bioETBE): Assessing the implications of allocation [J]. Energy, 2006, 31 (15): 3362-3380.

[40] 曹运齐，刘云云，胡南江，等．燃料乙醇的发展现状分析及前景展望 [J]. 生物技术通报，2019，35 (4)：163-169.

[41] Alternative Fuels Data Center. Global ethanol production by country or region [EB/OL]. (2021-06) [2022-09-04]. https://afdc.energy.gov/data/10331.

[42] 杨永明．全球燃料乙醇产业发展的分析与思考 [EB/OL]. (2021-08-16) [2022-09-04]. https://newenergy.in-en.com/html/newenergy-2407761.shtml.

[43] Robak K, Balcerek M. Review of second generation bioethanol production from residual biomass [J]. Food Technology and Biotechnology, 2018, 56 (2): 174-187.

[44] 沈华严．乙烯水合制酒精介绍 [J]. 辽宁化工技术通讯，1972，3：14-22.

[45] Corchs F, Nutt D J, Hince D A, et al. Evidence for serotonin function as a neurochemical difference between fear and anxiety disorders in humans? [J]. Journal of Psychopharmacology, 2015, 29 (10): 1061-1069.

[46] Subrananian N D, Gao J, Mo X, et al. La and/or V oxide promoted Rh/SiO_2 catalysts: effect of temperature, H_2/CO ratio, space velocity, and pressure on ethanol selectivity from syngas [J]. Journal of Catalysis, 2010, 272 (2): 204-209.

[47] Ngo H, Liu Y, Murata K. Effect of secondary additives (Li, Mn) in Fe-promoted Rh/TiO_2 catalysts for the synthesis of ethanol from syngas [J]. Reaction Kinetics Mechanisms and Catalysis, 2011, 102 (2): 425-435.

[48] Heracleous E, Liakakou E T, Lappas A A, et al. Investigation of K-promoted Cu-Zn-Al, Cu-X-Al and Cu-Zn-X (X=Cr, Mn) catalysts for carbon monoxide hydrogenation to higher alcohols [J]. Applied Catalysis a-General, 2013, 455: 145-154.

[49] Liu Y, Young S, Ji L, et al. Highsensitive ethanol gas sensor using Ag modified ZnO nanosheets [J]. Talanta Open, 2024, 10, 100386.

[50] 高珠，苏海兰，孙树英．乙酸加氢制乙醇技术发展与前景 [J]. 科技风，2013，16：27.

[51] Christensen J M, Mortensen P M, Trane R, et al. Effects of H_2S and process conditions in the synthesis of mixed alcohols from syngas over alkali promoted cobalt-molybdenum sulfide [J]. Applied Catalysis A-General, 2009, 366 (1): 29-43.

[52] 杨铮．我国乙醇产业发展概述 [J]. 化学工业，2021，39 (4)：44-48.

[53] 高文中，汪成美，闫莉，等．多种原料燃料乙醇生产技术 [J]. 酿酒，2014，41 (1)：86-90.

[54] Narendranath N V, Thomas K C, Ingledew W M. Production of ethanol for fuel, comprises preparing starch-or sugar-based aqueous fermentation medium, adding urea hydrogen peroxide to reduce the level of bacterial contaminants, and inoculating with yeast: CA2300807 [P]. 2000-09-18.

[55] Morimura S, Ling Z Y, Kida K. Ethanol production by repeated-batch fermentation at high temperature in a molasses medium containing a high concentration of total sugar by a thermotolerant flocculating yeast with improved salt-tolerance [J]. Journal of Fermentation and Bioengineering, 1997, 83 (3): 271-274.

[56] Ergun M, Mutlu S F, Gürel O. Improved ethanol production by *Saccharomyces cerevisiae* with EDTA, ferrocyanide and zeolite X addition to sugar beet molasses [J]. Journal of Chemical Technology and Biotechnology, 1997, 68 (2): 147-150.

[57] Castellar M R, Aires-Barros M R, Cabral J M S, et al. Effect of zeolite addition on ethanol production from glucose by *Saccharomyces bayanus* [J]. Journal of Chemical Technology and Biotechnology, 1998, 73 (4): 377-384.

[58] Maye J P. Use of hop acids in fuel ethanol production: US2006263484 [P]. 2006-11-23.

[59] Robertson G H, Wong D W S, Lee C C, et al. Native or raw starch digestion: a key step in energy efficient biorefining of grain [J]. Journal of Agricultural and Food Chemistry, 2006, 54 (2): 353-365.

[60] Shigechi H, Fujita Y, Koh J, et al. Energy-saving direct ethanol production from low-temperature-cooked corn starch using a cell-surface engineered yeast strain co-displaying glucoamylase and alpha-amylase [J]. Biochemical Engineering Journal, 2004, 18 (2):

149-153.

[61] Pandey A, Nigam P, Soccol C R, et al. Advances in microbial amylases [J]. Biotechnology and Applied Biochemistry, 2000, 31: 135-152.

[62] Krishnan M S, Nghiem N P, Davison B H. Ethanol production from corn starch in a fluidized-bed bioreactor [J]. Applied Biochemistry and Biotechnology, 1999, 78: 359-372.

[63] Bayrock D P, Ingledew W M. Application of multistage continuous fermentation for production of fuel alcohol by very-high-gravity fermentation technology [J]. Journal of Industrial Microbiology & Biotechnology, 2001, 27 (2): 87-93.

[64] Yuangsaard N, Yongmanitchai W, Yamada M, et al. Selection and characterization of a newly isolated thermotolerant *Pichia kudriavzevii* strain for ethanol production at high temperature from cassava starch hydrolysate [J]. Antonie Van Leeuwenhoek International Journal of General and Molecular Microbiology, 2013, 103 (3): 577-588.

[65] Zhan X, Wang D, Tuinstra M R, et al. Ethanol and lactic acid productionas affected by sorghum genotype and location [J]. Industrial Crops and Products, 2003, 18 (3): 245-255.

[66] Wang S, Sosulski K, Sosulski F, et al. Effect of sequential abrasion on starch composition of five cereals for ethanol fermentation [J]. Food Research International, 1997, 30 (8): 603-609.

[67] Abd-Aziz S. Sago starch and its utilisation [J]. Journal of Bioscience and Bioengineering, 2002, 94 (6): 526-529.

[68] Hammond J B, Egg R, Diggins D, et al. Alcohol from bananas [J]. Bioresource Technology, 1996, 56 (1): 125-130.

[69] Grassi G. Modern bioenergy in the European Union [J]. Renewable Energy, 1999, 16 (1): 985-990.

[70] Dien B S. Biomass to biofuels [M]. New York: Wiley, 2010.

[71] Fan M, Li C, Dai T, et al. Understanding the influences of poplar recalcitrance during combinatorial pretreatment on ethanol production [J]. Fuel Processing Technology, 2023, 242, 107636.

[72] Humbird D, Davis R, Tao L, et al. Process design and economics for biochemical conversion of lignocellulosic biomass to ethanol: dilute-acid pretreatment and enzymatic hydrolysis of corn stover [R]. Golden: National Renewable Energy Laboratory, 2011.

[73] Alvira P, Negro M J, Ballesteros I, et al. Steam explosion for wheat straw pretreatment for sugars production [J]. Bioethanol, 2016, 2: 66-75.

[74] Jahnavi G, Prashanthi G S, Sravanthi K, et al. Status of availability of lignocellulosic feed stocks in India: biotechnological strategies involved in the production of Bioethanol [J]. Renewable & Sustainable Energy Reviews, 2017, 73: 798-820.

[75] Balat M. Production of bioethanol from lignocellulosic materials *via* the biochemical pathway: A review [J]. Energy Conversion and Management, 2011, 52 (2): 858-875.

[76] Kuhad R C, Gupta R, Singh A. Microbial cellulases and their industrial applications [J]. Enzyme Research, 2011, 2011: 280696.

[77] Imran M, Anwar Z, Irshad M, et al. Cellulase production from species of fungi and bacteria from agricultural wastes and its utilization in industry: A Review [J]. Advances in En-

zyme Research, 2016, 4: 44-55.

[78] Yang S, El-Enshasy H A, Thongchul N. Bioprocessing technologies in biorefinery for sustainable production of fuels, chemicals, and polymers [M]. Hoboken: Wiley-AIChE, 2013.

[79] Adrio J L, Demain A L. Microbial enzymes: tools for biotechnological processes [J]. Biomolecules, 2014, 4: 117-139.

[80] Gonçalves F A, Ruiz H A, Dos Santos E S, et al. Bioethanol production by *Saccharomyces cerevisiae*, *Pichia stipitis* and *Zymomonas mobilis* from delignified coconut fibre mature and lignin extraction according to biorefinery concept [J]. Renewable Energy, 2016, 94: 353-365.

[81] Mohd Azhar S H, Abdulla R, Jambo S A, et al. Yeasts in sustainable bioethanol production: a review [J]. Biochemistry and biophysics reports, 2017, 10: 52-61.

[82] Tian S, Zhou G, Yan F, et al. Yeast strains for ethanol production from lignocellulosic hydrolysates during *in situ* detoxification [J]. Biotechnology Advances, 2009, 27 (5): 656-660.

[83] Taherzadeh M J, Karimi K. Enzyme-based hydrolysis processes for ethanol from lignocellulosic materials: a review [J]. Bioresources, 2007, 2 (4): 707-738.

[84] Kadar Z, Szengyel Z, Reczey K. Simultaneous saccharification and fermentation (SSF) of industrial wastes for the production of ethanol [J]. Industrial Crops and Products, 2004, 20 (1): 103-110.

[85] Yue F, Gao L, Yao X, et al. Closed-circuit ethanol-methane fermentation via biomass shifting of switchgrass, wheat, and corn straw [J]. Industrial Crops and Products, 2025, 236 (2), 121868.

[86] Bondesson P-M, Galbe M. Process design of SSCF for ethanol production from steam-pretreated, acetic-acid-impregnated wheat straw [J]. Biotechnology for Biofuels, 2016, 9: 222.

[87] Olofsson K, Palmqvist B, Liden G. Improving simultaneous saccharification and co-fermentation of pretreated wheat straw using both enzyme and substrate feeding [J]. Biotechnology for Biofuels, 2010, 3: 17.

[88] Nitsche M. Practical column design guide [M]. Cham: Springer, 2017.

[89] Nagy E, Mizsey P, Hancsok J, et al. Analysis of energy saving by combination of distillation and pervaporation for biofuel production [J]. Chemical Engineering and Processing: Process Intensification, 2015, 98: 86-94.

[90] Soares R B, Pessoa F L P, Mendes M F. Dehydration of ethanol with different salts in a packed distillation column [J]. Process Safety and Environmental Protection, 2015, 93: 147-153.

[91] Ravagnani M A S S, Reis M H M, Maciel R, et al. Anhydrous ethanol production by extractive distillation: A solvent case study [J]. Process Safety and Environmental Protection, 2010, 88 (1): 67-73.

[92] Pfenning A. Kirk-othmer encyclopedia of chemical technology [M]. New York: Wiley, 1995.

[93] Sun A, Davis R, Starbuck M, et al. Comparative cost analysis of algal oil production for

biofuels [J]. Energy, 2011, 36 (8): 5169-5179.

[94] Furimsky E. Hydroprocessing challenges in biofuels production [J]. Catalysis Today, 2013, 217: 13-56.

[95] Daroch M, Geng S, Wang G. Recent advances in liquid biofuel production from algal feedstocks [J]. Applied Energy, 2013, 102: 1371-1381.

[96] 华炜．生物燃料生产 [M]. 北京：中国石化出版社，2016.

[97] 李谢昆，周卫征，袁振宏，等．微藻生物质制备燃料乙醇关键技术研究进展 [J]. 中国生物工程杂志，2014，34 (5)：92-99.

[98] 张萌，贾文川．微藻制备生物柴油技术综述 [J]. 当代化工，2018，47 (4)：827-830.

[99] Okuda K, Oka K, Onda A, et al. Hydrothermal fractional pretreatment of sea algae and its enhanced enzymatic hydrolysis [J]. Journal of Chemical Technology and Biotechnology, 2008, 83 (6): 836-841.

[100] 王鹏翔，廖莎，师文静，等．微藻生物质生产燃料乙醇技术进展 [J]. 当代化工，2019，48 (8)：1842-1845.

[101] Wei N, Quarterman J, Jin Y S. Marine macroalgae: an untapped resource for producing fuels and chemicals [J]. Trends in Biotechnology, 2013, 31 (2): 70-77.

[102] Demirbas M F, Balat M, Balat H. Biowastes-to-biofuels [J]. Energy Conversion and Management, 2011, 52 (4): 1815-1828.

[103] Leduc S, Lundgren J, Franklin O, et al. Location of a biomass based methanol production plant: A dynamic problem in northern Sweden [J]. Applied Energy, 2010, 87 (1): 68-75.

[104] Wikipedia. Methanol Economy. [EB/OL]. (2022-08-17) [2022-08-29]. https://wikimili.com/en/Methanol_economy.

[105] 李忠，郑华艳，谢克昌．甲醇燃料的研究进展与展望 [J]. 化工进展，2008 (11)：1684-1695.

[106] Demirbas A. Biomethanol production from organic waste materials [J]. Energy Sources. Part A, Recovery Utilization and Environmental Effects, 2008, 30 (6): 565-572.

[107] Hasegawa F, Yokoyama S, Imou K. Methanol or ethanol produced from woody biomass: Which is more advantageous? [J]. Bioresource Technology, 2010, 101: S109-S111.

[108] Leduc S, Schmid E, Obersteiner M, et al. Methanol production by gasification using a geographically explicit model [J]. Biomass & Bioenergy, 2009, 33 (5): 745-751.

[109] Luque R, Campelo J, Clark J, et al. Handbook of biofuels production [M]. 2nd ed. United Kingdom: Woodhead Publishing, 2016.

[110] Bergins C, Fox E L, Tran K C, et al. Commercialization of low carbon methanol [J]. ATZextra Worldwide, 2016, 21 (11): 22-25.

[111] Ptasinski K J, Hamelinck C, Kerkhof P. Exergy analysis of methanol from the sewage sludge process [J]. Energy Conversion and Management, 2002, 43 (9): 1445-1457.

[112] Dalena F, Senatore A, Basile M, et al. Advances in methanol production and utilization, with particular emphasistoward hydrogen generation *via* membrane reactor technology [J]. Membranes, 2018, 8 (4): 98.

[113] Bozzano G, Manenti F. Efficient methanol synthesis: perspectives, technologies and opti-

mization strategies [J]. Progress in Energy and Combustion Science, 2016, 56: 71-105.

[114] Slaa J C, Vanommen J G, Ross J R H. The synthesis of higher alcohols using modified $Cu/ZnO/Al_2O_3$ catalysts [J]. Catalysis Today, 1992, 15 (1): 129-48.

[115] Basu P. Biomass gasification and pyrolysis: practical design and theory [M]. Boston: Academic Press, 2010.

[116] Larocca V, Molino A, Petrone M, et al. Synthesis of methanol from biomass-derived syngas: modelling and sizing of a bench-scale reactor [J]. Int J Energy Technol, 2010, 2: 1-7.

[117] Pisarenko E V, Pisarenko V N. Analysis and modeling of synthesis gas conversion to methanol: new trends toward increasing methanol production profitability [J]. Theoretical Foundations of Chemical Engineering, 2007, 41 (2): 105-115.

[118] Gerber M A, White J F, Stevens D J. Mixed alcohol synthesis catalyst screening [R]. Washington: Pacific Northwest National laboratory, 2007.

[119] Molino A, Larocca V, Chianese S, et al. Biofuels production by biomass gasification: A review [J]. Energies, 2018, 11 (4): 811.

[120] Zhang X, Zhong L, Guo Q, et al. Influence of the calcination on the activity and stability of the $Cu/ZnO/Al_2O_3$ catalyst in liquid phase methanol synthesis [J]. Fuel, 2010, 89 (7): 1348-1352.

[121] Riaz A, Zahedi G, Klemes J J. A review of cleaner production methods for the manufacture of methanol [J]. Journal of Cleaner Production, 2013, 57: 19-37.

[122] Da Silva M J. Synthesis of methanol from methane: challenges and advances on the multi-step (syngas) and one-step routes (DMTM) [J]. Fuel Processing Technology, 2016, 145: 42-61.

[123] Jin Z, Wang L, Zuidema E, et al. Hydrophobic zeolite modification for *in situ* peroxide formation in methane oxidation to methanol [J]. Science, 2020, 367 (6474): 193-197.

[124] Grundner S, Markovits m A, Li G, et al. Single-site trinuclear copper oxygen clusters in mordenite for selective conversion of methane to methanol [J]. Nature Communications, 2015, 6: 7546.

[125] Huang W, Zhang S, Tang Y, et al. Low-temperature transformation of methane to methanol on PdO_4 single sites anchored on the internal surface of microporous silicate [J]. Angewandte Chemie International Edition, 2016, 55 (43): 13441-13445.

[126] Li W, Wang H, Jiang X, et al. A short review of recent advances in CO_2 hydrogenation to hydrocarbons over heterogeneous catalysts [J]. RSC Advances, 2018, 8 (14): 7651-7669.

[127] Yoon Y, Hall A S, Surendranath Y. Tuning of silver catalyst mesostructure promotes selective carbon dioxide conversion into fuels [J]. Angewandte Chemie International Edition, 2016, 55 (49): 15282-15286.

[128] Li K, Peng B, Peng T. Recent advances in heterogeneous photocatalytic CO_2 conversion to solar fuels [J]. ACS Catalysis, 2016, 6 (11): 7485-7527 .

[129] Kattel S, Ramírez P J, Chen J G, et al. Active sites for CO_2 hydrogenation to methanol on Cu/ZnO catalysts [J]. Science, 2017, 355 (6331): 1296-1299.

[130] Rui N, Wang Z, Sun K, et al. CO_2 hydrogenation to methanol over Pd/In_2O_3: effects of

Pd and oxygen vacancy [J]. Applied Catalysis B: Environmental, 2017, 218: 488-497.

[131] Sun K, Fan Z, Ye J, et al. Hydrogenation of CO_2 to methanol over In_2O_3 catalyst [J]. Journal of CO_2 Utilization, 2015, 12: 1-6.

[132] Li H, Wang L, Dai Y, et al. Synergetic interaction between neighbouring platinum monomers in CO_2 hydrogenation [J]. Nature Nanotechnology, 2018, 13 (5): 411-417.

[133] Wang Y, Kattel S, Gao W, et al. Exploring the ternary interactions in Cu-ZnO-ZrO_2 catalysts for efficient CO_2 hydrogenation to methanol [J]. Nature Communications, 2019, 10 (1): 1166.

[134] Sharvelle S, Loetscher L. Anaerobic digestion of animal wastes in Colorado [EB/OL]. (2011-05-11) [2022-10-05]. https://extension.colostate.edu/topic-areas/agriculture/anaerobic-digestion-of-animal-wastes-in-colorado-1-227/.

[135] Montingelli M E, Tedesco S, Olabi A G. Biogas production from algal biomass: A review [J]. Renewable & Sustainable Energy Reviews, 2015, 43: 961-972.

[136] Hanson R S, Hanson T E. Methanotrophic bacteria [J]. Microbiological Reviews, 1996, 60 (2): 439-471.

[137] Lipscomb J. Biochemistry of the soluble methane monooxygenase [J]. Annual Review of Microbiology, 1994, 48: 371-399.

[138] Kenney G E, Rosenzweig A C. Methanobactins: maintaining copper homeostasis in methanotrophs and beyond [J]. Journal of Biological Chemistry, 2018, 293 (13): 4606-4615.

[139] Lipscomb J D. Biochemistry of the soluble methane monooxygenase [J]. Annual Review of Microbiology, 1994, 48: 371-399.

[140] Bjorck C E, Dobson P D, Pandhal J. Biotechnological conversion of methane to methanol: evaluation of progress and potential [J]. Aims Bioengineering, 2018, 5 (1): 1-38.

[141] Lee S G, Goo J H, Kim H G, et al. Optimization of methanol biosynthesis from methane using *Methylosinus trichosporium* OB3b [J]. Biotechnology Letters, 2004, 26 (11): 947-950.

[142] Yoo Y S, Han J S, Ahn C M, et al. Comparative enzyme inhibitive methanol production by *Methylosinus sporium* from simulated biogas [J]. Environmental Technology, 2015, 36 (8): 983-991.

[143] Mardina P, Li J, Patel S K S, et al. Potential of immobilized whole-cell *Methylocella tundrae* as a biocatalyst for methanol production from methane [J]. Journal of Microbiology and Biotechnology, 2016, 26 (7): 1234-1241.

[144] Su Z, Ge X, Zhang W, et al. Methanol production from biogas with a thermotolerant methanotrophic consortium isolated from an anaerobic digestion system [J]. Energy & Fuels, 2017, 31 (3): 2970-2975.

[145] Patel S K S, Gupta R K, Kalia V C, et al. Synthetic design of methanotroph co-cultures and their immobilization within polymers containing magnetic nanoparticles to enhance methanol production from wheat straw-based biogas [J]. Bioresource Technology, 2022, 364: 128032.

[146] Kowalchuk G A, Stephen J R. Ammonia-oxidizing bacteria: a model for molecular microbial ecology [J]. Annual Review of Microbiology, 2001, 55: 485-529.

[147] Holmes A J, Costello A, Lidstrom M E, et al. Evidence that participate methane

monooxygenase and ammonia monooxygenase may be evolutionarily related [J]. FEMS Microbiology Letters，1995，132：203-208.

[148] Hyman M R，Murton I B，Arp D J. Interaction of ammonia monooxygenase from *Nitrosomonas europaea* with alkanes，alkenes，and alkynes [J]. Applied and Environmental Microbiology Journal，1988，54：318-3190.

[149] Taher E，Chandran K. High-rate，high-yield production of methanol by ammonia-oxidizing bacteria [J]. Environmental Science & Technology，2013，47：3167-3173.

[150] Kohli P，Kalia M，Gupta R. Pectin Methylesterases：a Review [J]. Journal of Bioprocessing & Biotechniques，2015，5：1-7.

[151] Han B，Su T，Wu H，et al. Paraffin oil as a "methane vector" for rapid and high cell density cultivation of *Methylosinus trichosporium* OB3b [J]. Applied Biochemistry and Biotechnology，2009，83：669-677.

[152] Jiang H，Chen Y，Jiang P，et al. Methanotrophs：multifunctional bacteria with promising applications in environmental bioengineering [J]. Biochemical Engineering Journal，2010，49：277-288.

[153] Pen N，Soussan L，Belleville M P，et al. An innovative membrane bioreactor for methane biohydroxylation [J]. Bioresource Technology，2014，174：42-52.

[154] Whittenbury R，Phillips K C，Wilkinson J F. Enrichment，isolation and some properties of methane-utilizing bacteria [J]. Journal of General Microbiology，1970，61：205-218.

[155] Furuto T，Takeguchi M，Okura I. Semicontinuous methanol biosynthesis by *Methylosinus trichosporium* OB3b [J]. Journal of Molecular Catalysis A：Chemical，1999，144：257-261.

[156] Xin J Y，Cui J R，Niu J Z，et al. Production of methanol from methane by methanotrophic bacteria [J]. Biocatalysis and Biotransformation，2009，22：225-229.

[157] Staples M D，Malina R，Suresh P，et al. Barrett aviation CO_2 emissions reductions from the use of alternative jet fuels [J]. Energy Policy，2018，114：342-354.

[158] Lee D S，Fahey D W，Forster P M，et al. Aviation and global climate change in the 21st century [J]. Atmospheric Environment，2009，43：3520-3537.

[159] International Energy Agency. Aviation [EB/OL]. (2021-07-11) [2022-09-22]. https：//www. iea. org/reports/aviation.

[160] Air Transport Action Group. Facts and figures [EB/OL]. (2021-01-05) [2022-09-22]. https：//www. atag. org/facts-figures.

[161] Searle S，Giuntoli J. Long-term aviation fuel decarbonization：Progress，roadblocks，and policy opportunities [R]. Washington The International Council on Clean Transportation，2019.

[162] International Civil Aviation Organization. Carbon offsetting and reduction scheme for international aviation (CORSIA) [EB/OL]. [2022-09-24]. https：//www. icao. int/environmental-protection/CORSIA/pages/default. aspx.

[163] IATA. Developing Sustainable Aviation Fuel (SAF) [EB/OL]. [2022-09-24]. https：//www. iata. org/en/programs/environment/sustainable-aviation-fuels/.

[164] 翟岩亮，路香港，张健，等．生物质基航空煤油生产工艺的研究现状 [J]. 化工科技，2022，30 (1)：80-84.

[165] IATA. Sustainable aviation fuel roadmap [R]. Montreal: International Air Transport Association, 2015.

[166] International Civil Aviation Organization. ICAO global framework for aviation alternative fuels [EB/OL]. (2017-09-25) [2022-09-24]. https://www.icao.int/environmental-protection/GFAAF/Pages/default.aspx.

[167] 齐泮仑，何皓，胡徐腾，等．航空生物燃料特性与规格概述 [J]. 化工进展，2013，32 (1)：91-96.

[168] Liu G, Yan B, Chen G. Technical review on jet fuel production [J]. Renewable & Sustainable Energy Reviews, 2013, 25: 59-70.

[169] Martinelli M, Gnanamani M K, Le V S, et al. An overview of fischer-tropsch synthesis: XtL processes, catalysts and reactors [J]. Applied Catalysis A: General, 2020, 608: 117740.

[170] Ail S S, Dasappa S. Biomass to liquid transportation fuel *via* Fischer Tropsch synthesis-technology review and current scenario [J]. Renewable & Sustainable Energy Reviews, 2016, 58: 267-286.

[171] Seber G, Malina R, Pearlson M N, et al. Environmental and economic assessment of producing hydroprocessed jet and diesel fuel from waste oils and tallow [J]. Biomass and Bioenergy, 2014, 67: 108-118.

[172] Roland Berger. Sustainable aviation fuels key for the future of air travel [EB/OL]. (2020-07-21) [2022-09-26]. https://www.rolandberger.com/en/Insights/Publications/Sustainable-aviation-fuels-key-for-the-future-of-air-travel.

[173] SkyNRG. Technology [EB/OL]. [2022-09-26]. https://skynrg.com/sustainable-aviation-fuel/technology/.

[174] Shahriar M F, Khanal A. The current techno-economic, environmental, policy status and perspectives of sustainable aviation fuel (SAF) [J]. Fuel, 2022, 325: 124905.

[175] Commercial Aviation Alternative Fuels Initiative. Fuel qualification [EB/OL]. [2022-09-28]. https://www.caafi.org/focus_areas/fuel_qualification.html.

[176] Yang J, Xin Z, He Q, et al. An overview on performance characteristics of biojet fuels [J]. Fuel, 2019, 237: 916-936.

[177] Romero-Izquierdo A G, Gómez-Castro F I, Gutiérrez-Antonio C, et al. Intensification of the alcohol-to-jet process to produce renewable aviation fuel [J]. Chemical Engineering and Processing-Process Intensification, 2021, 160: 108270.

[178] Geleynse S, Jiang Z, Brandt K, et al. Pulp mill integration with alcohol-to-jet conversion technology [J]. Fuel Processing Technology, 2020, 201: 106338.

[179] Kaltschmitt M, Neuling U. Biokerosene: status and prospects [M]. Berlin: Springer, 2018: 543-574.

[180] Breitmaier E, Jung G. Organische chemie: grundlagen, stoffklassen, reaktionen, konzepte, molekülstruktur [M]. Stuttgart: Thieme, 2005.

[181] Wollrab A. Organische chemie: eine einführung für lehramts-und nebenfachstudenten [M]. Berlin: Springer, 2009.

[182] Energy G A. Azul brazilian airlines makes successful demonstration flight with amyris renewable jet fuel produced from sugarcane [EB/OL]. (2012-06-20) [2022-10-02].

https: //www. aviationpros. com/gse/gse-technology/green-alternative-energy-gse/press-re lease/10731944/azul-brazilian-airlines-makes-successful-demonstration-flight-with-amyr-is-renewable-jet-fuel-produced-from-sugarcane.

[183] Department of Energy, Energy Efficiency & Renewable Energy, Biomass Technologies Office. Fermen-tation of Sugars to Hydrocarbons [EB/OL]. (2012-11-20) [2022-10-02]. https: //www1. eere. energy. gov/bioenergy/pdfs/fermentation_ of_ sugars_ to_ hydrocarbons. pdf.

[184] GUPTA V K, TUOHY M G. Biofuel technologies: recent developments [M]. Berlin: Springer, 2013: 3-27.

[185] Schirmer A, Rude M A, Li X, et al. Microbial biosynthesis of alkanes [J]. Science, 2010, 329 (5991): 559-562.

[186] Lange B M, Rujan T, Martin W, et al. Isoprenoid biosynthesis: The evolution of two ancient and distinct pathways across genomes [J]. Proceedings of the National Academy of Sciences of the United States of America, 2000, 97 (24): 13172-13177.

[187] Department of energy. Conversion technologies for advanced biofuels [EB/OL]. (2012-02-09) [2022-10-02]. https: //www. energy. gov/sites/prod/files/2014/04/f14/ctab_webinar_doe. pdf.

[188] Steen E J, Kang K, Bokinsky G, et al. Microbial production of fatty-acid-derived fuels and chemicals from plant biomass [J]. Nature, 2010, 463 (7280): 559-562.

[189] Wang M, Nie K L, Cao H, et al. Biosynthesis of medium chain length alkanes for bio-aviation fuel by metabolic engineered *Escherichia coli* [J]. Bioresource Technology, 2017, 239: 542-545.

[190] Anbarasan P, Baer Z C, Sreekumar S, et al. Integration of chemical catalysis with extractive fermentation to produce fuels [J]. Nature, 2012, 491 (7423): 235-239.

[191] Barbosa J A, Coronado C J R, Tuna C E, et al. Experimental determination of lower flammability limits of synthesized iso-paraffins (SIP), jet fuel and mixtures at atmospheric and reduced pressures with air [J]. Fire Safety Journal, 2021, 121: 103276.

[192] Oßwald P, Whitside R, Schäffer J, et al. An experimental flow reactor study of the combustion kinetics of terpenoid jet fuel compounds: Farnesane, *p*-menthane and *p*-cymene [J]. Fuel, 2017, 187: 43-50.

[193] Daniell J, Koepke M, Simpson S D. Commercial biomass syngas fermentation [J]. Energies, 2012, 5 (12): 5372-5417.

[194] Griffin D W, Schultz M A. Fuel and chemical products from biomass syngas: a comparison of gas fermentation to thermochemical conversion routes [J]. Environmental Progress & Sustainable Energy, 2012, 31 (2): 219-224.

[195] Pray T R, Pramanik J, McPhee D, et al. Amyris' integrated biorefinery operations for domestic renewable diesel and chemical production [C]. Washington: US department of Energy, 2010.

[196] Advanced Biofuels USA. Syngas fermentation: the third pathway for cellulosic ethanol [EB/OL]. (2011-06-08) [2022-10-03]. https: //advancedbiofuelsusa. info/syngas-fermentation-the-third-pathway-for-cellulosic-ethanol/.

[197] 王雅，金婷，余俊彦．从专利角度浅析中国生物航空燃料技术 [J]．中国发明与专利，

2018, 15 (7): 55-59.

[198] 国家能源局．国家能源局关于因地制宜做好可再生能源供暖工作的通知 [EB/OL]. (2021-01-27) [2022-10-16]. https: //www. gov. cn/zhengce/zhengceku/2021-02/13/content 5586982. htm.

[199] EIA. Biomass explained-Landfill gas and biogas [EB/OL]. (2022-10-18) [2022-10-18]. https: //www. eia. gov/energyexplained/biomass/landfill-gas-and-biogas. php.

[200] Nationalgrid. What is biogas? [EB/OL]. [2022-10-16]. https: //www. nationalgrid. com/stories/energy-explained/what-is-biogas.

[201] Kopyscinski J, Schildhauer T J, Biollaz S M A. Production of synthetic natural gas (SNG) from coal and dry biomass-A technology review from 1950 to 2009 [J]. Fuel, 2010, 89 (8): 1763-1783.

[202] Mills G A, Steffgen F W. Catalytic methanation [J]. Catalysis Reviews-Science and Engineering, 1973, 8 (2): 159-210.

[203] Cusumano J A, Betta R A D, Levy R B. Scientific resources relevant to the catalytic problems in the conversion of coal [R]. Washington: U. S. Government Printing Offtci, 1976.

[204] Gao J, Liu Q, Gu F, et al. Recent advances in methanation catalysts for the production of synthetic natural gas [J]. Rsc Advances, 2015, 5 (29): 22759-22776.

[205] Teh L P, Triwahyono S, Jalil A A, et al. Mesoporous ZSM5 having both intrinsic acidic and basic sites for cracking and methanation [J]. Chemical Engineering Journal, 2015, 270: 196-204.

[206] Frey M, Edouard D, Roger A, Optimization of structured cellular foam-based catalysts for low-temperature carbon dioxide methanation in a platelet milli-reactor [J]. Comptes Rendus Chimie, 2015, 18 (3): 283-292.

[207] Zhu L, Yin S, Yin Q, et al. Biochar: a new promising catalyst support using methanation as a probe reaction [J]. Energy Science & Engineering, 2015, 3 (2): 126-134.

[208] Hu D, Gao J, Ping Y, et al. Enhanced Investigation of CO Methanation over Ni/Al_2O_3 catalysts for synthetic natural gas production [J]. Industrial & Engineering Chemistry Research, 2012, 51 (13): 4875-4886.

[209] Fan M T, Miao K P, Lin J D, et al. Mg-Al oxide supported Ni catalysts with enhanced stability for efficient synthetic natural gas from syngas [J]. Applied Surface Science, 2014, 307: 682-688.

[210] Wang B, Yao Y, Jiang M, et al. Effect of cobalt and its adding sequence on the catalytic performance of MoO_3/Al_2O_3 toward sulfur-resistant methanation [J]. Journal of Energy Chemistry, 2014, 23 (1): 35-42.

[211] Liu Q, Gu F, Lu X, et al. Enhanced catalytic performances of Ni/ Al_2O_3 catalyst *via* addition of V_2O_3 for CO methanation [J]. Applied Catalysis A: General, 2014, 488: 37-47.

[212] Bartholomew C H. Mechanisms of catalyst deactivation [J]. Applied Catalysis A: General, 2001, 212 (1): 17-60.

[213] Seemann M. Methanation of biosyngas in a fluidized bed reactor [D]. Zurich: ETH Zurich, 2007.

[214] Zhang G, Sun T, Peng J, et al. A comparison of Ni/SiC and Ni/ Al_2O_3 catalyzed total methanation for production of synthetic natural gas [J]. Applied Catalysis A: General, 2013, 462: 75-81.

[215] Baumhakl C. Substitute natural gas production with direct conversion of higher hydrocarbons [D]. Erlangen-Nuremberg: Friedrich-Alexander-Universität, 2014.

[216] Argyle M D, Bartholomew C H. Heterogeneous catalyst deactivation and regeneration: a Review [J]. Catalysts, 2015, 5 (1): 145-269.

[217] Mutz B, Carvalho H W P, Mangold S, et al. Grunwaldt, methanation of CO_2: structural response of a Ni-based catalyst under fluctuating reaction conditions unraveled by operando spectroscopy [J]. Journal of Catalysis, 2015, 327: 48-53.

[218] Topsoe. MCR-2 [EB/OL]. [2022-10-10]. https: //www. topsoe. com/our-resources/knowledge/our-products/catalysts/mcr-2? hsLang=en.

[219] Topsoe. From solid fuels to substitute natural gas (SNG) using TREMP [EB] [OL]. (2009-02-03) [2022-10-10]. https: //www. netl. doe. gov/sites/default/files/netl-file/tremp-2009. pdf.

[220] Khoiyangbam R S, Gupta N, Kumar S. Biogas technology towards sustainable development [M]. New Delhi: TERI Press, 2011.

[221] Themelis N J. Anaerobic digestion of biodegradable organics in municipal solid wastes [D]. New York: Columbia University, 2002.

[222] Khanal S K. Anaerobic biotechnology for bioenergy production: principles and applications [M]. New York: Wiley, 2009.

[223] Mata-Alvarez J. Biomethanization of the organic fraction of municipal solid wastes [M]. Amsterdam: IWA Publication, 2003.

[224] Mao C L, Feng Y Z, Wang X J, et al. Review on research achievements of biogas from anaerobic digestion [J]. Renewable and Sustainable Energy Reviews, 2015, 45: 540-555.

[225] Appels L, Baeyens J, Degrève J, et al. Principles and potential of the anaerobic digestion of waste-activated sludge [J]. Progress in Energy and Combustion Science, 2008, 34: 755-781.

[226] Khanal S K. Anaerobic biotechnology for bioenergy production: principles and applications [M]. New York: Wiley, 2008.

[227] Haque M S, Haque N N. Studies on the effect of urine on biogas production [J]. Bangladesh Journal of Scientific & Industrial Research, 2006, 41 (1): 23-32.

[228] Chen J L, Ortiz R, Steele T W, et al. Toxicants inhibiting anaerobic digestion: a Review [J]. Biotechnology Advances, 2014, 32: 1523-1534.

[229] Angelidaki I, Alves M, Bolzonella D, et al. Defining the biomethane potential (BMP) of solid organic wastes and energy crops: a proposed protocol for batch assays [J]. Water Science And Technology, 2009, 59 (5): 927-934.

[230] Ge X, Xu F, Li Y. Solid-state anaerobic digestion of lignocellulosic biomass: recent progress and perspectives [J]. Bioresour Technology, 2016, 205: 239-249.

[231] Shewani A, Horgue P, Pommier S, et al. Assessment of solute transfer between static and dynamic water during percolation through a solid leach bed in dry batch anaerobic di-

gestion processes [J]. Waste and Biomass Valorization, 2018, 9: 2081-2089.

[232] Pommier S, Llamas A M, Lefebvre X. Analysis of the outcome of shredding pretreatment on the anaerobic biodegradability of paper and cardboard materials [J]. Bioresour Technology, 2010, 101 (2): 463-468.

[233] Boyles D. Bioenergy technology-thermodynamics and costs [M]. New York: Wiley, 1984.

[234] 刘强. 氢能源行业研究报告：可再生能源制氢专题分析 [EB/OL]. (2022-04-26) [2022-09-09]. https: //zhuanlan. zhihu. com/p/505456879.

[235] 付明，陈凡敏，张媛媛，等. 煤加氢催化气化影响因素的实验研究 [J]. 化学世界，2012，53 (S1)：75-76.

[236] 前瞻产业研究院. 行业深度！一文带你了解 2021 年中国氢能源行业市场现状、竞争格局及发展前景 [EB/OL]. (2021-10-26) [2022-09-09]. https: //bg. qianzhan. com/trends/detail/506/211026-f216404f. html.

[237] DeepTech 深科技. 合成生物学加持，中国超越欧美成生物制氢领域“科研大国”，2050 年产业规模有望突破千万美元丨生辉分析 [EB/OL]. (2022-01-05) [2022-09-09]. https: //www. 163. com/dy/article/GSVBRNET05119734. html.

[238] Ni M, Leung D Y C, Leung M K H, et al. An overview of hydrogen production from biomass [J]. Fuel Processing Technology, 2006, 87: 461-472.

[239] Tolonen L K, Zuckerstatter G, Penttil P A, et al. Structural changes in microcrystalline cellulose in subcritical water treatment [J]. Biomacromolecules, 2011, 12 (7): 2544-2551.

[240] Davis K A, Yoo S, Shuler E W, et al. Photocatalytic hydrogen evolution from biomass conversion [J]. Nano Convergence, 2021, 8: 6.

[241] Caravaca A, Jones W, Hardacre C, et al. H_2 production by the photocatalytic reforming of cellulose and raw biomass using Ni, Pd, Pt and Au on titania [J]. Proceedings of the Royal Society A: Mathematical, Physical and Engineering Sciences, 2016, 472 (2191): 20160054.

[242] Lepage T, Kammoun M, Schmetz Q, et al. Biomass-tohydrogen: a review of main routes production, processes evaluation and techno-economical assessment [J]. Biomass Bioenergy, 2021, 144: 105920.

[243] Yang H, Chen H. 11-Biomass gasification for synthetic liquid fuel production [M] //Luque R, Speight J G. Gasification for synthetic fuel production. United Kingdom: Woodhead Publishing, 2015: 241-75.

[244] Kenji K, Takahiro I. Biomass gasification: a review of its technology, gas cleaning applications, and total system life cycle analysis [M] //Matheus P. Lignin-trends and applications. Rijeka: IntechOpen, 2017.

[245] Deniz I, Vardar-Sukan F, Yüksel M, et al. Hydrogen production from marine biomassby hydrothermal gasification [J]. Energy Conversion and Management, 2015, 96: 124-130.

[246] Norouzi O, Safari F, Jafarian S, et al. Hydrothermal gasification performance of *Enteromorpha intestinalis* as an algal biomass for hydrogen-rich gas production using Ru promoted FeNi/g-Al_2O_3 nanocatalysts [J]. Energy Conversion and Management, 2017, 141: 63-71.

[247] Lu Y, Guo L, Zhang X, et al. Thermodynamic modeling and analysis of biomass gasification for hydrogen production in supercritical water [J]. Chemical Engineering Journal, 2007, 131: 233-244.

[248] Rodriguez C, Kruse A. Supercritical water gasification of biomass for hydrogen production: a review [J]. The Journal of Supercritical Fluids, 2018, 133: 573-590.

[249] Matsumura Y, Minowa T, Potic B, et al. Biomass gasification in near-and supercritical water: status and prospects [J]. Biomass Bioenergy, 2005, 29: 269-292.

[250] Sasaki M, Fang Z, Fukushima Y, et al. Dissolution and hydrolysis of cellulose in subcritical and supercritical water [J]. Industrial & Engineering Chemistry Research, 2000, 39: 2883-2890.

[251] Sturm G S J, Munoz A N, Aravind P V, et al. Microwave-driven plasma gasification for biomass waste treatment atminiature scale [J]. IEEE Transactions on Plasma Science, 2016, 44: 670-678.

[252] Delikonstantis E, Sturm G, Stankiewicz A I, et al. Biomass gasification in microwave plasma: an experimental feasibility study with a side stream from a fermentation reactor [J]. Chemical Engineering and Processing-Process Intensification, 2019, 141: 107538.

[253] Sanlisoy A, Ozdinc C. Microwave plasma gasification of a variety of fuel for syngas production [J]. Plasma Chemistry and Plasma Processing, 2019, 39: 1211-1225.

[254] Florin L, Tsokoglou A, Happe T. A novel type of [Fe] -hydrogenase in the green alga *Scenedesmus obliquus* is linked to the photosynthetical electron transport chain [J]. Journal of Biological Chemistry, 2001, 276: 6125-6132.

[255] Kato K, Kumazawa M, Nakajima Y, et al. Structure of a photosystem I supercomplex from Galdieria sulphuraria close to an ancestral red alga [J]. Science Advances, 2025, 11 (20), 7488.

[256] Gaffton H, Rubin J. Fermentative and photochemicali production of hydrogen in algae [J]. Journal of General Physiology, 1942, 26: 219-240.

[257] Nikolaidis P, Poullikkas A. A comparative overview of hydrogen production processes [J]. Renewable and Sustainable Energy Reviews, 2017, 67: 597-611.

[258] Vijayaraghavan K, Karthik R, Nalini S K. Hydrogen generation from algae: a review [J]. Journal of Plant Sciences, 2010, 5 (1): 1-19.

[259] Kaushik A, Sharma M. Exploiting biohydrogen pathways of cyanobacteria and green algae: an industrial production approach [M] //Singh A, Rathore D. Biohydrogen production: sustainability of current technology and future perspective. New Delhi: Springer, 2017: 97-113.

[260] Hallenbeck P C, Benemann J R. Biological hydrogen production; fundamentals and limiting processes [J]. International Journal of Hydrogen Energy, 2002, 27 (11): 1185-1193.

[261] Ni M, Leung D Y, Leung M K, et al. An overview of hydrogen production from biomass [J]. Fuel Processing Technology, 2006, 87 (5): 461-472.

[262] Bharathiraja B, Sudharsanaa T, Bharghavi A, et al. Biohydrogen and biogas an overview on feedstocks and enhancement process [J]. Fuel, 2016, 185: 810-828.

[263] 梁晶. 畜禽粪便资源化利用技术和厌氧发酵法生物制氢 [J]. 环境科学与管理, 2012,

37 (3): 52-55.

[264] 张全国，王毅．光合细菌生物制氢技术研究进展 [J]. 农业机械学报，2013，44 (6): 156-161.

[265] Kumar V, Kothari R, Pathak V V, et al. Optimization of substrate concentration for sustainable biohydrogen production and kinetics from sugarcane molasses: experimental and economical assessment [J]. Waste and Biomass Valorization, 2018, 9 (2): 273-281.

[266] Das D, Veziroglu T N. Advances in biological hydrogen production processes [J]. International Journal of Hydrogen Energy, 2008, 33 (21): 6046-6057.

[267] Sołowski G. Biohydrogen production-sources and methods: a review. International Journal of Bioprocessing and Biotechniques, 2018, 2018 (1): IJBBT-101.

[268] Martin N, Lombard M, Jensen K R, et al. Effect of biodiesel fuel on "real-world", non-road heavy duty diesel engine particulate matter emissions, composition and cytotoxicity [J]. Science of the Total Environment, 2017, 586: 409-418.

[269] Villanueva E, Vital M, Moreno I. Dark fermentation for H_2 production from food waste and novel strategies for its enhancement [J]. International Journal of Hydrogen Energy, 2023, 48 (27): 9957-9970.

[270] Holladay J D, Hu J, King D L, et al. An overview of hydrogen production technologies [J]. Catalysis Today, 2009, 139 (4): 244-260.

[271] Das D, Tokumoto M, Aihara Y, et al. Hydrogen production by co-cultures of *Lactobacillus* and a photosynthetic bacterium, *Rhodobacter sphaeroides* RV [J]. International Journal of Hydrogen Energy, 2001, 26 (1): 13-28.

[272] Pandey A, Mohan S V, Chang J S. Biohydrogen [M]. 2nd ed. Amsterdam: Elsevier, 2019: 159-185.

[273] Selembo P A, Perez J M, Lloyd W A, et al. High hydrogen production from glycerol or glucose by electrohydrogenesis using microbial electrolysis cells [J]. International Journal of Hydrogen Energy, 2009, 34: 5373-5381.

[274] Hu H, Fan Y, Liu H. Hydrogen production using single-chamber membrane-free microbial electrolysis cells [J]. Water Research, 2008, 42: 4172-4178.

[275] Chae K J, Choi M J, Kim K Y, et al. Selective inhibition of methanogens for the improvement of biohydrogen production in microbial electrolysis cells [J]. International Journal of Hydrogen Energy, 2010, 35: 13379-13386.

[276] Sun Y, He J, Yang G, et al. A review of the enhancement of bio-hydrogen generation by chemicals addition [J]. Catalysts, 2019, 9 (4): 353.

[277] Alshiyab H, Kalil M S, Hamid A A, et al. Trace metal effect on hydrogen production using *C. acetobutylicum* [J]. Journal of Biological Sciences, 2008, 8: 1-9.

[278] Cai G, Jin B, Saint C, et al. Genetic manipulation of butyrate formation pathways in *Clostridium butyricum* [J]. Journal of Biotechnology, 2011, 155: 269-274.

[279] Bader J, Mast-Gerlach E, Popovic M K, et al. Relevance of microbial coculture fermentations in biotechnology [J]. Journal of Applied Microbiology, 2010, 109: 371-387.

[280] Hsiao C L, Chang J J, Wu J H, et al. *Clostridium* strain co-cultures for biohydrogen production enhancement from condensed molasses fermentation solubles [J]. International Journal of Hydrogen Energy, 2009, 34 (17): 7173-7181.

第6章 生物合成生物基高分子材料

6.1 生物基聚酰胺

聚酰胺（polyamide，PA），商品名为尼龙。聚酰胺具有柔韧性、回弹性、耐磨性、耐腐性、吸湿性及轻量性等优良性能，自实现工业化生产以来，已广泛应用于机械、纺织、汽车、电子电器等领域。

聚酰胺通常由二元羧酸与二元胺的缩聚或通过具有 6 个、11 个或 12 个碳原子的内酰胺的开环聚合制成。聚酰胺及其对应单体如表 6-1 所示。

表 6-1 聚酰胺及其对应单体

聚合物	单体	起始原料	用途
聚酰胺 4	γ-氨基丁酸	丙烯腈	纤维、包装材料
聚酰胺 6	ε-己内酰胺	环己烷	纤维、工程塑料
聚酰胺 66	己二酸、己二胺	环己烷	纤维、工程塑料
聚酰胺 11	ω-氨基十一酸	蓖麻油	纤维及增强复合材料
聚酰胺 12	ε-氨基十二酸	烷烃、蓖麻油	树脂改性剂、合成润滑剂
聚酰胺 46	己二酸、丁二胺	环己烷、丙烯腈	工程塑料
聚酰胺 56	己二酸、戊二胺	葡萄糖、环己烷	工程塑料、纤维
聚酰胺 69	壬二酸、己二胺	十八烯酸、丁二烯	纤维、包装材料
聚酰胺 410	癸二酸、丁二胺	蓖麻油、丙烯腈	纤维增强复合材料
聚酰胺 610	己二胺、癸二酸	蓖麻油、环己烷	工业毛刷、化妆刷
聚酰胺 10T	对苯二甲酸、癸二胺	苯、蓖麻油	纤维增强复合材料、工程塑料
聚酰胺 1010	癸二酸、癸二胺	蓖麻油	工程塑料
聚酰胺 1012	十二烷二酸、癸二胺	烷烃、蓖麻油	工程塑料
聚酰胺 1212	1,12-十二烷二胺、1,12-十二烷二酸	烷烃、蓖麻油	工程塑料

聚酰胺按照其组成单体种类和数量，分为均聚聚酰胺和共聚聚酰胺两大类；按照单体结构中是否含有苯环，分为脂肪族聚酰胺和芳香族聚酰胺。脂

肪族聚酰胺代表产品有尼龙 6 和尼龙 66。尼龙材料作为早期的聚合物材料现已经得到广泛的应用，应用领域如下：①纺丝原料；②包装材料；③机械部件（传动齿轮，轴承等）；④汽车部件（如发动机部件、进气管、油管、风扇油箱等结构材料）；⑤电子器件（如仪表盘、家电外壳）。

尼龙 6 与尼龙 66 是聚酰胺材料的代表性产品，之所以有如此广泛的应用与其材料本身具有优良的性能是分不开的。尼龙最早作为工程骨架材料被开发出来，具有如下优异的性能，如表 6-2 所示。虽然尼龙材料具有优良的特性，但是仍然有一些缺陷限制了它在许多领域的应用。这些缺陷表现在如下方面：

尼龙结构中氨基的存在，导致其吸湿性很强。这导致尼龙材料织物的形体稳定性较差。结晶度比较高的尼龙 6、尼龙 66 材料在较低的温度下韧性变差，抗冲性能大大下降。针对尼龙材料的这些缺陷，人们探索了许多方法，比如共聚、共混、高分子反应等。这些方法的实施对单体单一的尼龙材料结构和性能都有着不同程度的改善[1]。

表 6-2　尼龙材料的特性[2]

性能	说明
高强度	PA6、PA46、PA66、PA610、PA6/11 等都具很高的拉伸强度和弯曲强度
高抗冲性	较为突出的有 PA1313、PA1212、PA12，并且低温下韧性也十分优良
高耐热性能	增强后的 PA6、PA66 的热变形温度分别高达 210℃和 250℃
耐磨和自润滑性	尼龙材料的表面皆具有自润滑性，这是一般聚烯烃材料所不具有的
耐化学腐蚀性	尼龙材料的特性是对非酸性化学试剂有着较强的抗溶胀性和耐腐蚀性
易加工性	对于尼龙材料的加工可以是注射成型、挤出成型、吹塑成型、反应注射成型等
阻隔性能	尼龙材料具有一定的结晶度，对于空气的阻隔性能较强
化学性能活跃	可与许多二元醇或二元酸单体或聚合物反应成新的高分子聚合物

首先从聚酰胺的聚合单体组成上讲，单体有偶数碳链和奇数碳链之分，两者聚合得到的聚合物结构存在明显差异。

生物基聚酰胺是指利用可再生的生物质为原料，通过生物、化学及物理等手段制造用于合成聚酰胺的前体，包括生物基内酰胺、生物基二元酸、生物基二元胺等，再通过聚合反应合成的高分子材料，具有绿色、环境友好、原料可再生等特性。

本小节以 PA11、PA66 等聚酰胺为例，介绍生物基聚酰胺的市场价值、合成工艺及发展方向，聚焦聚酰胺单体的生物合成方法，阐述生物基材料发展的潜力与影响。

6.1.1　市场价值

中国聚酰胺行业呈现稳定增长的发展态势。中商产业研究院发布的《2018—2022 年中国聚酰胺（尼龙）市场调查及发展趋势研究报告》显示，中国聚酰胺行业市场需求量由 2019 年的 367.1 万吨增长至 2022 年的 449.8 万吨。中商产业研究院分析师预测，2024 年中国聚酰胺需求量达 468.8 万吨。我国聚酰胺工程塑料生产商主要有朗盛、巴斯夫、帝斯曼等外资企业，除此之外，还有中国中平能化集团（其产能位居亚洲第一）。

国内生产工程塑料用树脂厂家主要有新会美达、石家庄庄缘、鹰山石化等，其产量为7万多吨。PA66产业链上游原材料部分：己二腈相关企业主要有巴斯夫、英威达、奥升德、华峰集团等；纯苯主要生产企业有华鲁恒升、荣盛石化等；助剂主要生产公司有优先股份、宿迁联盛、利安隆新材料等。中游PA66生产企业有华峰集团、荣盛石化、华鲁恒升等公司。

近年来，国内工程塑料由于改性技术不成熟，以进口为主。而随着改性技术的提升和下游汽车、电子电器行业原材料的国产化进程加速，国内尼龙66工程塑料消费量大幅提高。工程塑料将是未来国内尼龙66消费的主要增长点。近年来国内尼龙产业竞争力提升较快，消费量保持稳定增长。2019年，我国PA消费量增加至483.2万吨，同比增长11.68%；2023年，我国PA消费量为698.5万吨。

PA由于它独特的高抗拉弧度、耐磨、自润滑性好、冲击韧性优异、刚柔兼备的性能而获得人们的重视，加之其加工简便、效率高、可以加工成各种制品来替代金属，广泛用于交通运输业；典型的制品有泵叶轮、风扇叶片、阀座、衬套、轴承、仪表板、冷热空气调节阀等零部件。

从消费结构来看，汽车和电子电气工业仍然是PA6和PA66的两大消费领域。

6.1.2 化学合成路径

6.1.2.1 生物基PA11

PA11化学结构式为$\left[\!\!-NH(CH_2)_{10}CO-\!\!\right]_n$（图6-1），具有密度小、强度高、尺寸稳定性好、化学性能稳定、电绝缘性能优良、机械性能优良、低温敏感性、吸水率低、可耐200℃的高温和−60℃的低温、可塑性强、抗腐蚀性强、耐油等优点，广泛应用于汽车、电子电器、军工等领域。

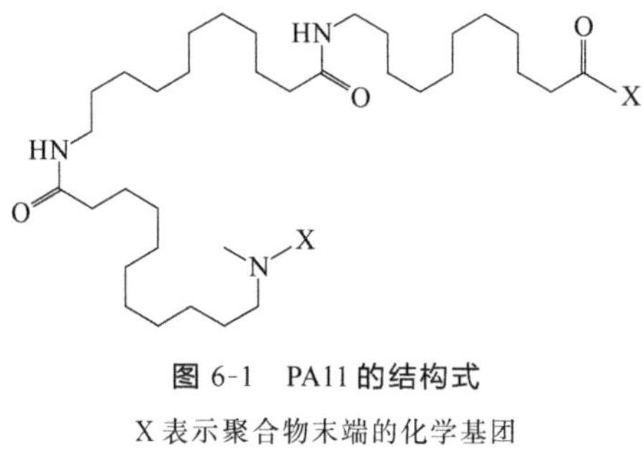

图6-1 PA11的结构式

X表示聚合物末端的化学基团

尼龙11工艺以蓖麻油为原料，经裂解制得10-十一烯酸，再经加成、氨解、聚合生成尼龙11树脂，后经改性、成型得到尼龙11[3]。重要的合成环节如下：

① 蓖麻油甲酯化（酯交换甲酯化反应） 蓖麻油属脂肪酸三甘油酯类，含大量蓖麻油酸

甘油酯，主要成分约占总酸量的85%以上，另有少量的棕榈酸、油酸、亚油酸、亚麻酸和硬脂酸等，不皂化物主要是甾醇类有机物。酯交换甲酯化反应就是在催化剂的作用下，蓖麻油酸甘油酯和无水甲醇在一定温度下反应，制备蓖麻油酸甲酯。可利用氢氧化钠作催化剂，催化蓖麻油和甲醇发生酯交换反应生成蓖麻油酸甲酯和甘油，转化率95%左右[4]。

② 裂解、水解制十一烯酸　由蓖麻油制备十一烯酸的方法有蓖麻油酸甲酯裂解法、蓖麻油酸裂解法和蓖麻油裂解法三种。蓖麻油酸甲酯裂解法是蓖麻油先经酯交换制得蓖麻油酸甲酯，再经裂解、皂化、酸化等工艺得到10-十一烯酸。蓖麻油酸甲酯经高温裂解生成10-十一烯酸甲酯；10-十一烯酸甲酯与氢氧化钠在90℃下进行皂化反应生成10-十一烯酸钠和甲醇；10-十一烯酸钠在50～60℃与硫酸中和生成10-十一烯酸和硫酸钠；粗10-十一烯酸经减压蒸馏精制，得到精10-十一烯酸。该技术已由法国阿科玛公司实现工业化[5]。

③ 溴代制11-溴代十一酸　10-十一烯酸在过氧化物存在下，用甲苯/苯作为溶剂，与HBr发生反马氏加成反应生成11-溴代十一酸。按反应装置的不同，可分为塔式和釜式两种方法。塔式制备法是将10-十一烯酸和甲苯/苯溶剂按一定的比例混合，然后从塔顶喷淋进入塔内，同时从塔底连续送入溴化氢气体，在一定的温度下反应生成11-溴代十一酸。釜式饱和吸收法是将10-十一烯酸、甲苯/苯溶剂和催化剂的混合料与溴化氢气体在反应釜中进行反应。塔式方法具有连续操作性强、工程放大潜力大等优点。釜式饱和吸收法具有控制简单、溴化氢用量小等优点，但也存在间断操作、装置庞大等缺点[6]。

④ 氨解制11-氨基十一酸　利用氨解剂将取代基置换成氨基的反应称为氨解反应。氨解剂主要包括液氨、氨水、氨溶液、氨气、脲、羟胺等，常用的有液氨和氨水。11-溴代十一酸氨解制11-氨基十一酸可分为催化氨解和非催化氨解。非催化氨解法不加入任何催化剂，11-溴代十一酸经重结晶后在一定的温度下进行氨解反应。催化氨解法要加入催化剂，11-溴代十一酸经重结晶后在一定的温度下进行氨解反应。一锅法不需要使用甲醇进行重结晶，在催化剂的作用下，11-溴代十一酸直接进行氨解反应。一锅法不需要冷冻机、真空抽滤等重结晶设备，简化了工艺流程，节省了人力、物力[7]。

尼龙11的化工合成工艺技术经过不断地研究，已有很大进步。21世纪初就完成了百吨级尼龙11中试实验，之后，山西宏远科技股份有限公司和太原中联泽农化工有限公司分别建成了1000 t/a尼龙11生产装置，但均未实现正常生产。另外，安徽六安市香料厂已实现蓖麻油经甲酯化、裂解制10-十一烯酸的工业化生产，但该厂的10-十一烯酸只是作为生产庚醛的副产。总的来说，国内尼龙11的工业技术尚未实现工业化生产，市场上所需的粒状或粉末状尼龙11主要依赖进口。这表明虽然技术研究不断进步，但国内尼龙11工业化技术的瓶颈亟待突破。

6.1.2.2 生物基PA66

PA66是最热门的热塑性工程塑料之一，主要在各种应用中用作金属的替代品。尼龙66是由己二胺和己二酸缩聚而成，熔点为255℃，其结构式如图6-2所示。

尼龙66聚合工艺实现工业化的有两种：一种为连续聚合工艺，一种为间歇式聚合工

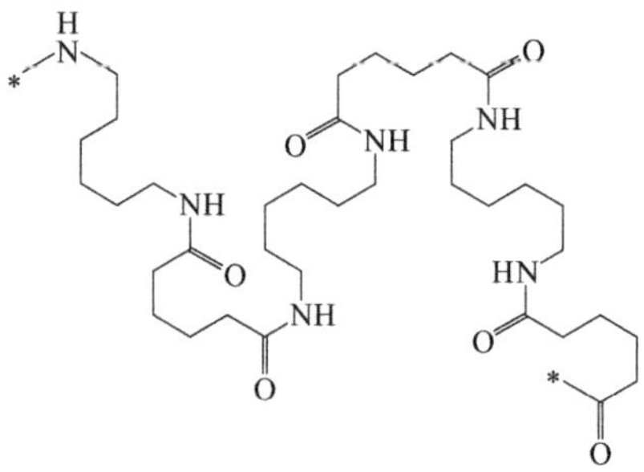

图 6-2 PA66的结构式

艺。这两种工艺原理是一样的，都是己二胺和己二酸缩聚得到尼龙 66 高聚物。其不同主要在于工艺流程及产品使用范围。

① 连续聚合工艺 先将盐储槽内质量分数为 50%的尼龙 66 盐液分批送入计量槽，在计量槽中根据生产的产品情况加入不同的添加剂，之后经过搅拌混合的尼龙 66 盐液靠自重分批流入第二中间槽，再由盐供给泵通过盐过滤器、盐预热器连续地供给浓缩槽通过蛇管间接加热，除去部分水分，把盐液质量分数提高到 70%。反应器供给泵将浓缩后的盐液送出，经第一、第二盐预热器进入反应器；在 1.72 MPa 的压力下初步缩聚出反应器的预聚物用输送泵连续送至闪蒸器；在闪蒸器内物料的压力逐步降至常压，以使聚合物中水分迅速分离出来。根据不同产品的需要，可在闪蒸器供给泵与闪蒸器之间的物料管中，利用注入泵将二氧化钛悬浮液分散到预聚物中。出闪蒸器的预聚物靠自重连续进入前聚合器中，在常压下，残存的水分进一步被分离，从而使聚合物的相对黏度提高。出前聚合器的聚合物，用供给泵送到后聚合器。聚合物中残存的水分和进一步缩聚生成的水分在真空条件下被除去，从而使聚合物的黏度和相对分子质量被调整到产品所需要的范围内，而后直接纺丝或做成切片[8]。

② 间歇式聚合工艺 间歇式聚合工艺比较简单，根据设定把盐液由储槽分批打入浓缩槽。在此，把质量分数为 50%的盐液浓缩到 80%，然后排入聚合釜，在聚合釜中，经过加热阶段，把釜内压力升到 1.72 MPa，而后进入预聚阶段。当物料达到一定温度时进入减压阶段（如果需要添加二氧化钛则在预聚阶段中加入）；此时，釜内压力根据设定分几段缓慢减至设定值（设定值接近常压），然后进入终聚阶段，其时间为 30 min 左右。聚合物的相对分子质量可以通过改变完成阶段压力的设定来调节。聚合完成后进行挤出切粒，切粒后切片，经干燥后，根据需要可以纺丝或做成工程塑料等产品。因此，可以把连续聚合理解为各个聚合反应阶段在各个不同但职能比较单一的设备中完成，而间歇式聚合是在同一设备中完成不同阶段的反应[8]。

比较两种合成工艺，连续聚合适合生产产品比较单一、较大批量的品种，间歇式聚合适合较小批量、配方变化较多的产品。这是因为连续聚合开停车一次及更换一次品种物料损失很大，而后者较小。连续聚合的工艺及设备比较复杂，事故处理比较困难，但比间歇式聚合稳定。间歇式聚合关键是抓好日常工艺管理，保证产品质量的稳定。间歇式聚合具有产品多样性、设备投资较少等优点。因此，可以根据产品情况和投资情况来决定使用哪种工艺。

6.1.2.3 生物基 PA56

PA56 是由生物基戊二胺与石油基己二酸合成的一种高聚物，其中生物基含量达到40%以上，其结构式如图 6-3 所示。PA56 作为一种环境友好且性能优异的高分子材料被广泛运用，且应用前景广阔。PA56 的制备过程是先将己二酸和戊二胺在水溶液中反应生成盐，制备得到 PA56 盐水溶液浓缩，之后在一定温度、压力条件下，经预聚合、前聚、终聚后获得 PA56 切片（图 6-4），所获 PA56 切片通过熔融纺丝获得 PA56 纤维，也可用于加工成塑料制品。

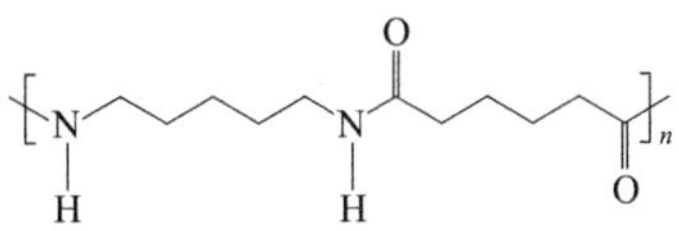

图 6-3 PA56 的结构式

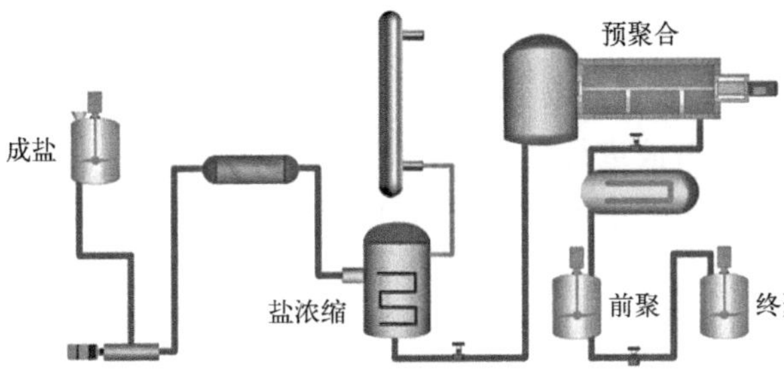

图 6-4 PA56 聚合过程

尼龙 56 的合成工艺主要有三种：熔融聚合、溶液聚合和界面聚合[9]。合成尼龙 56 也可结合其中两种或两种以上方法，即在温度极低、水量充足的阶段可以先用水溶液缩聚。随着反应的进行，系统内的温度会慢慢升高，这时就可以转换为溶液缩聚，前提是需保持容器内具有一定的压力。当温度达到聚合物熔点最大限度以上时，利用熔融缩聚，通过减压抽真空的方式脱去副产物小分子，以促进反应向正向移动，增大生成物的产率。倘若聚合物熔点特别高，水溶液缩聚与溶液聚合达不到预期要求，则可采用固相聚合法，通过减压缩聚达到提高分子量的目的。

6.1.2.4 生物基 PA6

PA6 也称聚己内酰胺，它是全球使用最广泛的聚酰胺之一，由己内酰胺开环聚合合成。尼龙 6 的化学物理特性和尼龙 66 很相似。然而，它的熔点较低，可耐受工艺温度范围很宽。它的抗冲击性和抗溶解性比尼龙 66 塑料要好，吸湿性也更强。

PA6 的水解聚合主要分为以下几个阶段：①开环反应（水解作用） 以水为引发剂，水解生成氨基己酸。此步反应吸热，比较缓慢，可通过增加水压和提高温度来加快反应（图 6-5）。

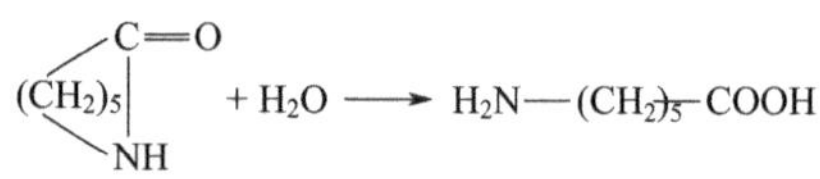

己内酰胺　　　　氨基己酸

图 6-5　己内酰胺的开环反应

② 加聚反应　己内酰胺和已生成的氨基己酸发生亲核加成反应，使分子链增长。

③ 缩聚反应（图 6-6）。

图 6-6　缩聚反应

④ 链交换反应　包括聚合物链之间的交换反应，聚合物分子链与另一聚合物氨基端之间的交换反应以及聚合物分子链与另一聚合物羧基端间的交换反应。

⑤ 封端反应　此阶段溶液进行链交换、缩聚和水解等反应，使聚合物分子量重新分布，最后根据反应条件达到一定的动态平衡，使聚合物分子量达到一定值（图 6-7）。

$$HOOC—R—NH_2 + CH_3COOH \rightleftharpoons HOOC—R—NHCOCH_3 + H_2O$$

图 6-7　封端反应

塑件的许多品质特性都要受到吸湿性的影响，因此使用尼龙 6 设计产品时要充分考虑到这一点。为了提高尼龙 6 的机械特性，经常加入各种各样的改性剂。玻璃纤维就是最常见的添加剂，有时为了提高抗冲击性还加入合成橡胶，如 EPDM 和 SBR 等。对于没有添加剂的产品，尼龙 6 塑胶原料的收缩率在 1%～1.5%。加入玻璃纤维添加剂可以使收缩率降低到 0.3%。成型组装材料收缩率主要受材料结晶度和吸湿性影响。实际的收缩率还和塑件设计、壁厚及其他工艺参数有关。由于尼龙 6 很容易吸收水分，因此尼龙 6 注塑干燥处理特别要注意。如果材料是用防水材料包装供应的，则容器应保持密闭。如果湿度大于 0.2%，建议在 80℃以上的热空气中干燥 16 h。如果材料已经在空气中暴露超过 8 h，建议进行 105℃、8 h 以上的真空烘干。

6.1.3　生物合成路径

目前 PA 的生物聚合方法还在研究中。聚酰胺材料的单体可用生物法发酵合成。

6.1.3.1 己二胺

己二胺（HMDA）是制造 PA 的主要原料。己二胺在工业生产中基本全部由己二腈（AND）还原制备。目前，全球己二胺的年生产能力为 148.1 万吨，生产主要分布在北美和西欧。我国己二胺的生产企业仅有中国石油辽阳石化分公司和中国神马集团两家，但使用的原料己二腈全部依靠进口。随着中国经济的高速发展，己二腈和己二胺生产的全部国产化成为国内化学工业界迫在眉睫的问题。由于近年国际原材料、能源成本上涨等因素，以丁二烯为原料生产己二腈、己二胺的路线具有产业化优势。近几年来，由于化工合成方法存在反应条件苛刻、环境污染严重等问题，己二胺的生物发酵法得到了研究者们的关注[10]。

最近报道了一种从己二酸（AA）经 6-氨基己酸（ACA）到己二胺（HMD）的生物催化路线[11]。该过程涉及用纯化酶进行的还原、胺化反应非常具有挑战性，因为需要在底物结合袋中容纳具有不同末端基团（羧基、羰基或氨基）的底物。当添加辅助因子再生体系、胺供体以及羧酸还原酶 CAR MAB4714 和 ω-转氨酶 ω-TA_1 时，95%己二酸转化为 6-氨基己酸。然而，仅使用 CAR MAB4714 和 ω-转氨酶 SA V2585 只能获得 1%己二胺产率低的原因可能有两点：①底物末端的氨基不利于底物与 CAR1/TA 的结合；②SA V2585 对胺化中间体的活性较低。为了解决这一问题，采用基于结构的蛋白质工程方法生成了 CAR1 突变体，获得了更活跃的突变体 MAB4714 L342E。此外，大肠杆菌腐胺 ω-转氨酶 PatA 显示出对底物中氨基存在耐受性。最后，将两种不同的 CARs（MAB4714 和 MAB4714 L342E）和两种不同的 ω-Tas（SA V2585 和 PatA）组合在一起，使己二酸一锅完全转化，得到 30%的己二胺，在 pH 7.5、30℃的条件下，在辅助因子再生体系中过夜[12]。王丹课题组[13]通过对 α-酮酸途径与亮氨酸合成途径的整合，以乙酰辅酶 A 为叠加单体，L-赖氨酸为原料，实现碳链的可控延长，并由此实现了己二胺的合成。结合基因组、代谢组学分析和计算机模拟计算，拟通过对亮氨酸途径的定向进化，实现己二胺的高产。目前在实验室小试中已经实现己二胺产量为 3.62～6.65 g/L。

6.1.3.2 戊二胺

戊二胺，又名尸胺、五亚甲基二胺或尸毒素，是生物胺类中的一种。在工业上，戊二胺与二元酸进行聚合反应可合成优质高分子材料——新型尼龙。

戊二胺是赖氨酸脱羧的产物，与己二胺互为同系物，可代替己二胺用来合成新型尼龙。戊二胺可以通过一步酶促转化 L-赖氨酸，从而使 L-赖氨酸在细胞内脱羧为戊二胺，实现生物合成（图 6-8）。大肠杆菌中有两种著名的赖氨酸脱羧酶（LDCs），分别由 *cadA* 和 *ldcC* 编码。其中，*cadA* 编码的 LDCs 因生物活性更高而被广泛用于全细胞生物转化和微生物发酵中。初步研究表明，目前戊二胺的工程菌株主要是从传统的谷氨酸生产者谷氨酸杆菌和大肠杆菌中改造而来，它们可以从可再生碳资源中产生戊二胺[14]。

然而，需要解决发酵微生物生产的几个限制因素，例如微生物系统对产品的耐受性。

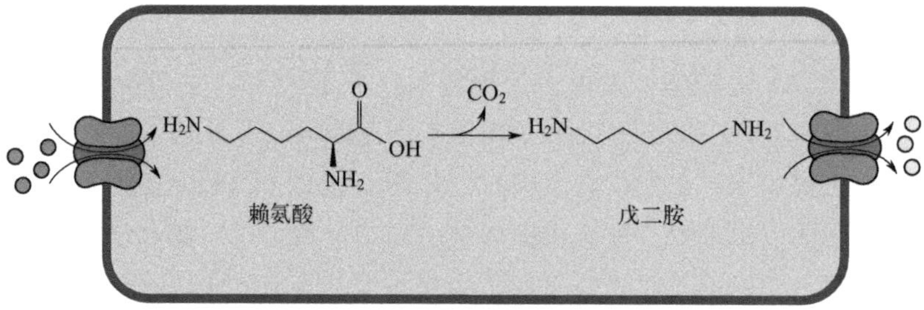

图 6-8 戊二胺的生物合成[14]

在发酵过程中，戊二胺对细菌的生长和代谢具有显著的抑制作用。

王丹课题组[14]将发酵和膜分离过程耦合用于由原料赖氨酸生产聚酰胺单体戊二胺的过程，采用的发酵和膜分离过程耦合装置如图 6-9 所示。使用大肠杆菌 BL21（DE3）为起始菌株，通过过表达 CadA-B、CadAB-B 和 CadAA-B 来催化 L-赖氨酸转化为戊二胺。建立了一套完整的发酵和微滤工艺用于高水平戊二胺的生产。这个过程规避了生产抑制的问题，使细胞能够再循环。为了深入了解不同参数对生物转化作用动力学的影响，对生物转化的关键因素，如底物浓度、温度和发酵初始 pH 值进行了优化。生物催化剂的循环利用可以通过发酵和膜分离过程耦合进行，从而提高生物转化系统的经济性，进行大规模的工业应用。

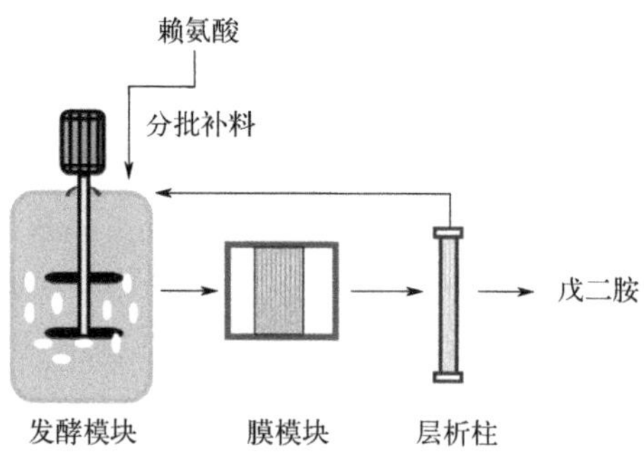

图 6-9 发酵和膜分离过程耦合装置示意图[14]

王丹课题组[15]还通过调节细胞膜上脂多糖结构基因来改变膜的通透性，提高了底物与产物进出细胞的传质效率，进一步提高了产物戊二胺的产量。首先构建 10 株脂多糖突变菌株，研究相关基因缺失对菌株生长的影响，并在对照菌株 MG1655 及突变菌株中过表达赖氨酸脱羧酶（CadA）以合成戊二胺。随着产物戊二胺的增加，菌株生长环境呈碱性，可能会导致赖氨酸脱羧酶解聚失活。因此，团队利用定向进化技术来提高赖氨酸脱羧酶的耐碱性，得到的突变体 Cad02-M 的戊二胺产量在 pH 8.0 条件下比对照组高 1.86 倍。最后，团队以重组菌株为全细胞催化剂，利用分批补料策略实现高滴度的 1,5-戊二胺生产（211 g/L）。

6.1.3.3 丁二胺

丁二胺（腐胺），作为合成高性能塑料尼龙 46 的前体物质，具有重要的工业价值。目前，丁二胺的规模化生产主要依赖化学合成，虽然工艺成熟，但生产原料为难以再生的石油产品，不符合可持续发展的要求，且化学反应需使用昂贵的催化剂，反应条件也相对苛刻[16]。生物法作为一种新的丁二胺生产方式，逐渐走入人们的视野并获得了关注和认可，即希望通过微生物发酵将可再生原料（如葡萄糖）转化为丁二胺。目前，国内外利用生物法生产丁二胺的主要方式是改造工程菌株的代谢途径，结合发酵优化手段，使底物更多地流向丁二胺的生成，促进产物的积累[17]。

具体的研究工作如下：

Qian 等[18]构建了的一株可利用葡萄糖作为碳源高产丁二胺的大肠杆菌工程菌株。首先，在大肠杆菌中敲除了丁二胺降解途径的关键基因，减少丁二胺的利用。随后敲除了鸟氨酸氨基甲酰转移酶基因 *argI* 以减少鸟氨酸的消耗，通过表达鸟氨酸的生物合成基因（*argC*～*argE*）积累丁二胺合成的前体物质鸟氨酸。通过表达鸟氨酸脱羧酶基因强化鸟氨酸转化为丁二胺，使鸟氨酸更多地被用于丁二胺合成。删除全局转录调控因子 *RpoS*，最终提高了菌株的丁二胺生产性能，通过补料分批发酵，丁二胺产量可达到 24.2 g/L。

研究人员[19]利用微调基因的表达实现了代谢通量的优化，达到菌株生长和丁二胺积累之间的平衡。构建基于 Hfq-sRNA 的表达系统，用于靶向抑制大肠杆菌中特定基因的表达。对大肠杆菌进行了代谢流分析和计算机模拟，选取了 15 个与丁二胺合成有关的基因作为靶点，分别使用了 5 个人工启动子来启动 Hfq-s RNA 的表达，将获得的质粒分别导入大肠杆菌中并进行发酵实验，结果显示，其中六株菌株的丁二胺产量均增加 10%以上（>1.85 g/L），携带 *anti-arg F* 和 *anti-gln A* 整合质粒的两株菌株丁二胺产量分别增加了 63%（提高至 2.71 g/L）和 25%（提高至 2.10 g/L）。以上两种 sRNA 进行组合优化后，显示出正协同效应，通过补料分批发酵，最终丁二胺产量达到 42.3 g/L，产率 0.256 g/g（葡萄糖），生产强度 1.256 g/(L·h)。

Nguyen 等[20]通过异源表达大肠杆菌中编码丁二胺合成途径关键酶的基因，在谷氨酸棒杆菌中构建了丁二胺合成途径。随后又证实了敲除 *argF*（编码鸟氨酸转氨甲酰酶）和 *argR*（编码 L-精氨酸阻遏物）基因能够有效地增加鸟氨酸（丁二胺前体）的浓度，有利于丁二胺的积累。随后，为了解决 *argF* 基因缺失引起的精氨酸营养缺陷问题，开发了一种低水平表达 *argF* 的质粒系统，实现了 *argF* 的微量表达。最终分批补料发酵的丁二胺产量达到 19 g/L，产率为 0.16 g/g（葡萄糖）[21]。此外，确定了 *N*-乙酰转移酶基因 *cg1722*（丁二胺乙酰化基因），并将其命名为 *snaA*。*snaA* 基因的缺失使得主要副产物乙酰基丁二胺的生成最小化，与对照组相比，摇瓶发酵的丁二胺产量增加 41%（提高至 4.22 g/L），产率为 0.21 g/g(葡萄糖)。

Li 等[22]通过敲除谷氨酸棒杆菌中的 *puo*、*butA* 和 *snaA* 基因构建了菌株 PUT-ALE (pEC-*pyc458*)，随后利用来源于 *E. cloacae* 的 *peC*1 基因取代了 *fabG* 基因，对菌株进行适应性进化培养并过表达 *pyc458* 基因。最终，此工程菌株分批发酵丁二胺最高产量达到

12.44 g/L，产率为 0.29 g/g（葡萄糖）。

与葡萄糖从头合成丁二胺相比，以氨基酸为底物可以缩短转化路径，提高转化效率。Li 等[23]建立以大肠杆菌 BL21（DE3）为生物催化剂的全细胞生物转化体系生产丁二胺。以精氨酸为前驱体合成丁二胺，减少了酶催化的步骤，实现了丁二胺的高效积累。大肠杆菌 PUT2 在 48 h 内将精氨酸在 3 L 的规模下转化为丁二胺，效价达到 26.21 g/L，丁二胺的比产量为 1.99 g/g（细胞干重），生产率为 0.54 g/(L·h)。这些研究为丁二胺的生物合成提供了一种有前景的策略，为丁二胺的大规模生物生产奠定了基础。

6.1.4 生物合成市场潜力与发展方向

生物基聚酰胺是一种由生物基单体聚合而成的高分子化合物。羊毛和丝绸是天然聚酰胺，而尼龙是合成材料。合成聚酰胺热塑性塑料在工程中很重要，因为它们在合理的成本下提供高性能。

在政策支持和企业引领的带动下，经过多年的研究和发展，全球生物基材料，包括生物基聚酰胺材料的发展已经逐步进入大规模实际应用和产业化阶段。然而，发展生物基聚酰胺材料产业仍然面临着诸多困难，其中原料来源及生产成本是限制其发展的主要障碍。就原料而言，虽然可再生的资源有很多，但并非都可以用于制备生物基聚酰胺，所以可再生的聚酰胺原料仍然有限。因此，扩展生物基聚酰胺生产原料的研究在很多国家进行，如美国、日本等，主要的研究对象包括餐厨垃圾、旧纸张等废弃物，农作物非食用部分、林地残留物等未利用废弃物，油脂植物、糖类作物等资源作物，海洋植物、转基因植物等新类型作物。通过原料的开拓可以有效减少目前用于生物基聚酰胺生产的粮食作物等的使用量。

目前，国内已经引进或建设了数十条 PA11 管材生产线，河北涿州凌云工业集团有限公司引进 1000 t/年 PA11 管材生产线，原料从法国阿托化学公司进口。重庆恒强塑胶制品有限公司、浙江临海小溪刹车管厂、河北亚大塑料制品公司等也相继引进或建设了 PA11 管材生产线，总加工能力达 3000 t/年。综上所述，聚酰胺拥有非常广阔的市场与应用前景，开发聚酰胺及其单体的生物合成方法将有助于减少环境污染，实现可持续发展。

6.2 生物基聚酯

近年来，在生物基单体制备技术日趋成熟的推动下，生物基聚酯在快速发展的生物基工业中大量涌现。聚酯是用途最广泛的聚合物之一，广泛应用于塑料、纤维、弹性体、涂料、增塑剂等领域。由于石油化工产品对环境的巨大压力和生物质工业的快速发展，许多研究人员都开始关注生物基单体衍生聚酯的开发和工业化。生物基聚酯的发展与生物基单体的发展密切相关[24]。目前，用于合成聚酯的生物基单体涵盖了绝大多数的常规单体和具有新结构和新特性的单体。这种生物基单体的开发和应用不仅为传统的石油基聚酯［如聚对苯二甲酸乙酯（PET）、聚对苯二甲酸丙烯（PTT 或 PPT）和聚丁二酸丁二烯

(PBS)] 提供了可持续性解决方案，而且为新型聚酯，如聚乳酸（PLA）、聚 2,5-呋喃羧酸乙烯（PEF）和生物基工程聚酯弹性体（BEPE）的开发提供了新的见解。此外，由生物基单体通过共聚改性制备的一系列部分和全生物基共聚聚酯为生物基聚酯的设计和应用创造了更多的机会。

6.2.1 PLA

聚乳酸（poly lactic acid，PLA），又名聚丙交酯（polylactide），是一种脂肪族聚酯。聚乳酸是一种生物可降解聚合物材料，由含淀粉、纤维素等生物质材料为原料，经发酵制成乳酸，再由乳酸聚合制成聚乳酸高分子材料而成。作为一种生物可降解材料，聚乳酸在微生物的作用下可彻底降解为 CO_2 和 H_2O，因此，聚乳酸是一种生物相容性和生物可降解性优良的合成高分子材料。同时，聚乳酸无毒、无刺激性，兼具高强度、良好的机械性能、高抗冲击度、高柔性和热稳定性，不变色，对氧和水蒸气有良好的穿透性，良好的抗菌性、防霉性。

6.2.1.1 市场价值

聚乳酸工业是一个朝阳产业，市场增长点正在到来。然而，由于技术障碍和下游需求不饱和的风险，目前制造业集中度非常高，而 NatureWorks 公司聚乳酸产量占 2018 年全球总量的 73%。像 NatureWorks 这样的领先公司已经通过建立品牌优势，扩展市场渠道赢得了客户的良好声誉，在这一方面中国企业明显落后，目前中国制造商通过释放更多的产能来扩大市场份额，但是受到技术和需求的限制，最近几年市场推广比较缓慢。中国制造商有必要改进技术，不仅是聚乳酸合成技术，也包括下游应用技术。2018 年，全球对聚乳酸的需求从 2014 年的 16 万吨增加至 17.7 万吨。据估计，在下游行业的支持下，尤其是全球禁塑令的影响下，下游需求增长是必然的趋势。预计全球对聚乳酸的需求将持续增长，其未来 6 年复合年增长率为 7.3%。

美国是聚乳酸最大的生产基地，其次是中国，2018 年的生产市场份额为 14%。而在消费方面，美国依旧保持了领先地位，同时，也是全球最大的出口国。通过出口和代理的形式，NatureWorks 的产品已经销往全球各地。2018 年全球聚乳酸市场价值为 6.59 亿美元。作为一种性能优异的可降解塑料，市场内部人士对其未来市场持乐观态度。

6.2.1.2 化学合成路径

聚乳酸生产是以乳酸为原料，传统的乳酸发酵大多用淀粉质原料，目前美、法、日等国家已开发利用农副产品为原料发酵生产乳酸，进而生产聚乳酸。

(1) 直接缩聚法

直接缩聚合成聚乳酸反应式如下：

直接缩聚法就是把乳酸单体进行直接缩合，也称一步聚合法，其途径如图 6-10 所示。在脱水剂的存在下，乳酸分子中的羟基和羧基直接缩聚合成低聚物。加入催化剂，继续升温，低分子量的聚乳酸聚合成更高分子量的聚乳酸。在缩聚反应中使用一种不参与反应

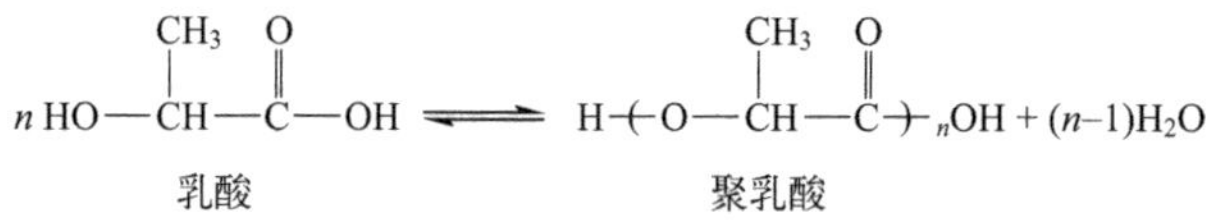

图 6-10　聚乳酸直接缩聚合反应式

的、能溶解聚合产物的有机溶剂，在一定的温度和真空度下与单体乳酸、水进行共沸回流，回流液经除水后返回到反应容器中，经过一段时间的回流循环除水，逐渐将反应体系中所含的微量水分（包括原料中所含的水与在反应中随着缩聚反应的进行逐渐生成的水）除去，推动反应向聚合反应方向持续进行，从而获得高分子量的聚合产物[25]。

(2) 丙交酯开环聚合

目前，聚乳酸及其共聚物的制备一般采用开环聚合法，即先由乳酸合成丙交酯(LA)，丙交酯再开环聚合制备聚乳酸其共聚物，其途径如图 6-11。

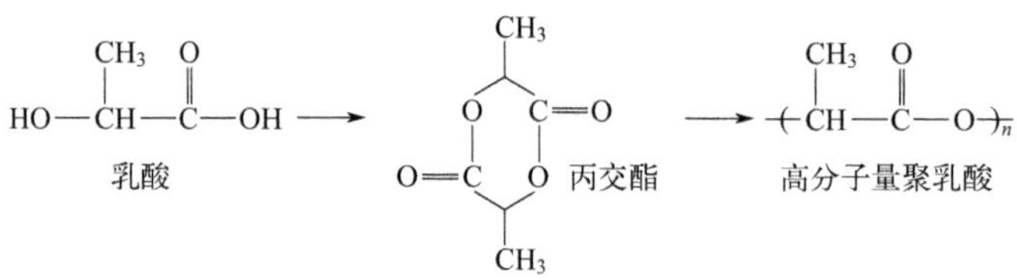

图 6-11　聚乳酸开环聚合反应式

近年来，对引发丙交酯等内酯开环聚合的催化剂体系的研究工作不断深入，不同的催化剂体系，引发内酯开环聚合的反应机制不同，各有优劣[26]：

质子酸型催化剂：主要代表有羧酸、对甲苯磺酸、FSO_3H、CF_3SO_3Me、CF_3SO_3H 等，这类催化剂引发内酯开环聚合，聚合按阳离子机制进行，即引发剂 H^+ 进攻内酯环外氧生成氧离子，烷氧键断裂形成阳离子中间体，进行链增长。但这类催化剂只能引发内酯本体聚合，且产物分子量不高。

阴离子型催化剂：较典型的有醇钠、醇钾、丁基锂等。负离子进攻内酯，诱发内酯质子化形成活性中心内酯负离子，该负离子进攻内酯单体而进行链增长。反应速度快，可进行溶液或本体聚合，但副反应极为明显，不利于制备高分子量聚合物。

目前研究最多的是按非离子插入机制引发内酯配位开环聚合的催化剂体系，例如有机铝催化剂。Teyysie 等研究了金属铝与不同配位体形成的配位化合物如 $Al(Qi\text{-}Pr)_3$，$Et_2Al(Oi\text{-}Pr)$ 等对内酯的开环聚合作用，用带官能基团（如烯基等）的有机铝催化剂引发丙交酯开环聚合得到远螯聚乳酸，进而可制备接枝、星形等结构的共聚物。邓先模等[27]利用异丁基铝复合催化剂，如 $(i\text{-}Bu)_3Al\text{-}H_3PO_4\text{-}H_2O$ 等引发丙交酯开环聚合得到超高分子量 PLA。

(3) 反应挤出聚合

丙交酯开环聚合法流程较长，生产成本高，不利于工业化。为开发实用的高分子量聚乳酸的制造技术，Miyoshi 等用间歇式搅拌反应器和双螺杆挤出机组合，成功地通过乳酸连续熔融缩聚制得分子量达 150000Da 的聚乳酸。Denise 等研究了在自由基引发剂存在下聚乳酸在双螺杆挤出机上的熔融挤出，发现大分子链之间会发生交联、接枝，从而可以得到较高分子量的聚乳酸。

6.2.1.3 生物合成路径

制备高纯度的乳酸单体是聚乳酸产业发展的关键点之一。目前，乳酸单体规模化制造的主要方法是生物发酵法，具有高效合成乳酸单体的微生物菌种是实现这一过程的核心，决定了乳酸单体生产的工艺路线与装备体系[28-30]。乳酸生产菌株选育过程包括：①从自然样本中分离而得、具有特定性状的出发菌株，最好具有宽底物代谢特性、耐受高浓度底物与乳酸产物、高代谢速率、营养要求简单、可在合成培养基中快速增殖与代谢等特点，由此赋予乳酸单体生产的原料多样性、发酵生产环境的简洁性、后续菌种遗传改良的便捷性[31]；②通过遗传修饰技术强化乳酸单体合成的强度和水平，消除副产物生成途径，拓展底物利用能力，由此最大程度地提高乳酸单体在发酵生产阶段的光学纯度、化学纯度，简化乳酸单体分离纯化的工艺与装备要求[32]；③通过菌株（主要为大肠杆菌）生长繁殖、乳酸合成的分子开关控制等技术运用，解决生产菌种的生长繁殖与乳酸单体合成的天然矛盾，由此创建乳酸单体发酵生成的变温工艺技术，极大释放发酵生产能力[28]；④以耐酸性出发菌株（主要为耐酸性酵母）为基础，通过分子育种形成非中和乳酸单体发酵生产的新工艺，大幅度降低副产物特别是石膏的生成量[33]。乳酸单体发酵生产工艺技术主要有以下两套完全不同的技术体系。①中和发酵生产体系，分为以氢氧化钙或氨水为中和剂的发酵生产体系：前者乳酸单体产率和生产效率均较高，但形成硫酸钙副产物；后者牺牲乳酸单体产率并提高生产成本，形成副产物硫酸铵。现有工业化的乳酸单体生产工艺基本上采用以氢氧化钙为中和剂的发酵生产体系，国内外企业保持一致[34]。②非中和发酵生产体系，主体采用耐酸性酵母生产菌株进行乳酸单体的生产，优点是不形成硫酸钙副产物，但乳酸单体的生产强度和生产水平均偏低，需要特殊的发酵生产装备，发酵过程能耗和辅助原料的消耗也显著加大。该技术现为个别国际企业采用，被应用于 L-乳酸单体的发酵生产[35]。此外，采用特殊生产工艺（如在位萃取方法）可消除石膏或硫酸铵等副产物的形成[36]，但工业生产效率和经济效益有待进一步提升。

最近，许多研究通过在重组细菌中构建聚羟基脂肪酸酯的生物合成途径和新的代谢途径，开发了用于从可再生资源生产聚乳酸和聚乳酸共聚物的完全生物过程，即通过引入丙酰辅酶 A 转移酶和工程化 PHA 合酶并结合系统代谢工程的途径来实现。

生物合成法有以下几个优点。第一，生物合成法不需要像化学法那样要求极其纯的单体，可避免在聚合过程中的副反应和催化剂中毒，因为聚乳酸共聚是通过工程化的 PHA 合成酶催化微生物代谢中间体在体内合成的。第二，由于体内固有或异源代谢途径可以提供超过 150 种羟基羧酸作为单体。因此，可以合成具有新材料性能的各种聚乳酸共聚物。第三，超高分子量的聚乳酸和聚乳酸共聚物可以在细胞中合成和积累，与化学法不同，在化学聚合物合成期间由于黏度随着反应进行而增加，导致化学法合成存在混合不均匀的问题，这限制了其分子量。第四，PHA 合成酶只接受 *R*-构型的 HA-CoAs，因此，生物法合成的聚乳酸及其共聚物的单体有单一光学活性，其材料性质易控。第五，聚乳酸中剩余的内交酯单体引起的聚乳酸聚合物加工问题不存在，因为在通过微生物合成的含乳酸酯的聚合物中不存在未反应的残留单体。

Yang 等[37]通过工程大肠杆菌表达了不同的二型 PHA 合成酶，包括假单胞菌属（*Pseudomonas*）菌株 61-3、绿针假单胞菌（*P. chlororaphis*）、恶臭假单胞菌（*P. putida*）KT2440、树脂假单胞菌（*P. resinovorans*）和铜绿假单胞菌（*P. aeruginosa*）PAO1，但是聚乳酸产量较低。虽然生物法合成聚乳酸有很多优点，但是与典型的化学方法相比，也存在需要解决的几个问题。聚合物合成期间存在链终止的现象，这会限制聚乳酸的分子量，而且细菌的生产率低，聚乳酸在细胞中的含量也低。并且，有研究发现，随着乳酸比例的增加，乳酸共聚物的分子量会降低，这限制了其应用。因此，筛选新型的底物特异性强的 PHA 合成酶并通过代谢工程、细胞形态改造及酶融合等技术增加聚乳酸的生物合成量是目前生物法合成聚乳酸要解决的问题。

6.2.1.4 生物合成市场潜力与发展方向

自 20 世纪 90 年代后期首次商业化以来，聚乳酸的生产量每年都在增长。聚乳酸需求量的逐渐增加使环保材料工业界迫切寻找高产率、低成本和环保的聚乳酸制备方法。近几年来。为了减少传统聚乳酸生产的操作单元和流程，日本和韩国的几个实验室正尝试利用代谢工程技术将乳酸的发酵和聚合整合至工程菌内，实现聚乳酸的一步生物合成。而且，越来越多的研究开始关注聚乳酸共聚物的生产等，以期得到更好的性能[38]。

我国的聚乳酸研制和生产起步较晚，聚乳酸及其制品的研制在中国科学院化学研究所、中国科学院上海有机化学研究所、中国科学院长春应化所、南京大学、浙江大学、同济大学、东华大学等单位的努力下，已取得初步成功，合成路线是以丙交酯开环聚合获得 PLA。2018 年，中国科学院长春应用化学研究所承担的中国科学院科技服务网络计划“生物基聚乳酸关键技术研发与应用示范”实现了不同性能聚乳酸制备和规模化生产的关键技术突破，项目建成 2.5 万吨总产能聚乳酸生产线，聚乳酸树脂的旋光纯度达 99.5%以上、熔点达 177℃以上，达到世界领先水平，在国内率先实现聚乳酸共聚物相容剂的中试合成。2023 年，山东朗净千吨级聚乳酸产线试车成功，产出合格产品，为全省首家，这标志着朗净自主技术的聚乳酸工业化放大项目在淄博全线贯通，这对全球绿色低碳生产领域有着深远意义。但由于起步较晚并且缺乏自研核心技术，国内聚乳酸制备相关的高纯度乳酸原料发酵技术、化学聚合过程的控制和产品分离加工技术与工业发达国家相比还有较大差距，主要体现在高纯度乳酸原材料的成本高、分离工艺造成新的污染问题、加工产品的性状质量不稳定等。当前，从 DERWENT 专利数据库可以发现，与聚乳酸相关的专利国外申请人占据绝大部分，而且多数为企业专利，其中包含一些世界级知名企业。因此，国内对聚乳酸的研究还有很长的科研路去探索，中国的聚乳酸生产研发存在巨大潜力。

6.2.2 PBS

聚丁二酸丁二醇酯（PBS）是一种具有良好的热性能、机械性能和加工性能的生物降解脂肪族聚酯，结构简式是 $H\!\left[O(CH_2)_4OCO(CH_2)_2CO\right]_nOH$。为白色半结晶型聚合物。易溶于氯仿，略溶于四氢呋喃，在水、甲醇或乙醇中几乎不溶。不同的分子结构和分子量的PBS的结晶度范围为30%～60%，结晶温度为75℃。其结构单元中含有易水解的酯基，易被自然界中的多种微生物或动、植物内的酶分解、代谢，最终形成 CO_2 和 H_2O，避免了环境污染。分子的化学结构、分子量大小、形态分布、熔点、结晶度对降解过程都有不同的影响。

6.2.2.1 市场价值

PBS在20世纪90年代进入材料研究领域，并迅速成为被广泛推广应用的通用型生物降解塑料。其优异性能主要表现在以下几个方面[39]：

① 加工性能　PBS的加工性能非常好，可在通用加工设备上进行注塑、挤出和吹塑等各类成型加工，同时可共混碳酸钙、淀粉等填充物，降低成本。

② 耐热性能　PBS具有出色的耐热性能，是完全可生物降解聚酯中耐热性能最好的品种，热变形温度接近100℃，改性后该温度可超过100℃，满足日常用品的耐热需求，可用于制备冷热饮包装和餐盒。

③ 力学性能　与其他生物降解塑料相比，PBS力学性能十分优异，具有许多通用树脂如聚乙烯、聚丙烯相近的力学性能。

④ 降解性能与化学稳定性　PBS在正常储存和使用过程中性能非常稳定，只在堆肥、土壤、水和活化污泥等的环境下会被微生物和动植物体内的酶分解为 CO_2 和水。

由于PBS有上述良好的性能，它在很多方面都有着非常重要的用途。首先，它可用于包装领域，主要有垃圾袋、食品袋、各种冷热饮瓶子和标签等。其次，因其良好的成膜性可作为农林业中的农用薄膜以及各种种植用器皿和植被网等。然后，在PBS中添加滑石粉、碳酸钙等还能制成各种成型制品，被用于日用杂品。最后，与PET类似，PBS还可作为纺织材料。此外，由于具有生物相容性和可降解性，PBS还可应用于医用制品中的各种人造材料，如人造软骨、缝合线、支架等。

与其他传统的可生物降解的聚酯相比，PBS生产成本低（仅为前述几种可降解塑料的1/3)、熔点相对较高、耐热性能、力学性能好；生产PBS的原料可以是石油资源，也可以通过生物发酵获得，在石油等不可再生资源日益枯竭的情况下，这一特点更有着深远的意义；PBS的生产工艺简单，可通过现有的聚酯设备略作改造进行生产，节约了设备的成本；通过共聚和共混改性，可以形成系列化的产品，进一步提升性能，降低价格。

6.2.2.2 化学合成路径

目前，PBS聚合是以化学合成法来制备，主要包括直接酯化法、酯交换法和扩链法[40]。

（1）直接酯化法

直接酯化法是先将丁二酸和过量丁二醇在氮气存在和较低温度下进行酯化反应，分子间脱水，生成端羟基的低聚物，然后在高温、高真空度条件下，低聚物通过催化剂的作用脱除二元醇，得到高分子量的 PBS。直接酯化法又根据是否在反应过程中使用溶剂分为：溶液缩聚[41]、熔融缩聚[42]和溶液熔融相结合[43]三种合成方法。

（2）酯交换法

酯交换法是在催化剂的作用下，二元酸二甲酯或二乙酯与等当量的二元醇发生酯交换反应，脱除甲醇，生成 PBS 预聚物，然后在高温和高真空条件下，预聚物进行缩聚得到高分子量 PBS[44]。由于酯交换法反应过程中生成的甲醇可通过加热等简单操作去除，得到的 PBS 纯度较高，但相比于直接酯化法，其原料成本升高，反应时间长，合成的 PBS 分子量不高。

直接酯化法和酯交换法均属于缩合聚合，所采用的催化剂主要有稀土类、钛酸酯类和锡基类等。其中，钛酸四丁酯是最为常用的催化剂。上述两种方法都是可逆反应，反应后期需要不断脱除副产物来提高 PBS 的分子量，并且在反应过程中，尤其是反应后期，温度往往超过 200℃，不可避免地会出现环化、热降解和热氧化等副反应。在 PBS 实际合成中经常会出现产物色泽发黄的现象，这主要是由于丁二醇在高温下发生环化和氧化等反应，生成了副产物四氢呋喃。为此，要控制预聚合阶段的温度，尽可能避免丁二醇环化，或采用冷阱的方法在反应过程中抽出四氢呋喃。此外，为了防止氧化，可以在反应后期加入聚磷酸等抗氧化剂。

（3）扩链法

为了克服直接酯化法和酯交换法副产物多、产物分子量低等缺点，研究人员开发了扩链法，即利用扩链剂的活性基团与 PBS 预聚物的端羟基或羧基反应，达到扩链的效果，以增加产物的分子量[45]。这种方法对反应条件要求不高，仅在较温和的反应条件下就能得到高相对分子量的 PBS。但扩链法也存在一定缺陷，有些扩链剂具有一定毒性，而且容易残留在产物内，限制了 PBS 在食品包装及药用器材领域的使用。

综合上述三种方法，酯交换法对用料的配比要求不高，能有效地避免因原料配比不合理而生成端羧基的预聚物，从而终止链增长；副产物甲醇易脱除，有利于酯交换反应的进行。但是酯交换法首先要制备二元酸二甲酯或二乙酯，原料成本较高，并且甲醇的毒性较大，故该方法的应用较少。扩链法主要采用的扩链剂是二异氰酸酯，但是其具有一定的毒性，大大降低了 PBS 的卫生和安全性能，从而限制了 PBS 的应用范围。此外，PBS 主链中引入二异氰酸酯结构会导致其酯键更难断裂，因此产物的生物降解能力会变差。经过长期的合成研究，目前 PBS 的合成主要采用直接酯化法，并通过开发高效的安全催化体系、调节丁二酸和丁二醇的摩尔比、控制反应温度和提高真空度等，制备具有良好的综合性能的 PBS，为其产业化奠定了坚实的合成基础。

6.2.2.3 生物合成路径

对于 PBS 而言还未有全生物合成相关报道，但 PBS 的单体可完全由生物发酵获得，如丁二酸作为三羧酸循环的中间代谢产物，其主要的生产菌株是大肠杆菌；另一种单体原料 1,4-丁二醇也可以通过生物质的发酵来进行生产制造。

(1) 生物发酵产丁二酸

见 2.4 琥珀酸。

(2) 生物发酵产 1,4-丁二醇

作为一种可由生物进行原料转化的化合物，1,4-丁二醇可作为精细有机化学品的合成原料、涤纶及工程塑料的单体，具有非常大的市场潜力。生物法开发生产 1,4-丁二醇的创新技术，在欧美等国家受到广泛关注，并且已投入工业生产。2015 年，美国 Genomatica 公司设计并制备了具有 4-羟基丁酸、γ-丁内酯、1,4-丁二醇、4-羟基丁酰基 CoA(4-HBCoA) 和戊二胺的生物合成能力的细胞和生物体。通过引入一个或多个编码 1,4-丁二醇、4-HBCoA 和戊二胺途径酶的核酸，能满足 1,4-丁二醇、4-HBCoA 和戊二胺的生物合成的代谢设计。该公司还发明了一种用于增强甲醇存在下还原当量的可用性的甲醇代谢途径(MMP)，所述还原当量可用于增加微生物生物体生产 1,4-丁二醇的产率。美国化学品制造商 Genomatica 公司正在推进生物基 1,4-丁二醇和丁二烯生产的工业化进程，充分利用生物基原料，并从甜菜、甘蔗、玉米及其他植物中提取原料。

麦兰特公司公开了从可再生碳源生产生物 1,4-丁二醇的两步法工艺。第一步，使用微生物催化剂从碳源衍生 1,3-丙二醇，碳源包括葡萄糖、蔗糖、甘油和纤维素水解物；第二步，生物质衍生的 1,3-丙二醇进行脱水反应生成生物烯丙醇，继而进行加氢甲酰化反应和氢化反应，得到生物 1,4-丁二醇。

6.2.2.4 生物合成市场潜力与发展方向

未来可以关注产 PBS 的天然微生物的寻找以及对工程菌株的突变改造，以寻找到合适的菌株来进行 PBS 的发酵生产。同时，通过降低 PBS 单体丁二酸和丁二醇的生产成本，也能有效提高 PBS 的经济效益。按照原料来源，PBS 可分为石油基 PBS 与生物基 PBS 两大类。长期以来，全生物基 PBS 囿于成本问题，不能很好地进入市场。Kwon[46] 在生物基 PBS 核心原料丁二酸工业菌株构建过程中省去了有氧菌体的培养过程，实现“一步厌氧”，从而大幅降低成本，使生物基 PBS 的合成成本直接追平石油基 PBS。王丹团队[47] 在丁二酸工业菌株构建中使用厌氧诱导启动子替换原有启动子，省去了诱导剂 IPTG 的使用，使得丁二酸生物合成的成本大幅降低。这些工作从原料角度降低了生物基 PBS 的生产成本，使其产业化成为可能。

6.2.3 PHA

聚羟基脂肪酸酯（polyhydroxyalkanoates，PHA）是很多微生物可合成的一种细胞内聚酯，是一种天然的高分子生物材料。由于 PHA 具有良好的生物相容性能、生物可降解性和塑料的热加工性能，它可作为生物医用材料和生物可降解包装材料，已经成为近年来生物材料领域最为活跃的研究热点。PHA 还具有非线性光学性、压电性、气体相隔性等多种高附加值性能。

6.2.3.1 市场价值

PHA 具有优异的生物可降解性，无论在水中、土壤中和二者兼具的环境中，甚至在厌氧条件下、生物体内，都可实现 100%生物降解；还具有生物相容性和动物可食用性及性能可调的特点，以及优异的机械加工性能等；PHA 与 PLA、PBAT、PBS、PPC 和淀粉基材料等其他性能优良的材料可优势互补，可以广泛地应用在包装袋、农膜、一次性餐具、纺丝、医用材料、饲料添加剂、生物燃料等领域中，可胜任大部分合成塑料的用途，是符合“碳中和”时代发展的新材料，被誉为“最有潜力的可降解塑料之一”和“除 PLA 以外唯一具备产业化能力的生物基可降解材料”。

目前，PHA 在全球的产业化程度正处于快速发展的早期阶段。近年来，PHA 在美国、德国等国已得到初步产业化应用，但成本过高，尚未进入规模化生产。我国在 PHA 产业化的种类和产量方面都处于国际领先地位。截至 2021 年，国内已形成了约 10 家 PHA 研发和生产企业，总产能约为 3 万吨（含运行、在建和拟建）。而由于 PHA 生产成本高昂，其原料单吨价格可达 6 万元/吨，PHA 在可降解塑料市场中占有率仅为 2%，暂时主要用于医疗器械等高附加值领域。

6.2.3.2 化学合成路径

目前 PHA 的主要合成工艺为细菌发酵，需要找到特定菌株，面临反应过程慢、原料转化率低、易被细菌污染、设备投资大等缺陷，我国国内 PHA 生产企业如微构工场、蓝晶微生物均选用了生物法。而相比于传统的生物发酵法，美国公司 Novomer 则选用了化学合成法进行 PHA 的合成。目前已经完成 8 吨/年产量的中试工艺包设计，正在推广以一氧化碳和环氧烷烃共聚合生产环内酯单体/聚羟基脂肪酸酯的产业化技术，通过生物质发酵生产二氧化碳和乙醇，再通过电化学作用经由中间体合成 PHA。据悉，环氧烷烃和一氧化碳直接交替共聚法具有原料便宜、工艺简单的优势，具备以现代化工为技术基础的大规模工业生产前景。

以环氧烷烃和一氧化碳为原料生产聚羟基脂肪酸酯的方法常根据聚合反应机理分为两类。一类为环氧烷烃和一氧化碳的直接交替共聚来制备聚羟基脂肪酸酯，但现存的催化体系，面临着聚合物选择性低的问题。另一类为串联聚合法，即首先实现环氧烷烃与一氧化碳偶联制备 β-内酯，再加入其他催化剂实现 β-内酯开环聚合制备聚羟基脂肪酸酯。

近日，浙江大学伍广朋课题组首次发现了第三类共聚合反应机制：在同一种催化剂作用下同时存在三种催化循环（包括环氧烷烃的扩环反应制备 β-内酯、环氧化合物和一氧化碳的交替插入制备聚酯，以及原位生成的 β-内酯的开环均聚），以实现聚羟基脂肪酸酯的高效合成。此类催化剂及其独特的催化历程丰富了目前以一氧化碳与环氧烷烃为原料制备聚羟基脂肪酸酯的体系和方法。他们设计的有机硼钴催化剂具有制备简单、产率高、金属含量低（仅一个金属中心）的优点，所得产物中聚酯的选择性>95%，可适用多种不同的环氧单体。

除此之外，近期大连理工大学“小分子活化与仿生催化”教育部创新团队开发一类三金属配合物，不同金属核心之间的协同/双重催化作用可以高效促进上述聚合过程，拓展了 17 种聚羟基脂肪酸酯新产品，选择性＞99％，Mn 值高达 38.2 kg/mol。多核心/羰基钴的催化体系对环氧化物的底物适用性高，制备了结构、功能多样和性能优异的 PHA[48]。

6.2.3.3 生物合成路径

天然 PHA 通常可分为两大类，即短链长 PHA（SCL-PHA）和中链长 PHA（MCL-PHA）。SCL-PHA 由包含 3 至 5 个碳原子的单体组成，PHB 和 PHBV 最具代表性。PHB 是由两分子乙酰辅酶 A 通过 β-酮硫解酶（PhaA）缩合成乙酰乙酰辅酶 A，然后通过 NADPH 依赖性乙酰乙酰辅酶 A 还原酶（PhaB）还原为（*R*）-3-HB-CoA，最后通过 PHA 合酶（PhaC）聚合形成 PHB。PHB 生物合成操纵子 *phaCAB* 最初是在 *Cupriavidus necator*（之前菌名为 *Ralstonia eutropha*）中鉴定的。MCL-PHA 通常存在于假单胞菌中，由包含 6～14 个碳原子的单体组成。（*R*）-3HA-CoA 可以由脂肪酸代谢产生，例如 β-氧化和脂肪酸从头生物合成途径。当脂肪酸通过 β-氧化途径时，会生成不同碳长度的（*R*）-3HA-CoA，随后被 PhaC 聚合成 MCL-PHA。PHA 的多样性主要归因于 PHA 合酶（PhaC）的广泛底物特异性[49]。PhaC 是 PHA 生物合成中使用的最重要的酶，通常，PhaC 可以很容易地接受 3-羟酰基辅酶 A、4-羟酰基辅酶 A、5-羟酰基辅酶 A，并将它们结合到不断增长的 PHA 链中。

30 年来，PHA 的微生物合成因跟随代谢工程以及合成生物学的脚步得到了迅速发展。在“碳中和”的大背景下，PHA 的生产倾向于以可再生资源作为原料，符合可持续发展的理念，缩短了产业链长度，降低了原材料成本占比。一些微生物菌种具备独特代谢通路，可以利用各种廉价原料进行 PHA 生产，比如蔗糖蜜、向日葵茎水解物、木薯和玉米淀粉、植物油、乳清、米糠水解物、粗甘油、废煎榨油（菜籽油和芝麻油）以及废弃物中提取的碳源[50-52] 等。如将大肠杆菌乳糖降解基因重组到 *C. necator* DSM 545 的解聚酶基因 *phaZ*1 中，使其能够获得乳清代谢能力。重组菌株利用乳清渗透液可以生产含量达到 30％的 PHA[53]。

微生物合成 PHA 在很大程度上依赖于所供给的碳源。简单地说，这些碳源可以分为相关碳源和非相关碳源两类。PHA 生物合成过程中有多条代谢途径能够合成羟基脂酰辅酶 A 单体，这些途径又与体内的中心代谢途径相耦联，形成一个巨大的代谢网络。不同细菌利用的碳源不同，PHA 合成途径不同，合成 PHA 的种类也不同，这种差异与特定微生物起作用的代谢途径有关。目前，在自然条件下细菌中已经被报道的 PHA 单体的合成途径一共有 14 种[54]。其中，最常见、代谢工程改造研究最为成熟的是与 SCLPHA 合成相关的乙酰辅酶 A 直接合成途径，以及与 MCLPHA 合成相关的 β 氧化循环途径和脂肪酸从头合成途径[55-56]。

通过合成与系统生物学、代谢工程、下一代生物工业技术等手段，以极端微生物作为 PHA 的低成本生产平台菌株，可通过无需灭菌的开放式连续发酵，大大简化生物制造过程。同时，利用代谢工程和合成生物学技术对生产菌株进行改造，使更多的代谢流转向

PHA 合成，可以提高底物转向 PHA 的转化率。对菌株进行形态学、自絮凝改造，可以简化 PHA 下游提纯加工流程，从而大幅度降低 PHA 的生产成本。

很多方法被用于调控 PHA 合成相关基因的表达。比如将大肠杆菌 *Escherichia coli* JM109 基因组上 *phaCAB* 的拷贝数从 11 增加至 50，可以使 PHB 积累从 0.1 g/L 增加至 1.30 g/L。这项实验结果表明，更高的 PHA 合成基因拷贝数可带来更高的 PHA 产量[57-58]。此外，还可以用强诱导转录系统过表达 PHA 合成基因，研究人员开发了一种由噬菌体聚合酶衍生的类 T_7 诱导系统，实验表明该系统在诱导后有较强的转录活性[59]。在盐单胞菌 *Halomonas bluephagenesis* 的基因组上整合该类 T_7 启动子驱动的 *phaCAB* 基因，诱导 44 h 后，PHA 产量达到了 69 g/L，而同样条件下野生型只积累了 50 g/L PHA。插入或删除基因也是一种增强 PHA 生产的常用策略，但是这种方法往往只注重局部的通路设计而忽略对细胞生长产生的不利影响。在现代计算机技术的帮助下，结合代谢流建模对细菌生产途径进行模拟有助于设计和优化通路[60]。例如，现在已经建立了恶臭假单胞菌 *Pseudomonas putida* 代谢流的模型，用于预测底物向 PHA 合成酶及前体转化的最佳流量。初步的模拟分析显示，敲除葡萄糖脱氢酶（Gcd）的菌株与野生型相比，PHA 积累量可增加 100%。在实验中，敲除 Gcd 的 *P. putida* 表现出了更高的 PHA 产量（增加 80%）和胞内 PHA 含量，同时生成的副产物也更少，而且细菌生长几乎没有受到影响。这样构建的重组菌在所有工业生产相关评价标准下都是最优的[61]。此外，根据模型预测，在 *P. putida* KT2440 中通过删除 PHA 合成调控限制因子并重构碳流分配，PHA 在非营养限制条件下的积累量可达到细胞干重的 45%[60]。

6.2.3.4 生物合成市场潜力与发展方向

在“双碳”目标的指引下，低碳生物合成成为绿色制造的关键。与传统合成塑料相比，PHA 能够把生命周期内的碳排放降低 90%，1 根 PHA 吸管比 PP 吸管的碳排放低 180 g。近年来全球推行的禁/限塑令也成为推广生物基塑料的催化剂。PHA 微生物绿色制造的原料丰富且可再生，过程绿色智能可控且条件温和，产品种类也越来越丰富。

降低成本仍然是生物可降解塑料产业发展的核心驱动力之一。分析各种 PHA 的理论碳转化率有助于筛选适合的 PHA 单体类型、提高底物利用率、降低成本，还可以减少生产过程的碳排放，助力“双碳”目标的实现。此处所提的 PHA 单体的理论碳转化率是基于不考虑细胞还原力等因素的碳的最大转化率，实际的底物转化率数据目前文献报道较少，大部分的数据体现的是 PHA 中各种单体的组成以及 PHA 的细胞内含量。实际碳转化率跟各种 PHA 合成过程中实际采用的途径以及该途径 PHA 合成的效率有关，随着 PHA 产业不断发展和 PHA 产量的不断提高，今后人们也会越来越多地关注 PHA 的实际碳转化率。

PHA 的生物合成的前体以乙酰辅酶 A 为主，而从葡萄糖合成乙酰辅酶 A 的脱羧过程会涉及碳损失。因此，有必要设计开发新型的人工低碳途径，减少 CO_2 的排放并提高前体的碳转化率。而提高一碳化合物的有效利用和转化，仍然是未来需突破的关键技术。此外，利用代谢工程与合成生物学方法对产 PHA 底盘细胞改造[62]，可通过从细胞的整体代谢网络着手，调控和优化代谢途径，提高底物到产物的转化率。另外，PHA 的价格控制可从多方面入手，如选择廉价糖类或者废弃物为底物；选用特殊底盘菌，如嗜盐菌来生产，降低发酵生产过程中的耗能。总之，以上 PHA 合成的方法策略分析与技术开发对于开启 PHA 的低碳绿色生物制造的工业化进程具有深远意义。

6.3 生物橡胶

橡胶材料按照来源可以分为来自三叶橡胶树的天然橡胶以及源自化石基原料的合成橡胶。自 1839 年美国人固特异发明硫化橡胶以来，天然橡胶与合成橡胶陆续进入现代社会的方方面面，至今已经为现代文明社会服务了近 180 年，在今后相当长的时间内，也还将继续服务于现代文明社会。但是，目前无论是合成橡胶还是天然橡胶，都面临着资源不足的难题。合成橡胶以石油等化石资源为原料，在能源、资源与环境都受到严重挑战的今天，以大量不可再生的能源、资源消耗为代价的现代合成橡胶工业正面临着严峻的考验[63]。根据英国 BP 石油公司的统计数据，目前全球探明的石油储备只够维持 42 年的消耗、天然气储备只够维持 60 年的消耗、煤炭储备只够维持 130 年的消耗，合成橡胶的发展将不可持续。同时，我国石油资源严重不足，60%依赖进口，超过 80%的石油被当作能源消耗掉，而被利用于石油化工的石油原料仅为 12%。我国合成橡胶的发展不但受制于油气资源短缺，还会受到化石能源旺盛需求的影响，未来很有可能面临无米下锅的窘境。

6.3.1 生物基异戊橡胶

异戊橡胶一种用于轮胎生产的高性能橡胶。以其稳定的化学性质被广泛运用于轮胎制造行业。它具有很好的弹性、耐寒性（玻璃化温度−68℃）及很高的拉伸强度。异戊橡胶是由异戊二烯合成的一种橡胶，最接近天然橡胶，其耐水性、电绝缘性超过天然橡胶。

6.3.1.1 市场价值

异戊橡胶是一种综合性能很好的通用合成橡胶，主要用于轮胎生产。

根据新思界产业研究中心发布的《2020—2025 年中国异戊橡胶行业应用市场需求及开拓机会研究报告》，全球市场中异戊橡胶生产企业有美国固特异轮胎和橡胶公司、美国科腾聚合物公司、俄罗斯 Sibur-Kauchuk 公司、俄罗斯 Nizhnekamskneftekhim 公司、俄罗斯 Togliattikauchuk JSC 公司、JSR 株式会社、瑞翁株式会社、日本可乐丽公司、南非 Karbochem 公司等，年产能约为 71 万吨/年，多以钛系为主。

国内异戊橡胶生产企业有宁波金海晨光化工公司、独山子天利实业总公司、中国石化北京燕山石油化工公司、山东神驰石化有限公司、鲁华泓锦化工（淄博）股份有限公司、青岛伊科思新材料股份有限公司、抚顺伊科思新材料股份有限公司等，年产能均在 3 万吨/年以上，多以稀土系为主。

在应用需求方面，异戊橡胶主要用于取代天然橡胶，降低生产成本，但由于近几年天然橡胶价格偏低，我国异戊橡胶消费需求难以提升，产能利用率较低。国内异戊橡胶在工艺方面与海外产品存在差距，且不存在价格优势。因此，当前国内异戊橡胶需求主要依赖进口，2023 年，我国异戊橡胶进口量约为 6 万吨，累计进口同比增长了 30%。

6.3.1.2 化学合成路径

利用钛系催化剂合成的异戊橡胶具有与天然橡胶媲美的性能。国内外许多研究者致力于钛系催化剂的研究，从不同钛系催化剂引发异戊二烯聚合的文献分析，主要研究方向分为 4 个：顺式-1,4-聚异戊二烯的合成、3,4-聚异戊二烯的合成、反式-1,4-聚异戊二烯的合成以及异戊二烯与其他二烯烃的共聚物的合成[64]。

Adams 等[65] 采用烷基铝-四氯化钛作催化剂合成顺式-1,4-聚异戊二烯，通过调整两组分的摩尔比和聚合温度，得到了不含反式-1,4-聚异戊二烯的高含量的顺式-1,4-聚异戊二烯。当催化剂的 AlR_3 与 $TiCl_4$ 的摩尔比为 1∶0 时，在室温下可引发异戊二烯聚合。当聚合温度降低时，则需要较高的 Al 与 Ti 的摩尔比才可达到一样的结果。溶液聚合可以用来控制反应可得到均相产物，但所得产物的特性黏度仅为 2.0～2.5 dL/g。

除了传统的二组分钛系催化剂外，越来越多研究者通过添加第三组分以及第四组分来改性钛系催化剂。早在 1958 年，Saltman 等[66] 对烷基铝-四氯化钛催化剂聚合异戊二烯的机理进行了研究，后来在 1964 年又选用三异丁基铝-四氯化碘［$Al(i\text{-}Bu)_3\text{-}TiI_4$］和三异丁基铝-四氯化钛-碘［$Al(i\text{-}Bu)_3\text{-}TiCl_4\text{-}I_2$］两种催化体系合成聚异戊二烯，证明了该体系引发聚合的活性中心是催化剂反应过程中原位生成的固体物质 TiI_3[66]。

Schoenberg 等[67] 研究了在三异丁基铝-四氯化钛催化剂预制过程中，改变组分的配比用量，对不同水平的催化剂在 50℃下进行异戊二烯的溶液聚合反应，分别计算出固体橡胶和低分子量油状物质的转化率；分析了固体橡胶产物的顺式-1,4-微观结构含量、特性黏度以及凝胶不溶物。预制催化剂的聚合活性高于将催化剂组分直接加入异戊二烯中的情况，且可再生聚合，同时在聚合产物的性能方面表现更优。

将二苯醚加入三异丁基铝-四氯化钛催化体系中作为第三组分，可以提高顺式含量，但会伴随着凝胶含量增加的缺点。Castner 等[68] 在发明专利中将 4,4′-二苯乙烯二苯胺加入三组分催化体系中，降低了其凝胶含量。

黄宝琛课题组[69,70] 对高反式-1,4-聚异戊二烯的合成已研究多年，开发出了负载钛-三异丁基铝［$TiCl_4/MgCl_2\text{-}Al(i\text{-}Bu)_3$］催化剂、正辛醇改性负载钛-三异丁基铝［$TiCl_4/MgCl_2\text{-}Al(i\text{-}Bu)_3\text{-}C_8H_{18}O$］催化剂、负载 $TiCl_3(OC_4H_9)$-三异丁基铝［$TiCl_3(OC_4H_9)/MgCl_2\text{-}Al(i\text{-}Bu)_3$］催化剂、钛酸丁酯和负载钛（$TiCl_4/MgCl_2$）-三乙基铝［$Ti(OC_4H_9)_4\text{-}TiCl_4/MgCl_2\text{-}Al(i\text{-}Bu)_3$］复合催化剂、负载钛-三乙基铝［$TiCl_4/MgCl_2\text{-}AlEt_3$］催化剂、钛酸正戊酯和负载钛-三乙基铝［$Ti(C_5H_{11}O)_4$］-［$TiCl_4/MgCl_2\text{-}AlEt_3$］催化剂等引发异戊二烯聚合生成高反式-1,4-聚异戊二烯，合成出一种新型的高性能合成橡胶。

He 等[71] 采用负载钛-三异丁基铝催化剂引发丁二烯和异戊二烯共聚，所得共聚物含有高含量的反式-1,4-微观结构，异戊二烯单元的反式-1,4-结构含量高达 98%，而丁二烯单元的反式-1,4 结构含量高达 90%。

6.3.1.3 生物合成路径

目前，绝大多数橡胶仍来源于天然橡胶以及石油基合成橡胶，天然橡胶主要产自巴西橡胶树，由于其生长条件苛刻，只能在特定的热带地区生长。目前，生物法合成生物基异戊橡胶的重点仍然在于单体异戊二烯的合成。

异戊二烯的生物合成路径已经得到了广泛研究。异戊二烯包括类异戊二烯都是由五碳结构单元异戊烯基二磷酸（IPP）和二甲基烯丙基二磷酸（DMAPP）衍生而来的。这两个前驱体来自两条不同途径，IPP 来自甲戊酸（MVA）途径，DMAPP 来自 2-C-甲基-D-赤藓糖醇-4-磷酸（MEP）途径，并且这两个前驱体能在异戊烯基焦磷酸异构酶（IDI）的催化下互相转化[72]。

早期研究显示，通过在大肠杆菌中异源表达大肠杆菌和地衣芽孢杆菌的 IDI 基因，可有效增强异戊二烯类前体物质的供应能力[73,74]。刘海波团队[75] 报道了一种具有较高催化活性 IDI 工程变体。通过随机和位点定向突变方法产生的最佳突变体表现出更好的 pH 稳定性、更强的热稳定性和更长的半衰期。

杰能科（Genencor）和固特异（Goodyear）两家公司于 2010 年 3 月宣布组建联合体，开发一体化发酵、回收和提纯系统，用于从糖类生产生物基异戊二烯，进而合成异戊橡胶。阿米瑞斯（Amyris）公司和米其林（Michelin）公司也于 2011 年 9 月签署一项协议，合作开发可再生的异戊二烯。阿米瑞斯公司的技术目前已用于商业化规模生产 15 个碳的分子，即法呢烯，该技术也可用于将植物基糖类转化成异戊二烯[75,76]。

6.3.1.4 生物合成市场潜力与发展方向

异戊二烯的生物合成与葡萄糖代谢密不可分，而这些途径由于其长度、复杂的调控和广泛的辅助因子需求而受到固有的限制。因此，Chatzivasileiou 等[77] 提出了一种名为异戊烯醇利用途径（IUP）的两步法，可以通过连续磷酸化异戊烯醇来产生 IPP 和 DMAPP。在这个途径中，来自酿酒酵母的胆碱激酶（CK）发挥了重要作用，微生物能产生大量单磷酸异戊烯基（IP）和单磷酸二甲基烯丙基（DMAP）。然后，IP 或 DMAP 再次磷酸化，在异戊烯基磷酸激酶（IPK）催化下形成 IPP 和 DMAPP。IUP 表现出高度竞争力，甚至与一些最快的类异戊二烯合成途径相当[78,79]。但是，研究发现，IUP 途径下游无法容纳 IUP 产生的通量，这就导致 IPP 和 DMAPP 大量累积，反而影响了异戊二烯的合成。所以，目前异戊二烯的合成研究重点应该放在下游萜类主链生物合成方面。

虽然刚刚提到的 IUP 途径和融合蛋白的方式提高了异戊二烯的生产效率，但如何平衡两种及以上酶的表达（或者比例）仍然是个巨大的挑战。此外，因为合成异戊二烯的两个前体 IPP 和 DMAPP 可以相互转化，所以在合成过程中如何控制这两种前体的比例也是需要考虑的因素。总的来说，异戊二烯的生物合成方法离实现工业化仍有一定的距离。

6.3.2 生物基三元乙丙橡胶

三元乙丙橡胶（EPDM）是乙烯、丙烯以及非共轭二烯烃的三元共聚物[80]。

6.3.2.1 市场价值

三元乙丙橡胶每年全世界的消费量是 80 万吨。三元乙丙橡胶主要特性是其优越的耐氧化、抗臭氧和抗腐蚀的性能。三元乙丙橡胶属于聚烯烃（PA66）家族，它具有极好的硫化特性。三元乙丙橡胶被广泛用于汽车、建筑材料、油品添加剂等市场。根据贝哲斯咨询发布的三元乙丙橡胶市场调研报告，2023 年全球三元乙丙橡胶市场容量达 268.56 亿元。该报告预测，全球三元乙丙橡胶市场将以约 5.24%的年均复合增长率增长，并于 2028 年达到 349.9 亿元人民币的市场规模。

6.3.2.2 化学合成路径

三元乙丙橡胶是乙烯、丙烯和非共轭二烯烃的三元共聚物。二烯烃具有特殊的结构，在进行共聚物反应时，仅有一个活性大的双键参加反应，而剩下的另一个活性较小的双键保留在共聚物分子链上，成为不饱和交联点，需在硫黄硫化体系中通过自由基加成反应实现交联。三元乙丙橡胶主链是饱和的，这个特性使得其可以耐热、耐日光、耐臭氧。三元乙丙橡胶本质上是无极性的，对极性溶液和化学物具有抗性，吸水率低，具有良好的绝缘特性。

6.3.2.3 生物合成路径

传统的乙丙橡胶是由石油中提取的乙烯及丙烯合成的，随着技术的不断发展，生物基乙烯及丙烯亦被成功应用于乙丙橡胶的生产。德国 Lanxess 公司从巴西甘蔗中提取乙醇，再经脱水得到的生物基乙烯，以此为原料生产乙丙橡胶[81]。Braskem SA 公司通过输送管道向朗盛公司在巴西特里温福的 EPDM 生产厂供应这种生物基乙烯。

2011 年，阿朗新科（原朗盛公司）采用不同于常规的以石油为原料的方法，以甘蔗生产的乙醇制造的乙烯为原料在巴西生产世界上首款生物基 EPDM，商品名 KeltanEco。生物基 EPDM 的生物基成分占 70%（按照 ASTMD6866C14 测定），生产过程的碳排放大约降低 85%。生物基 EPDM 的加工性能和物理性能与石油基 EPDM 相当[82]。生物基 EPDM 的成功开发，为橡胶制品公司生产绿色橡胶制品提供了新材料，现已用于多种橡胶制品，例如汽车密封条、密封圈、2018 年世界杯官方比赛用足球等[83]。

生物乙烯是以生物质为原料，通过生物体的代谢活动直接或间接合成的乙烯[84]。生物乙烯的传统合成方法主要是通过微生物发酵降解生物质生成乙醇，再在催化剂作用下脱水生成乙烯[85]。目前乙醇脱水制乙烯是获得生物乙烯的主要方法，虽已实现产业化，但还存在生产能力弱、规模小、价格高及生产工艺不合理等问题。因此，目前国内外的研究多集中在如何降低原料成本及优化生产工艺上。利用代谢工程手段将乙烯合成途径引入微生物中，以有机物或简单的 CO_2 为原料直接合成乙烯是近几年新发展起来的生物乙烯合成途径，虽然还未实现产业化，但已显示其较强的生命力。微量乙烯广泛存在于植物、微生物和动物体中[86]。植物体中以 ACS 和 ACO 为关键酶，以甲硫氨酸为前体合成乙烯[87]。微生物中乙烯合成路线有两条：EFE 途径（以乙烯形成酶为关键酶）和 KMBA（2-酮-4-甲基硫代丁酸）途径[88]。前一条途径可以高效地合成乙烯，产率可达 10^{-7}nL/h，是 KMBA 途径的 500～1000 倍[89]，因此，可将假单胞菌 *Pseudomonas* 中的 *efe* 转入酵母菌、霉菌、蓝细菌等工程菌株中，建立高效的表达系统生产生物乙烯，该技术路线切实可行。

利用微生物直接生成生物乙烯有诸多优势：①无需反应设备、催化剂等，设备投资小；②装置能耗低；③没有副产物，纯度高；④CO_2 排放量少，蓝细菌等自养菌还可以通过光合作用固定空气中的 CO_2，将其转化为乙烯，低碳环保。目前已在酿酒酵母（*Saccharomyces cerevisiae*）等中实现了乙烯的异源合成，最高乙烯合成速率为 5650 μL/(L·h)[90-92]。虽然未达到工业化生产的需求，但是随着代谢工程原理和技术的不断创新，结合代谢网络分析构建最适宜乙烯生产的技术路径，可使乙烯理论产量大大提高。Larsson 等认为 *S. cerevisiae* 经优化后乙烯理论产量将提高到 1.2 mol/mol（Glu）。

6.3.2.4 生物合成市场潜力与发展方向

目前，还未有生物法直接合成三元乙丙橡胶的报道，但其单体乙烯、丙烯以及非共轭二烯烃的生物合成法也应该得到重视。乙烯是我国需求量最大的化工原料，随着能源危机的加剧，石化乙烯的成本急剧增加。利用生物体直接合成乙烯已引起人们的广泛关注。将微生物来源的乙烯形成酶转入工程菌株如木霉、酿酒酵母、蓝细菌中，利用微生物的代谢网络可实现乙烯的异源合成，但是乙烯的产量与理论计算值还有较大差距，远远不能满足生产实际的需要。设计更加合理的生物反应器、优化培养条件以尽可能低地降低生产成本，结合代谢工程手段对现有菌株进行改造，提高乙烯合成量将是我们未来的研究焦点。提高乙烯合成量可通过同源重组或质粒载体转化增加 *efe* 在重组菌中的拷贝数，从而尽可能提高乙烯形成酶的活性，也可以通过研究 EFE 的催化结构与活性关系，通过分子设计手段提高 EFE 的催化活性。此外，通过分析工程菌株的碳代谢通路，利用代谢工程手段辅助设计更加合理的乙烯合成路线可尽可能去除菌株本身对碳的储存，从而实现乙烯合成的最大化[93]。

6.3.3 生物基衣康酸酯橡胶

官能化生物基衣康酸酯-丁二烯橡胶是我国原创的合成橡胶品种。北京化工大学先进弹性体材料研究中心于 2008 年开展相关工作，在国家自然科学基金重点项目、科技部“十三五”重点研发计划、国家自然科学基金委基础科学中心项目等的资助下，在山东京博中聚新材料有限公司、山东玲珑轮胎股份有限公司、美国固特异轮胎公司等国内外知名企业的大力支持下，历经十三年的科学研究，首创一类基于生物基单体衣康酸的大分子链结构，建立了衣康酸酯单体结构、二烯单体结构、第三功能单体以及聚合工艺等与生物基橡胶链结构和性能之间的对应关系；开发了官能化生物基衣康酸酯-丁二烯橡胶的自由基乳液共聚合技术，包括引发剂和乳化剂体系，以及相适配的低温乳液聚合工艺，建成了世界首条千吨级示范生产线；在工业化生产线上试制了生物基绿色轮胎，滚动阻力达到了欧盟标签法 B 级水平，属于国际首批官能化生物基衣康酸酯-丁二烯橡胶子午线轮胎。

6.3.3.1 市场价值

根据估算，生产 1 t 官能化生物基衣康酸酯-丁二烯橡胶比传统石油基合成橡胶，能够减少碳排放 1.44 t，可以为我国提出的“碳达峰、碳中和”战略提供积极支撑。衣康酸约 8000～9000 元/t，正丁醇约 4500～6000 元/t，异戊二烯、丁二烯约 9000～11000 元/t，综合计算，生物基衣康酸酯橡胶的生产成本为 10960～12550 元/t，市售溶聚丁苯橡胶价格大约为 16000 元/t，在价格上有一定优势。

6.3.3.2 化学合成路径

衣康酸具有两个羧基和一个双键，因为羧基会影响乳液聚合过程中的链增长，所以只能得到低分子量的聚合物。通常高分子量聚合物可通过衣康酸酯的聚合获得[94]。通过生物基单体衣康酸和发酵法生产的异戊醇进行酯化反应制备生物基的衣康酸二异戊酯单体，然后通过衣康酸二异戊酯与异戊二烯的乳液共聚合可制备得到高分子量的生物基衣康酸酯橡胶[95]，简称为康戊胶。

在康戊胶的研究中发现，衣康酸酯侧基对康戊胶的性能有着显著的影响，为了分析侧基对康戊胶各项性能的影响，合成了含不同侧基的康戊胶生胶。首先，通过衣康酸与甲醇、乙醇、正丙醇、正丁醇等一元醇反应制备含不同侧基长度的衣康酸二酯。然后，通过衣康酸二酯与异戊二烯的共聚合制备含不同侧基长度的康戊胶生胶。通过氧化还原引发体系引发的乳液聚合，在相似的聚合条件下，合成带有不同侧基的康戊胶[96]。

6.3.3.3 生物合成路径

目前还未有生物法直接合成衣康酸酯橡胶的报道，但其主要合成单体衣康酸的生物合成法已经有了大量研究。衣康酸，又名亚甲基丁二酸、分解乌头酸等，是一种白色晶体。衣康酸具有一个不饱和双键和两个羧基，因此可进行多种化学反应，是一种重要的有机中间体。衣康酸被认为具有极大的替代石油基的丙烯酸及甲基丙烯酸的潜力。衣康酸在树脂、合成纤维、涂料、增稠剂、黏合剂等众多领域有广泛的应用。由于具有两个羧基，少量的衣康酸就可以使共聚物具有有效的酸性，从而能够提供较好的黏附性和胶乳稳定性。如，含 1%～5%衣康酸的丁苯胶乳具有优异的黏附性，可用作地毯垫面和纸张涂料。此外，衣康酸还在清洁剂、除臭剂、油墨等方面被应用，而衣康酸酯的聚合物也在塑料、橡胶、涂料等领域被应用[97]。

研究者研究发现，有很多种菌株可以通过发酵产衣康酸，如土曲霉（*Aspergillus terreus*）、红酵母（*Rhodotorula*）和黑曲霉（*Aspergillus niger*）等菌种[98]。科学家通过对比各个菌种产酸能力，发现土曲霉发酵效果最佳，衣康酸的转化率较高，最终确定土曲霉为主要发酵菌株。

随着衣康酸的用途日益增多，衣康酸生产技术以及在生物体内代谢的研究也不断深入[99]。研究人员通过检测土曲霉在发酵反应过程中酶含量的变化以及相关中间产物量的变化，获得了较为准确的土曲霉中衣康酸的物质代谢途径[100]，如图 6-12 所示。

20 世纪基因技术发展迅速，这也带动了衣康酸生产过程中基因工程的应用[101]。近年来，很多研究者也想通过基因工程改造不同菌株生产衣康酸[102]，其中有研究者尝试通过改造大肠杆菌、酵母菌、光滑念珠菌等菌种体内的关键基因[103]，来提高菌体发酵生产衣康酸产量。有研究人员通过在柠檬酸合成途径中的乌头酸酶和顺乌头酸酶脱羧酶之间引入蛋白质-蛋白质支架，生产出 57 g/L 衣康酸，这一应用比没有支架的菌株获得的衣康酸高 38 倍。

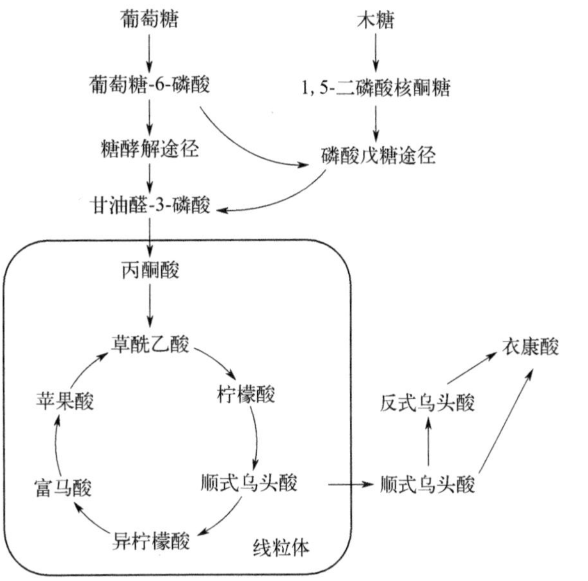

图 6-12　土曲霉中衣康酸的代谢途径

土曲霉发酵生产衣康酸研究主要是围绕新型、低成本发酵底物的开发，菌种的选育及形态控制，发酵工艺的优化，土曲霉发酵产衣康酸的代谢机理及代谢途径的调控，以及最终衣康酸的分离提取展开[104]。在发酵过程中常用的碳源包括葡萄糖、可溶性淀粉等[105]。研究人员[106] 研究了土曲霉 BD 利用餐厨废料淀粉作碳源生产衣康酸。贺小贤研究了土曲霉 XL-6 以马铃薯淀粉为碳源发酵生产衣康酸。除此之外，也有以木糖葡聚糖以及廉价的木屑和稻草等作为碳源的研究。人们越来越关注可持续性，因此利用小麦稻秆、小麦麸皮、玉米芯等生物质原料发酵产酸受到越来越多人的关注。Wu 等[107] 通过研究发现将小麦麸皮经稀酸水解、脱毒后，可得到最佳水解液，土曲霉可利用最佳水解液发酵产酸。通过响应面优化发酵条件，最终衣康酸产量可达 39.14 g/L。

6.3.3.4　生物合成市场潜力与发展方向

目前还未有生物法直接合成生物基衣康酸酯橡胶的报道，但其主要单体衣康酸的生物合成法受到了广泛重视。2004 年，其被美国能源部评选为 12 种最具发展潜力的生物基平台化合物之一[108]。

生产衣康酸的微生物众多，可分为天然生产和非天然生产衣康酸微生物。天然生产衣康酸的微生物有土曲霉（*Aspergillus terreus*）、黑粉菌（*Ustilago*）。非天然生产衣康酸的微生物必须表达外源基因 *Cad*（编码顺乌头酸脱羧酶）才能生产衣康酸，目前经过改造后能够产衣康酸的微生物有黑曲霉（*Aspergillus niger*）、酵母菌、大肠杆菌和谷氨酸棒状杆菌（*Corynebacterium glutamicum*）等[109,110]。

以葡萄糖为原料的土曲霉工业生产中，衣康酸的生产水平高达 146 g/L。但是，由于成本高，衣康酸的价格仍然过高。可以通过开发新菌株来实现价格的进一步降低。蓝细菌在生物工业中显示出很高的潜力，利用工程蓝细菌已经可以生产生物燃料和大宗化学品。将 *Cad* 基因转入集胞藻 PCC6803 中，利用光合作用从二氧化碳生产衣康酸，在 5% CO_2 持续鼓泡的条件下，可生产 14.5 mg/L 衣康酸，生产速率为 919 μg/(L·d)[111]。与非光合微生物相比，集胞藻可以通过连续的细胞生长来实现衣康酸的持续生产，在衣康酸生产中更具优势和吸引力，但产量有待提高。粗糙脉孢菌（*Neurospora crassa*）具有分泌纤维素酶的能力，利用粗糙脉孢菌可生产衣康酸，通过将 *Cad* 基因转入野生型粗糙脉孢菌 FGSC 9720 中可使纤维素直接转化为衣康酸，从而节省了原料和操作过程的成本，最终可获得 20 mg/L 衣康酸[112]。

衣康酸产量的提高仍然存在问题，包括土曲霉的生长抑制、衣康酸的低碳通量以及缺乏异源宿主的代谢物转运蛋白。运用基因组、转录组、蛋白质组和代谢组分析，以及合成生物学方法有助于了解衣康酸合成的潜在机制，增加向衣康酸的碳通量，还可以解决微生物的生长抑制问题。另外，目前发现的与衣康酸代谢有关的转运蛋白有可能解决底物的运输问题，从而提高其产量。

6.3.4 蒲公英橡胶

蒲公英橡胶又称青胶蒲公英橡胶、橡胶草橡胶，是一种天然橡胶，由草本植物青胶蒲公英的胶乳制得。

6.3.4.1 市场价值

很多汽车轮胎企业早就开始紧盯蒲公英不放。如固铂、普利司通、德国的马牌轮胎等，已经投入了数百万美元支持不同的研究团队。2012 年，日本普利司通公司与美国俄亥俄州立大学合作，用自主开发的提胶技术成功地从哈萨克斯坦等地原产的蒲公英根部提取出制作轮胎用的天然橡胶。同年，山东玲珑轮胎股份有限公司与北京化工大学签署了合作开发蒲公英橡胶协议，这标志着中国开始进入蒲公英橡胶研究领域。2015 年，由双方主导的“蒲公英橡胶产业技术创新战略联盟”成立，我国蒲公英橡胶产业进入商业化快车道。

2021 年 4 月，蒲公英橡胶产业技术创新战略联盟“十四五”发展研讨会在北京召开，明确了接下来的重点发展方向。联盟将立足橡胶草产业化目标，重点攻关种质资源改良及一体化收提技术、蒲公英产品开发关键技术，力争到 2025 年实现关键指标突破，走出中国自己的蒲公英橡胶发展之路。

6.3.4.2 化学合成路径

近年来，对于蒲公英橡胶的研究越来越多，李卓等[113]、Ramirez-Cadavida 等[114] 国内外专家对橡胶草根部化学组分进行了深入的研究分析，增加了橡胶草的利用率和产胶率。Buranov 等[115] 开发了韦林混合法来提取蒲公英胶乳。廖小雪团队[116] 采用碱煮法、酸解法和溶剂法从橡胶草根中提取蒲公英橡胶，并对提取后橡胶的组分和结构性能进行了初步分析。结果表明，溶剂法提取蒲公英橡胶的纯度较高。陈江艳等[117] 以橡胶草根部为原料，采用超声提取的方式，通过单因素实验和响应面方法探究了超声功率、提取时间、超声温度、液料比对草菊糖提取率的影响，得到草菊糖提取的最佳工艺，为蒲公英橡胶草的综合利用研究提供了理论依据。

6.3.4.3 生物合成路径

蒲公英橡胶主要是从橡胶草根部的乳管中提取。美国的 Cornish 等[118] 对 TKS 和 TB 这 2 种蒲公英进行了研究。为 TKS 和 TB 这两种蒲公英开发了一种快速且不依赖激素的转化系统，在接种了携带抗卡那霉素基因（编码新霉素磷酸转移酶Ⅱ，nptⅡ）及绿色荧光蛋白或蓝色荧光蛋白的根碎片后，8 周内即获得了非复合转基因植物。

此外，为了降低蒲公英橡胶的生产成本，Salehi 等[119] 还进行了副产品的开发工作。他们选取生长于俄亥俄州试验田的蒲公英根部组织，先使用烘箱干燥处理，利用机械切碎压平获得试验样品，采取多种方法对其组分进行分析。研究显示，60%根部物质都可以被水溶解而提取出来，其中包含 32%可溶性糖和 10%蛋白质；在 40%的不可水溶根部物质中，除了含有 6%左右橡胶、2%左右树脂、3%左右果胶之外，其余主要是木质纤维素。报告表明，橡胶草除了可替代巴西三叶橡胶树的天然资源外，还可以作为开发菊糖、乙醇和蛋白质等的工业化原料。

6.3.4.4 生物合成市场潜力与发展方向

虽然，现阶段大规模开发蒲公英橡胶产业存在一定的技术和市场风险，但从长远来看，它是国家战略资源天然橡胶的最佳替代与补充之一，具有光明的发展前景。所以，实现蒲公英产业的合理开发需要政府的大力引导，需要集结国内优秀企业和科研机构，坚持走独立自主与国际交流相结合的道路。

首先，在种质资源创新问题上，应该积极引进国外优良品种，并利用常规育种和基因工程等生物技术，大幅提高橡胶草含胶量和生物质含量；其次，针对国内土地资源紧张问题，需要政府合理规划，充分利用荒漠沙地、河湖滩涂、盐碱荒滩等未利用地，逐步建立符合地域环境的橡胶草培育模式；再次，还要发挥“蒲公英橡胶产业技术创新战略联盟”的平台优势，推进蒲公英橡胶研究工作方向从基础理论逐步转向产业化工程技术，在企业中真正实现轮胎、垫圈、输送带等相关产品的开发，建立菊糖、乙醇等副产物的配套开发技术，才可以实现蒲公英橡胶商业价值的最大化[120]。

参考文献

[1] 于昆．聚酰胺 6/11/碳纳米复合纤维的制备与性能研究［D］．广州：华南理工大学，2020.

[2] 刘少兵．奇一奇数尼龙 1111 的压电和铁电行为研究［D］．郑州：郑州大学，2015：25-36.

[3] 王向龙，龚文照，张伟，等. 尼龙 11 工艺技术及研究进展 [J]. 山东化工，2017，46：53-54.

[4] 王庆瑞，宋禹，孟祥云，等. 蓖麻油酸甲酯的优化制备及表征 [J]. 广州化工，2018，46 (14)：24-26.

[5] 赵学敬. 蓖麻油衍生产品十一烯酸的化工原理与制取 [J]. 现代食品，2015 (22)：38-43.

[6] 崔建兰. 11-溴代十一酸的合成研究 [J]. 辽宁化工，2002，31：142-145.

[7] 高震. 尼龙 11 的合成及其复合材料的制备和性能研究 [D]. 北京化工大学，2015.

[8] 马金彪，马钰. 尼龙 66 聚合及分析测试技术的研究进展 [J]. 塑料助剂，2024 (06)：64-67.

[9] 魏香，马晟博，汤振棋，等. 新型生物基尼龙 56 的合成工艺研究进展及前景展望 [J]. 当代化工研究，2022，144-146.

[10] 刘启波，霍光飞，佟健，等. 由丁二烯合成己二腈及己二胺的技术发展现状 [J]. 化工进展，2009，28：832-835.

[11] Li Q, Zhang Z W, Zhao J, et al. Recent advances in the sustainable production of α,ω-C6 bifunctional compounds enabled by chemo-/biocatalysts [J]. Green Chemistry, 2022, 24 (11): 4270-4303.

[12] Fedorchuk T P, Khusnutdinova A N, Evdokimova E, et al. One-pot biocatalytic transformation of adipic acid to 6-aminocaproic acid and 1,6-hexamethylenediamine using carboxylic acid reductases and transaminases [J]. Journal of the American Chemical Society, 2020, 142 (2): 1038-1048.

[13] 王丹，罗若诗，周丹，等. 生产己二胺的重组质粒及其应用：CN113755419B [P]. 2024-01-12.

[14] Luo R, Qin Z, Zhou D, et al. Coupling the fermentation and membrane separation process for polyamides monomer cadaverine production from feedstock lysine [J]. Engineering in Life Sciences, 2021, 21 (10): 623-629.

[15] Liu X, Luo R, Wang D, et al. Combining directed evolution with high cell permeability for high-level cadaverine production in engineered *Escherichia coli* [J]. Biotechnology Journal, 2024, 19: e2300642.

[16] Wang L, Li G, Deng Y. Diamine biosynthesis: research progress and application prospects [J]. Appl Environ Microbiol 2020, 86: e01972-20.

[17] 黄荻萱. 丁二胺的生物合成及发酵优化 [D]. 无锡：江南大学，2020.

[18] Qian Z G, Xia X X, Lee S Y. Metabolic engineering of *Escherichia coli* for the production of putrescine: a four carbon diamine [J]. Biotechnology and Bioengineering, 2009, 104 (4): 651-662.

[19] Noh M, Yoo S M, Kim W J, et al. Gene expression knockdown by modulating synthetic small RNA expression in *Escherichia coli* [J]. Cell Systems, 2017, 5 (4): 418-426.

[20] Nguyen A Q, Schneider J, Reddy G K, et al. Fermentative production of the diamine putrescine: system metabolic engineering of corynebacterium glutamicum [J]. Metabolites, 2015, 5 (2): 211-231.

[21] Schneider J, Eberhardt D, Wendisch V F. Improving putrescine production by *Corynebacterium glutamicum* by fine-tuning ornithine transcarbamoylase activity using a plasmid addiction system [J]. Applied microbiology and Biotechnology, 2012, 95 (1): 169-178.

[22] Li Z, Shen Y P, Jiang X L, et al. Metabolic evolution and a comparative omics analysis of

Corynebacterium glutamicum for putrescine production [J]. Journal of Industrial Microbiology & Biotechnology, 2018, 45 (2), 123-139.

[23] Li G H, Huang D X, Wang L, et al. Highly efficient whole-cell biosynthesis of putrescine by recombinant *Escherichia coli* [J]. Biochemical Engineering Journal, 2021, 166: 107859.

[24] Chinthapalli R, Skoczinski P, Carus M, et al. Biobased building blocks and polymers-global capacities, production and trends, 2018-2023 [J]. Ind Bio, 2019, 15: 237-241.

[25] 赵耀明，张军，麦杭珍．直接缩聚法合成聚乳酸的研究 [J]. 合成纤维，2001，3：3-5.

[26] 史铁钧，董智贤．聚乳酸的性能、合成方法及应用 [J]. 化工新型材料，2001，5：13-16.

[27] Deng X M, Zhu Z X, Xiong C D, et al. Synthesis and characterization of biodegradable block copolymers of epsilon-caprolactone and D, L-lactide initiated by potassium poly (ethylene glycol) ate [J]. Journal of Polymer Science Part A: Polymer Chemistry, 1997, 35: 703-708.

[28] Tian K M, Niu D D, Liu X G, et al. Limitation of thiamine pyrophosphate supply to growing *Escherichia coli* switches metabolism to efficient D-lactate formation [J]. Biotechnology and Bioengineering, 2016, 113 (1): 182-188.

[29] Niu D D, Tian K M, Prior B A, et al. Highly efficient L-lactate production using engineered *Escherichia coli* with dissimilar temperature optima for L-lactate formation and cell growth [J]. Microbial Cell Factories, 2014, 13: 78.

[30] Park H J, Bae J H, Ko H J, et al. Low-pH production of D-lactic acid using newly isolated acid tolerant yeast *Pichia kudriavzevii* NG7 [J]. Biotechnology and Bioengineering, 2018, 115 (9): 2232-2242.

[31] Zhou L, Niu D D, Tian K M, et al. Genetically switched D-lactate production in *Escherichia coli* [J]. Metabolic Engineering, 2012, 14 (5): 560-568.

[32] 马占峰，姜宛君．中国塑料加工工业（2020）[J]. 中国塑料，2021，35（5）：119-125.

[33] Song J Y, Park J S, Kang C D, et al. Introduction of a bacterial acetyl-CoA synthesis pathway improves lactic acid production in *Saccharomyces cerevisiae* [J]. Metabolic Engineering, 2016, 35: 38-45.

[34] Zhou X D, Ye L D, Wu J C. Efficient production of L-lactic acid by newly isolated thermophilic *Bacillus coagulans* WCP10-4 with high glucose tolerance [J]. Applied Microbiology and Biotechnology, 2013, 97 (10): 4309-4314.

[35] Wehrs M, Tanjore D, Eng T, et al. Engineering robust production microbes for large-scale cultivation [J]. Trends in Microbiology, 2019, 27 (6): 524-537.

[36] Pérez A D, Vander B B, Fontalvo J. Modeling of a liquid membrane in Taylor flow integrated with lactic acid fermentation [J]. Chemical Engineering and Processing-Process Intensification, 2019, 144: 1-12.

[37] Yang T H, Jung Y K, Kang H O, et al. Tailor-made type Ⅱ Pseudomonas PHA synthases and their use for the biosynthesis of polylactic acid and its copolymer in recombinant *Escherichia coli* [J]. Applied Microbiology and Biotechnology, 2011, 90 (2): 603-614.

[38] Yang T H, Kim T W, Kang H O, et al. Biosynthesis of polylactic acid and its copolymers using evolved propionate CoA transferase and PHA synthase [J]. Biotechnology and Bioen-

gineering, 2010, 105 (1): 150-160.

[39] 时梦询．基于工程大肠杆菌的聚乳酸生物合成途径研究［D］．青岛：青岛科技大学，2018.

[40] 魏萌萌，苏艳敏，虎晓东，等．可生物降解聚丁二酸丁二醇酯的研究进展［J］．橡塑资源利用，2018，4：1-9.

[41] Li Y D, Zeng J B, Wang X L, et al. Structure and properties of soy protein/poly (butylene succinate) blends with improved compatibility [J]. Biomacromolecules, 2008, 9 (11): 3157-3164.

[42] 徐涛，王勇军，林启松，等．聚丁二酸丁二醇酯熔融缩聚增黏特性［J］．化工进展，2024，43（10）：5663-5670.

[43] 崔春娜，黄继涛，颜桂炀．NaX 分子筛负载 $Nd_2O_3/Ti(OC_4H_9)_4$ 催化合成聚丁二酸丁二醇酯［J］．华侨大学学报（自然科学版），2017，38（02）：180-183.

[44] Nikolic, Marija S, Djonlagic, et al. Synthesis and characterization of biodegradable poly (butylene succinate-co-butylene adipate)s [J]. Polymer Degradation & Stability, 2001, 74 (2): 263-270.

[45] 席克会．聚丁二酸丁二醇酯的降解性能调控［D］．厦门：厦门大学，2017.

[46] Kwon D. Three ways to solve the plastics pollution crisis [J]. Nature, 2023, 616 (7956): 234-237.

[47] Huang M H, Cheng J, Chen P, et al, Efficient production of succinic acid in engineered *Escherichia coli* strains controlled by anaerobically-induced nirB promoter using sweet potato waste hydrolysate [J]. Journal of Environmental Management, 2019, 237: 147-154.

[48] Yang J C, Yang J, Li W B, et al. Carbonylative polymerization of epoxides mediated by tri-metallic complexes: a dual catalysis strategy for synthesis of biodegradable polyhydroxyalkanoates [J]. Angewandte Chemie, 2021, 61 (9): e202116208

[49] Rehm B H A, Steinbüchel A. Biochemical and genetic analysis of PHA synthases and other proteins required for PHA synthesis [J]. International Journal of Biological Macromolecules, 1999, 25: 3-19.

[50] Kim H S, Oh Y H, Jang Y A. Recombinant *Ralstonia eutropha* engineered to utilize xylose and its use for the production of poly (3-hydroxybutyrate) from sunflower stalk hydrolysate solution [J]. Microbial Cell Factories, 2016, 15: 95.

[51] Oh Y H, Lee S H, Jang Y A. Development of rice bran treatment process and its use for the synthesis of polyhydroxyalkanoates from rice bran hydrolysate solution [J]. Bioresource Technology, 2015, 181: 283-290.

[52] Neelamegam A, Battashi H, Bahry S. Biorefinery production of poly-3-hydroxybutyrate using waste office paper hydrolysate as feedstock for microbial fermentation [J]. Journal of Biotechnology, 2018, 265: 25-30.

[53] Povolo S, Toffano P, Basaglia M. Polyhydroxyalkanoates production by engineered *Cupriavidus necator* from waste material containing lactose [J]. Bioresource Technology, 2010, 101: 7902-7907.

[54] Meng D C, Shen R, Yao H. Engineering the diversity of polyesters [J]. Curr Opin Biotechnol, 2014, 29: 24-33.

[55] 陈心宇，李梦怡，陈国强．聚羟基脂肪酸酯 PHA 代谢工程研究 30 年［J］．生物工程学

报，2021，37（5）：1794-1811.

[56] Sujatha K，Mahalakshmi A，Solaiman D K Y. Sequence analysis，structure prediction，and functional validation of *phaC1/phaC2* genes of *Pseudomonas* sp. LDC-25 and its importance in polyhydroxyalkanoate accumulation [J]. J Biomol Struct Dyn，2009，26：771-779.

[57] Tang R，Peng X，Weng C，et al. The overexpression of phasin and regulator genes promoting the synthesis of polyhydroxybutyrate in *Cupriavidus necator* H16 under nonstress conditions [J]. Applied and Environmental Microbiology，2022，88（2）：e01458-21.

[58] Yin J，Wang H，Fu X Z. Effects of chromosomal gene copy number and locations on polyhydroxyalkanoate synthesis by *Escherichia coli* and *Halomonas* sp. [J]. Appl Microbiol Biotechnol，2015，99：5523-5534.

[59] Zhao H，Zhang H M，Chen X B. Novel T7-like expression systems used for *Halomonas* [J]. Metab Eng，2017，39：128-140.

[60] Manoli M T，Gargantilla-Becerra Á，del Cerro Sánchez C，et al. A model-driven approach to upcycling recalcitrant feedstocks in *Pseudomonas putida* by decoupling PHA production from nutrient limitation [J]. Cell Reports，2024，43（4）.

[61] Poblete-Castro I，Binger D，Rodrigues A. In-silico-driven metabolic engineering of *Pseudomonas putida* for enhanced production of poly-hydroxyalkanoates [J]. Metab Eng，2013，15：113-123.

[62] Wang Y，Chen G Q. Application of synthetic biology for the production of polyhydroxyalkanoates [J]. Scientia Sinica（Vitate），2015，45：1003-1014.

[63] 张继川，王润国，张立群．生物基橡胶离我们还远吗？[N]. 中国化工报．2018-12-28.

[64] 汪昭玮，于俊伟，刘晓暄．钛系催化剂合成聚异戊二烯橡胶的研究进展 [J]. 化工进展，2014，33：2941-2946.

[65] Adams H E，Stearns R S，Smith W A，et al. *Cis*-1，4 polyisoprene prepared with alkyl aluminum and titanium tetrachloride [J]. Rubber Chemistry and Technology，1958，31：838-846.

[66] Saltman W M，Link T H. Catalytic species in some alkyl aluminum titanium iodide catalysts for cis-1，4-polybutadiene [J]. Industrial & Engineering Chemistry Product Research and Development，1964，3：199-203.

[67] Schoenberg E，Chalfant D L，Mayor R H. Preformed aluminum triisobutyl-titanium tetrachloride catalysts for isoprene polymerization [J]. Rubber Chemistry and Technology，1964，37：103-120.

[68] Castner，Kenneth，Floyd. Synthesis of cis-1，4-polyiso-prene rubber：US5919876 [P]. 1999-07-06.

[69] 黄宝琛，贺继东，徐玲，等．负载型钛系催化剂合成高反 1，4-聚异戊二烯的研究 [J]. 青岛化工学院学报，1990，1：6-13.

[70] 徐召来，邵华锋，姚薇，等．双组分钛基催化剂合成反式-1，4-聚异戊二烯/3，4-聚异戊二烯复合胶 [J]. 合成橡胶工业，2010，33：418-423.

[71] He A，Huang B，Jiao S，et al. Synthesis of a high rans-1，4-butadiene/isoprene copolymers with supported titanium catalysts [J]. Journal of Applied Polymer Science，2003，89：1800-1807.

[72] Zu Y X, Prather K L J, Stephanopoulos G. Metabolic engineering strategies to overcome precursor limitations in isoprenoid biosynthesis [J]. Current Opinion in Biotechnology, 2020, 66: 171-178.

[73] Rad S A, Zahiri H S, Noghabi K A, et al. Type 2 IDI performs better than type 1 for improving lycopene production in metabolically engineered *E. coli* strains [J]. World Journal of Microbiology & Biotechnology, 2012, 28: 313-321.

[74] Chen H., Li M, Liu C, et al. Enhancement of the catalytic activity of Isopentenyl diphosphate isomerase (IDI) from *Saccharomyces cerevisiae* through random and site-directed mutagenesis [J]. Microbial Cell Factories, 2018, 17: 65.

[75] Whited G M, Feher F J, Benko D A. Development of a gas-phase bioprocess for isoprene-monomer production using metabolic pathway engineering [J]. Industrial Biotechnology, 2010, 6: 152-163.

[76] Yang J, Zhao G, Sun Y, et al. Bio-isopreneusing exogenous MVA pathway and isoprene synthase in *Escherichia coli* [J]. Bioresource Technology, 2012, 104: 642-647.

[77] Chatzivasileiou A O, Ward V, Edgar S M, et al. Two-step pathway for isoprenoid synthesis [J]. Proc Natl Acad Sci U S A, 2019, 116: 506-511.

[78] Ajikumar P K, Xiao W H, Tyo K E, et al. Isoprenoid pathway optimization for Taxol precursor overproduction in *Escherichia coli* [J]. Science, 2010, 330: 70-74.

[79] Tsuruta H, Paddon C J, Eng D, et al. High-level production of amorpha-4,11-diene, a precursor of the antimalarial agent artemisinin, in *Escherichia coli* [J]. PloS One, 2009, 4: e4489.

[80] 陈建军. 膦亚胺催化体系三元乙丙橡胶的加工及力学性能 [J]. 石化技术, 2022, 29: 1-3.

[81] Fischer C R, Peterson A A, Tester J W. Production of C3 hydrocarbons from biomass *via* hydrothermal carboxylate reforming [J]. Ind Eng Chem Res, 2011, 50: 4420-4424.

[82] Grima M A, Hough P, Tylor D, et al. The comparative characteristics of the properties of petroleum-based and biobased EPDM rubbers [J]. International Polymer Sciens and Technology, 2015, 42: 1-6.

[83] 谢忠麟, 吴淑华, 马晓. 高性能特种弹性体的拓展(一)——三元乙丙橡胶、丙烯基弹性体和乙丁橡胶 [J]. 橡胶工业, 2021, 68: 705-717.

[84] Hu Y, Zhan N, Dou C, et al. Selective dehydration of bio-ethanol to ethylene catalyzed by lanthanum-phosphorous-modified HZSM-5: influence of the fusel [J]. Biotechnol J, 2010, 5: 1186-1191.

[85] Haro P, Oller P, Trippe F. Technoeconomic assessment of potential processes for bio-ethylene production [J]. Fuel Process Technol, 2013, 11: 35-48.

[86] Schlink K. Gene expression profiling in wounded and systemic leaves of *Fagus sylvatica* reveals up-regulation of ethylene and jasmonic acid signalling [J]. Plant Biol, 2011, 13: 445-452.

[87] Wang J P, Wu L X, Xu F, et al. Metabolic engineering for ethylene production by inserting the ethylene-forming enzyme gene (efe) at the 16S rDNA sites of *Pseudomonas putida* KT2440 [J]. Bioresour Technol, 2010, 101: 6404-6409.

[88] Qadir A, Hewett E W, Long P G, et al. A non-ACC pathway for ethylene biosynthesis in

Botrytis cinerea [J]. Postharvest Biol Tec, 2011, 62: 314-318.

[89] Goto M, Ishida Y, Takikawa Y, et al. Ethylene production by the kudzu strains of *Pseudomonas syringae* pv. phaseolicola causing halo blight in Pueraria lobata (Willd) Ohwi [J]. Plant Cell Physiol, 1985, 26: 141-150.

[90] Pirkov I, Albers E, Norbeck J, et al. Ethylene production by metabolic engineering of the yeast *Saccharomyces cerevisiae* [J]. Metab Eng, 2008, 10: 276-280.

[91] Chen X, Liang Y, Hua J, et al. Overexpression of bacterial ethylene-forming enzyme gene in *Trichoderma reesei* enhanced the production of ethylene [J]. Int J Biol Sci, 2010, 6: 96-106.

[92] Ungerer J, Tao L, Davis M, et al. Sustained photosynthetic conversion of CO_2 to ethylene in recombinant *cyanobacterium Synechocystis* 6803 [J]. Energ Environ Sci, 2012, 5: 8998-9006.

[93] 孙芝兰，陈以峰．乙烯的直接生物合成 [J]. 生物工程学报，2013，29 (10): 1431-1440.

[94] Arrighi V, Mcewen I J, Holmes P F. Dielectric relaxations in poly (di-n-alkyl itaconate) s [J]. Macromolecules, 2004, 37: 6210-6218.

[95] Wang R G, Ma J, Zhou X X, et al. Design and preparation of a novel cross-linkable, high molecular weight, and bio-based elastomer by emulsion polymerization [J]. Macromolecules, 2012, 45: 6830-6839.

[96] Lei W W, Russell T P, Hu L, et al. Pendant chain effect on the synthesis, characterization, and structure-property relations of poly (di-n-alkyl itaconate-co-isoprene) biobased elastomers [J]. ACS Sustainable Chemistry & Engineering, 2017, 6: 5214-5223.

[97] 乔荷．官能化的生物基衣康酸酯橡胶和丁苯橡胶及其复合材料的设计与制备 [D]. 北京：北京化工大学，2017.

[98] Blumhoff M L, Steiger M G, Mattanovich D, et al. Targeting enzymes to the right compartment: metabolic engineering for itaconic acid production by *Aspergillus niger* [J]. Metab Eng, 2013, 19: 26-32.

[99] Feng J, Li C, He H, et al. Construction of cell factory through combinatorial metabolic engineering for efficient production of itaconic acid [J]. Microbial Cell Factories, 2022, 21 (1): 275.

[100] Rahim M H A, Hasan H, Harith H H, et al. The effect of viscosity, friction and sonication on the morphology and metabolite production from Aspergillus terreus ATCC 20542 [J]. Bioprocess and Biosystems Engineering, 2017, 40: 1753-1761.

[101] Li A, Luijk N V, Beek M T, et al. A clone-based transcriptomics approach for the identification of genes relevant for itaconic acid production in *Aspergillus* [J]. Fungal Genetics & Biology, 2011, 48: 602-611.

[102] Huang X, Lu X, Li Y, et al. Improving itaconic acid production through genetic engineering of an industrial *Aspergillus terreus* strain [J]. Microbial Cell Factories, 2014, 13: 119.

[103] Nascimento M F, Marques N, Correia J, et al. Integrated perspective on microbe-based production of itaconic acid: From metabolic and strain engineering to upstream and downstream strategies [J]. Process Biochemistry, 2022, 117: 53-67.

[104] Okabe M, Lies D, Kanamasa S, et al. Biotechnological production of itaconic acid and its biosynthesis in *Aspergillus terreus* [J]. Applied Microbiology and Biotechnology, 2009, 84: 597-606.

[105] Ernst P, Wirtz A, Wynands B, et al. Establishing an itaconic acid production process with *Ustilago* species on the low-cost substrate starch [J]. FEMS Yeast Research, 2024, 24: foae023.

[106] Narisetty V, Prabhu A A, Al-Jaradah K, et al. Microbial itaconic acid production from starchy food waste by newly isolated thermotolerant *Aspergillus terreus* strain [J]. Bioresource Technology, 2021, 337: 125426.

[107] Wu X, Liu Q, Deng Y, et al. Production of itaconic acid by biotransformation of wheat bran hydrolysate with, *Aspergillus terreus*, CICC40205 mutant [J]. Bioresource Technology, 2017, 241: 25-34.

[108] 李露，韩雪影．提高衣康酸产量的代谢工程育种研究进展 [J]. 生物资源，2021，43: 94-99.

[109] Kuenz A, Krull S. Biotechnological production of itaconic acid—things you have to know [J]. Appl Microbiol Biotechnol, 2018, 102: 3901-3914.

[110] Otten A, Brocker M, Bott M. Metabolic engineering of *Corynebacterium glutamicum* for the production of itaconate [J]. Metab Eng, 2015, 30: 156-165.

[111] Chin T, Sano M, Takahashi T, et al. Photosynthetic production of itaconic acid in *Synechocystis* sp. PCC6803 [J]. J Biotechnol, 2015, 195: 43-45.

[112] Zhao C, Chen S L, Fang H. Consolidated bioprocessing of lignocellulosic biomass to itaconic acid by metabolically engineering *Neurospora crassa* [J]. Appl Microbiol Biotechnol, 2018, 102: 9577-9584.

[113] 李卓，刘禹，李淑君，等．橡胶草草根化学组成分析 [J]. 广东化工，2015，42 (15): 16-18.

[114] Ramirez-Cadavida D A, Cornish K, Michel F C. *Taraxacum kok-saghyz* (TK): compositional analysis of a feedstock for natural rubber and other bioproducts [J]. Industrial Crops and Products, 2017, 107: 624-640.

[115] Buranov A U, Elmuradov B J. Extraction and characterization of latex and natural rubber from rubber-bearing plants [J]. Journal of Agricultural & Food Chemistry, 2010, 58 (2): 734-743.

[116] 卓杨鹏，廖小雪，廖禄生，等．蒲公英橡胶的提取及其结构性能初探 [J]. 热带作物学报，2021，42 (12): 3617-3624.

[117] 陈江艳，王维滔，董益阳，等．响应面优化蒲公英橡胶草菊糖提取工艺及其 MALDI-TOF MS 分析 [J]. 食品工业科技，2022，43 (1): 205-212.

[118] Cornish K, Kopicky S L, Mcnulty S K, et al. Temporal diversity of Taraxacum kok-saghyz plants reveals high rubber yield phenotypes [J]. Agricultural and Food Sciences, 2016, 17 (2): 847-856.

[119] Salehi M, Bahmankar M, Naghavi M R, et al. Rubber and latex extraction processes for Taraxacum kok-saghyz [J]. Industrial Crops and Products, 2022, 178: 114562.

[120] 张继川，催树阳，张立群．探索中前行的蒲公英橡胶产业 [N]. 中国化工报，2019-4-19.

第7章 生物合成前沿新材料

7.1 生物油墨

7.1.1 市场价值

生物油墨是含有活细胞的生物材料溶液，因此是生物打印的关键组成部分。重要的是，溶液中存在的材料可以在打印过程中保护细胞免受压力源的影响。四种主要类型的生物油墨材料是水凝胶、微载体、细胞聚集体和脱细胞基质成分[1]。细胞聚集体可进一步分为三个子集：组织球体、细胞沉淀和组织链。生物油墨在3D生物打印中的应用广泛，如在组织工程和再生医学、移植和临床应用、药物检测和高通量筛选以及癌症研究等领域显示出巨大的能力。它不仅可用于细胞打印、组织或器官打印、体外模型、器官和身体芯片系统，还可用于细菌、藻类和植物细胞的打印[2]。

生物油墨应具有一定的黏性、弹性，包括剪切稀化和自愈特性[3]。剪切稀化对于在高喷嘴压力下挤出生物油墨以保护细胞免受物理压力源的影响非常重要。其次，生物油墨要能够自我修复以保持完整的3D打印结构。对于结构稳定且具有机械完整性的复合物，生物油墨应在打印后应可立即以细胞相容的方式硬化。在组织再生后，支架结构应该被身体降解以允许新组织整合[3]。

7.1.2 生物合成路径

生物油墨常用的材料是水凝胶，它是交联的天然或合成聚合物的水合网络。用于组织工程的水凝胶主要来源于天然衍生的聚合物，包括藻酸盐、明胶、胶原蛋白、壳聚糖、纤维蛋白和透明质酸。这些聚合物的亲水性使凝胶在含水量高的环境中膨胀。水凝胶材料具有高度的生物相容性和生物可降解性，是体内应用的必要条件。此外，当水凝胶发生凝胶化时，细胞可以被封装。然而，水凝胶的一个缺点是其机械性能较弱。水凝胶是否适合3D生物打印主要取决于其流变特性和所采用的交联方法。几乎所有的生物打印技术都通过喷嘴将生物油墨分散到基材上。为了获得清晰的图像，生物油墨应该很容易通过喷嘴，但在分散后应该僵硬化。热响应性水凝胶油墨具有通过改变温度来调节溶胶-凝胶状态的优势。

明胶是一种胶原蛋白衍生物，可用于不同的生物打印技术。明胶本身在溶液中具有无规卷曲结构，并在35℃以下形成螺旋，而螺旋链聚集导致凝胶化。为阻止明胶在35℃以上液化，通常用甲基丙烯酸酯基团对其进行改性，从而形成光敏聚合物甲基丙烯酸明胶[4]。Matanović 等[5] 制备了光交联的明胶甲基丙烯酰互连多孔结构。其由藻酸盐、明胶甲基丙烯酰和光引发剂组成，溶解在 25 mmol/L 乙磺酸（HEPES缓冲液，pH 7.4），含有10%FBS（体积分数）。生物油墨的组成使两步交联程序成为可能。在生物打印过程中，首先将挤出的微纤维暴露在 0.3 mol/L $CaCl_2$ 溶液中，在通过喷嘴芯输送的藻酸盐组分打印支架后，通过紫外线照射交联实现稳定的凝胶化。样品可放置在距离 UV 源 7 cm 处，并交联 30 s。为了确保支架的连续生产，避免在生物打印过程中发生堵塞，要保持生物油墨中藻酸盐的浓度恒定在4%（质量分数）。

弹性蛋白是一种存在于弹性纤维中的关键蛋白质，常见于能自我恢复形变的组织。它由单体原弹性蛋白聚合而成。每个原弹性蛋白单元由疏水区域（如缬氨酸、甘氨酸和脯氨酸）和亲水区域（如赖氨酸和丙氨酸）构成。天然弹性蛋白提取困难，因此科研人员采用生物合成方法，通过在大肠杆菌中表达并纯化类似天然的弹性蛋白聚合物——弹性蛋白样肽[6]。当弹性蛋白样肽在升温时经历溶胶-凝胶转变，这促使人们开发出热敏感的油墨。无规线性弹性蛋白样肽在加热时会整齐地折叠成有序的 β-螺旋结构。

在印刷过程中，通过交联油墨可以形成低剪切应力的低黏度溶液，以保护细胞并构建高分辨率的可印刷结构。实现这一目标的关键是，聚合物墨水需迅速交联，并与激光源的发射波长相匹配[7]。Ouyang 等[8] 提出了一种称为“原位交联”的印刷技术，使用透光毛细管在沉积前几秒将油墨交联（图 7-1），可以延长交联时间。

生物打印面临的主要挑战之一是研发能促进细胞生长、组织发育并最终形成适用于再

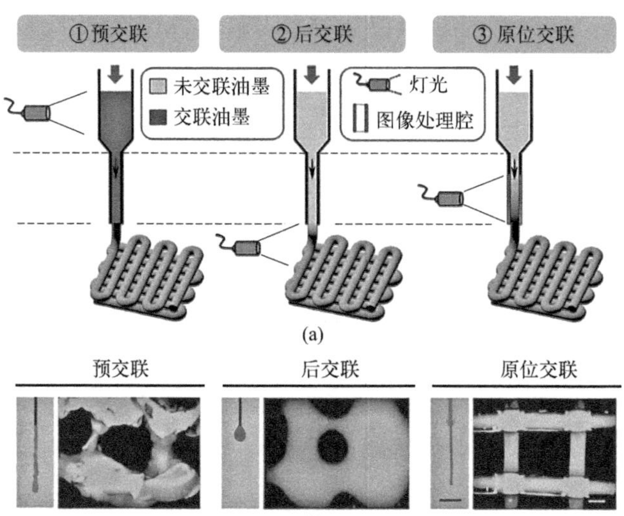

图 7-1 原位交联与预交联、后交联方法的比较（a）和其相应的印刷晶格结构及喷嘴沉积情况（b）[8]

生医学的活性生物油墨。然而，活细胞生物学在这一新兴技术中的具体影响尚在评估中。最近，Müller 等[9]开发了一种新型的海藻酸硫酸盐基水凝胶，它能有效支持软骨细胞的表型。然而，由于其无屈服点的流变特性，不适合直接打印。为了解决这个问题，研究人员尝试将海藻酸硫酸盐与纳米纤维素结合，以提升其可印刷性。纳米纤维素的优良打印性能已得到证实。藻酸硫酸盐/纳米纤维素油墨显示出良好的印刷性能。生物油墨材料促进了细胞扩散、增殖和封装。打印生物油墨时，细胞的生物学性能高度依赖于喷嘴的几何形状，应以最低的挤压压力和剪切应力保持细胞铺展特性。

将生物打印应用于临床，需要开发能支持组织再生的生物油墨以及具有无损细胞功能的打印技术。理想的生物油墨需具备优良的流变性能，同时要具备生物活性，并能根据目标组织进行定制。显然，单一材料难以达到此标准，因此，多材料组合是解决之道[9]。如纳米纤维素成功地与海藻酸盐硫酸盐混合，同时保留了两种组分的有利特性。

7.1.3 生物合成市场潜力与发展方向

为进一步推进 3D 生物打印，必须研发新策略，解决现有打印头和喷嘴在分辨率上的局限。开发新型生物油墨，以构建长期稳定的结构复合体，最终目标是制造功能性人体器官。未来，制定生物打印标准至关重要。作为一个快速发展的研究领域，3D 生物打印的应用将进一步扩大。

作为 3D 生物打印的重要组成部分的生物油墨应具备一些重要特性，例如与活细胞的生物相容性、生物降解性和生物打印性。营养物质和气体的黏弹性和渗透性仍然是增强组织再生过程中细胞代谢活动的关键[10]。考虑到生物油墨的再生功效，可根据缺损组织和器官的要求来选择生物油墨。抗菌生物油墨已成为防止细菌生长或抑制生物膜形成的有希望的策略之一。而具有显著抗菌和抗生物膜特性的水凝胶生物油墨已被用于 3D 生物打印技术[11]。

抗菌生物油墨及其添加剂可通过降低微生物感染风险，显著影响人类组织再生的成功率。目前，尽管已有大量具有应用前景的 3D 生物打印体外研究被报道，但亟需开展更多原位、体内动物及人体试验以验证其临床可行性。值得注意的是，将抗菌特性整合至生物油墨配方虽为创新策略，但是在动物或人体生理环境中评估生物打印支架的机械稳定性仍面临技术挑战，需进一步深入研究。此外，除将天然或合成聚合物多糖引入 3D 生物打印体系外，细菌 3D 打印技术在可扩展性、打印速度、材料重复利用性及生物降解性方面展现出巨大潜力，有望推动可持续环境友好型制造的发展。因此，生物油墨的发展潜力是巨大。

7.2 电子化学品

7.2.1 市场价值

电子化学品是指为电子工业配套的精细化工产品，是电子工业的重要支撑材料之一。电子化学品一般泛指电子工业使用的专用化学品和化工材料，即电子元器件、印刷线路板、工业及消费类整机生产和包装用的各种化学品及材料。按用途可分成基板、光致抗蚀剂、电镀化学品、封装材料、高纯试剂、特种气体、清洗前掺杂剂、焊剂掩模、电子专用胶黏剂及辅助材料等大类，如表 7-1。

表 7-1　电子化学品的类别与代表性的品种

应用领域	产品类别	代表性的品种
IC 产业	光刻胶、高纯试剂、电子特种气体、封装材料	环化橡胶型负型光刻胶、电子束胶；硫酸、过氧化氢；氯气、氧气、二氧化碳气体；环氧塑封料、聚酰亚胺膜塑料
平板显示产业	LCD 专用化学品、PDP 专用化学品	液晶、偏光片、彩色滤光片、光源模板；光刻导电银浆、黑矩阵形成光刻银浆
印刷电路板产业	基板材料、板上专用化学品	环氧树脂板、改性环氧树脂、聚丁二烯板；阻焊剂、线路成像抗蚀剂、网印油墨、电镀用化学品、其他化学品（保护涂料、消泡剂、黏合剂和助焊剂）

电子化学品具有品种多、质量要求高、用量小、对环境洁净度要求苛刻、产品更新换代快、资金投入量大、产品附加值较高等特点，这些特点随着微细加工技术的发展越来越明显。电子化学品的质量优劣，不但直接影响电子产品的质量，而且对微电子制造技术的产业化有重大影响。近年来，随着我国电子信息产业的飞速发展，与之配套的电子化学品产业也正迎来高速发展，成为化工行业中发展速度最快、最具活力的行业之一。我国电子化学品市场发展空间巨大，预计未来几年市场容量年均增速超过 15%。

电子化学品作为电子信息产业的基础与先导，位于电子信息产业链的前端，是消费电子、家用电器、汽车电子、节能照明、航空航天、军工等领域终端产品发展的基础。随着科技的发展与进步，电子化学品的应用领域将不断扩大。

与发达国家相比，我国电子化学品产业的整体实力还较弱，但在一些领域却有突破，甚至处于领先国际水平。目前，我国是单晶硅最大生产国，磁性材料、有机薄膜等产量连续 3 年位居世界首位。电子化学品作为电子材料与精细化工结合的高新技术产品，具有广阔的市场空间。

7.2.2　化学合成路径

下面以环氧树脂为例，介绍电子化学品的化学合成路径。

环氧树脂由 Priles[12] 于 1909 年发现。环氧树脂被定义为含有一个以上环氧基团的低分子量预聚物，其结构式如图 7-2 所示。环氧树脂是热固性树脂，因其优异的机械性能、高黏合强度、良好的耐热性和高电阻而被广泛用于涂料、电子材料、黏合剂和纤维增强复合材料的基体[13]。

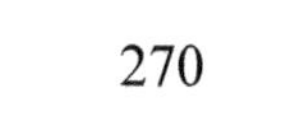

图 7-2　环氧树脂结构式

7.2.2.1 双酚A型环氧树脂的合成

双酚A型环氧树脂具有良好的绝缘性能、黏合能力、耐高温性能、出众的力学性能等，可用于户内外涂装、电子产品及化学设备的铸造等，是目前高分子树脂行业中最基本的化学品之一。目前，通用的合成方法主要是双酚A、环氧氯丙烷在氢氧化钠水溶液中进行开环、闭环反应得到环氧树脂。

双酚A型环氧树脂的合成主要包括一步法和两步法工艺。一步法合成反应是在氢氧化钠或氢氧化钾溶液中进行，但是环氧氯丙烷在强碱性水溶液中往往会发生水解，导致产品的环氧值低、氯含量高。两步法原料消耗大，纯化过程较为麻烦。目前也有科研人员研究出使用固碱法和溶剂法等。

一步法[14] 是目前使用较多的方法，将环氧氯丙烷、双酚A、强碱性水溶液进行一锅法混合反应，即同时开环和闭环反应。将一定比例的环氧氯丙烷和双酚A在70～90℃的温度下搅拌一段时间，随后，将溶液的温度降至40～50℃，然后，加入一定量的30%～40%的NaOH溶液，反应一段时间后，通过减压蒸馏回收未反应的环氧氯丙烷。基本回收完全后，将反应液降至50℃以下，滴加一定量的15% NaOH溶液，将反应液保温一定时间，然后，用水洗涤，除去下层盐水溶液，得到透明的双酚A型环氧树脂产物。目前，中国生产量最大的E-44环氧树脂是通过一步法合成的。该方法的优点是易于控制反应温度、工艺简单、产品透明度高、产率高、杂质少、成本低。

两步法主要是使用三苯基膦或季铵盐作为催化剂。将环氧氯丙烷和双酚A加入溶液中，并将溶液的温度升至120～130℃进行反应，后续在75～80℃的温度下将强碱性溶液加入并充分混合，开始闭环反应。待反应结束后，蒸馏除去过量的环氧氯丙烷，加入溶剂进行萃取，再多次用水洗涤反应液至中性，分层除水，然后，减压蒸馏除去溶剂即得到双酚A型环氧树脂[15]。与一步法相比，两步法的优势是温度稳定、操作易于控制、污染小、产量和品质均令人满意。该生产工艺是将开环和闭环反应分别进行，在无水条件下实现开环反应，催化剂选择性好，导致副反应较少。

7.2.2.2 脂环族环氧树脂的合成

图7-3显示了CAE的化学结构。这种环氧树脂具有脂肪族骨架和完全饱和的分子结构，具有优异的紫外线稳定性、良好的耐候性、良好的热稳定性和优异的电性能。

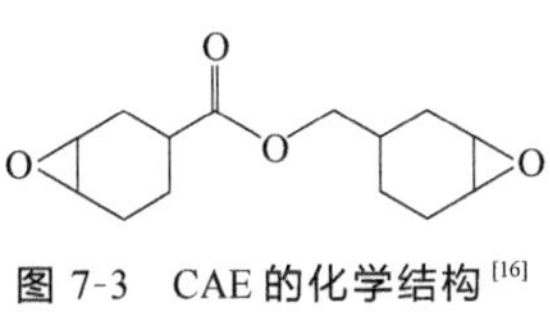

图7-3　CAE的化学结构[16]

使用铂-异丙醇溶液（1 g六氯铂酸氢水合物溶解在80 mL异丙醇中）作为催化剂，可合成脂环族环氧树脂-有机硅树脂。根据表7-2中的比例，将1,3,5,7-四甲基环四硅氧烷（TMCTS）、1，2-环氧-4-乙烯基-环己烷（VCMX）和溶剂甲苯在配备有回流冷凝器、进气口和温度计的四颈圆底烧瓶中充分混合。使用流速为 1 slm 的氩气去除反应室内的微量空气 20 min，然后将三元混合物缓慢加热至 70℃。当温度保持恒定约 5 min 时，将铂催化剂（Pt 与 TMCTS 和 VCMX 的质量比为 5×10^{-6}）加入反应器并继续反应 4 h。之后，加入过量的正丁醇和额外的铂催化剂（Pt 与反应物的总质量的比为 3×10^{-6}）与 TMCTS 中未反应的 SiH 再反应 4 h。最后，通过旋转蒸发器去除甲苯和过量反应物，得到无色透明的脂环族环氧-硅树脂黏稠液体。详细的进料组成和合成方案分别显示在图 7-4 和表 7-2 中。

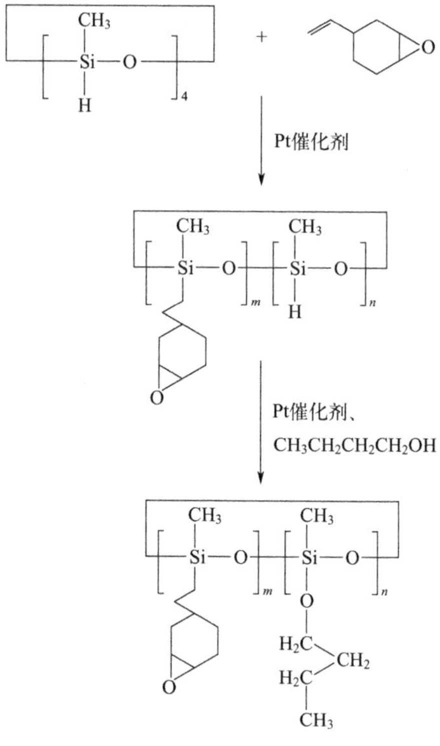

图 7-4 通过两步反应合成脂环族环氧-硅树脂[16]

$m+n=4$

表 7-2 脂环族环氧-硅树脂的进料组成和环氧接枝率[16]

脂环族环氧树脂-硅树脂	1，3，5，7-四甲基环四硅氧烷（TMCTS）/g	1，2-环氧-4-乙烯基-环己烷（VCMX）/g	正丁醇/g	甲苯/mL	环氧接枝效率/%
R1-环氧树脂	12.0	6.2	20.0	40	98.2
R2-环氧树脂	12.0	12.4	13.3	40	96.4
R3-环氧树脂	12.0	18.6	6.7	40	94.8
R4-环氧树脂	12.0	27.3	1.5	40	93.1

7.2.3 生物合成路径

7.2.3.1 丙烯酸

丙烯酸是电子化学品的重要基础原料之一，主要用于生产胶黏剂和涂料。在液晶显示材料中，丙烯酸是其主要成膜物质，有助于电子元件的清晰显示。随着电子信息产业的飞速发展，丙烯酸及酯类产品在其中的应用占比逐年提升，已经形成了庞大的市场规模。丙烯酸及酯类产品的下游客户主要分布于 PVC 助剂、水性树脂、油墨、漆包线、电子化学品等领域。

丙烯酸（AA），又称 2-丙烯酸，是一种重要的平台化学品。AA 及其酯衍生物广泛用于制造高吸水性聚合物、塑料、合成橡胶、纤维、电子涂料、电子黏合剂、电子涂饰剂等电子化学品[17]。目前，AA 主要通过丙烯氧化生产。然而，许多缺点，如 CO_2 的释放、高能耗、昂贵催化剂的使用以及有毒中间体的产生，促使研究人员探索“更绿色”的工艺。此外，丙烯主要由化石资源生产，这些资源是不可再生的，预计未来将变得更加稀缺和更加昂贵。因此，通过生物方法从可再生资源生产 AA 的技术引起了人们的广泛关注。AA 通常以丙烯酰辅酶 A 的形式存在，丙烯酰辅酶 A 是某些微生物中 3-羟基丙酸（3-HP）循环的代谢中间体。在此循环途径中，丙烯酰辅酶 A 衍生自 3-羟基丙酰辅酶 A（3-HP-CoA），随后还原为丙酰辅酶 A[18]。该循环已被深入研究，基于它设计了几种用于 AA 生产的生物合成工艺。例如，Chu 等构建了一条在大肠杆菌中从葡萄糖生产 AA 的途径。该途径包括由七种不同酶催化的六种反应[19]。此外，Tong 等开发了另一种 3-HP 依赖性途径，通过 3-HPA、3-HP、3-HP-CoA 和丙烯酰-CoA 从甘油生产 AA[20]。Ko 等人报道了一种大肠杆菌菌株，经过改造，可以通过 β-丙氨酸途径从葡萄糖生产 AA[21]。他们首先开发了一条从丙氨酸合成 AA 的途径和一条从葡萄糖生成丙氨酸的途径。然后，将这两条途径结合起来，得到的重组菌株在摇瓶中可产生 55.7 mg/L AA[21]。最近，Zhao 等揭示了氧化葡萄糖杆菌中丙烯酸的新代谢途径。这种新途径包括三个连续的反应：①醇脱氢酶将 1,3-丙二醇催化为 3-羟基丙醛；②两种同工酶，3-羟基酰基-(ACP) 脱水酶和 3-羟基癸酰基-(ACP) 脱水酶将 3-羟基丙醛转化为丙烯醛；③醛脱氢酶将丙烯醛氧化成丙烯酸[22]。重组菌株在摇瓶培养物中产生（144.0±9.8）mg/L 丙烯酸。这是第一份证明丙烯酸可通过丙烯醛生物合成途径的报道，它为丙烯酸的生物合成提供了新的途径。

7.2.3.2 1,3-丁二烯

聚丁二烯在电子化学品中具有重要地位。它是一种优良的电绝缘材料，具有优异的耐候性、耐化学腐蚀性、耐磨性，在电子工业中得到了广泛的应用。在电子化学品中，聚丁二烯主要用于制造电线绝缘层、薄膜、电缆护套、涂料、绝缘材料等，以及用于电子设备的防潮、防尘、防腐等方面。此外，由于聚丁二烯板还具有较高的耐温性能和耐候性能，可在室外长期使用，且无毒环保，在电缆行业的应用越来越广泛。总之，聚丁二烯板在电子化学品中具有重要的作用，适用于制造各种电子材料和化学品，满足了电子工业对高性

能、环保、耐候等方面的需求。

1,3-丁二烯是聚丁二烯板生产的重要单体。通常，1,3-丁二烯主要源于 C_4 馏分，为乙烯生产过程中石脑油裂解的副产品。然而，随着页岩气推动的乙烯价格走低，石脑油裂解乙烯产量减少，导致 1,3-丁二烯供应吃紧，供需差距明显。为了解决这个问题并建立一个可持续发展的社会，需要从石油基制造 1,3-丁二烯转向生物基制造 1,3-丁二烯。近年来，生物基 1,3-丁二烯生产的研究有所增加。Yang 等构建了一条代谢途径，将巴豆酰辅酶 A 转化为巴豆基二磷酸（丁二烯的直接前体）[23]。该工程化途径由三种已鉴定的酶组成，即来自大肠杆菌的羟乙基噻唑激酶（THK）、来自嗜热自养甲烷嗜热杆菌的异戊烯磷酸激酶（IPK）和来自丙酮丁醇梭菌的醛/醇脱氢酶（ADHE2）。利用外源提供的巴豆醇产生 0.60 μg/mL 细胞内巴豆基二磷酸，这为生物合成丁二烯奠定了基础。后来，Mori 等人通过将顺式-黏康酸（ccMA）生产途径与阿魏酸脱羧酶突变相结合，构建了一条在大肠杆菌中从葡萄糖生产 1,3-丁二烯的人工代谢途径[24]。通过模拟计算对酶的底物结合位点进行合理设计，提高了 ccMA 脱羧能力。并且研究发现改变溶解氧（DO）的水平和控制 pH 是生产 1,3-丁二烯的重要因素。使用补料分批发酵，生产出（2.13±0.17）g/L 1,3-丁二烯。这是首次在生物体内实现从葡萄糖到 1,3-丁二烯的生物合成。

7.2.4 生物合成市场潜力与发展方向

丙烯酸和丁二烯作为两种重要的电子化学品及其前体，它们在合成其他化学品、塑料、橡胶等方面具有广泛的应用。近年来，随着电子信息产业的快速发展，丙烯酸及丁二烯的应用领域将会进一步拓展，市场需求也将逐渐扩大。因此，电子化学品前体的地位也将不断提升。科学家们已经发现了一些能够催化丙烯醛合成的酶，这为丙烯酸的生物合成提供了新的可能性。通过对自然界中已经存在的生物合成丙烯酸和丁二烯的途径进行研究，开发出新的生物合成方法，可降低生产成本，提高其产量。

电子化学品的生物合成具有巨大的潜力，因为它可以减少对传统化学品的依赖，降低生产成本，并减少环境污染。利用可再生资源，如植物油或生物质，作为电子化学品的原料，这种方法不仅可以降低生产成本，在可持续社会中发展循环生物经济，还可以减少对化石燃料的依赖，有助于环保。对于电子化学品生物合成的有以下发展方向。首先，开发新的生物合成途径至关重要，利用生物技术，如基因工程和微生物发酵，开发新的生物合成途径，以生产品类丰富的电子化学品。其次，发展绿色生物工艺，开发新的生物工艺，以减少对环境的影响。这可能包括优化微生物发酵过程、使用更高效的生物反应器或者开发新的生物转化技术。力争合成具有特殊性能的化学品是生物合成发展的目标，通过生物合成，开发出具有特殊性能的电子化学品，如高纯度、高稳定性等，以满足电子行业对化学品不断增长的需求。最后，通过基因工程和代谢工程等生物技术手段，可以改善微生物的代谢途径，提高合成的效率和产率。总的来说，电子化学品生物合成的潜力巨大，但要实现这一潜力，需要不断的研究、开发、应用和法规政策的支持。

7.3 活体功能材料

7.3.1 市场价值

近年来材料合成生物学领域涌现出一个全新研究方向——活体功能材料。很多生物材料都是活细胞参与构筑的复合材料，一个典型的例子就是人体骨骼，经过生物矿化过程形成多级的复合结构，并具备一系列优异的理化性质和“活体”特征，即轻质坚硬、耐久性好，以及能够自我净化、自我修复、对环境做出响应等。从某种程度上讲，活体功能材料研究就像是一把钥匙，将进一步打开材料、生物医药、生物修复、能源甚至军事国防等诸多领域的想象空间。例如，将活体材料植入人体肠道，可帮助调节菌群平衡，进而能针对性地防止出血、炎症与癌症等各种疾病。

生物活体功能材料是合成生物学和材料科学（特别是高分子科学）交叉的研究领域：合成生物学可以实现对生物体的重新编辑，材料科学则提供了材料构建的基本思想及对构效关系的全面理解。随着合成生物学和材料科学的不断发展、交叉和融合，各种响应性、程序化的生物活体功能材料不断涌现。如水下黏合材料作为一种先进的功能材料，在生物医药和海洋工业等多领域（如伤口愈合、下水管道涂层、船舶修复等）均有着极其重要的应用。生物被膜活体黏合材料，将不仅推动黏合材料往动态化智能化方向发展，也为拓展生物被膜这一活体材料应用做出前沿探索。

杜克大学游凌冲教授团队借鉴高分子科学中互穿网络的概念，通过基因回路设计控制细胞的程序性凋亡，实现胞内反应性功能蛋白质的可控释放，促进原位的蛋白质聚合和固定反应，形成具有蛋白质与壳聚糖半互穿网络结构的活体蛋白材料，既可保护固定于其中的微生物不受环境侵害，又可运用微生物应对环境扰动并影响环境，从而提供了一个模块化的生物活体功能材料平台，在生物医药等领域展现出广阔的应用前景。

蛋白质是生命中心法则中功能的主要承载者，也是活体材料的重要主体。以蛋白质为核心，结合蛋白质工程，有望摆脱传统天然蛋白质作为材料的局限性，既可诠释序列、结构与功能的关系，又有望实现目的导向的可设计性，一旦寻找到合适的切入点，可迅速取得突破。合成生物学与材料科学在现阶段的诸多不同恰恰为两者在未来的合作和融合提供了广阔的发展空间。

7.3.2 生物合成路径

7.3.2.1 活体生物膜融合蛋白材料

Wang 等通过利用光诱导大肠杆菌生物膜和仿生矿化，开发了具有精确空间图案和逐步梯度控制矿物密度的活体复合材料。展示了大肠杆菌中的生物膜结构蛋白与贻贝足蛋白（Mfp）类似物融合后，工程生物膜具有促进仿生羟基磷灰石（HA）矿化和界面结合的作用。当使用蓝光诱导生物膜生长时，可以在受控的空间和生物质密度下生成功能性生物膜时。在良性仿生 HA 矿化过程之后，可以生成具有图案和梯度特征的活体矿化材料[25]。

他们构建了功能性大肠杆菌生物膜，它可以感知和响应环境刺激并容易诱导 HA 矿化（图 7-5），并且构建了光诱导的生物膜形成菌株 CsgA-Mfp3S-pep，其中编码在 CsgA-Mfp3S-pep 中的 pDawn 质粒的表达受到蓝光照射的严格控制［图 7-5(c)］。

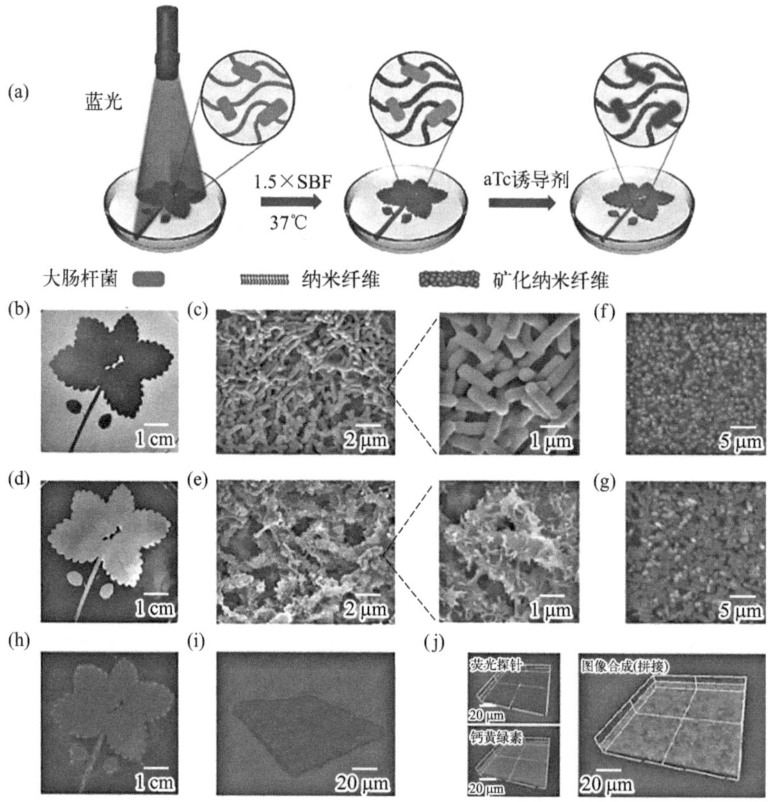

图 7-5 通过投影不同颜色图案得到精确的图案化活体复合材料[25]

研究团队测试了光诱导对生物膜空间分布的控制，通过 Microsoft PowerPoint 设计彩色叶子图案，利用投影仪将图案投射到聚苯乙烯培养皿的液体细菌培养物上，实现光诱导对生物膜空间分布的控制。CV 染色显示，投射的光图案为细菌生物膜［图 7-5(b)］。过夜培养后，将生物膜培养基替换为 1.5×SBF，以便随后进行 HA 矿化。经过 7 d 的矿化，生成的复合材料保留了原始图案［图 7-5(d)］。

钟超团队首先提出了蓝光强度与重组蛋白表达量在一定范围内具有正相关关系的假说，并通过实验进行了验证。接着，通过设计一个蓝光强度呈梯度变化的图案，经两步法后成功制备了具有类似人体关节软骨的有密度梯度、力学性能梯度的活体复合材料。最后，研究人员结合生物被膜的黏性特征以及蓝光对于空间分布的准确控制，利用黏性生物被膜固定聚苯乙烯（PS）小球填料实现了定点裂缝填补，再通过矿化作用沉积羟基磷灰石，对裂缝进一步填充，从而完成裂缝修复并提高了力学强度。这种具有可调节矿物梯度和机械性能的活体复合材料的成功演示表明了在组织工程中具有梯度矿物含量的组织-骨骼界面再生的可能应用。

7.3.2.2 半互穿网络结构活体蛋白材料

细胞介导的活体制造在生成具有多功能、可编程功能的材料方面具有很大的应用前景。杜克大学游凌冲团队研究了由半互穿聚合物网络（sIPN）组成的生物材料工程。互穿聚合物网络（IPN）是两种或多种聚合物在相互交织的网络中的组合。如果其中一种聚合物未完全交联，则会产生 sIPN［图 7-6(a)］[26]。

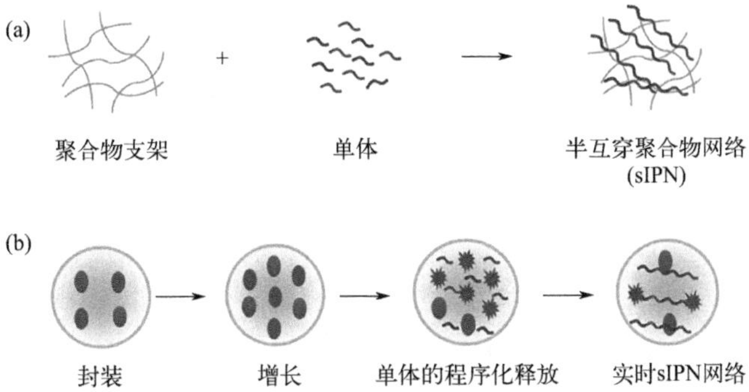

图 7-6 半互穿聚合物网络（sIPN）[27]

大多数 sIPN 是由合成聚合物组装的，但效应蛋白的掺入可以产生生物传感或驱动能力。这种结合可以通过功能性蛋白质的物理吸收或截留到支架上来实现，然而，由于弱结合容易导致活性酶泄漏[27]，共价键可以增强目标蛋白的固定化[28]。

研究者提出了一种可编程的方法来制造生物混合 sIPN，方法是选择工程细菌在交联支架上生长聚合蛋白。该技术的核心是一种聚合物胶囊，其中包裹着工程细菌，这些细菌不断产生和释放单体以组装聚合蛋白［图 7-6(b)］。工程化细菌可以从胶囊中感知它们的物理限制，并以高局部密度进行自主裂解。裂解后，细菌会释放出带有多个反应性标签的单体，这些标签可以在胶囊内聚合。

通过设计，该过程具有生物相容性和通用性，可以通过共价键结合功能性蛋白质，而无需苛刻的反应条件。由于活体制造的性质，该材料在瞬态或恒定扰动后恢复其程序功能的能力，具有弹性，即它可以在扰动期间和扰动后进行自我修复。此外，封装的细菌能够以可调节的方式组装蛋白质聚合物。通过结合不同的效应蛋白，增强了蛋白质的机械性能和支架聚合物的多功能。

该系统展示了合成生物学、蛋白质工程和材料科学的整合，实现了活体功能材料的合成。该工作可为临床使用细菌制造的活体材料保护肠道微生物群免受抗生素的意外干扰提供治疗思路。活体功能材料也可用于其他类型的应用，包括受控药物释放、环境净化或自愈材料。

7.3.3 生物合成市场潜力与发展方向

相比于传统材料，活体材料最大的优势在于其兼具生命的特征和材料的功能，不仅可自我生长、自我成形、具有生命体系的诸多复杂功能（如酶活性），还具有对环境响应、自我修复、易与各种加工技术（3D 打印、器件化）整合等优势。但是，目前多数活体材料工作都集中在展示其生命特征上，而殊少关注其材料属性，尤其在力学性能方面远逊于传统高分子材料。要在这方面取得突破就必须借鉴材料科学（尤其是高分子科学）几十年来的丰硕成果。生物体系所能够应用和提供的大分子结构相对有限，为了拓展活体材料的功能多样性，必须向传统高分子化学学习，引入并整合非天然的高分子组分。然而，在活体材料中应用高分子的相关策略并非易事，需要使用合成生物学的语言和工具[29]。例如，要控制单体的释放和聚合，不能简单套用传统的高分子聚合反应，而是要用到新的、可基因编码的蛋白质偶联化学，且要协调各个过程的时空次序，不能简单通过外部操作的时序性来实现，更多应该是通过程序化控制基因回路来实现。

总之，合成生物学与材料科学尤其是高分子科学的交叉融合是大势所趋。传统高分子是以追求静态结构的极限性能为目标，生命体是以追求特定环境压力下的最适生存为目标，而活体材料有望结合两者的主要优势，带来材料科学的变革。生物活体功能材料既是材料在人类智慧出现之前的自然选择，也是人造材料的理想未来。它既是起源，也是未来。

7.4 生物合成纳米材料

7.4.1 市场价值

纳米材料是指在三维空间中至少有一维处于纳米尺度范围（1～100 nm）或由它们作为基本单元构成的材料[30]。由于其独特的五大效应（体积效应、表面效应、宏观量子隧道效应、量子尺寸、介电限域效应），纳米材料在熔点、蒸气压、光学性质、化学反应性、磁性、超导及塑性形变等许多物理和化学方面都显示出特殊的性能，使其在电学、光学、磁学、热学、抗菌和催化等多个领域具有广阔的应用前景[31]。

近年来，纳米材料因其良好的性能，在冶金、化工、国防、电子、生命科学、航天航空、医学等研究领域呈现出极其重要的应用价值。利用传统的物理和化学方法在制备纳米材料的同时伴随着大量使用药剂、高能耗、环境污染及对生物体有毒有害等影响，亟需寻找环境友好、绿色的合成方法。纳米材料生物合成技术被认为是一种崭新的纳米材料绿色制备技术，近年来被广泛关注和研究。

目前，纳米材料和纳米颗粒的最新应用正在迅速发展。近年来，金属纳米颗粒，例如银，铂，金和钯在高灵敏度的生物分子检测和诊断[32]、抗菌剂和治疗学[33]、催化[34]、微电子学[35] 具有巨大的应用。纳米材料的绿色合成利用微生物、藻类、动物活体以及植物等生物质进行合成，和传统的物理化学法相比，生物合成的方法无毒、无害、高效、环境友好，并且反应条件温和可控、操作简便、产量高，已成为纳米材料合成方法领域的研究热点。

7.4.2 生物合成路径

自然界中的真菌、细菌等微生物、植物及其提取液、动物组织等均可被用于纳米材料的制备，被称为“天然纳米材料工厂”。生物合成纳米技术被认为是从源头减少纳米材料污染风险的环境友好合成技术。在生物合成纳米材料的过程中，植物或微生物体内的多酚类物质、糖类物质、蛋白质以及生物酶等作为金属离子的还原剂或者产物纳米粒子的包覆剂和稳定剂。在合成体系中无需引入外来化学还原剂即可实现纳米材料的均匀、稳定生长。

微生物具有很强的生命力和适应能力，早在 1989 年就开始了生物法合成纳米材料的研究。利用微生物培养的优点在于微生物廉价、易培养、繁殖快，合成的纳米金尺寸和形貌可控，具有很好的生物相容性，产量高。微生物合成方法可以分为细胞内和细胞外合成。和细胞内合成相比，细胞外合成不需要复杂的处理过程，操作较为简便，因而更加实用，可以进行细胞外合成纳米材料的微生物有绿脓杆菌[36]，荚膜红假单胞菌[37] 等。

7.4.2.1 细菌合成纳米材料

(1) 乳酸短杆菌合成纳米金颗粒

当活细菌与含金的离子共同孵育时，菌体吸收或吸附离子，利用生物活性分子生成纳米金颗粒。Kalishwaralal 等[38] 利用乳酸短杆菌合成出 10～50 nm、平均粒径为 35 nm 的纳米金颗粒，并证明了所还原合成的纳米金具有抗凝聚性，能够抑制血块的形成。

乳酸短杆菌细胞先在含有牛肉提取物、氯化钠和蛋白胨的营养肉汤中生长 24 h，孵育后，通过离心收集细胞并用无菌蒸馏水洗涤两次。在 250 mL 圆底烧瓶中，分别取 1 g 湿干酪杆菌、50 mL 1×10^{-3} mol/L $AgNO_3$、50 mL 1×10^{-3} mol/L $HAuCl_4$，之后，将烧瓶在 37℃的培养箱中以 200 r/min 的速度孵育 24 h。

研究者通过三个不同的管 A、B 和 C 用于接收血浆，如图 7-7 所示。A 管接收了没有任何抗凝剂的血液，B 管接收了血液和 0.5%（体积分数）银纳米颗粒，C 管接收了血液和 0.5%（体积分数）金纳米颗粒。管 A 显示在没有任何抗凝剂的情况下形成的血凝块。管 B 显示与银纳米颗粒一起接收的血液，其中血凝块的形成受到抑制。管 C 显示与金纳米粒子一起接收的血液，其中血凝块的形成受到抑制[38]。研究者证明约 50 nm 金纳米颗粒显示出抗凝血活性。

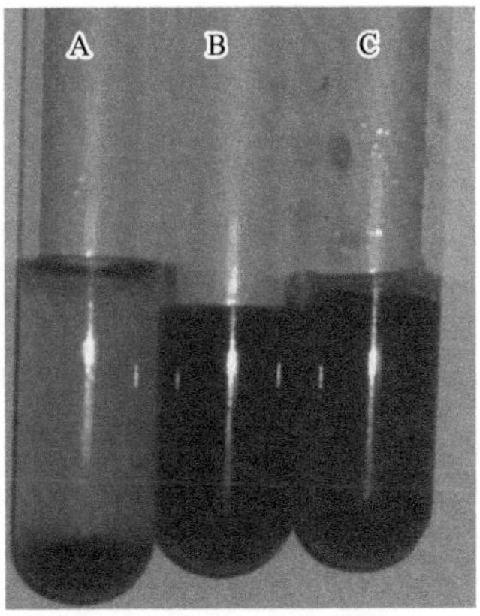

图 7-7 金纳米颗粒和银纳米颗粒的抗凝血活性

（2）单胞菌合成纳米金颗粒

M. Gericke 等[39]用单胞菌合成出分散均匀、粒径一致的纳米金颗粒，并推测是 NADPH 依赖的还原酶通过电子转移将 Au^{3+} 转化成 Au，为了证实该推测，该小组将细菌和不同浓度的 NADPH 分别和氯金酸共同培养，得到了不同颜色、不同形貌的纳米金，以证实该推测。

7.4.2.2 真菌合成纳米材料

印度普纳国家化学实验室最早研究了真核生物在纳米材料合成中的应用，发现两种真菌能够合成纳米粒子，即轮枝菌属和镰刀菌属真菌[40]。与细菌相比，真菌合成纳米金的优势在于：更高的产量，能够同时分泌更多的蛋白质。Mishra 等[40]用丝状真菌氏木霉在细胞外合成稳定的纳米金，平均直径为 5～25 nm。

研究人员使用摇瓶法在摇瓶兼培养箱中用液体生长培养基培养 *Hormoconis resinae* 真菌。将来自 CD 扩散平板培养物的孢子和菌丝转移到含有 100 mL 生长培养基的 250 mL 烧瓶中。烧瓶在（26±1）℃、150 r/min 的培养箱中培养 5 d。然后，在 10℃下以 5000 r/min 离心 20 min，用去离子水洗涤，然后过滤。此外，室温下，在 100 mL 含量的锥形烧瓶中，将 0.1 g *Hormoconis* 生物质添加到 50 mL 1 mmol/L $HAuCl_4$ 水溶液中。然后，在 30℃下以 150 r/min 的转速摇动烧瓶。

去离子水孵育的生物质（阳性对照）保留其原始颜色（即黄绿色）（图 7-8 中的管 A），而氯化金处理的生物质在 24 h 后由于在细胞外形成金纳米颗粒而变成紫色（图 7-8 中的管 B）（图 7-8）。

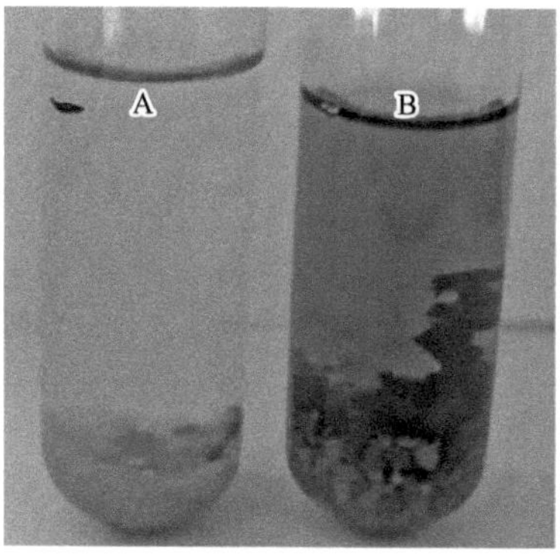

图 7-8　含有 Hormoconis 生物质和含去离子水生物质的试管[40]

生物质分泌的酶含有氨基、巯基和羧基，可能在减少 $AuCl_4^-$ 离子中起重要作用，$AuCl_4^-$ 离子可以通过这些官能团与生物质结合，可能涉及电子穿梭酶金属还原过程。先前的研究表明，NADH 和 NADH 依赖性酶是金属纳米颗粒生物合成的重要因素。该真菌分泌辅因子 NADH 和 NADH 依赖性酶，这些酶可能负责将 Au^{3+} 生物还原为单质 Au，并促使其聚集形成金纳米颗粒。并且，通过能量色散 X 射线光谱（EDX）和扫描电镜（TEM）技术，进一步证实了溶液中金纳米颗粒的存在和大小。

Hormoconis 真菌最重要的特征是：它们广泛存在于炼油厂附近的土壤中，可以产生大量生物质。这种廉价材料来源提供了以低成本制备各种金基纳米结构材料的机会。

7.4.2.3 植物合成纳米材料

植物生物质合成纳米材料技术是近几年来新发展起来的纳米合成技术，和微生物合成法相同，它也可分细胞内和细胞外合成。利用植物提取液合成反应速度快，操作简便，不需要细胞培养的过程，原料来源广，价格低廉，适合大规模生产。越来越多的科学研究发现，很多种植物的提取液都可以用来合成纳米材料，如芦荟、香樟叶、海藻、香蕉皮、芒果叶子等[41]。

应用比较广泛的是采用植物的叶子、花瓣、果实等的提取液作为还原剂、包覆剂、成型剂来进行纳米材料的合成。主要是依靠其中含有能产生还原作用的物质，通过调节反应提取物的浓度、pH 以及温度来控制合成的纳米材料的粒径大小。

研究人员[42] 用马尾藻 *Sargassum wightii* Greville 的提取物快速地在细胞外介导合成 8～12 nm 的纳米金粒子。将 1 g 海藻粉末放入装有 100 mL 10^{-3} mol/L $HAuCl_4$ 水溶液的 500 mL 锥形瓶中。在搅拌条件下，95% $AuCl_4^-$ 离子生物还原发生在 12 h 内。TEM 图（图 7-9）清楚地表明了纳米粒子的形状和大小。形成的金纳米颗粒是单分散的，直径范围为 8～12 nm，且这些粒子的尺寸均匀。与球形结构相比，金纳米颗粒还具有形成薄平面结构的倾向。从 TEM 图像中可看出几乎所有的粒子都没有物理接触，而是有着相当均匀的粒子间相互距离。

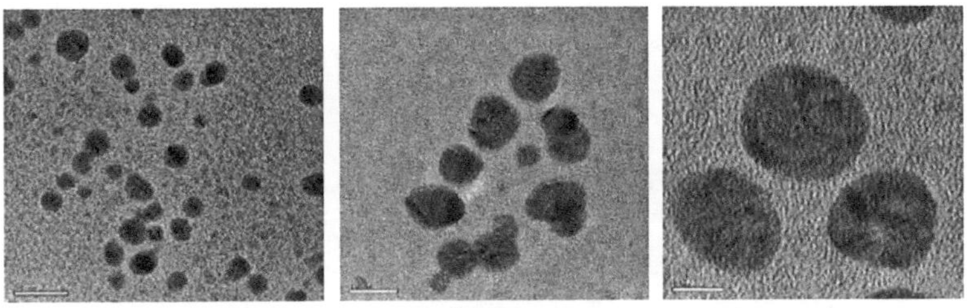

(a) 20 nm　(b) 10 nm　(c) 5 nm

图 7-9 金纳米颗粒的放大倍率 TEM 图[42]

通过使用各种藻类进行生物转化，可以在细胞外合成高度稳定的金纳米粒子，其可以轻松地固定/沉积到所需的固体表面上。它们在溶液中非常稳定，这与目前使用的其他生物方法相比是一个非常重要的优势。

7.4.3 生物合成市场潜力与发展方向

生物合成纳米材料技术被认为是从源头减少纳米材料污染风险的环境友好合成技术。在生物合成纳米材料的过程中，植物或微生物体内的多酚类物质、糖类物质、蛋白质以及生物酶等作为金属离子的还原剂或者产物纳米粒子的包覆剂和稳定剂。因此，在合成体系中无需引入外来化学还原剂即可实现纳米材料的均匀、稳定生长。与微生物相比，采用植物提取液进行纳米材料制备，可规避繁杂的微生物培养过程，也展现出广阔的应用前景。

7.5 高强高模的生物基仿生复合材料

7.5.1 市场价值

仿生学诞生于20世纪60年代，研究模仿生物机体和感官结构及工作原理。材料的仿生研究由来已久。1992年，美国和英国等国家合作创立了专注于力学结构与性质的《材料仿生学杂志》，该杂志致力于研究模仿生命系统运作模式和生物体材料构造规律的人造材料，通常称为仿生材料[43]。这是材料科学与生命科学相结合的产物，这一结合衍生出三大研究领域：天然生物材料、生物医学材料和仿生工程材料。

仿生材料是一种新型的功能材料，是建立在自然界原有材料、人工合成材料、有机高分子材料基础上的可设计智能材料。仿生材料的最大特点是可设计性，人们可提取出自然界的生物原型，探究其功能性原理，并通过该原理设计出能够有效感知到外界环境刺激并迅速做出反应的新型功能材料[43]。如何低成本、高效率地制造出新型仿生材料将是其能否继续快速发展的关键问题。目前，制造仿生材料的核心理念为：借鉴自然界生物体与生物材料的结构自适应、界面自清洁、界面自感知、能量自供给与转化的基本原理，发展仿生新型结构材料、新型智能界面材料、新型物质能量转化材料，为新质战斗力的形成和现役装备的改进改型提供材料的保障与支撑[14]。仿生材料对于推动材料科学的发展与人类社会文明的进步具有重大的意义。

7.5.2 生物合成路径

7.5.2.1 蛋白质与纤维素的仿生复合材料

蜘蛛通常分泌不同的丝来完成各种任务，蜘蛛丝以其令人难以置信的韧性而闻名。芬兰阿尔托大学的研究人员受蜘蛛丝启发，用蛋白质和纤维素制出一种高强高模的仿生复合材料。即以高结晶度和高取向度的纳米纤维素为增强体，高模量的三嵌段丝蛋白为基体，制备出高强高模生物基仿生材料。

制备时，先将蛋白质溶解在水中，浓缩后产生液-液相分离，蛋白质分子构象从无序结构逐渐转变为有序结构。随后，混合纤维素和蛋白质溶液，离心后排出气泡，由喷丝孔挤出至96%乙醇中快速凝固，制出生物基仿生材料。

具体合成途径为：研究者使用了来自热纤梭菌纤维素体的蛋白质CBM[44]。含156个氨基酸的CBM具有紧凑的球状折叠和对纤维素的高亲和力，这是由蛋白质一个面上的一组芳香族残基介导的。研究者使用了两个版本。版本一是野生型蛛丝蛋白序列的一部分（称为ADF3），版本二是具有重复共有序列的工程版本（称为eADF3）[45]。ADF3和eADF3序列块均包含12个重复的疏水性Ala残基片段，其间具有富含Gly/Pro/Gln的基序片段。在每个末端，添加一个纤维素锚定块。蛋白质CBM-ADF3-CBM和CBM-eADF3-CBM被称为三嵌段蛋白质。三嵌段蛋白质结构示意性地显示在图7-10中。

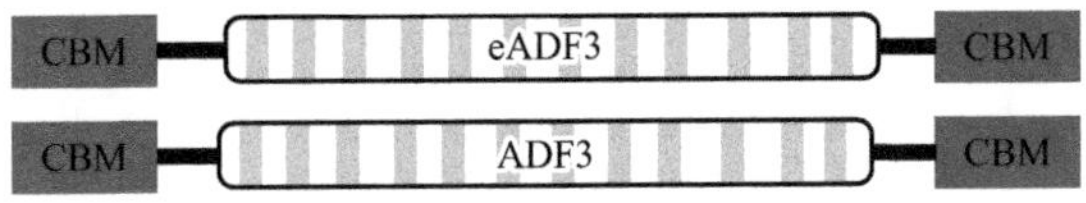

图 7-10　三嵌段蛋白质

在拉伸实验中，当蛋白质与纤维素质量比为 2∶1 时，材料强度最高可达 (35±6.3) GPa[46]。丝状蛋白和 CNF 的流动排列被证明是获得生物聚合物复合材料的有效方式。通过选择基质成分来提高强度、刚度和韧性的仿生目标已实现[47]。研究者发现，在加工和组装过程中，蛋白质的构象从无序的随机结构变为高 β 折叠结构。此变化至关重要，因为 β 折叠结构的形成与分子迁移率的显著降低有关[48]。蜘蛛丝中 β 折叠结构的形成与分子网络的形成有关，并由此增加了韧性。研究者总结了关于三嵌段蛛丝蛋白渗透增强蛛丝结构的内聚性的原因。拉伸蛛丝时，蛛丝断裂表面减少，有效地抑制了裂纹的进一步扩展。在没有三嵌段蛋白的样品中，松散结合的区域更容易分离并在断裂表面中显示为空隙。研究者提出，蛋白质基质有助于将纤维固定在适宜的位置。

这种生物基复合材料十分坚固且有弹性，可替代塑料制品，在医疗、纺织工业等领域具有广泛前景。

7.5.2.2　融合蛋白与 NFC/rGO 的仿生珍珠层状纳米复合材料

引入具有蛋白质工程设计的功能连接体，为制造转基因高性能仿生复合材料提供了一种独特的方法。该方法灵感来自一种坚韧的生物材料珍珠层，它具有分层的“砖-砂浆”结构，包含多功能有机分子，在改善复合材料的机械性能方面发挥着重要作用。Dharp. 研究组开发了基于弹性蛋白的杂化蛋白聚合物，具有用于还原氧化石墨烯（rGO）和纳米原纤化纤维素（NFC）的选择性结合基序。融合蛋白的黏合和弹性结构域显示出协同效应，同时提高了合成珍珠层的强度和韧性[49]。

(1) NFC 和融合蛋白的制备

通过 M7115 Microfluidizer 对漂白桦木浆进行十次循环处理，实现机械原纤化以制备 NFC。首先，对样品进行超声处理（Soniprep 150MSE，振幅 24 μm，10 min），离心（Beckmann Optima LE-80K，10000 g），之后，收集保留在上清液中的纤维素。双功能融合蛋白由一个疏水蛋白部分与两个不同的 CBD 串联连接而成。HFBI-疏水蛋白来自里氏木霉，两个 CBD 分别来自酶 Cel7A 和 Cel6A。这些蛋白质模块通过多肽连接区连接。融合蛋白通过重组方式在里氏木霉中产生，并通过双水相萃取纯化[50]。

(2) 融合蛋白与 NFC/rGO 纳米片之间分子相互作用

融合蛋白通过分子或胶体水平的相互作用形成黏附在 NFC 和 rGO 表面的软基质，并建立仿生珍珠层状形态。使用两个黏附蛋白结合部分，纤维素结合模块（CBM）和 HFBI，它们通过功能性弹性蛋白样多肽（RLP）相互连接（图 7-11）。源自真菌里氏木霉的纤维二糖水解酶的真菌 CBM 通过芳香族残基和氢键与纤维素表面特异性结合[51]。CBM 通常富含二硫键交联，存在半胱氨酸桥，并且尺寸相对较小（由约 36～38 个氨基酸

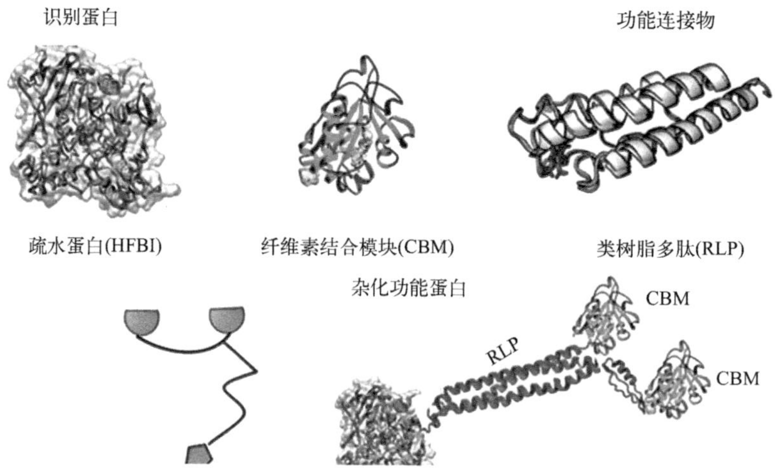

图 7-11 融合蛋白的自组装复合材料的示意图[49]

残基组成)[52]。因此，在 rGO 和 NFC 的分层中，这种功能性融合蛋白的自组装层有望调整 rGO/NFC 纳米复合材料的宏观性质。

在引入基因工程融合蛋白后，纳米复合材料的机械性能有了显著改善。融合蛋白复合物的突出优势是超分子功能接头 RLP 的存在，它在开发纳米复合材料中诱导 pH 响应行为。制造的纳米复合材料显示出依赖于 pH 的机械行为。功能单元 RLP 的引入有助于制造具有更大拉伸强度（约 421 MPa）并具有刺激响应特性的仿生珍珠层。如图 7-12 所示，可用典型的断裂模型来理解融合蛋白在不同 pH 下的增强机制。基因工程融合蛋白可以根据结合位点的数量和弹性蛋白的结构状态显著调节纳米复合材料的结构特性。

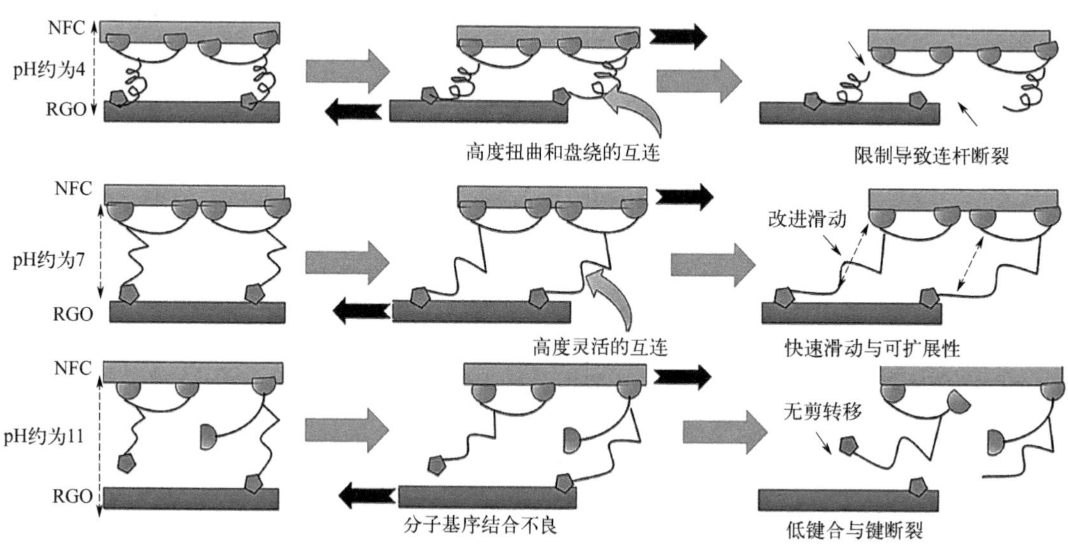

图 7-12 在不同的 pH 条件下，基于 dCBM-RLP-HFBI 的 rGO/NFC 的断裂机制[49]

黑色箭头表示施加的拉伸应力的方向

7.5.3 生物合成市场潜力与发展方向

仿生纳米复合材料支架适用于骨组织工程，它们在生物医学应用中发挥着至关重要的作用。例如，通过充当营养来源携带生产新细胞的模板，组织工程为促进聚集和受损组织的生物替代物提供了各种可能性。生物合成 3D 仿生支架将会为组织工程带来巨大的发展潜力。仿生材料是具有良好结构性能、生物相容性和生物降解性的材料。但这方面研究仍然存在重大挑战。比如，在合成效率方面，生物合成过程通常需要大量的时间和资源，尤其是在大规模生产中，这限制了仿生材料的商业化应用；在生物活性方面，仿生材料需要与生物环境兼容。然而，许多生物合成过程中产生的物质可能会对生物环境产生负面影响；在精确控制方面，生物合成过程往往涉及复杂的化学反应和生物反应，难以精确控制，这可能导致仿生材料的性能和结构与预期不符。利用纳米技术和仿生结构设计或许可以创造具有特殊功能的仿生材料，如 3D 打印和微流控技术等，来提高生物活性、生产效率、降低成本等。此外，通过引入智能材料可以开发出能够响应环境变化或自我修复的仿生材料，从而提高其准确性、可持续性和实用性。未来，合成生物学将通过将有机体和机械原型组合成新的形式，这激发了设计师和工程师的想象力。

参考文献

[1] Bhattacharya A, Alam K, Roy N S, et al. Exploring the interaction between extracellular matrix components in a 3D organoid disease model to replicate the pathophysiology of breast cancer [J]. Journal Of Experimental & Clinical Cancer Research, 2023, 42: 343.

[2] Groll J, Burdick J A, Cho D W, et al. A definition of bioinks and their distinction from biomaterial inks [J]. Biofabrication, 2018, 11 (1): 013001.

[3] Ali F, Rashid A, Kalva S N, et al. Mg-doped PLA composite as a potential material for tissue engineering-synthesis, characterization, and additive manufacturing [J]. Materials, 2023, 16 (19): 6506.

[4] Suntornnond R, An J, Chua C K. Bioprinting of thermoresponsive hydrogels for next generation tissue engineering: a review [J]. Macromolecular Materials and Engineering, 2017, 302 (1): 1600266.

[5] Matanović M R, Kristl J, Grabnar P A. Thermoresponsive polymers: insights into decisive hydrogel characteristics, mechanisms of gelation, and promising biomedical applications [J]. International Journal of Pharmaceutics, 2014, 472 (1): 262-275.

[6] Rodriguez-Cabello J C, Martin L, Alonso M, et al. "Recombinamers" as advanced materials for the post-oil age [J]. Polymer, 2009, 50 (22): 5159-5169.

[7] Deidda V, Ventisette I, Langione M, et al. 3D-printable gelatin methacrylate-xanthan gum hydrogel bioink enabling human induced pluripotent stem cell differentiation into cardiomyocytes [J]. Journal of Functional Biomaterials, 2024, 15 (10): 297.

[8] Ouyang L L, Highley C B, Sun W, et al. A generalizable strategy for the 3D bioprinting of hydrogels from nonviscous photo-crosslinkable inks [J]. Advanced Materials, 2017,

29 (8).

[9] Müller M, Ozturk E, Arlov O, et al. Alginate sulfate-nanocellulose bioinks for cartilage bioprinting applications [J]. Ann Biomed Eng, 2017, 45 (1): 210-223.

[10] Hospodiuk M, Dey M, Sosnoski D, et al. The bioink: a comprehensive review on bioprintable materials [J]. Biotechnol Adv, 2017, 35 (2): 217-239.

[11] Yue J, Zhao P, Gerasimov J Y, et al. 3D-Printable antimicrobial composite resins [J]. Advanced Functional Materials, 2015, 25 (43): 6756-6767.

[12] Prileschajew N. Oxydation ungesättigter verbindungen mittels organischer superoxyde Berichte der deutschen chemischen Gesells chaft, 1909, 42 (4): 4811-4815.

[13] Örçen G, Bayram D. Effects of boric acid on laminated composites: An experimental study [J]. Polymers, 2024, 16 (15): 2133.

[14] Moresco V, Charatzidou A, Oliver D M, et al. Binding, recovery, and infectiousness of enveloped and non-enveloped viruses associated with plastic pollution in surface water [J]. Environ Pollut, 2022: 119594.

[15] Samuelsson J, Johansson M. A study of fatty acid methyl esters with epoxy or alkyne functionalities [J]. Journal of the American Oil Chemists Society, 2001, 78 (12): 1191-1196.

[16] 赵琳妮．新型可降解脂环族环氧树脂的合成及性能研究 [D]. 大连：大连理工大学，2017.

[17] Yash B, Mostafa J, Prashant P, et al. Techno-economic assessment of bio-based routes for acrylic acid production [J]. Green Chemistry, 2025, 27: 10612-10632.

[18] Straathof A J J, Sie S, Franco T T, et al. Feasibility of acrylic acid production by fermentation [J]. Applied Microbiology and Biotechnology, 2005, 67 (6): 727-734.

[19] Chu H S, Ahn J H, Yun J, et al. Direct fermentation route for the production of acrylic acid [J]. Metabolic Engineering, 2015, 32: 23-29.

[20] Tong W, Xu Y, Xian M, et al. Biosynthetic pathway for acrylic acid from glycerol in recombinant *Escherichia coli* [J]. Applied Microbiology and Biotechnology, 2016, 100 (11): 4901-4907.

[21] Ko Y-S, Kim J W, Chae T U, et al. A novel biosynthetic pathway for the production of acrylic acid through β-alanine route in *Escherichia coli* [J]. ACS Synthetic Biology, 2020, 9 (5): 1150-1159.

[22] Zhao L, Zhu J, Ro K S, et al. Discovery of a novel acrylic acid formation pathway in gluconobacter oxydans and its application in biosynthesis of acrylic acid from glycerol [J]. Process Biochemistry, 2022, 118: 182-189.

[23] Yang J, Zhang C T, Yuan X J, et al. Metabolic engineering of methylobacterium extorquens AM1 for the production of butadiene precursor [J]. Microbial Cell Factories, 2018, 17 (1): 194.

[24] Mori Y, Noda S, Shirai T, et al. Direct 1,3-butadiene biosynthesis in *Escherichia coli* via a tailored ferulic acid decarboxylase mutant [J]. Nature Communications, 2021, 12 (1): 2195.

[25] Wang Y, An B, Xue B, et al. Living materials fabricated *via* gradientmineralization of light-inducible biofilms [J]. Nat Chem Biol, 2021, 17 (3): 351-359.

[26] Yamazawa Y, Kato H, Nakaji-Hirabayashi T, et al. Bioinactive semi-interpenetrating network gel layers: zwitterionic polymer chains incorporated in a cross-linked polymer brush [J]. Journal of Materials Chemistry B, 2019, 7 (27): 4280-4291.

[27] Datta S, Christena L R, Rajaram Y R S. Enzyme immobilization: an overview on techniques and support materials [J]. 3 Biotech, 2013, 3 (1): 1-9.

[28] Dai Z, Yang X, Wu F, et al. Living fabrication of functional semi-interpenetrating polymeric materials [J]. Nature Communications, 2021, 12: 3422.

[29] Xu L, Wang X, Sun F, et al. Harnessing proteins for engineered living materials [J]. Current Opinion in Solid State & Materials Science, 2021, 25 (1).

[30] Zi Y Y, Si L, Xiang L, et al. A review on the synthesis of metal oxide nanomaterials by microwave induced solution combustion [J]. RSC Advances, 2023, 13 (5): 3265-3277.

[31] 牟季美，张立德．纳米复合材料发展趋势 [J]. 物理，1996 (1): 31-36.

[32] Lokesh K, Gangwar, Vikash S, et al. Optical and dielectric realisation of biomolecular detection using gold nanoparticles bio-conjugate with liquid crystal [J]. Journal of Molecular Liquids, 2023, 380: 121754.

[33] Hamid M, Majid O, Nasrin M, et al. Catalytic and anti-cancer properties of platinum, gold, silver, and bimetallic Au-Ag nanoparticles synthesized by *Bacillus sp.* bacteria [J]. Journal of Biotechnology, 2024, 379: 34-35

[34] Lee M W, Park J H, Cho S U, et al. Local Heating induced single-crystalline phase control in electrochemical synthesis of nanomaterials [J]. Small, 2024, 20 (30): 2400038.

[35] Vanaraj R, Periyannan J, Mayakrishnan G, et al. Surface modified and advanced magnetoelastic sensors for biomedical application [J]. Surfaces and Interfaces, 2024, 48: 104274.

[36] Timoszyk A, Niedbach J, Slizewska P, et al. Eco-friendly and temperature dependent biosynthesis of gold nanoparticles using the bacterium *Pseudomonas aeruginosa*: characterization and antibacterial activity [J]. Journal of Nano Research, 2017, 48: 114-124.

[37] Yuan J H, Cao J L, Yu F, et al. Microbial biomanufacture of metal/metallic nanomaterials and metabolic engineering: design strategies, fundamental mechanisms, and future opportunities [J]. Journal of Materials Chemistry B, 2021, 9 (33): 6491-6506.

[38] Kalishwaralal K, Deepak V, Pandian S R K, et al. Biosynthesis of silver and gold nanoparticles using *Brevibacterium casei* [J]. Colloids and Surfaces B-Biointerfaces, 2010, 77 (2): 257-262.

[39] Gericke M, Pinches A. Biological synthesis of metal nanoparticles [J]. Hydrometallurgy, 2006, 83 (1/2/3/4): 132-140.

[40] Mishra A N, Bhadauria S, Gaur M S, et al. Extracellular microbial synthesis of gold nanoparticles using fungus *Hormoconis resinae* [J]. Jom, 2010, 62 (11): 45-48.

[41] 桂兵．生物合成纳米材料及其应用研究 [D]. 保定：华北电力大学，2016.

[42] Singaravelu G, Arockiamary J S, Ganesh Kumar V, et al. A novel extracellular synthesis of monodisperse gold nanoparticles using marine alga, *Sargassum wightii* Greville [J]. Colloids and Surfaces B: Biointerfaces, 2007, 57: 97-101.

[43] 江雷．具有特殊浸润性的仿生智能纳米界面材料 [J]. 科学观察，2007 (5): 38.

[44] Tormo J, Lamed R, Chirino A J, et al. Crystal structure of a bacterial family-Ⅲ cellu-

lose-binding domain: a general mechanism for attachment to cellulose [J]. Embo Journal, 1996, 15 (21): 5739-5751.

[45] Huemmerich D, Helsen C W, Quedzuweit S, et al. Primary structure elements of spider dragline silks and their contribution to protein solubility [J]. Biochemistry, 2004, 43 (42): 13604-13612.

[46] Mohammadi P, Aranko A S, Landowski C P, et al. Biomimetic composites with enhanced toughening using silk-inspired triblock proteins and aligned nanocellulose reinforcements [J]. Science Advances, 2019, 5 (9).

[47] Fan W, Du T, Droce A, et al. Resolving the conflict between strength and toughness in bioactive silica-polymer hybrid materials [J]. ACS Nano, 2022, 16 (6): 9748-9761.

[48] Su I, Buehler M J. Nanomechanics of silk: the fundamentals of a strong, tough and versatile material [J]. Nanotechnology, 2016, 27 (30).

[49] Dhar P, Phiri J, Szilvay G R, et al. Genetically engineered protein based nacre-like nanocomposites with superior mechanical and electrochemical performance [J]. Journal of Materials Chemistry A, 2020, 8 (2): 656-669.

[50] Linder M B, Qiao M Q, Laumen F, et al. Efficient purification of recombinant proteins using hydrophobins as tags in surfactant-based two-phase systems [J]. Biochemistry, 2004, 43 (37): 11873-11882.

[51] Laaksonen P, Walther A, Malho J M, et al. Genetic engineering of biomimetic nanocomposites: diblock proteins, graphene, and nanofibrillated cellulose [J]. Angew Chem Int Ed Engl, 2011, 50 (37): 8688-8691.

[52] Lehtio J, Sugiyama J, Gustavsson M, et al. The binding specificity and affinity determinants of family 1 and family 3 cellulose binding modules [J]. Proceedings of the National Academy of Sciences of the United States of America, 2003, 100 (2): 484-489.

第8章 合成生物学领域的高新技术

8.1 基因编辑技术

基因编辑（gene editing），又称基因组编辑（genome editing）或基因组工程（genome engineering），是一种新兴的、比较精确的、能对生物体基因组特定目标基因进行修饰的一种基因工程技术。

早期的基因工程技术只能将外源或内源遗传物质随机插入宿主基因组，基因编辑则能定点编辑基因。基因编辑依赖于经过基因工程改造的核酸酶在基因组中特定位置产生位点特异性双链断裂、然后诱导生物体通过非同源末端连接或同源重组来修复双链断裂。基因编辑因其能够高效率地进行定点基因组编辑，在基因研究、基因治疗和遗传改良等方面展示出了巨大的潜力。

基因组的从头合成和针对天然基因组的规模改造分别属于合成基因组学和基因编辑领域，均为当前合成生物学研究的热点。合成基因组学涉及基因组的从头设计、构建和功能表征等，属于自下而上的生物学研究策略；而基因编辑侧重于通过对现有基因组进行删除、替换、插入等分子操作改写遗传信息，属于自上而下的生物学研究策略。

以上两者的有机结合将极大地推动生物制造、疾病治疗等领域的革新；同时两者也将为功能基因组学的研究提供强有力的技术手段。新生命体系的从头设计与合成不仅需要基因组序列的合成、拼接及转移等技术，也需要高效率、低脱靶率的编辑技术。在不断的探索研究后，基因编辑技术已经发展到几乎可在任意位点进行靶向切割，其操作的简易和高效极大地推动了物种遗传改造的发展。基因编辑可为合成生命的进一步改造提供手段，为新物种的创造提供更多的可能性。

8.1.1 基因编辑技术的原理

基因编辑技术是对生物体DNA断裂及其修复机制的应用。作为一种常见的分子生物学事件，在分裂活跃的哺乳动物细胞中，DNA双链断裂（DNA doublestrand breaks，DSBs）几乎每天会发生[1]。双链断裂发生后细胞可以通过多种方式进行修复，包括非同源末端修复（non-homologous end joining，NHEJ）、选择性末端修复（alternative end joining，a-EJ）、单链退火修复（single-strand annealing，SSA）和同源重组修复（homologous recombination，HR）[2]。同源重组修复可以进行精确无误地修复，但是需要同源模板的存在。非同源末端修复则是将两个在很大程度上没有同源性的DNA末端进行直接连接以实现修复，在此过程中，两个末端在大多数情况下会发生若干核苷酸的缺失，是一种不精确的修复机制[3]。而作为辅助性的修复机制，选择性末端修复和单链退火修复均需要更大幅度的末端单链切除，这也会导致遗传信息的丢失。

基于DNA断裂修复的原理，如果在细胞中人为提供特定的同源重组模板，待目标DNA自然发生或者经人为诱导产生双链断裂，触发同源重组修复，就有机会把特定DNA序列删除或者插入外源基因。在不提供同源模板的情况下，利用NHEJ、a-EJ及SSA的不精确修复机制可以实现基因的突变和敲除。

传统的基因编辑借助细胞内自然发生的DSBs实现靶向整合[4]，达到基因敲除、替换等目的。然而，在真核生物细胞里，通过自发双链断裂实现目的基因编辑的概率通常低至百万分之一[5]。人为使用化学诱导剂、辐射处理或者转座子技术也可以实现基因的突变，但是这些突变是随机的，需要后续进行大量的筛选工作来获得所需的基因型。定点基因编辑技术是进行基因功能研究和物种定向改造的优选策略。

8.1.2 基因编辑技术的类别

8.1.2.1 重组核酸酶介导的基因编辑技术

将外源DNA导入靶细胞后，利用基因重组，将外源DNA与靶细胞内染色体上同源DNA间进行重组，从而将外源DNA定点整合入靶细胞基因组某一论点，这一过程称为基因打靶（gene targeting，GT）。基因打靶依赖同源重组完成基因的特定改造，遗传操作更为精细、定向，其对基因功能研究具有重要意义。传统的基因打靶重组率在10^{-6}～10^{-5}。因此，人们尝试发现新的基因打靶技术并应用于动植物转基因研究中。其中锌指核酸酶（ZFN）技术[6] 的应用大大提高了基因定点整合率。

重组锌指核酸酶是锌指蛋白（zinc finger protein，ZFP）和FokI核酸内切酶的剪切结构域组成的嵌合融合蛋白，其中锌指蛋白结构域负责识别靶位点，FokI可打断DNA双链，提高依赖同源重组完成特定基因改造和修饰等的基因打靶的效率，为转基因及基因治疗研究提供了更有效的技术平台。

8.1.2.2 RNA引导的基因编辑技术

CRISPR-Cas作为细菌的适应性免疫系统，广泛存在于细菌和古生菌的染色体上，与其免疫相关。当外源病毒或质粒DNA进入细胞时，专门的Cas蛋白将外源DNA剪成小片段，并将它们黏贴到连续的DNA片段中，形成CRISPR序列。然后，Cas蛋白表达并并参与CRISPR RNA（crRNA）的生成。通过序列同源性，这些crRNA基于序列特异性将 Cas 复合物靶向到外源 DNA，并切割目标 DNA 以干扰外来入侵者。与 ZFN 和 TALEN 的 DNA 结合结构域的构建需要执行蛋白融合过程相比，CRISPR-Cas 技术[7] 利用设计的序列特异性向导 RNA 分子（sequence-specific guide RNA）作为 DNA 结合结构域，取消了蛋白质融合过程，大大降低了技术难度，表现出了极大的优势。

CRISPR-Cas9 系统并非天生就是为人类使用而产生的。它的本质其实是细菌的一种对付病毒等外来 DNA 的防御系统。该系统经过上述过程在生物体内实现基因的敲除、敲入和替换等基因编辑操作，使生物体表现出与编辑前不同的特性，实现特定的生物学功能。

8.1.2.3 DNA 引导的基因编辑技术

根据碱基互补配对原则及引物设计原理，Oligo DNA[8] 理论上也可以用于引导核酸内切酶靶向切割双链 DNA。用 Oligo DNA 替代其 DNA 结合结构域，关键是需要找到 Oligo DNA 与切割结构域 FoKI 的合适连接方式。或者是寻找类似于 Cas9 的天然蛋白，本身具备核酸内切酶功能且能结合一定长度的引导 Oligo DNA。由于 DNA 本身有更好的稳定性，Oligo DNA 制备成本低，可以简化基因编辑的操作程序，Oligo DNA 引导的基因编辑工具有其他编辑工具不可比拟的优点，值得深入研究开发。

8.1.3 基因编辑技术的应用

基因编辑技术已展现出巨大的应用潜力，包括疾病筛查、疾病诊断、药物研发、作物育种、能源与材料开发等领域。

8.1.3.1 疾病治疗

从技术手段角度来看，基因编辑技术用于疾病治疗的手段包括编辑干细胞和编辑成体细胞。早在 2013 年，中国科学院 Ran 等[9] 就利用 CRISPR/Cas9 技术在小鼠受精卵中纠正了小鼠白内障显性基因突变，完成了遗传疾病的校正性治疗实验研究。Guilinger 等[10] 在 2014 年首次成功修改人类胚胎的 DNA，为治疗地中海贫血症这一遗传疾病提供了可能。干细胞基因编辑通常是将病人的干细胞在体外编辑后再输回病人体内，进而用于治疗如 β-珠蛋白生成障碍性贫血[11] 等疾病。体细胞编辑也可用于治疗特定疾病，如酪氨酸血症、乙肝等。

基因编辑技术在疾病治疗领域的研究最多，但大部分工作尚处于动物实验阶段，受限于基因编辑技术本身还待解决的脱靶、安全性等关键问题，疾病治疗临床研究还在初期阶段。

8.1.3.2 作物育种

基因编辑技术已经用于小麦、水稻、玉米、大豆、拟南芥、番茄、烟草、马铃薯等的育种研究中，其优势在于可筛选优势性状、设计和改造品种、提高产量和品质等[12]。Wu

等[13] 利用基因编辑技术首次在六倍体小麦中对 *MLO* 基因的 3 个拷贝同时制造突变，使小麦对白粉病具有了广谱抗性，该成果入选《麻省理工科技评论》“2016 年十大技术突破”；Liang 等[14] 在 2015 年利用基因编辑技术在杂交水稻中建立了水稻无融合生殖体系，得到了杂交稻的克隆种子等；Xie 等[15] 在 2014 年利用 CRISPR/Cas9 技术创制出茎秆变粗、抗折力增强的水稻新种质。

8.1.3.3 工业微生物设计

基因编辑技术为工业微生物的改造与模式微生物设计提供了高效的工具，为生物燃料、新材料、医药产品、环境修复微生物等的研发提供了新的选择。2020 年，Wang 等[16] 就利用 CRISPR/Cas9 技术对单倍体酵母菌株和二倍体酵母菌株两类重要工业酵母的基因完成了高效编辑；Wang 等[17] 在 2014 年开发了一种 CRISPR/Cas9 辅助多重基因组编辑方法，包括多重基因敲除、多位点和多拷贝整合方法，为酵母的基因工程和合成生物学研究提供了一个有效的工具。

8.1.3.4 病毒核酸检测

2018 年，科学家首次证明了基于 CRISPR 的基因编辑技术在病毒核酸检测方面的重大应用潜力，两项代表性工作都来自麻省理工学院，一项是利用 CRISPR/Cas12a 系统可以准确地识别人源样本中不同类型的 HPV 病毒[18]；一项是利用基于 CRISPR/Cas13a 的 SHERLOCK 系统检测人源样本中的寨卡病毒、登革热病毒以及其他有害细菌[19]。

8.2 人工酶的设计及构建

8.2.1 人工酶概述

人工酶是由人类设计得到的、具有类似天然酶活性的催化剂。人工酶设计可能成为天然酶的补充，实现天然酶尚未实现的功能。

部分天然酶存在成本昂贵、产率低、稳定性差等不足。在参与氧化还原反应的酶中，多数酶需要辅酶或辅基[20]，这加大了天然酶的使用成本。人工酶是以酶的催化原理为基础，用化学法和生物法合成的具有特定催化功能的生物大分子。人工酶可以是蛋白质，也可以是比较简单的大分子物质，例如一些基于纳米材料的纳米酶等。纳米酶是一类蕴含酶学特性的纳米材料，在纳米尺度表现出只有天然酶才具有的酶学催化特性[21]。

人工酶可以弥补天然酶的不足，已被用作高效催化剂[22]，同时有助于天然酶机理的深入研究[23]。此外，天然酶因对底物具有高度专一性而使底物种类受限，影响其在工业上的应用，而人工酶可扩大反应底物范围。

8.2.2 人工酶的分类

8.2.2.1 传统模拟酶

模拟酶是一类利用有机化学方法合成的比天然酶简单的非蛋白分子。根据酶催化反应机理，若合成出既能识别底物分子又具有酶活性部位催化基团的主体分子，同时主体分子能与底物发生多种分子间相互作用，那就能有效地模拟酶分子的催化过程。传统模拟酶主要有三种模拟方式：①模拟酶含有与天然酶相同的金属离子；②模拟天然酶的活性中心结构；③天然酶的整体模拟。根据主—客体化学和超分子理论，研究人员研究出了多种传统模拟酶。传统模拟酶不仅在耐酸碱性、热稳定性方面优于天然酶，而且价格便宜，可大量应用于实际生产中。以下对几种重要的传统模拟酶进行分类介绍。

(1) 环糊精模拟酶

环糊精是由数个D-呋喃葡萄糖残基通过 α-1,4-糖苷键连接而成的环状糖，每个残基均取无扭变变形的椅式构象。环糊精具有内部疏水、外部亲水的特性，能够更好地包裹客体分子，且对客体分子具有一定的选择性，是研究模拟酶很好的材料。单体环糊精虽具有催化性，但是其活性不高。因此，研究者们对天然环糊精进行了进一步的研究，采用合成官能团修饰环糊精、与金属形成配合物、环糊精聚合物等方法提高模拟酶的催化活性。研究人员[24] 使用硫醇-烯点击化学法将硫醇化 β-环糊精枝接在均匀球形共价有机框架(COF) 修饰的二氧化硅上，称为Sil-COF-CD，所制备的材料在分离疏水性物质和手性对映异构体方面表现出优势。

(2) 卟啉类模拟酶

卟啉是一类由四个吡咯类亚基的 α-碳原子通过次甲基桥互联而形成的大分子杂环化合物。金属卟啉是卟吩及其衍生物（卟啉）与金属离子形成的配位化合物。

Chen 等[25] 将两类水难溶性金属卟啉 *meso*-四苯基卟啉金属配合物［MTPP，M＝Zn(Ⅱ)、Co(Ⅱ)］和 *meso*-四（*p*-羟基苯基）卟啉金属配合物［MTpHPP，M＝Zn(Ⅱ)、Co(Ⅱ)］分别与BSA结合，制得水溶性金属卟啉白蛋白结合体（MP@BSA）。

(3) 分子印迹聚合物模拟酶

以印迹分子为模板与功能单体在交联剂的作用下结合制备成分子印迹聚合物（MIP），然后将印迹分子从MIP中除去，留下能与印迹分子特异结合的分子结构。因此，得到的MIP具有对与印迹分子有极其相似结构的一类分子特异性识别的功能。

MIP作为模拟酶可以用于催化不对称催化合成、环加成反应、酯的水解与醇解、碳—碳键的形成等。Zhao 等[26] 研究了路易斯酸性锌离子和亲核咪唑基基团对水解 N-酰基高丝氨酸内酯酯酶活性的影响，其对底物表现出特异选择性。

(4) 胶束类模拟酶

表面活性剂在水溶液中超过一定浓度后能自发聚集成胶束。胶束可以为底物分子提供一个疏水环境，对底物分子具有包裹作用。若再将某些作用基团如咪唑、硫醇、羟基及一些辅酶连接到胶束上面，就能够制备具有催化活性的模拟酶。

8.2.2.2 纳米模拟酶

纳米粒子是一类大小在 1～100 nm，具有独特的化学、电学、物理、力学和机械性能的粒子。纳米粒子具有尺寸效应、表面与界面效应和宏观量子隧道效应等不同于常规材料的特性，使其在农业生产、食品加工、药物递送等领域得到了广泛应用。

① Fe_3O_4 磁性纳米材料

由于 Fe_3O_4 纳米粒子具有独特的磁性和生物相容性，备受各领域研究者们的青睐。大多数研究集中在其磁性的应用，如磁性分离、医学诊断、药物传递等。2005 年，Xie 等[27] 发现，Fe_3O_4 磁性纳米颗粒（MNPs）能够模拟 HRP，在过氧化氢存在的情况下，能够氧化 HRP 底物，如氧化 3,3′,5,5′-四甲基联苯胺（TMB）呈现蓝色，氧化 2,2′-联氮双二铵盐（ABTS）呈现绿色。其催化特性与 HRP 一致，符合酶催化的动力学，Fe_3O_4 MNPs 对底物的亲和力高于天然酶 HRP，能承受高浓度过氧化氢，且能对抗恶劣的环境而不易失活。

② 贵金属纳米材料

金属纳米粒子具有金属催化活性位点，在催化方面也有广泛应用。Dumas 等[28] 和 Hu 等[29] 利用带正电荷的 Au 团簇和 BSA 稳定的 Au 团簇模拟过氧化物酶，分别检测了过氧化氢和葡萄糖，对葡萄糖的最低检测限分别为 4.0×10^{-6} 和 5.0×10^{-6} mol/L，线性检测范围分别为 1.8×10^{-5}～1.1×10^{-3} 和 1.0×10^{-5}～0.5×10^{-3} mol/L。

③ 碳基纳米材料

碳基纳米材料是指其基本单元至少有一维是小于 100 nm 的碳材料。碳基纳米材料的种类比较多，石墨烯、碳纳米管、碳量子点都是现阶段研究的热点。Xin 等[30] 报道一种将超薄纳米片组装的纳米花均匀地加载到 rGO 衬底上，然后通过滴涂法在玻璃碳电极表面进行改性，建立了非酶电化学传感器，对多巴胺的检测限为 13 nmol/L，检测范围为 0.1～110 nmol/L。

8.2.3 人工酶的设计及构建策略

在对天然酶的研究和改造中，研究人员开发了定向进化、理性设计等方法。例如在定向进化中常用到的易错聚合酶链反应（epPCR）和 DNA 改组。在酶的结合口袋内分区饱和突变也成为一种有效的方法，称为组合活性中心饱和测试（CAST）。而迭代饱和突变（ISM）更适合进一步的遗传优化[30]。通过改变氨基酸序列对酶进行改造，得到具有特定功能的酶，成为众多研究者青睐的方法。

研究者为了创造新的、具有与天然酶相当的催化能力，甚至优于天然酶催化能力的人工催化剂，常常需要对酶的底物识别位点、活性位点催化基团以及疏水微环境进行设计。但是蛋白质是由 20 种天然氨基酸残基（此外，还有硒代半胱氨酸和吡咯赖氨酸）以及有限种类的天然辅因子组成，这大大限制了蛋白质可实现的结构、反应性、功能空间。而非天然结构组件（包括非天然氨基酸及非天然辅因子）的引入，可以将一些特殊化学基团（如叠氮基、炔基、联吡啶等）掺入蛋白质特定位点，或引入具有荧光等特殊光谱学性质、模拟翻译后修饰等的氨基酸，这都可以为拓展人工酶的性质提供新的科学视角。

8.2.3.1 非天然氨基酸的引入策略

利用非天然氨基酸（UAAs）扩展遗传密码大大增加了蛋白质可供改造的化学空间。基因密码子扩展技术[31] 是利用无义密码子实现蛋白质中非天然氨基酸的定点引入的方法。这种方法的关键是保持正交性。具体而言，UAA 的密码子不应编码共同的氨基酸；新的 tRNA/氨酰-tRNA 合成酶（aaRS）都不与任何内源性 tRNA 合成酶对发生反应；新的合成酶只应识别 UAA，不识别 20 种天然氨基酸[27]。正交 aaRS 将 UAA 装载到 tRNA 上，该 tRNA 在核糖体中识别 mRNA 上相应的无义密码子，从而导致 UAA 掺入目标蛋白中。将具有叠氮、炔基等活性基团的 UAA 掺入蛋白质中，可以利用 Cu(Ⅰ）催化的叠氮化物-炔烃环加成反应偶联小分子催化剂。这一技术可以在蛋白质特定位点引入具有特殊功能或化学性质的非天然氨基酸，为拓展蛋白质的性质或者创造全新的蛋白质提供了强有力的工具。

非天然氨基酸可以用于人工金属酶的构建。大多数过渡金属催化的反应不能由天然金属酶介导，而引入非天然氨基酸则允许过渡金属的位点特异性配位，从而形成新的人工金属酶。

8.2.3.2 非天然辅因子的引入策略

天然酶常使用卟啉、钴胺素等金属配合物作为辅因子参与催化反应。天然酶使用的金属局限在种类少数，配体的类型也很单一。随着金属有机催化的发展，很多过渡金属，尤其是铑、钯等贵金属被发现具有很好的催化活性。将这类金属配合物作为辅因子与蛋白质结合，可以构建人工酶，催化新的反应[32]。

链霉亲和素（SAV）已被广泛用作制造人工金属酶的支架。Wang 等[33] 在亲和素中引入了一种生物素化的有机金属催化剂，该催化剂结合了酶和有机金属催化剂的特点。生物素化的有机金属辅因子提高了链霉亲和素的非共价亲和力的稳定性，将少量的生物素化有机金属催化剂与 SAV 突变体结合起来，可以优化人工金属酶的催化性能。

8.2.3.3 非天然氨基酸与非天然辅因子的协同引入策略

非天然氨基酸或非天然辅因子的引入可以大大扩展蛋白质结构中可引入的官能团，拓展现有酶的功能。而同时引入非天然氨基酸和非天然辅因子，可以进一步提高人们对蛋白质的改造能力，得到定制化的人工酶。相比于通过非共价相互作用引入非天然辅因子，将非天然辅因子与骨架蛋白共价耦联可以提高人工酶的鲁棒性。通过基因密码子扩展引入含生物正交基团的非天然氨基酸，可以实现非天然辅因子的定点特异共价锚定。可利用环张力诱导的叠氮-炔环加成反应将金属催化剂引入蛋白质，形成人工金属酶。这可同时消除自然发生的锚定残基带来的选择性、反应性等限制[34]。

8.2.4 人工酶的应用

8.2.4.1 生物分子检测

自从 Fe_3O_4 NPs的过氧化物酶活性被发现以来，对它的应用研究层出不穷。基于抗体包覆的 Fe_3O_4 纳米酶的免疫分析法，可同时实现靶捕获、磁分离和纳米酶显色三种功能，可对生物分子、四种流感病毒、埃博拉病毒及化学污染物进行快速、高通量检测。

8.2.4.2 医学治疗

活性氧是氧气在代谢过程中产生的中间产物，在正常情况下，活性氧的产生和清除保持动态平衡。利用具有过氧化物酶或类似氧化物酶活性的特点，纳米酶在肿瘤细胞环境下选择性催化产生大量活性氧（ROS)，并对癌细胞造成损伤，从而有助于抗肿瘤治疗。利用ROS清除能力，具有过氧化氢酶或超氧化物歧化酶样活性的纳米酶可以帮助清除过多的活性氧，从而预防炎症和衰老相关疾病。

8.2.4.3 抗菌剂

目前，抗生素的过度使用导致细菌耐药性增强。纳米酶可以催化相应底物在生理环境中产生ROS。ROS作为强氧化剂，具有破坏生物膜和消灭细菌的能力。不仅如此，纳米酶可以破坏许多革兰氏阳性、革兰氏阴性细菌，具有广谱抗菌活性和非耐药性等特点。纳米酶在生物学和纳米技术之间架起了重要的桥梁，在抗菌领域具有广阔的应用前景。

8.2.4.4 重金属离子检测

重金属离子可以通过金属-金属相互作用、表面配体、与含硫或含氧纳米酶的化学键、静电相互作用和复合物的形成等方式与金属基纳米酶相互作用，从而导致模拟酶活性的改变，因此，人工酶可用于重金属离子的定量分析。在目标金属离子如 Hg^{2+}、Pb^{2+}、Cu^{2+} 或 Ag^{+} 的存在下，人工酶的催化活性显著改变。

8.3 细胞工厂的设计及构建

随着生物技术的不断发展，越来越多的化学品可以通过细胞工厂进行绿色高效的清洁生产。在经典的基因工程、代谢工程和酶工程学科的支撑基础上，近年来，合成生物学、大数据与人工智能等新技术快速发展起来并逐渐交叉融合，使得针对各种微生物细胞工厂进行设计优化的使能技术也越来越丰富且高效。

8.3.1 细胞工厂的设计及构建原理

与石化工厂中某个化学品单一的生产线不同，细胞工厂是一个多种化合物和生化反应共存的混合体。所有这些化合物组成一个复杂的代谢网络，它的本能是满足细胞自身的生存和分裂。要在这么复杂的体系中合成目标化学品，首先需要设计一条最优的合成途径。

途径设计有两种方法。一种是基于已知的生化反应途径进行设计，这方面有许多可供参考的数据库，例如综合了基因、酶、化合物、生化反应和代谢途径的 KEGG 数据库[36]，以生化反应数据为基础的 BRENDA 数据库[37]，以及整理了各种生物基因的功能与调控的数据库 Wilson[38] 等；另一种是在已有认知的基础上，通过建立代谢网络模型，进行合理的推测，该方法主要应用于新合成途径的设计与构建。目前已有许多模型建立，例如 RDM 方法[39]、PPS 系统结合 UMBBD 数据库[40] 和 BNICE 框架结合 ATLAS 数据库[41] 等。所有这些方法均通过设定一些规则来计算得到新的反应和代谢途径，其中 PPS 系统是基于已知的生化反应数据库来演算，其生化反应的预测规则存在局限；RDM 与上述方法则不同，它基于化合物的分子结构进行推演，结果具有更广泛的预测性，但可靠度有所降低；同样是基于已有的数据库来演算，BNICE 框架采取了多样性的规则来囊括已有的生化反应和预测新的生化反应，从而使其能够更加有效地预测新的生化反应和代谢途径。

8.3.2 细胞工厂构建的技术类别

8.3.2.1 多基因同时调控技术

通常情况下，高效的产物合成途径不仅受限于某个单一的限速步骤，而且依赖多个酶的协同平衡[42]。虽然通过质粒过表达的方式可以实现单一基因的过表达，但同时会造成细胞代谢高负荷，对生长代谢和产物合成均不利。近些年来，科学家们开发了多基因同时调控技术，合理调控代谢途径表达的平衡。研究人员[43] 开发了一种碱基编辑器靶向和无模板表达调控（BETTER）方法，用于同时多样化多基因表达。这一技术成功用于调控工业和模式微生物谷粉棒状杆菌和枯草芽孢杆菌中多达 10 个基因的表达，获得了高效利用木糖、甘油和高效合成番茄红素的菌株。

8.3.2.2 蛋白骨架技术

在细胞工厂的代谢途径中，参与反应的酶与底物之间的距离及合成途径上相邻的酶所处的空间位置是影响代谢途径效率的一个重要因素。通过人工合成蛋白质骨架的技术，使酶按照特定的空间位置锚定在骨架上，可以使相关的酶聚集在特定的区域，增加了酶与底物的结合概率，进而提高产物合成速率[44]。另外，蛋白质骨架也可以调节酶的催化效率，获得最优的催化效率组合，最终提高产物合成效率。利用蛋白骨架技术，Keasling 团队将甲羟戊酸合成途径的三个酶组装到蛋白质骨架上，将甲羟戊酸产量提高了 77 倍。

8.3.2.3 基因动态调控技术

细胞内的代谢活动是一个复杂而精密的动态过程，传统的诱导型或固定强度启动子虽然可以实现转录水平的调控，但外源代谢途径往往会对细胞生长造成干扰，如有毒中间产物积累。另外，基因表达太弱又难以得到产物。因此，基因动态调控技术受到越来越多的关注。基因动态调控技术的基本思路是：设计人工基因回路，使细胞能够感应外部环境条件的变化，在适当时间开启或关闭基因表达从而实现代谢通路的动态调控。已经建立的基因动态调控技术有：环境信号诱导的表达调控系统（如碳源调控系统、光调控系统和温度调控系统等）和内源信号诱导的表达调控系统（如群体感应调控系统和压力感应调控系统）[45]。基因动态调控技术为细胞根据外部环境按需调控目的基因表达强度提供了技术方法。

8.3.2.4 高通量筛选技术

细胞工厂的快速构建离不开高通量筛选技术的助力。高通量筛选实验的成功，依赖于恰当的实验设计、良好的分析方法和质量控制方法，通过获取可靠的测量值并选择合适的阈值，“命中”目标样品。微孔板是常用的高通量筛选试验器具，孔板内发生的生物、化学和物理变化事件可以由多功能酶标仪、流式细胞仪、液相色谱仪和质谱仪等检测仪器连续自动化读取。高通量筛选技术已用于基因调控元件强度分析、酶元件的新活性检测、基因线路的活性检测、天然产物的活性筛选等。可以预见，高通量筛选技术将在元件工程、线路工程、基因组工程、基因编辑和微生物组工程等合成生物学研究的多个层面拓宽研究思路[46]。

8.3.3 细胞工厂的应用

8.3.3.1 微生物细胞工厂合成有机醇、有机酸、有机胺类小分子

微生物细胞工厂已经被广泛应用于生物小分子的合成，如氨基酸、有机酸、有机醇和有机胺等。

① 有机醇

有机醇，特别是二元醇，是一类极为重要的化学品，可广泛用于合成聚酯、聚氨酯、聚醚多元醇等高性能材料，近年来，生物法生产1,3-丙二醇（1,3-PDO）、1,4-丁二醇（1,4-BDO）、1,3-丁二醇（1,3-BDO）等取得了重要进展，已经实现了工业化生产。

② 有机酸

有机酸是另一类重要的化学品。丁二酸作为一种重要的四碳酸平台化合物，是生物可降解塑料聚丁二酸丁二醇酯（PBS）合成的重要单体，且近年来因聚氨酯生产中倾向于采用丁二酸替代己二酸，推动了其市场规模不断扩大。琥珀酸放线杆菌可以利用木糖、葡萄糖、玉米浆、农作物秸秆废料等高效生产丁二酸，基于基因编辑、蛋白质改造技术等对其进行改造后，其可应用于工业化生产。通过代谢网络模型预测和基因编辑技术并结合多轮

突变筛选获得了高产丁二酸的大肠杆菌高产菌株，目前其已用于万吨级丁二酸生产线的生产。

③ 有机胺

有机胺为另一类重要小分子化学品，尤其是二胺类，其可与二元酸合成聚酰胺，用于尼龙的生产，广泛用于纺织、医疗、工业产品等。1,4-丁二胺是合成尼龙 46 的重要原料。生物法合成 1,4-丁二胺主要使用在大肠杆菌和谷氨酸棒杆菌。通过小 RNA 技术对丁二胺合成途径中的关键基因 *argF*、*glnA* 进行精细的动态代谢调控后，工程化的大肠杆菌 1,4-丁二胺最高产量可达 42.3 g/L。

8.3.3.2 微生物细胞工厂合成多糖及聚酯类大分子

能够以糖、氨基酸、脂肪酸等为基础聚合生产大分子产物是微生物细胞工厂不可替代的重要功能。这些大分子化学品种类丰富、功能多样、应用广泛。如胞外多糖、糖胺聚糖、聚酯、聚氨基酸、多肽、酶等，已经被广泛应用于食品加工、医疗药品、生物材料、化妆品乃至石油开采等产业。与小分子产品不同的是，大分子化学品的微生物合成不仅要在细胞层面考虑代谢工程途径优化、产物转运强化、基因组编辑改造、产物合成动态代谢调控及组学规模代谢网络调控等策略，还经常需要考虑分子量控制问题以及发酵过程中因大分子产物导致的发酵液黏度增大、传质效率低导致的难以实现高密度培养及高产率生产等问题，因此，基于发酵过程优化、新装备设计和改造以及基于大数据分析的数字化、模型化自动控制的过程强化新方法研究也受到高度重视。

8.4 反应分离耦合技术

生物反应过程是生物技术产业化成功的核心和关键。由于许多生物反应过程中普遍存在着产物或副产物对反应速率的抑制作用，这种抑制将降低生物催化剂的活力、抑制细胞生长，从而成为制约过程效率的“瓶颈”。如果在反应过程中利用工程手段及时地分离与消耗产物或副产物，从而消除抑制，就能实现生物催化剂活性的长期保持或细胞的高密度生长，并提高目的产物的产率。因此，一种将上下游技术结合在一起的新技术过程——生物反应-分离耦合过程，近年来日益受到研究人员的重视。

8.4.1 反应分离耦合技术的原理

生物反应-分离耦合过程（Integrated bioreaction-seperation process）被王雪根等[47]称为原位产物分离过程（In situ product removal，ISPR)，也即在生物反应发生的同时，选择一种合适的分离方法，及时地将对生物反应有抑制或毒害作用的产物或副产物选择性地从生产性细胞或生物催化剂周围原位移走。

在生物反应过程中，虽然反应温和、反应速度快，但由于产物抑制而使终点的产物浓度不高。如果能及时从反应体系中移去反应产物将有效地提高反应效率。有些生物反应需要在两相界面上进行，如酶促脂肪水解，为增大相界面面积必须采用乳化等手段，这将给后续产物分离带来许多困难。

8.4.2 反应分离耦合技术的分类

8.4.2.1 真空发酵

所谓真空发酵过程就是在发酵的同时，用抽真空的方法，将易挥发的产物从发酵液中分离出来，从而达到边发酵边分离的目的。挥发出来的产物可以通过冷凝、吸附、吸收等方法加以回收。

真空发酵过程适用于产物为易挥发物质的发酵生产过程。该过程需要一定的真空度，因而设备投资相对较大。另外，发酵罐负压易使发酵过程染菌，并影响到一些微生物的生理特性。

8.4.2.2 气提发酵过程

气提发酵就是利用 N_2、H_2、CO_2 等惰性载气将发酵液中蒸气压大于水的挥发性产物带出发酵罐，含产物的气体可以用冷凝、吸附、吸收等方法加以回收。通常，惰性载气经压缩后再返回发酵罐内循环使用。

与真空发酵过程一样，此种耦合发酵要求发酵产物易挥发，如乙醇、丁醇等。气提发酵采用惰性气体增加了成本费用，而且 CO_2 等惰性气体对某些发酵过程还有一定的抑制作用。

8.4.2.3 萃取发酵过程

萃取发酵就是在发酵的同时，用萃取剂萃取分离发酵液中产物，以降低产物浓度，消除高浓度产物的抑制效应。萃取发酵过程又分为原位萃取和异位萃取两种耦合方式。前者系在线操作，即萃取剂置于发酵罐中萃取；后者为离线操作，即把发酵液移出发酵罐外萃取。

萃取发酵关键在于溶剂的选择。一般适用于有机溶剂萃取发酵的有乙醇、丙酮-丁醇和有机酸。萃取剂应具备较高的分配系数，并具有良好的选择性，同时，对微生物生理性能影响小。此外，溶剂的成本应尽量低且易回收。

8.4.2.4 膜分离发酵过程

膜分离是一种高效分离、浓缩提纯技术[48]，其关键是利用一种具有选择性透过功能的分离膜。不同类型的膜分离过程具有不同的分离机理，即利用分离膜两侧的浓度差、温度差或压力差等作为推动力，使溶液中的某些组分优先透过分离膜从而达到高效分离的目的。膜分离技术过程往往没有相变、分离系数较大、操作比较简单、经济性较好，并可以在常温下连续操作、可直接放大生产，还可以专一配膜，节能高效。因此，它获得了极为迅速的发展，已得到广泛应用。

8.4.3 反应分离耦合技术的应用

8.4.3.1 在有机酸和有机醇生物制造中的应用

有机醇和有机酸发酵工业是生物制造领域中一个重要且较为成熟的分支，以微生物发酵法生产且达到工业生产规模的有机醇和有机酸产品已达10多种。在有机醇和有机酸的工业发酵过程中，产物有机醇和有机酸对发酵菌种的生长和代谢有着明显的抑制作用，导致产物发酵产率降低。发酵-分离耦合技术是在发酵过程中将发酵产物从发酵液中原位快速移除的技术，本质上是发酵和分离两个过程的原位耦合实现过程强化，能在发酵的同时移除产物，从而减轻或降低发酵产物对发酵微生物的抑制、提高发酵效率。

在有机醇和有机酸发酵过程中采用的发酵-分离耦合技术包括发酵-溶剂萃取分离耦合（以油酸、叔胺等为萃取剂）、发酵-吸附分离耦合（以离子交换树脂、活性炭等为吸附分离介质）、发酵-膜分离耦合（以微滤、超滤、渗透汽化等分离膜为分离介质）等。乙醇和丁醇发酵体系是研究挥发性有机物发酵与分离耦合的样板体系，而乳酸发酵体系则是研究非挥发性产物发酵与分离耦合的样板体系。

8.4.3.2 在食品发酵工业中的应用

在食品发酵中，发酵生产质量与产量会受到产物浓度等因素的影响。在生产环节，膜生物反应器有助于优化发酵工序。此外，合理应用膜分离技术有利于防止菌体或者产物对发酵质量产生负面作用。

在食品发酵工业中，下游处理工作具有复杂性，多被细化为产品分离、浓缩与纯化三个环节。在多数食品发酵生产中，往往会应用到超滤膜。借助超滤膜，可以去除食品中的悬浮物、多糖类大分子物质等。借助液膜技术，可以高效地分离氨基酸与有机酸。此外，膜分离技术在黄原胶、味精等提纯、浓缩环节中，可以提高产品的纯度与回收率，有效减少了环境污染等问题，提高了产品的生产质量。

8.5 智能传感技术

8.5.1 智能传感技术的原理

智能传感器是具有信息处理功能的传感器。生物体具有独特的生物化学识别能力，能够对外界刺激做出反应，并将这些信号转换成体内能接收并处理的信号，使其获得营养物质或远离危险。人类利用生物识别的敏感性来观察和了解生存环境，即模拟自然界的细胞、组织、蛋白质和酶等，将可观察的事物转变为可测量的物理量，作为这种生物模拟的结果，这类传感器被称为生物传感器。

生物传感器可被制作为一种获取并且处理信息的便携式工具，可用于快速检测病原体、蛋白质、重金属及抗生素等。生物传感器主要由3部分组成：分子识别元件（包括酶、抗体、抗原、微生物、细胞、组织、核酸等生物活性物质）、转换元件（如氧电极、光敏管、场效应管、压电晶体等）和信号放大装置。当某化合物质与分子识别元件相互作用时产生大量的可量化信号，如：光、声、电等，通过这些信号来定量检测待测物浓度。

生物传感器同传统分析仪器的区别在于以生物活性材料（酶、抗原、抗体和细胞等）为感知元件，通过物理化学换能器，将生物反应的信息转化成可定量识别的数字信号。其优势是特异性好、样品前处理简单、快速、灵敏度高且可操作性强，在医学检验、食品分析、环境监测、战争毒剂检测、工业过程检测与控制等领域展现出广阔的应用前景。

8.5.2 智能传感技术的类别及发展过程

8.5.2.1 第一代生物传感器——无介质安培型生物传感器

第一代生物传感器是将分析物或酶催化反应底物结合至传感器表面，再通过电信号形式传送表达。其传感原理为：当被测物扩散进入生物敏感膜层后，经过分子识别发生生物学反应，反应产生的信息被相应的物理或化学换能器转换成可定量处理的电信号，再经检测放大器放大并输出，实现对被测物质的定量检测。

8.5.2.2 第二代生物传感器——介质安培型生物传感器

第二代生物传感器采用化学介质或特定生物分子取代 O_2/H_2O_2，在酶促反应中和电极之间进行电子传递。良好的介体需要具备以下条件：①极易参与有生物活性材料和电极的氧化还原反应，在均相和非均相体系中都能迅速进行电子传递；②还原态不被氧气氧化；③氧化态再生所需电压低，并且不受pH影响；④对生物无毒性，不被生物催化剂作为底物；⑤易与生物催化剂共固定化；⑥在工作或保存期间有足够长的稳定时间。常见的第二代生物传感器是核酸适配体传感器和转录因子传感器。

8.5.2.3 第三代生物传感器——纳米生物传感器

近年来研究人员将纳米材料引入到第二代生物传感器中，提高了其检测灵敏度和使用性能。广义上的纳米材料是指在三维空间中至少有一维处于纳米尺寸（0.1～100 nm）或由它们作为基本单元构成的材料，这大约相当于10～100个原子紧密排列在一起的尺度。该尺寸处在原子、分子为代表的微观世界和宏观物体交界的过渡区域，基于此尺寸的系统既非典型的微观系统亦非典型的宏观系统，因此有着独特的化学性质和物理性质，如表面效应、微尺寸效应、量子效应和宏观量子隧道效应等，呈现出常规材料不具备的优越性能。将这种新型纳米材料修饰到电极表面，可以有效固定生物分子并促进其氧化还原中心与电极之间的直接电子转移，再结合纳米生物传感器亚微米尺寸的换能器、探针和纳米微系统，从而研制成第三代生物传感器。第三代生物传感器取消了电子中介体，酶和电极之间直接实现电子传递，因此，生物传感器的传导效率更高，受到的干扰更少，准确性更好，应用前景可观。

8.5.2.4 第四代生物传感器——荧光细胞传感器

细胞传感器检测是一种检测有毒有害物质的快速检测技术，这项技术使用细胞作为识别元件，通过检测细胞生理指标或物理化学指标的变化来检测有毒有害物质。基于荧光检测的细胞传感器是近几年来发展起来的新型细胞传感器，这种传感器利用生物或化学发光原理，检测器不用和细胞直接接触就能检测细胞的活动，一般利用特异性抗体或受体分子识别匹配的表位或配体，所以特异性较高、准确性高。由于荧光细胞传感器是利用光感元件检测，避免了复杂电极制备，检测方便，细胞无需固定在特殊基质上，只需在透明容器中就能完成检测，加之细胞信号传导迅速，信号发生后瞬间就能发光，使得整个检测过程能在数分钟内完成，大大缩短了检测的时间。

8.5.3 智能传感技术的应用

8.5.3.1 在医疗领域中的应用

以生物传感器为基础测定某一项或几项指标的测定仪，由于体积小、价廉、操作简便，展现出了区别于临床上所用的大型分析仪的实用价值。随着生物传感器技术的发展，生物体内的在位测定以及在人工脏器领域的应用，更能发挥出生物传感器的优势。到目前为止，已形成产品和正在开发的临床诊断用生物传感器主要是电流型的电化学生物传感器，其测定的对象包括酶的底物、酶的活性、抗原抗体、酶的抑制剂等。有些生物传感器已较成熟，如测定尿素、胆固醇、谷氨酸等的传感器。

在临床医学中酶电极是最早被研制且应用最多的一种传感器。可利用具有不同生物特性的微生物代替酶可制成微生物传感器。在军事医学中对生物毒素的及时快速检测是防御生物武器的有效措施。生物传感器已应用于监测多种细菌、病毒及其毒素。

8.5.3.2 在发酵工业中的应用

当今的发酵工业除了传统的酒和酱油的酿造之外，已在向抗生素、氨基酸，核酸等的发酵生产方向发展。发酵工业用的生物传感器有酶传感器和微生物传感器，以微生物传感器为多。在制药发酵工业中也需用到生物传感器，如青霉素传感器、头孢菌素传感器等。

生物传感器可用于发酵中葡萄糖的测定，过去的还原糖方法只能近似地估计葡萄糖的变化。现在的固定化酶的测定方法可根据发酵中糖消耗量确定微生物的生长速率、观察是否染菌、随时估算转化率、确定补料效果和及时判断发酵结束的时间。发酵过程或设备异常现象可通过葡萄糖分析得到及时预报。

8.5.3.3 在环境监测中的应用

环境保护问题越来越被重视，在环境监测中，生物传感器也将继续扩大其应用范围。生物传感器可用来测定水体中酚类和表面活性剂的浓度。有研究人员将探针和可潜水的生物传感器上的灵敏电流计相连，并将镉氨酸酶和漆酶固定在碳纤维传导器上，通过对电流计输出读数的分析，对酶产物进行分析。

生物传感器还可以作为水处理设备的一部分，提高监测效率。研究人员研制的一种新型 pH 生物传感器，已被用于监测生活污水的卫生状况。主要是基于细菌对葡萄糖的新陈代谢作用，在 37℃的温度下，利用肠细菌的生长状况来监测 pH 值。该传感器可以作为水处理装置的终端，适用于在线检测。

8.5.3.4 在食品领域中的应用

食品的组成成分比较复杂，要在众多成分共存的情况下测定某一种成分，常需繁杂的前处理过程，因此，食品检验尤其需要向特异性好、简便、快速、可靠的方向发展，这就给生物传感器的应用提供了一个新的领域。应用于食品领域的生物传感器，有葡萄糖传感器、乙酸传感器等，已经商品化的食品领域用生物传感器还有谷氨酸传感器和测定鱼鲜度的传感器。

8.6 生物微胶囊技术

生物微胶囊是一种将生物大分子或微生物、动植物细胞包封在一层亲水性的半透膜内所形成的珠状微胶囊。生物微胶囊技术是 20 世纪末发展起来的一项新型技术，它已在细胞和酶的固定化、微生物和动植物细胞大规模培养、药物控制释放等诸多领域得到广泛运用。

8.6.1 生物微胶囊技术的原理

微胶囊是由天然或人工合成高分子材料作为外壁材料制成的微型容器（直径一般在 2～1000 μm）。微胶囊技术形成的核壳结构具有保护性、阻隔性，壳内的芯材物质既不会受到外界环境侵人的影响，也不会向外界逸出[49]。由于具有能够改变物料的状态、质量、体积和性能，保护敏感成分，增强稳定性，控制芯材释放，降低或掩盖不良味道、降低挥发性，隔离组分等功能，微胶囊技术在食品、医药、纺织、涂料、农业、化妆品工业等方面得到广泛的应用。目前，微胶囊技术有了许多新的应用，如相变微胶囊、留香微胶囊、自修复微胶囊、缓释微胶囊、纳米微胶囊等。

8.6.2 生物微胶囊制备技术的类别

微胶囊的制备涉及高分子化学、材料化学、胶体化学、分散干燥技术等多个学科领域。据统计，目前有 200 多种微胶囊化方法。根据微胶囊的性质和形成机理，可分为物理法、化学法和物理化学法。近年来，随着微胶囊制备技术的发展，出现了许多新的制备方法。如超临界流体快速膨胀法、微通道乳化法、超微胶囊技术、膜乳化法等。

8.6.2.1 微胶囊的常规制备方法

① 复合凝聚法

复合凝聚法是利用两种带有相反电荷的高分子材料以离子间的作用相互交联制成的复合型壁材的微胶囊。一种带正电荷的胶体溶液与另一种带负电荷的胶体溶液相混，由于异种电荷之间的相互作用形成聚电解质复合物而发生分离，最终沉积在囊芯周围而得到微胶囊。复合凝聚法是水相分离法中的一种。因为复合凝聚法同时受 pH 值和浓度两个条件的影响，所以较难控制反应条件，只有当两物质的电荷相等时才能获得最大产率。但是复合凝聚法可以不使用有机溶剂和化学交联剂、可将非水溶性液体微胶囊化且产率较高。

② 单凝聚法

单凝聚法通常被称为沉淀法，该方法通过向含有芯材的某种聚合物溶液中加入沉淀剂，使该聚合物的溶解性降低，该聚合物和芯材一起从溶液中析出，从而制取微胶囊。该方法不需要事先制备乳液，且可以不使用有机交联剂，可以避免有机溶剂的使用，但通过该法制得的微胶囊粒径较大。

③ 界面聚合法

界面聚合法是将两种发生聚合反应的单体分别溶于水和有机溶剂中，其中芯材溶解于分散相溶剂中；然后，将两种液体中加入乳化剂以形成乳液，两种反应单体分别由两相内部向液滴界面移动，并在相界面上发生反应，生成聚合物，将芯材包裹形成微胶囊。反应物从液相进入聚合反应区比从固相进入更容易，所以通过该法制备的微胶囊适合包裹液体，制得的微胶囊致密性好。在利用界面聚合法制备微胶囊时，分散状态在很大程度上决定着微胶囊的性能，搅拌速度、溶液黏度、乳化剂和稳定剂的种类和用量对微胶囊的性质也有很大的影响。

④ 原位聚合法

原位聚合法应用的前提是形成壁材的聚合物单体可溶，而聚合物不溶。该法先将聚合物单体溶解在含有乳化剂的水溶液中，然后加入不溶于水的内芯材料，经过剧烈搅拌使单体较好地分散在溶液中，单体在芯材液滴表面定向排列，最后通过加热单体使其交联从而形成微胶囊。

8.6.2.2 微胶囊的新型制备方法

随着微胶囊技术的发展，目前出现了很多新的制备微胶囊的方法，如分子包埋法、微通道乳化法、超临界流体快速膨胀法等。

① 分子包埋法

分子包埋法又被称为分子包接法或分子包囊法，此法采用的芯材必须含有疏水端。用 β-环糊精为壁材是因为 β-环糊精是有疏水性空腔的环状分子。含有疏水端的芯材可以进入空腔内，靠分子间的作用力结合成分子微胶囊。该法操作简单、成本较低，因此具有广阔的应用前景。

② 微通道乳化法

微通道乳化法是近几年才出现的一种制备尺寸大小均一的微胶囊的有效方法，该方法利用表面张力形成微小液滴，微通道的尺寸决定了液滴的尺寸。可以选择适当孔径的膜制备出所需粒径的微胶囊。微通道乳化法使得单分散乳液、单分散微胶囊的成功制备，促进了微胶囊技术在微细加工和生物医药等领域的应用。

③ 超临界流体快速膨胀法

难挥发物质在超临界流体中有很大的溶解度，所以如果将溶质溶解在超临界流体中，然后通过小孔、毛细管等减压，可在很短的时间内快速膨胀，使溶质产生很大的过饱和度，形成大量细小微粒。超临界流体快速膨胀法就是将某种溶质溶解在超临界流体中，然后通过减压膨胀，使溶质以小颗粒的形式析出。通过控制实验条件，可以析出具有一定粒径的空心微囊。然后将生成的空心微囊与芯材高频碰撞接触，微囊即可均匀包裹在芯材外部，再除去未包埋的芯材，即可制得微胶囊产品。

④ 生物法

在构建仿生酶串联反应微胶囊时，某些酶之间会相互影响，因此需要将不同的酶分别固定，然后再通过微流控构建出包裹有酶载体的微胶囊。东南大学赵远锦团队使用反蛋白石结构微球作为酶载体，通过调控纳米孔洞大小得到一系列不同颜色的水凝胶微球，将不同颜色的水凝胶微球固定不同的酶来实现对酶的有效区分。同时，利用微流控电喷技术来实现微胶囊的大批量制备。

8.6.3 生物微胶囊技术的应用

8.6.3.1 在食品领域的应用

很多食品添加剂和营养素类物质易被氧化发生变质，通过微胶囊技术可以将这些敏感成分作为芯材保护在壁材内，便于运输和储存。因此，微胶囊技术在食品领域得到了广泛应用。儿茶素是多种植物中包含的黄酮类化合物，这种物质能改善人体健康、抵御疾病发生，然而，儿茶素生物利用度低，在人体消化过程中，渗透性和降解性降低。Ahmada 等[50] 炉将儿茶素包裹在淀粉中制成纳米级的微胶囊，保证了儿茶素在模拟胃肠液中的释放，与游离儿茶素相比，微胶囊化儿茶素的生物活性水平显著提高。微胶囊化技术是食品行业中引入的一项新技术，它的引入对食品工业的发展产生了极大的推动作用。

8.6.3.2 在医药领域的应用

经微胶囊化的药物苦涩感大大降低，且相比于普通药物，微胶囊化药物可降低自身的毒副作用，提高稳定性，减少药剂使用量。其中微胶囊的缓释功能是决定微胶囊药物能否发挥作用的关键。方芳等[51] 对如何延长药物释药时间和药效持续时间进行了研究，通过改变芯材壁材的比例、酸碱度、转速等条件，制备了一种以卡培他滨为芯材的微胶囊，并将一般药物与微胶囊药物进行对比，分析其毒性对细胞活力的影响。结果表明，在相同浓度下，经微胶囊化后的药物对细胞毒性明显降低，可知微胶囊化对药物具有缓释作用，能够提高药效。

8.6.3.3 在涂料领域的应用

利用微胶囊的核壳结构可以改变涂料的结构组成，从而提高涂料的应用性能。罗杰等[52] 将缓蚀剂喹啉封装到微储层中，以克服其直接添加到涂料中所带来的缺点。实验采用了界面聚合法，在室温下合成了含不同核心溶剂的喹啉微胶囊，将制备的喹啉微胶囊加入聚氨酯涂层中，研究其对基体腐蚀的影响，结果表明，将喹啉制成微胶囊添加到涂料后防腐性能更好。

8.6.3.4 在生物领域的应用

多室型核壳结构微胶囊的制备是模拟细胞内催化反应的关键所在，也是制备人工细胞器的重要手段。Zang 等[53] 使用气体剪切法结合表面触发原位凝胶化策略来构建多室微胶囊，表面凝胶气体剪切法可以均匀、渐进地形成凝胶壳。构建的微胶囊可以精准定位内部多腔室。通过控制流速和剪切力等因素，可以构建 2～8 个腔室的微胶囊，所制备的微胶囊具有较高的稳定性、可回收性和细胞相容性，是用于仿生生物催化过程的理想的酶反应器系统。

参考文献

[1] Dellino G I，Palluzzi F，Chiariello A M，et al. Release of paused RNA polymerase II at specific loci favors DNA double-strand-break formation and promotes cancer translocations [J]. Nature genetics，2019，51 (6)：1011-1023.

[2] Chang H H Y，Pannunzio N R，Adachi N，et al. Non-homologous DNA end joining and alternative pathways to double-strand break repair [J]. Nat Rev Mol Cell Biol，2017，18 (8)：495-506.

[3] Liu L，Li J，Cisneros-Aguirre M，et al. Dynamic assemblies and coordinated reactions of non-homologous end joining [J]. Nature，2025：1-8.

[4] Pacesa M，Pelea O，Jinek M. Past，present，and future of CRISPR genome editing technologies [J]. Cell，2024，187 (5)：1076-1100.

[5] Chandrasegaran S，Carroll D. Origins of programmable nucleases for genome engineering [J]. J Mol Biol，2016，428 (5)：963-989.

[6] Katayama S，Watanabe M，Kato Y，et al. Engineering of zinc finger nucleases through structural modeling improves genome editing efficiency in cells [J]. Advanced Science，2024，11 (23)：2310255.

[7] Villiger L，Joung J，Koblan L，et al. CRISPR technologies for genome，epigenome and transcriptome editing [J]. Nature Reviews Molecular Cell Biology，2024，25 (6)：464-487.

[8] McNamara A R，Hurd P J，Smith A E，et al. Characterisation of site-biased DNA methyl-

transferases: specificity affinity and subsite relationships [J]. Nucleic Acids Res, 2002, 30: 3818-3830.

[9] Ran F A, Hsu P D, Lin C Y, et al. Double nicking by RNA-guided CRISPR Cas9 for enhanced genome editing specificity [J]. Cell, 2013, 154 (6): 1380-1389.

[10] Guilinger J P, Thompson D B, Liu D R. Fusionof catalytically inactive Cas9 to FokI nuclease improves the specificity of genome modification [J]. Nat Biotechnol, 2014, 32 (6): 577-582.

[11] Komor A C, Kim Y B, Packer M S, et al. Programmable editing of a target base in genomic DNA without double-stranded DNA cleavage [J]. Nat, 2016, 533 (7603): 420-424.

[12] Qi L S, Larson M H, Gilbert L A, et al. Repurposing CRISPR as an RNA-guided platform for sequence-specific control of gene expression [J]. Cell, 2013, 152 (5): 1173-1183.

[13] Wu Y X, Liang D, Wang Y H, et al. Correction of a genetic disease in mouse *via* use of CRISPR/Cas9 [J]. *Cell stem cell*, 2013, 13 (6): 659-662.

[14] Liang P, Xu Y, Zhang X, et al. CRISPR/Cas9-mediated gene editing in human tripronuclear zygotes [J]. Protein Cell, 2015, 6 (5): 363-372.

[15] Xie F, Ye L, Chang J C, et al. Seamless gene correction of β-thalassemia mutations in patient-specific iPSCs using CRISPR/Cas9 and piggyBac [J]. *Genome Res*, 2014, 24 (9): 1526-1533.

[16] Wang C F, Zhang D J. Application of gene editing in studies of soybean germplasm resources [J]. Plant Genet Resour-C, 2020, 21 (1): 26-32.

[17] Wang Y, Cheng X, Shan Q, et al. Simultaneous editing of three homoeoalleles in hexaploid bread eheat confers heritable resistance to powdery mildew [J]. Nat Biotechnol, 2014, 32: 947-951.

[18] Wang C, Liu Q, Shen Y, et al. Clonal seeds from hybrid rice by simultaneous genome engineering of meiosis and fertilization genes [J]. Nat Biotechnol, 2019, 37 (3): 283-286.

[19] Cui Y T, Hu X M, Liang G H, et al. Production of novel beneficial alleles of a rice yield-related QTL by CRISPR/Cas9 [J]. Plant Biotechnology Journal, 2020: 1-3.

[20] Stovicek V, Borodina I, Forster J. CRISPR-Cas system enables fast and simple genome editing of industrial *Saccharomyces Cerevisiae*, strains [J]. Metabolic Engineering Communications, 2015, 2: 13-22.

[21] Wang L, Deng A, Zhang Y. et al. Efficient CRISPR-Cas9 mediated multiplex genome editing in yeasts [J]. Biotechnol Biofuels, 2018, 11: 277.

[22] Gootenberg J S, Abudayyeh O O, Kellner M J, et al. Multiplexed and portable nucleic acid detection platform with Cas13, Cas12a, and Csm6 [J]. Science, 2018, 360 (6387): 439-444.

[23] Chen J S, Ma E B, Harrington L B, et al. CRISPR/Cas12a Target binding unleashes indiscriminate single-stranded dNase activity [J]. Science, 2018, 360 (6387): 436-439.

[24] Wan M, Zheng Y, Dai X, et al. Click chemistry for the preparation of β-cyclodextrin grafting uniform spherical covalent organic framework materials for chiral separation [J]. Chemistry of Materials, 2023, 35 (2): 609-616.

[25] Chen Q, Chen X, Feng J, et al. Improving and inverting Cβ-stereoselectivity of threonine aldolase *via* substrate-binding guided mutagenesis and a stepwise visual screening [J]. ACS Catalysis, 2019, 9 (5): 4462-4469.

[26] Fa S, Zhao Y. Synthetic nanoparticles for selective hydrolysis of bacterial autoinducers in quorum sensing [J]. Bioorganic & Medicinal Chemistry Letters, 2019, 29 (8): 978-981.

[27] Xie J, Schultz P G. An expanding genetic code [J]. Methods, 2005, 36 (3): 227-238.

[28] Dumas A, Lercher L, Spicer C D, et al. Designing logical codon reassignment-expanding the chemistry in biology [J]. Chemical Science, 2015, 6 (1): 50-69.

[29] Hu L, Han S, Parveen S, et al. Highly senfitive fluorescent detection of trypsin based on BSA-stabilized gold nanoclusters [J]. Biosensors and Bioelectronics, 2012, 32 (1): 297-299.

[30] Xin Y Y, Liu L H, Liu Y, et al. Nanoflower MoS2/rGO composite rich in edge defects for enhanced electrochemical sensing of nM-level dopamine [J]. Microchemical Journal, 2024, 197: 109878.

[31] 曲戈，朱彤，蒋迎迎，等．蛋白质工程：从定向进化到计算设计 [J]. 生物工程学报，2019，35 (10)：1843-1856.

[32] Reetz M T. Directed evolution of artificial metalloenzymes: a universal means to tune the selectivity of transition metal catalysts? [J]. Accounts of Chemical Research, 2019, 52 (2): 336-344.

[33] Wang J, Huang Q, Peng W, et al. P450-BM3 catalyzed sulfoxidation versus hydroxylation: a common or two different catalytically active species? [J]. Journal of American Chemical Society, 2020, 142 (4): 2068-2073.

[34] Natoli S N, Hartwig J F. Noble-metal substitution in hemoproteins: an emerging strategy for abiological catalysis [J]. Accounts of Chemical Research, 2019, 52 (2): 326-335.

[35] Day J W, Kim C H, Smider V V, et al. Identification of metal ion binding peptides containing unnatural amino acids by phage display [J]. Bioorganic and Medicinal Chemistry Letters, 2013, 23 (9): 2598-2600.

[36] Joshi C, Sharma S, MacKinnon N, et al. Efficient system wide metabolic pathway comparisons in multiple microbes using genome to KEGG orthology (G2KO) pipeline tool [J]. Interdisciplinary Sciences : Computational Life Sciences, 2020, 12 (3): 311-322.

[37] Chang A, Jeske L, Ulbrich S, et al. BRENDA, the ELIXIR core data resource in 2021: new developments and updates [J]. Nucleic acids research, 2021, 49 (D1): D498-D508.

[38] Kumar M, Gaharwar U, Paul S, et al. WilsonGen a comprehensive clinically annotated genomic variant resource for Wilson's Disease [J]. Scientific reports, 2020, 10 (1): 9037.

[39] Heinisch T, Ward T R. Artificial metalloenzymes based on the biotin-streptavidin technology: challenges and opportunities [J]. Accounts of Chemical Research, 2016, 49 (9): 1711-1721.

[40] Shoji O, Fujishiro T, Nakajima H, et al. Hydrogen peroxide dependent monooxygenations by tricking the substrate recognition of cytochrome P450BSβ [J]. Angewandte Chemie-International Edition, 2007, 46 (20): 3656-3659.

[41] Yang H, Srivastava P, Zhang C, et al. A general method for artificial metalloenzyme for-

mation through strain-promoted azide-alkyne cycloaddition [J]. ChemBioChem, 2014, 15 (2): 223-227.

[42] 匡雪君，邹丽秋，孙超，等. 天然产物合成生物学体系的优化策略 [J]. 生物技术通报，2017，33 (1)：48-57.

[43] Wang Y, Cheng H, Liu Y, et al. In-situ generation of large numbers of genetic combinations for metabolic reprogramming via CRISPR-guided base editing [J]. Nature communications, 2021, 12 (1): 678.

[44] Gao L Z, Zhang J, Nie L, et al. Intrinsic peroxidase-like activity of ferromagnetic nanoparticles [J]. Nature Nanotechnology, 2007, 2: 577-583.

[45] Jv Y, Li B, Cao R. Positively-charged gold nanoparticles as peroxidiase mimic and their application in hydrogen peroxide and glucose detection [J]. Chemical Communications, 2010, 46 (42): 8017-8019.

[46] 谭天伟，陈必强，张会丽，等. 加快推进绿色生物制造助力实现"碳中和" [J]. 化工进展，2021，40 (3)：1137-1141.

[47] 王雪根，何若平，欧阳平凯. 生物反应-分离耦合过程研究综述 [J]. 江苏化工，1999，27 (1)：7-11.

[48] 封雪，惠香，吕晓超. 膜分离技术在食品发酵工业中应用研究 [J]. 食品安全导刊，2022 (15)：150-152.

[49] 章智华，钟舒睿，彭飞，等. 微胶囊壁材及制备技术的研究进展 [J]. 食品科学，2020.41 (9)：246-253.

[50] Ahmad M, Mudgil P, Gani A, et al. Nano-encapsulation of catechin in starch nanoparticles: Characterization, release behavior and bioactivity retention during simulated in-vitro digestion [J]. Food chemistry, 2019, 270: 95-1.

[51] 方芳，周峻，汤谷平. 复凝聚法制备药物微胶囊及细胞毒性评价 [J]. Researd & Exploration in Laboratory, 2018, 37 (7): 41-44.

[52] Luo J, Tang Y, Zhu L, et al. Integration of multistructured microcapsules with self-healing and antimicrobial properities into Polymer Coatings for ehanced metal surface protection [J]. Colloids and surfaces A: Physicochemical and Engineering Aspects, 2025, 707: 135895.

[53] Zang X, Qiu Z, Guo P, et al. Development and performance evaluation of a mechanicully triggered release microcapsule based on in-situ polymerization for lost Circulation Control [J]. Colloids and Sunfaces A: Physicochemical and Engineering Aspects, 2025, 705: 135720.